计 算 机 科 学 丛 书

原书第2版

并行程序设计导论

[美] 彼得·S. 帕切科（Peter S. Pacheco）
马修·马伦塞克 （Matthew Malensek） 著

黄智濒 肖晨 译

An Introduction to Parallel Programming

Second Edition

机械工业出版社
CHINA MACHINE PRESS

An Introduction to Parallel Programming, Second Edition
Peter S. Pacheco, Matthew Malensek
ISBN: 9780128046050
Copyright © 2022 Elsevier Inc. All rights reserved.
Authorized Chinese translation published by China Machine Press.
《并行程序设计导论（原书第 2 版）》（黄智濒 肖晨 译）
ISBN: 9787111743194
Copyright © Elsevier Inc. and China Machine Press. All rights reserved.

No part of this publication may be reproduced or transmitted in any form or by any means, electronic or mechanical, including photocopying, recording, or any information storage and retrieval system, without permission in writing from Elsevier (Singapore) Pte Ltd. Details on how to seek permission, further information about the Elsevier's permissions policies and arrangements with organizations such as the Copyright Clearance Center and the Copyright Licensing Agency, can be found at our website: www.elsevier.com/permissions.

This book and the individual contributions contained in it are protected under copyright by Elsevier Inc. and China Machine Press (other than as may be noted herein).

This edition of An Introduction to Parallel Programming, Second Edition is published by China Machine Press under arrangement with Elsevier Inc.

This edition is authorized for sale in Chinese mainland (excluding Hong Kong SAR, Macao SAR and Taiwan). Unauthorized export of this edition is a violation of the Copyright Act. Violation of this Law is subject to Civil and Criminal Penalties.

本版由 Elsevier Inc. 授权机械工业出版社在中国大陆地区（不包括香港、澳门特别行政区及台湾地区）出版发行。

本版仅限在中国大陆地区（不包括香港、澳门特别行政区及台湾地区）出版及标价销售。未经许可之出口，视为违反著作权法，将受民事及刑事法律之制裁。

本书封底贴有 Elsevier 防伪标签，无标签者不得销售。

注意

本书涉及领域的知识和实践标准在不断变化。新的研究和经验拓展我们的理解，因此须对研究方法、专业实践或医疗方法作出调整。从业者和研究人员必须始终依靠自身经验和知识来评估和使用本书中提到的所有信息、方法、化合物或本书中描述的实验。在使用这些信息或方法时，他们应注意自身和他人的安全，包括注意他们负有专业责任的当事人的安全。在法律允许的最大范围内，爱思唯尔、译文的原文作者、原文编辑及原文内容提供者均不对因产品责任、疏忽或其他人身或财产伤害及/或损失承担责任，亦不对由于使用或操作文中提到的方法、产品、说明或思想而导致的人身或财产伤害及/或损失承担责任。

北京市版权局著作权合同登记　图字：01-2022-2409 号。

图书在版编目（CIP）数据

并行程序设计导论：原书第 2 版 /（美）彼得·S. 帕切科（Peter S. Pacheco），（美）马修·马伦塞克（Matthew Malensek）著；黄智濒，肖晨译 . —北京：机械工业出版社，2024.3
（计算机科学丛书）
书名原文：An Introduction to Parallel Programming, Second Edition
ISBN 978-7-111-74319-4

Ⅰ. ①并…　Ⅱ. ①彼…　②马…　③黄…　④肖…　Ⅲ. ①并行程序－程序设计　Ⅳ. ① TP311.11

中国国家版本馆 CIP 数据核字（2024）第 050693 号

机械工业出版社（北京市百万庄大街 22 号　邮政编码 100037）
策划编辑：曲　熠　　　　责任编辑：曲　熠
责任校对：张婉茹　李小宝　　责任印制：任维东
河北鹏盛贤印刷有限公司印刷
2024 年 5 月第 1 版第 1 次印刷
185mm×260mm・22.5 印张・558 千字
标准书号：ISBN 978-7-111-74319-4
定价：129.00 元

电话服务	网络服务
客服电话：010-88361066	机　工　官　网：www.cmpbook.com
010-88379833	机　工　官　博：weibo.com/cmp1952
010-68326294	金　　书　　网：www.golden-book.com
封底无防伪标均为盗版	机工教育服务网：www.cmpedu.com

虽然近 50 年来，高性能计算机一直通过配置多插槽多节点实现并行计算、追求计算性能的巅峰，但毕竟离大多数程序员和广大消费群体太过遥远。2004 年的 Gartner 论坛上，Intel 首席执行官 Craig Barrett 当众下跪道歉的惊人之举，开启了全面拥抱多核处理器的时代。计算机产业界开始普及多核处理器，并行硬件正式进入寻常百姓家。如何用好并行硬件，如何在并行环境下编写出更高性能的程序与应用，成为摆在广大程序员面前的一道难题。

并行编程相对于传统的串行编程而言门槛更高，程序员不仅需要了解并行硬件，而且需要了解并行硬件的共性特征以及并行体系结构。在传统数据结构的基础上，还需要了解如何将代码映射到不同并行环境下的并行编程模型，以及计算与通信的协作模式等。这些困难往往会延长学习曲线，使很多程序员对并行编程望而却步。

本书正是为广大程序员提供的非常好的入门学习材料。本书从并行硬件与并行软件的主要知识和概念入手，让读者了解和掌握并行编程的必要基础知识，然后分别讨论 MPI、OpenMP 和 CUDA 三种主要的并行编程模型（语言）以及 Pthreads API。本书通过讲解入门知识、核心要点和难点，然后列举对比示例，展现求解问题的并行化思路，让读者可以快速入门而又不失深度和广度。全书的编排非常易于阅读。

译者一直在从事超大规模并行计算与 GPU/CUDA 编程的教学和科研工作，但受限于译者水平，翻译中难免有错漏之处，恳请读者和同行批评指正，不胜感激。

最后，感谢家人和朋友的支持和帮助。同时，要感谢在本书翻译过程中做出贡献的人，特别是北京邮电大学曹凌婧、陈一铭、胡迪、宋庆浩、黄志林和张涵等。还要感谢机械工业出版社的各位编辑，以及北京邮电大学计算机学院（国家示范性软件学院）的大力支持。

黄智濒　肖晨
北京邮电大学智能通信软件与多媒体
北京市重点实验室

一段时间以来，并行硬件已经无处不在：很难找到不使用多核处理器的笔记本计算机、台式计算机或服务器。集群计算在今天几乎和20世纪90年代的高功率工作站一样普遍，而云计算正在使分布式内存系统像台式计算机一样普及。尽管如此，大多数计算机科学专业的学生在毕业时少有并行编程的经验。许多学院和大学提供并行计算方面的高年级选修课程，但由于大多数计算机科学专业的必修课程繁重，许多人在毕业时都没有编写过多线程或多进程程序。

似乎很明显，这种状况需要改变。虽然许多程序可以在单核处理器上获得令人满意的性能，但应该让计算机科学家意识到可以通过并行性获得潜在的巨大性能改进，并且他们应该能够在需要时利用这种潜力。

编写本书就是为了尝试解决这个问题。书中介绍了如何利用MPI、Pthreads、OpenMP和CUDA这四种广泛使用的并行编程API编写并行程序，目标读者是需要编写并行程序的学生和专业人士。阅读本书的先决条件很简单：学习过大学水平的数学课程和具备用C语言编写串行程序的能力。

先决条件是最基础的，因为我们认为学生应该尽早开始并行系统编程。在旧金山大学，计算机科学专业的学生在大一第一学期修读"计算机科学导论I"课程（这是大多数专业都会开设的课程）后，就可以立即基于本书学习并行编程课程，从而达到专业的要求。根据我们的经验，学生确实没有理由把学习编写并行程序推迟到大三或大四。相反，这门课程很受欢迎，学生发现在学习了这门课程之后，在其他课程中使用并行程序要容易得多。

如果大学二年级新生可以通过上课来学习编写并行程序，那么积极进取的计算机专业人士也应该能够通过自学来学习编写并行程序。我们希望这本书能成为他们的有用资源。

第2版重要更新

自本书第1版出版以来，已经过去了近十年。在这期间，并行编程的世界发生了很多变化，但令人惊讶的是，也有很多地方保持不变。我们编写第2版的目的是保留第1版中仍然普遍有用的材料，同时也在我们认为需要的地方添加新的材料。

最明显的补充是加入了关于CUDA编程的新的一章。第1版出版时，CUDA刚刚兴起。我们已经很清楚地看到，GPU在高性能计算中的应用将变得非常广泛，但在当时，GPGPU对于经验相对较少的程序员来说并不容易掌握。在过去的十年中，这种情况显然已经改变了。当然，CUDA不是一个标准，功能的增加、修改和删除都是非常迅速的。因此，使用CUDA的作者必须提出一个比标准（如MPI、Pthreads或OpenMP）变化更快的主题。尽管这样，我们希望本书对CUDA的介绍能在一段时间内持续有用。另一个很大的变化是Matthew Malensek作为合作者加入了我们。虽然Matthew是我们在旧金山大学的一位新同事，但他在并行计算的教学和应用方面都有丰富的经验。他在改善第2版的内容方面做出了很大的贡献。

关于本书

正如我们前面所指出的，本书的主要目的是向计算机科学背景有限、以前没有并行经验的读者讲授 MPI、Pthreads、OpenMP 和 CUDA 的并行编程。我们还想让这本书尽可能灵活，以便那些对学习某一两个 API 没有兴趣的读者仍然可以不费吹灰之力地阅读其余材料。因此，关于四个 API 的章节在很大程度上是相互独立的：可以按任何顺序阅读，其中一两章也可以省略。然而这种独立性也有一些代价：有必要重复这些章节中的一些材料。当然，重复的材料可以简单地浏览或跳过。

没有并行计算经验的读者应该先阅读第 1 章。该章试图提供相对非技术性的解释，说明为什么并行系统会在计算机领域占据主导地位。这一章还提供了关于并行系统和并行编程的简短介绍。

第 2 章介绍计算机硬件和软件的技术背景。第 3 章到第 6 章分别对 MPI、Pthreads、OpenMP 和 CUDA 进行介绍，且内容相对独立。第 7 章使用这四个 API 中的每一个开发两个不同的并行程序。最后，第 8 章提供了一些关于并行计算的补充信息。

我们使用 C 语言来开发程序，因为所有四个 API 都有 C 语言接口，而且，C 语言是一种相对容易学习的语言——特别是对于 C++ 和 Java 程序员来说，因为他们已经熟悉了 C 语言的控制结构。

教学建议

本书源于旧金山大学的一门低年级本科课程。该课程既满足计算机科学专业的要求，也满足学习本科操作系统、体系结构和网络课程的先决条件。该课程以为期四周的 C 语言编程学习开始。由于大多数学生已经编写过 Java 程序，这部分内容主要是关于 C 语言中指针的使用 ⊖。课程的其余部分首先介绍 MPI 编程，然后是 Pthreads 和 / 或 OpenMP，最后是关于 CUDA 的材料。

我们将大部分材料安排在第 1、3、4、5 和 6 章，一小部分材料安排在第 2 和 7 章。第 2 章的背景知识可根据需要学习。例如，在讨论 OpenMP 中的缓存一致性问题之前（第 5 章），我们先在第 2 章中介绍了关于缓存的材料。

课程作业包括每周的家庭作业、五次编程作业、几次期中考试和一次期末考试。家庭作业通常涉及编写一个非常短的程序或对现有程序进行小的修改。目的是确保学生与课程作业保持同步，并让学生亲身体验课堂上介绍的知识。似乎这些作业的存在是该课程成功的主要原因之一。本书中的大多数练习都适用于这些简短的作业。

编程作业比家庭作业复杂，但我们通常会给学生大量的指导：我们经常会在作业中加入伪代码，并在课堂上讨论比较困难的部分。这种额外的指导往往是至关重要的，以免学生在作业上花费过多时间。

期中考试和期末考试的结果以及讲授操作系统的教授充满热情的报告表明，该课程在教

⊖ 有趣的是，一些学生说，他们发现使用 C 语言指针编程比 MPI 编程更难。

学生如何编写并行程序方面是非常成功的。

对于更高级的并行计算课程，本书及其在线支持材料可以作为补充。因此，关于四个 API 的语法和语义的大部分材料可以作为课外阅读材料。

本书也可以作为基于项目的课程和计算机科学以外的需要并行计算的课程的补充。

支持材料[⊖]

本书的在线配套网站为 www.elsevier.com/books-and-journals/book-companion/9780128046050。这个网站包括勘误表和我们在本书中讨论的较长程序的完整源码。为教师提供的额外材料，包括可下载的图片和书中练习的答案，可以从 https://educate.elsevier.com/9780128046050 下载。

我们将非常感谢读者让我们知道他们发现的任何错误。如果你确实发现了错误，请发送电子邮件至 mmalensek@usfca.edu。

致谢

在本书的编写过程中，我们得到了许多人的帮助。我们要感谢第 2 版的审稿人 Steven Frankel（以色列理工学院）和 Il-Hyung Cho（萨吉诺谷州立大学），他们阅读并评论了 CUDA 章节的初稿。感谢那些阅读并评论了本书初稿的审稿人：Fikret Ercal（密苏里科技大学）、Dan Harvey（南俄勒冈大学）、Joel Hollingsworth（伊隆大学）、Jens Mache（路易斯和克拉克大学）、Don McLaughlin（西弗吉尼亚大学）、Manish Parashar（罗格斯大学）、Charlie Peck（厄勒姆学院）、Stephen C. Renk（北中央大学）、Rolfe Josef Sassenfeld（得克萨斯大学埃尔帕索分校）、Joseph Sloan（沃福德学院）、Michela Taufer（特拉华大学）、Pearl Wang（乔治梅森大学）、Bob Weems（得克萨斯大学阿灵顿分校）和 Cheng-Zhong Xu（韦恩州立大学）。我们也深深感谢以下人士对本书各章的评论：Duncan Buell（南卡罗来纳大学）、Matthias Gobbert（马里兰大学巴尔的摩郡分校）、Krishna Kavi（北得克萨斯大学）、Hong Lin（休斯敦大学）、Kathy Liszka（阿克伦大学）、Leigh Little（纽约州立大学）、Xinlian Liu（胡德学院）、Henry Tufo（科罗拉多大学博尔得分校）、Andrew Sloss（ARM 顾问工程师）和 Gengbin Zheng（伊利诺伊大学）。他们的意见和建议使本书内容得到了不可估量的改进。当然，我们对其余的错误和遗漏负全责。

幻灯片和第 1 版的答案手册分别由 Kathy Liszka 和 Jinyoung Choi 准备，感谢他们两位。

爱思唯尔公司的工作人员在整个项目中给予我们很大的帮助。Nate McFadden 协助完成了文本的开发。Todd Green 和 Steve Merken 是本书的组稿编辑。Meghan Andress 是内容开发经理，Rukmani Krishnan 是制作编辑，Victoria Pearson 是设计师。他们的工作非常出色，我们对他们所有人都非常感激。

南加州大学计算机科学和数学系的同事在编写本书的过程中给予我们极大的帮助。Peter 特别感谢 Gregory Benson 教授，他对并行计算的理解——特别是 Pthreads 和信号量——是

⊖　关于本书教辅资源，只有使用本书作为教材的教师才可以申请，需要的教师请访问爱思唯尔的教材网站 http://textbooks.elsevier.com/ 进行申请。——编辑注

一种宝贵的资源。非常感谢我们的系统管理员 Alexey Fedosov 和 Elias Husary，他们耐心并有效地处理了我们在为本书编写程序时出现的所有"紧急事件"。他们还做了一项了不起的工作——为我们提供了用于进行所有程序开发和测试的硬件。

如果没有 Holly Cohn、John Dean 和 Maria Grant 的鼓励和精神支持，Peter 将无法完成这本书，非常感谢他们的帮助。特别感谢 Holly 允许我们使用她的作品《七条记号》作为封面。

Matthew 要感谢南加州大学计算机科学系的同事，以及 Maya Malensek 和 Doyel Sadhu，感谢他们的爱和支持。最重要的是感谢 Peter Pacheco，作为在他学术生涯形成期的一位导师，Peter 是建议和智慧的可靠来源。

我们最大的人情债来自我们的学生。他们一如既往地告诉我们什么是易于掌握的，什么是难以理解的。他们教会了我们如何讲授并行计算，对他们所有人表示最深切的感谢。

为什么需要并行计算

从 1986 年到 2003 年，微处理器的性能平均每年增加 50% 以上[28]。这种空前的增长意味着用户和软件开发商往往只需等待下一代微处理器的出现，就能从其应用中获得更高的性能。然而，自 2003 年以来，单核处理器的性能提升已经逐步放缓，在 2015 年至 2017 年期间，每年的提升幅度不到 4%[28]。这种差异是巨大的：以每年 50% 的速度，性能在 10 年内将增加近 60 倍；而以 4% 的速度，性能将只能增加约 1.5 倍。

此外，这种性能提升的差异与处理器设计的巨大变化有关。到 2005 年，大多数微处理器的主要制造商已经意识到，迅速提高性能的道路正在朝着并行化的方向发展。制造商不再试图继续开发越来越快的单核处理器，而是开始尝试将多个完整的处理器核心放在一个集成电路上。

这一变化对软件开发人员来说会产生非常重要的影响：仅仅增加更多的处理器并不能神奇地提高绝大多数串行程序的性能，也就是说，编写这些程序是为了在单个处理器上运行。这样的程序不知道多处理器的存在，因此它在有多处理器的系统上的性能，实际上与它在多处理器系统的单处理器上的性能是一样的。

所有这些都提出了以下问题：

- 单处理器系统还不够快吗？
- 为什么微处理器制造商不能继续开发快得多的单处理器系统？
- 为什么要建立**并行系统**？为什么要建立多处理器的系统？
- 为什么不能编写程序将串行程序自动转换为**并行程序**，也就是利用多核处理器的优势的程序？

让我们简短地解答这些问题。不过请记住，有些答案并不是一成不变的。例如，许多应用程序的性能可能已经足够了。

1.1 为什么需要不断提高性能

几十年来，我们一直在享受计算能力的大幅提升所带来的好处，这也是科学、互联网和娱乐等不同领域中许多引人注目的进步的核心所在。例如，如果没有这些性能的提高，人类基因组解码、精确的医学成像、快速和准确的网络搜索以及逼真和反应迅速的计算机游戏都是不可能实现的。事实上，如果没有早期的发展，最近的计算能力提升即使不是不可能，也会很困难。但我们永远不能满足于目前的成就。随着计算能力的提高，我们可以认真考虑和解决的问题的数量也在增加。这里给出几个例子：

- 气候建模。为了更好地了解气候变化，我们需要更精确的计算机模型，包括大气、海洋、陆地和两极冰盖之间相互作用的模型。我们还需要对各种干预措施如何影响全球气候进行详细研究。

❑ 蛋白质折叠。人们认为，错误折叠的蛋白质可能与亨廷顿氏症、帕金森氏症和阿尔茨海默氏症等疾病有关，但研究复杂分子（如蛋白质）配置的能力受到目前计算能力的严重制约。

❑ 药物发现。提高后的计算能力在研究新的医疗方法时有广泛应用。例如，许多药物对治疗相对较小的一部分疾病患者是有效的。我们通过仔细分析对已知治疗方法无效的个体的基因组来设计出可能的替代治疗方法。然而，这将涉及对基因组的广泛计算分析。

❑ 能源研究。计算能力的提高将使我们有可能对更详细的技术模型进行编程，如风力涡轮机、太阳能电池和蓄电池。这些程序可能为建造更有效的清洁能源提供所需的信息。

❑ 数据分析。我们创造了大量的数据。据估计，全世界存储的数据量每两年翻一番[31]，但除非经过分析，否则其中绝大多数的数据基本没有用处。举例来说，了解人类 DNA 中的核苷酸序列本身没有什么用，而了解这个序列如何影响发育以及如何导致疾病则需要广泛的分析。除了基因组学，粒子对撞机（如欧洲核子研究中心的大型强子对撞机）、医学成像、天文研究和网络搜索引擎也产生了大量的数据，此处仅举几例。

如果没有计算能力的巨大提升，这些问题和其他一系列问题都不会得到解决。

1.2　为什么需要建立并行系统

单处理器性能的巨大提高很大程度上是由不断增大的晶体管——集成电路上的电子开关——密度推动的。晶体管速度随着晶体管尺寸的减小而提高，集成电路的整体速度也随之提高。然而，速度的提高使其功耗也随之增加。这些功率大部分以热量的形式散失，当集成电路过热时，它就会变得不可靠。在 21 世纪的前十年，风冷集成电路达到了散热能力的极限[28]。

因此，继续提高集成电路的速度已经变得不再可能。事实上，在过去的几年里，晶体管密度的增加已经急剧放缓[36]。

但是，鉴于计算有可能改善我们的生存方式，继续提高计算能力在道义上是必需的。

那么，我们如何才能继续建造越来越强大的计算机呢？答案是并行化。与其建造越来越快、越来越复杂的单核式处理器，业界已经决定将多个相对简单、完整的处理器放在一个芯片上。这样的集成电路被称为**多核处理器**，而**核心**已经成为中央处理单元（CPU）的同义词。在这种情况下，具有一个 CPU 的传统处理器通常被称为**单核系统**。

1.3　为什么需要编写并行程序

大多数为传统的单核系统编写的程序不能利用多核系统。我们可以在多核系统上运行一个程序的多个实例，但这往往没有什么帮助。例如，能够运行我们最喜欢的游戏的多个实例并不是我们真正想要的——我们希望程序能够运行得更快且图形更逼真。要做到这一点，需要重写串行程序，使其成为并行程序，这样它们就可以利用多个核心，或者编写翻译程序，即将串行程序自动转换为并行程序的程序。坏消息是，在编写 C、C++ 和 Java 等语言中的串、并行程序的转换程序方面，研究人员的能力非常有限。

这并不奇怪。虽然我们可以编写程序来识别串行程序中的常见结构，并自动将这些结构转化为有效的并行结构，但并行结构的序列可能非常低效。例如，我们可以把两个 $n \times n$ 矩阵的乘法看作点乘的序列，但是把矩阵乘法并行化为并行点乘的序列，在许多系统上可能相当缓慢。

串行程序的有效并行实现不是通过寻找其每个步骤的有效并行化而获得的。相反，最好的并行化是通过设计一种全新的算法来实现。

作为一个例子，假设我们需要计算 n 个值并将其相加。我们知道这可以通过以下串行代码完成：

```
sum = 0;
for (i = 0; i < n; i++) {
    x = Compute_next_value(. . .);
    sum += x;
}
```

现在假设我们有 p 个核心，且 $p \leqslant n$，那么每个核心可以形成大约 n/p 个值的部分和：

```
my_sum = 0;
my_first_i = . . . ;
my_last_i = . . . ;
for (my_i = my_first_i; my_i < my_last_i; my_i++) {
    my_x = Compute_next_value(. . .);
    my_sum += my_x;
}
```

这里的前缀 my_ 表示每个核心都在使用自己的私有变量，每个核心都可以独立于其他核心执行这段代码。

在每个核心完成这段代码的执行后，变量 my_sum 将存储其调用 Compute_next_value 所计算的值的总和。例如，如果有 8 个核心，$n=24$，并且 24 次对 Compute_next_value 的调用返回值为

1, 4, 3, 　9, 2, 8, 　5, 1, 1, 　6, 2, 7, 　2, 5, 0, 　4, 1, 8, 　6, 5, 1, 　2, 3, 9,

那么存储在 my_sum 中的值可能是，

核心	0	1	2	3	4	5	6	7
my_sum	8	19	7	15	7	13	12	14

这里我们假设核心是由 0，1，…，$p-1$ 范围内的非负整数来识别的，其中 p 是核心的数量。

当各核心完成对 my_sum 值的计算后，通过将其结果发送到指定的"主"核心，形成一个全局性的和：

```
if (我是主核心) {
    sum = my_sum;
    for 每个核心除了我自己 {
        接收到核心传来的值;
        sum += value;
    }
} else {
    将my_sum传给主核心;
}
```

在我们的例子中，如果主核心是核心 0，它将累加这些值，即 8+19+7+15+7+13+12+14=95。

但是，一种更好的方法可做到这一点——特别是当核心的数量很大时。与其让主核心做所有的计算最终总和的工作，不如让核心配对，即核心 0 加入核心 1 的结果，核心 2 加入核心 3 的结果，核心 4 加入核心 5 的结果，以此类推。然后，我们可以只用偶数编号的核心来重复这个过程：0 加入 2 的结果，4 加入 6 的结果，以此类推。现在被 4 整除的核心重复这个过程，以此类推（见图 1.1）。圆圈包含每个核心之和的当前值，带箭头的线表示一个核心正在把它的和发送给另一个核心。加号表示一个核心正在从另一个核心接收和，并将收到的和加入自己的和中。

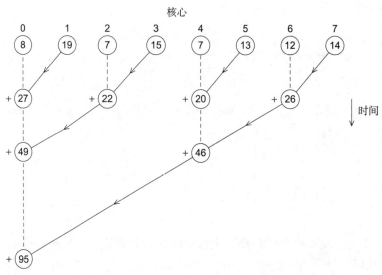

图 1.1　多个核心形成一个全局性的和

对于这两种"全局"求和，主核心（核心 0）比其他任何核心都做得更多，程序完成最终求和所需的时间长度应该等于主核心完成的时间长度。然而，在有 8 个核心的情况下，使用第一种方法，主核心将进行 7 次接收和加法，而使用第二种方法，只进行 3 次。因此，第二种改进的方法的速度较第一种提高了 2 倍以上。随着核心数量的增加，这种差异变得更加复杂。在 1 000 个核心的情况下，第一种方法需要 999 次接收和加法，而第二种方法只需要 10 次——几乎是 100 倍的改进。

第一个全局和是对串行全局和的相当明显的泛化：将加法的工作分给各核心，在每个核心计算完它的那部分和之后，主核心简单地重复基本的串行加法——如果有 p 个核心，那么它需要加 p 个值。另一方面，第二个全局和与最初的串行加法几乎无关。

这里的重点是，翻译程序不太可能"发现"第二个全局和。相反，翻译程序更有可能获得一个预定义的高效全局和。它可以"识别"原始的串行循环，并用预先编码的、有效且并行的全局和来取代它。

我们期望软件的编写可以使大量常见的串行结构被识别并有效地**并行化**，也就是说，修改后可以使用多个核心。然而，当我们将这一原则应用于越来越复杂的串行程序时，识别结构变得越来越困难，我们获得预编码的高效并行化的可能性也就越来越小。

因此，我们不能简单地继续编写串行程序，我们必须编写并行程序，即有效利用多个处理器的程序。

1.4 如何编写并行程序

这个问题有许多可能的答案，但大多数都取决于在各核心之间划分工作的基本想法。有两种广泛使用的方法：**任务并行**和**数据并行**。在任务并行中，我们将解决问题时执行的各种任务划分给各个核心。在数据并行中，我们将用于解决问题的数据划分给各个核心，每个核心对其数据部分进行或多或少的类似操作。

举一个例子：假设 P 教授要教一节"英国文学调查"，又假设有一百个学生在她的课上，所以她被分配了四个助教 A、B、C 和 D。学期结束时，P 教授组织了一场由五个问题组成的期末考试。为了给学生打分，她和她的助教可能会考虑以下两种选择：他们每个人都可以给其中一个问题的所有一百个回答打分，比如 P 给问题 1 打分，A 给问题 2 打分，以此类推；或者，他们可以把一百份试卷分成五堆，每堆二十份，他们每个人可以给其中一堆试卷评分，如 P 给第一堆试卷评分，A 给第二堆试卷评分，以此类推。

在这两种方法中，"核心"都是教授和她的助教。第一种方法可能被认为是任务并行的一个例子。有五个任务要执行：给第一个问题评分，给第二个问题评分，等等。据推测，评分者将在第一题（关于莎士比亚）和第二题（关于弥尔顿）中寻找不同的信息，以此类推。因此，教授和她的助教将"执行不同的指令"。

另一方面，第二种方法可以被认为是数据并行的一个例子。"数据"是学生的论文，这些论文被分给各个核心，每个核心对每篇论文的评分指令或多或少都是一样的。

1.3 节中全局和的例子的第一部分可以被认为是数据并行的例子。数据是由 Compute_next_value 计算的值，每个核心对其分配的元素进行大致相同的操作：通过调用 Compute_next_value 来计算所需的值，并将它们累加在一起。全局和例子的第二部分可以被认为是任务并行的例子。有两个任务：接收并累加该核心的部分和（由主核心执行）以及将部分和交给主核心（由其他核心执行）。

当核心可以独立工作时，编写一个并行程序与编写一个串行程序基本相同。当核心需要协调它们的工作时，事情就变得非常复杂了。在第二个全局和的例子中，虽然图 1.1 中的树状结构非常容易理解，但编写实际代码却相对复杂。参见练习 1.3 和练习 1.4。不幸的是，各核心需要协调的情况要普遍得多。

在这两个全局和的例子中，协调涉及**通信**：一个或多个核心将其当前的部分和发送到另一个核心。全局和的例子还应该涉及通过**负载平衡**进行协调。在全局求和的第一部分，很明显，我们希望每个核心所花的时间与其他核心所花的时间大致相同。如果核心是相同的，并且每次调用 Compute_next_value 都需要相同的工作量，那么我们希望每个核心被分配的值的数量与其他核心大致相同。如果一个核心必须计算大部分的值，那么其他核心就会比重负载的核心更早完成运算，它们的计算能力就会被浪费。

第三种类型的协调是**同步**。举一个例子，假设不是计算要累加的值，而是从 stdin 中读取值。比如，x 是一个数组，由主核心读入：

```
if (我是主核心)
    for (my_i = 0; my_i < n; my_i++)
        scanf("%lf", &x[my_i]);
```

在大多数系统中，核心不是自动同步的。相反，每个核心以自己的速度工作。在这种情况下，问题在于我们不希望其他核心争先恐后，在主程序完成初始化 x 并将其提供给其他核心之前就开始计算它们的部分和。也就是说，在开始执行代码之前，各核心需要等待：

```
for (my_i = my_first_i; my_i < my_last_i; my_i++)
    my_sum += x[my_i];
```

我们需要在 x 的初始化和部分求和的计算之间增加一个同步点：

```
Synchronize_cores();
```

这里的想法是，每个核心将在函数 Synchronize_cores 中等待，直到所有的核心都进入该函数——特别是直到主核心进入该函数。

目前，最强大的并行程序是使用显式并行结构编写的，也就是说，它们是使用 C、C++ 和 Java 等语言的扩展编写的。这些程序包括明确的并行指令：核心 0 执行任务 0，核心 1 执行任务 1，所有核心同步，等等，所以这样的程序往往极其复杂。此外，现代核心的复杂性常常使我们在编写由单个核心执行的代码时必须相当谨慎。

编写并行程序还有其他选择，例如更高级别的语言，但它们为了使程序开发更容易一些往往会牺牲性能。

1.5 我们将做什么

我们将专注于学习编写显式并行的程序。我们的目的是学习使用 C 语言和四种不同的**应用程序接口**（API）进行并行计算机编程，这四种 API 分别是：**消息传递接口**（MPI），**POSIX 线程**（Pthreads），OpenMP 和 CUDA。MPI 和 Pthreads 是由类型定义、函数和宏组成的库，可以在 C 语言程序中使用。OpenMP 由一个库和对 C 语言编译器的一些修改组成。CUDA 由一个库和对 C++ 编译器的修改组成。

你很可能想知道为什么我们要学习四个不同的 API 而不是只有一个，答案与扩展和并行系统都有关。目前，有两种主要的并行系统分类方法：一种是考虑不同核心所能访问的内存，另一种是考虑各核心是否能独立运行。

在内存分类中，我们将关注**共享内存**系统和**分布式内存**系统。在共享内存系统中，各核心可以共享对计算机内存的访问；原则上，每个核心可以读写每个内存位置。在共享内存系统中，我们可以通过让核心检查和更新共享内存位置的方式来协调它们。另一方面，在分布式内存系统中，每个核心都有自己的私有内存，而且核心可以通过在网络上发送消息等方式进行显式通信。图 1.2 显示了这两类系统的示意图。

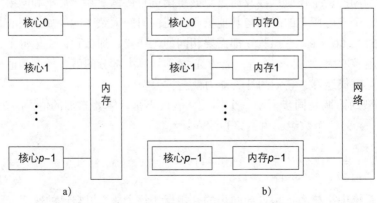

图 1.2   a) 共享内存系统，b) 分布式内存系统

第二种分类方法是根据独立指令流的数量和独立数据流的数量来划分并行系统。在某一

种类型的系统中，核心可以被认为是传统的处理器，因此它们有自己的控制单元且能够相互独立运行。每个核心可以管理自己的指令流和数据流，因此这种类型的系统被称为**多指令流多数据流（MIMD）系统**。

另一种方法是建立一个并行系统，其核心不能管理自己的指令流：它们可以被认为是没有控制单元的核心。确切地说，这些核心共享一个控制单元。然而，每个核心都可以访问自己的私有内存或核心之间的共享内存。在这种类型的系统中，所有核心都对自己的数据执行相同的指令，所以这种类型的系统被称为**单指令流多数据流（SIMD）系统**。

在 MIMD 系统中，一个核心执行加法而另一个核心执行乘法是完全可行的。在 SIMD 系统中，两个核心可以执行相同的指令（在它们自己的数据上），或者，如果它们需要执行不同的指令，那么可以一个在另一个空闲时执行其指令，然后第二个在第一个空闲时执行其指令。在 SIMD 系统中，我们不可能让一个核心执行加法，而另一个核心执行乘法。该系统必须做如下事情。

时间	第一个核心	第二个核心
1	加法	空闲
2	空闲	乘法

由于习惯用自己的控制单元对处理器进行编程，因此 MIMD 系统显得更合理。然而，正如我们将看到的，许多问题使用 SIMD 系统更易解决。举个非常简单的例子，假设有三个数组，每个数组有 n 个元素，我们想把前两个数组的对应项相加，得到第三个数组的值。串行伪代码形式如下：

```
double x[n], y[n], z[n];
...
for (int i = 0; i < n; i++)
    z[i] = x[i] + y[i];
```

现在假设我们有 n 个 SIMD 核，每个核心被分配到三个数组中的一个元素：核心 i 被分配到元素 x[i]、y[i] 和 z[i]。那么我们的程序可以简单地告诉每个核心把它的 x 值和 y 值相加，得到 z 值：

```
i = Compute_my_subscript();
z[i] = x[i] + y[i];
```

这种类型的系统是现代图形处理单元（GPU）的基础，由于 GPU 是极其强大的并行处理器，我们必须学会如何对其进行编程。

不同的 API 用于对不同类型的系统进行编程：

❑ MPI 是用于分布式内存 MIMD 系统编程的 API。

❑ Pthreads 是用于共享内存 MIMD 系统编程的 API。

❑ OpenMP 是用于共享内存 MIMD 和共享内存 SIMD 系统编程的 API，我们将侧重于为 MIMD 系统编程。

❑ CUDA 是用于 NVIDIA GPU 编程的 API，它包含四种分类：共享内存、分布式内存、SIMD 和 MIMD。本书将专注于该 API 的共享内存 SIMD 和 MIMD 两方面。

1.6 并发、并行和分布式

如果翻看其他关于并行计算的书，或者在网上搜索关于并行计算的信息，你很可能也会碰到**并发计算**和**分布式计算**这些术语。尽管人们对并行、分布式和并发这些术语的区别还没有完全达成一致，但许多作者做出了以下区分。

- ❑ 在并发计算中，程序在任何瞬间都可以有多个任务在进行[5]。
- ❑ 在并行计算中，程序通过多个任务紧密合作以解决问题。
- ❑ 在分布式计算中，一个程序可能需要与其他程序合作来解决问题。

因此，并行和分布式程序是并发的。像多任务操作系统这样的程序也是并发的，虽然它在只有一个核心的机器上运行，但是多个任务可以在任何瞬间进行。并行程序和分布式程序之间并没有明确的区别，但并行程序通常在物理上相互接近的核心上同时运行多个任务，这些核心要么共享相同的内存，要么通过非常高速的网络连接。另一方面，分布式程序倾向于更加"松散耦合"。任务可能由相隔较远的多台计算机执行，而任务本身往往由独立创建的程序执行。举例来说，我们的两个并发加法程序被大多数作者认为是并行的，而网络搜索程序则被认为是分布式的。

但要注意，关于这些术语并没有达成普遍的共识。例如，许多作者认为共享内存程序是"并行"的，而分布式内存程序是"分布式"的。正如本书书名所表明的，我们将对并行程序感兴趣——在这些程序中，紧密耦合的任务通过合作来解决问题。

1.7   本书其余部分

如何利用这本书来帮助我们编写并行程序？

首先，当你对高性能感兴趣时，无论是编写串行程序还是并行程序，都需要对你所使用的系统——包括硬件和软件——有所了解。因此，在第 2 章中，我们将对并行硬件和软件进行概述。为了方便理解，有必要回顾一下关于串行硬件和软件的一些信息。第 2 章中的许多材料在我们开始工作时并不需要，所以你可以略过其中的一些材料，在阅读后面的章节时偶尔参考一下。

本书的核心部分包含在第 3～7 章。第 3、4、5、6 章分别对使用 C 和 MPI、Pthreads、OpenMP 和 CUDA 进行并行系统编程进行了非常初级的介绍。阅读这些章节的唯一一基础条件是具有 C 语言编程的知识。我们试图使这些章节相互独立，以便能够以任何顺序进行阅读。然而，为了使它们相互独立，我们发现有必要重复一些材料。因此，如果你已经阅读了这三章中的某一章，然后继续读另一章，请准备略过其中的一些材料。

第 7 章将我们在前面几章中所学到的东西集中起来，分别使用四个 API 开发了两个复杂的程序。即使你只读过第 3、4、5、6 章中的一章，也应该能读懂其中的大部分内容。最后一章（第 8 章）为进一步研究并行编程提供了一些建议。

1.8   一点警告

在继续前行之前，有一点警告。你可能很想"凭感觉"来编写并行程序而不去花心思仔细设计和逐步开发。这肯定是错误的。每个并行程序都至少包含一个串行程序。由于我们几乎总是需要协调多个核心的动作，编写并行程序几乎总是比编写解决相同问题的串行程序要复杂，事实上，它往往要复杂得多。所有为编写并行程序而精心设计和开发的规则，通常比用于编写串行程序的规则要重要得多。

1.9　排版惯例

我们将在文中使用以下字体：

❑ 程序代码将使用以下字体：

```
/*   这是一个简短的程序 */
#include <stdio.h>

int main(int argc, char* argv[]) {
   printf("hello, world\n");

   return 0;
}
```

❑ 定义在正文中给出，被定义的术语用黑体显示：**并行程序**可以利用多个核心。

❑ 需要提到开发程序的环境时，我们会假设所使用的是 UNIX shell，比如 bash，我们会用 $ 来表示 shell 的提示：

```
$ gcc -g -Wall -o hello hello.c
```

❑ 我们将指定具有固定参数列表的函数调用的语法，通过一个参数列表样例呈现。例如，stdlib 中的整数绝对值函数 abs，其语法可能被指定为

```
int abs(int x);   /* 返回整型变量x的绝对值 */
```

对于更复杂的语法，我们会用尖括号 <> 括住必需的内容，用方括号 [] 括住可选的内容。例如，C 语言的 **if** 语句可能有如下的语法规定：

```
if ( <表达式> )
   <语句1>
[else
   <语句2>]
```

这说明 **if** 语句必须包括一个用小括号括起来的表达式，而且右括号后面必须有一个语句。这个语句后面可以有一个可选的 **else** 子句。如果存在 **else** 子句，它必须包括第二个语句。

1.10　小结

许多年来，我们已经从越来越快的处理器中获益。然而，由于物理上的限制，传统处理器的性能提升速度已大幅下降。为了提高处理器的能力，芯片制造商已经转向**多核**集成电路，即在一个芯片上有多个传统处理器的集成电路。

普通的**串行程序**，即为传统的单核处理器编写的程序，通常无法利用多核，而且翻译程序不太可能承担所有将串行程序转换为**并行程序**（可以利用多核的程序）的工作。作为软件开发者，我们需要学会编写并行程序。

编写并行程序时，我们通常需要**协调**各核心的工作。这可能涉及各核心之间的**通信**、**负载平衡**和各核心的**同步**。

在本书中，我们将学习如何为并行系统编程，从而使其性能最大化。我们将使用 C 语言和四个不同的**应用程序接口**（API）：MPI、Pthreads、OpenMP 和 CUDA。这些 API 被用来为并行系统编程，这些系统根据核心访问内存的方式以及各个核心是否可以独立运行而

分类。

在第一种分类中，我们区分了**共享内存**和**分布式内存**系统。在共享内存系统中，各核心共享一个大的内存池，它们可以通过访问共享内存位置来协调行动。在分布式内存系统中，每个核心都有自己的私有内存，核心可以通过在网络上发送消息来协调行动。

在第二种分类中，我们区分了具有可以相互独立运行的核心的系统和核心都执行相同指令的系统。在这两种类型的系统中，各核心都可以在自己的数据流上操作。所以第一种类型的系统被称为**多指令流多数据流**（MIMD）系统，第二种类型的系统被称为**单指令流多数据流**（SIMD）系统。

MPI 用于分布式内存 MIMD 系统的编程。Pthreads 用于为共享内存 MIMD 系统编程。OpenMP 可以用来对共享内存 MIMD 和共享内存 SIMD 系统进行编程，尽管我们将着眼于用它对 MIMD 系统进行编程。CUDA 用于为 NVIDIA **图形处理单元**（GPU）编程。GPU 具有所有四种类型系统的特点，但我们主要对共享内存 SIMD 和共享内存 MIMD 方面感兴趣。

并发程序可以在任何时刻有多个任务在进行。**并行**和**分布式**程序通常有同时执行的任务。并行和分布式之间没有硬性的区别，尽管在并行程序中，任务通常更紧密地耦合在一起。

并行程序通常非常复杂。因此，在并行程序中使用良好的程序开发技术就显得更加重要。

1.11　练习

1.1　为全局和的例子中计算 my_first_i 和 my_last_i 的函数设计公式。请记住，在循环中，每个核心应该被分配大致相同数量的计算元素。提示：首先考虑 n 被 p 均匀整除时的情况。

1.2　我们隐含地假设每次调用 Compute_next_value 需要的工作量与其他调用大致相同。如果调用 $i=k$ 需要的工作量是调用 $i=0$ 时的 $k+1$ 倍，你会如何改变对上一道问题的答案？如果第一次调用（$i=0$）需要 2ms，第二次调用（$i=1$）需要 4ms，第三次调用（$i=2$）需要 6ms，以此类推，你会如何改变答案？

1.3　试着为图 1.1 所示的树状结构全局和写出伪代码。假设核心的数量是 2 的幂（1，2，4，8，…）。提示：使用一个变量 divisor 来决定一个核心是否应该发送它的总和或接收并累加。divisor 应该从 2 开始，并在每次迭代后增加一倍。还可以使用变量 core_difference 来决定哪个核心应该与当前核心配对。它应该从值 1 开始，并且在每次迭代后也要翻倍。例如，在第一次迭代中，0%divisor=0，1%divisor=1，所以 0 接收和累加，而 1 发送。同样在第一次迭代中，0+core_difference=1，1-core_difference=0，所以 0 和 1 在第一次迭代中是配对的。

1.4　作为前面问题中概述的方法的替代方案，我们可以使用 C 的位操作符来实现树状结构的全局和。为了了解这一点，我们可以写下每个核心编号的二进制（基数为 2）表示，并注意每个阶段的配对情况。

核心	阶段		
	1	2	3
$0_{10} = 000_2$	$1_{10} = 001_2$	$2_{10} = 010_2$	$4_{10} = 100_2$

（续）

核心	阶段		
	1	2	3
$1_{10} = 001_2$	$0_{10} = 000_2$	×	×
$2_{10} = 010_2$	$3_{10} = 011_2$	$0_{10} = 000_2$	×
$3_{10} = 011_2$	$2_{10} = 010_2$	×	×
$4_{10} = 100_2$	$5_{10} = 101_2$	$6_{10} = 110_2$	$0_{10} = 000_2$
$5_{10} = 101_2$	$4_{10} = 100_2$	×	×
$6_{10} = 110_2$	$7_{10} = 111_2$	$4_{10} = 100_2$	×
$7_{10} = 111_2$	$6_{10} = 110_2$	×	×

从表中我们可以看出，在第一阶段，每个核心与编号最右边或第一位不同的核心配对。在第二阶段，继续将核心与编号第二位不同的核心配对；而在第三阶段，核心与编号第三位不同的核心配对。因此，如果我们有一个二进制值的位蒙版 bitmask，第一阶段是 001_2，第二阶段是 010_2，第三阶段是 100_2，我们可以通过"反转"编号中与位蒙版 bitmask 中非零位的位置相对应的位，得到配对的核心编号。这可以通过使用按位异或运算符"∧"来完成。

在伪代码中使用顺时针按位异或运算符和左移操作符来实现这个算法。

1.5　练习 1.3 或练习 1.4 的伪代码在核心数不是 2 的幂（如 3、5、6、7）时运行会发生什么？你能修改该伪代码，使其在不考虑核心数的情况下能正常工作吗？

1.6　用以下方法推导出计算核心 0 完成的接收和加法数量的公式。

　　a. 全局和的原始伪代码。

　　b. 树状结构的全局和。

制作一个表格，显示在使用 2，4，8，…，1 024 个核心时，核心 0 完成的接收和加法的数量。

1.7　全局和例子的第一部分——当每个核心累加其分配的计算值时——通常被认为是数据并行的例子；而第一个全局和的第二部分——当核心将其部分求和发送到主核心，主核心进行累加时——可以被认为是任务并行的例子。那么，第二个全局和的第二部分——当核心使用树状结构来累加部分和时——是数据并行的例子还是任务并行的例子？为什么？

1.8　假设教师要为系里的学生举办一个聚会。

　　a. 找出可以分配给教师的任务，使他们在准备聚会时可以使用任务并行。制订一个时间表，说明何时可以执行各种任务。

　　b. 我们可能希望前述部分的任务之一是打扫将举行聚会的房子。怎样才能利用数据并行将打扫房子的工作分给教师？

　　c. 使用任务并行和数据并行的组合来准备聚会（如果教师的工作太多，你可以让助教来挑起这个重担）。

1.9　写一篇文章，描述一个在你的专业中将受益于并行计算的研究问题。提供一个关于如何使用并行性的粗略大纲。你会使用任务并行还是数据并行？

并行硬件与并行软件

对于计算机科学和计算机工程以外的其他学科的专家来说，编写并行程序是完全可行的。然而，为了编写高效的并行程序，我们通常需要一些底层硬件和系统软件的知识。鉴于了解不同类型的并行软件也非常有用，所以在本章中，我们将简要介绍硬件和软件方面的几个主题。我们还将简要介绍评估程序性能和开发并行程序的方法。最后将讨论我们可能会在什么样的环境中工作，以及在本书的其余部分中设定的一些规则和假设。

这是一个篇幅较大且内容宽泛的章节，所以在第一次阅读时最好简单浏览一遍，以便更好地了解这一章的内容。然后，当你对后面某一章中的概念或术语不太清楚时，再回顾本章可能会很有帮助。特别地，除了缓存的基础知识（2.2.1 节），你可能想略读关于冯·诺依曼模型的改进的内容（2.2 节）。此外，在并行硬件部分（2.3 节），你可以浏览关于互连网络的相关资料（2.3.4 节）。你也可以略读有关 SIMD 系统的资料（2.3.2 节），除非你打算阅读有关 CUDA 编程的章节（第 6 章）。

2.1　背景知识

并行硬件和软件是从传统的串行硬件和软件发展而来的：一次运行一个（或多或少）作业的硬件和软件。为了更好地理解并行系统的当前状态，让我们从简单了解串行系统的几个方面开始。

2.1.1　冯·诺依曼体系结构

"经典"的冯·诺依曼体系结构由**主存**、**中央处理单元**（CPU）（或者处理器或核心），以及内存和 CPU 之间的**互连网络**组成。主存储器由一组位置组成，每个位置都能存储指令和数据。每个位置都有一个地址及其存储的内容。地址用于访问该位置，该位置的内容是存储在该位置中的指令或数据。

中央处理单元在逻辑上分为**控制单元**和**数据通路**。控制单元负责决定执行程序中的哪些指令，数据通路负责执行实际指令。CPU 中的数据和有关执行程序状态的信息存储在特殊的、非常快速的存储器中，称为寄存器。控制单元有一个称为**程序计数器**的特殊寄存器，它负责存储下一条要执行的指令的地址。

指令和数据通过互连网络在 CPU 和内存之间传输。传统上，这是一种**总线**，由一组平行导线和一些控制导线访问的硬件组成。最近的系统使用更复杂的互连网络（见 2.3.4 节）。冯·诺依曼机一次只执行一条指令，每条指令只对几条数据进行操作（见图 2.1）。

当数据或指令从内存传输到 CPU 时，我们有时会说数据或指令是从内存中**提取**或**读取**的。当数据从 CPU 传输到内存时，我们有时会说数据被写入内存或**存储**。内存和 CPU 的分离通常被称为冯·诺依曼瓶颈，因为互连决定了指令和数据的访问速率。运行程序所需的潜在的大量数据和指令可以有效地与 CPU 隔离。在 2021 年，CPU 执行指令的速度比从主存中提取的速度快 100 多倍。

为了更好地理解这个问题，假设一家大公司在一个镇上有一家工厂（CPU），在另一个镇上有一个仓库（主存）。此外，想象一下有一条连接仓库和工厂的双行道。生产产品所用的所有原材料都存放在仓库里，且所有成品在运送给客户之前都会储存在仓库中。如果产品的生产速度远大于原材料和成品的运输速度，那么很可能会出现道路上的严重交通堵塞，工厂的员工和机器将长期闲置，或者必须降低他们生产成品的速率

为了解决冯·诺依曼瓶颈问题，更广泛地说，为了提高计算机性能，计算机工程师和计算机科学家对冯·诺依曼的基本体系结构进行了许多改进实验。在讨论这些改进之前，让我们先花点时间讨论一下在冯·诺依曼系统和更现代的系统中使用的软件。

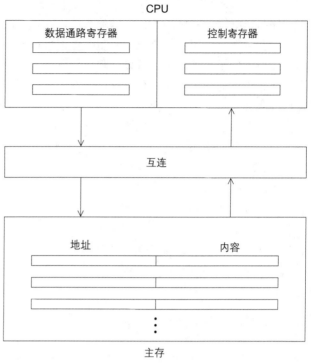

图 2.1　冯·诺依曼体系结构

2.1.2　进程、多任务和线程

回想一下，**操作系统**（OS）是软件的主要部分，其目的是管理计算机上的硬件和软件资源。它决定了哪些程序可以运行以及何时可以运行。它还控制运行程序的内存分配以及对外围设备（如硬盘和网络接口卡）的访问。

当用户运行程序时，操作系统会创建一个**进程**，即正在执行的计算机程序的一个实例。进程由以下几个实体组成：

- ❑ 可执行的机器语言程序。
- ❑ 内存块，包括可执行代码、跟踪活动函数的**调用堆栈**、可用于用户程序显式分配内存的**堆**，以及其他一些内存位置。
- ❑ 操作系统分配给进程的资源描述符，例如文件描述符。
- ❑ 安全信息，例如，指定进程可以访问哪些硬件和软件资源的信息。
- ❑ 有关进程状态的信息，例如进程是否已准备好运行或正在等待某些寄存器的资源、内容以及有关进程内存的信息。

大多数现代操作系统都是**多任务**的。这意味着操作系统支持多个程序同时执行。即使在只有一个核心的系统上，这也是可能的，因为每个进程只运行一小段时间（通常为几毫秒），这通常称为**时间片**。正在运行的程序执行了一个时间片后，操作系统可以运行另一个程序。多任务操作系统可能会在一分钟内多次更改运行进程，即使更改运行进程可能需要很长时间。

在多任务操作系统中，如果一个进程需要等待资源，例如，需要从外部存储器读取数据——它会进入**阻塞态**。这意味着它将停止执行，操作系统可以运行另一个进程。然而，许多程序可以继续做有用的工作，即使当前正在执行的程序部分必须等待资源。例如，航班预订系统在等待一个用户的座位图时阻塞，但可以向另一个用户提供可用航班的列表。**线程化**为程序员提供了一种机制，可以将程序划分为或多或少独立的任务，其特性是当一个线程被阻塞时，可以运行另一个线程。此外，在大多数系统中，线程之间的切换可能比进程之间的切换快得多，因为线程比进程"轻量"。线程包含在进程中，因此它们可以使用相同的可执行文件，并且通常共享相同的内存和相同的 I/O 设备。事实上，属于一个进程的两个线程可以共享该进程的大部分资源。两个重要的例外是，它们需要自己的程序计数器记录和调用堆栈，这样它们就可以彼此独立执行。

如果一个进程是执行的"主"线程，并且线程由该进程启动和停止，那么我们可以将该进程及其子线程想象为直线：当一个线程启动时，它会**分叉**该进程；当线程终止时，它将**加入**进程（见图 2.2）。

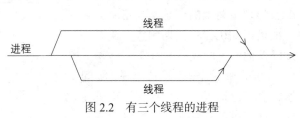

图 2.2　有三个线程的进程

2.2　冯·诺依曼模型的改进

如前所述，自 20 世纪 40 年代开发出第一台电子数字计算机以来，计算机科学家和计算机工程师对基本的冯·诺依曼体系结构进行了许多改进。许多研究的目标是解决冯·诺依曼瓶颈问题，但也有许多研究的目标只是让 CPU 更快。在本节中，我们将介绍其中的三项改进：缓存、虚拟内存和低级别并行性。

2.2.1　缓存基础

缓存是解决冯·诺依曼瓶颈问题最广泛使用的方法之一。要理解缓存背后的思想，请回忆一下我们的示例。一家公司在一个镇上有一家工厂（CPU），在另一个镇上有一个仓库（主存），工厂和仓库之间有一条双行道。对于在仓库和工厂之间运输原材料和成品的问题，有许多可能的解决方案。一种是拓宽道路。另一种是搬迁工厂和 / 或仓库，或建立统一的工厂和仓库。缓存利用了这两种思想。我们不需要传输单个指令或数据项，而是可以使用更广泛的有效互连，在单个内存访问中传输更多数据或更多指令。此外，我们可以将数据块和指令块存储在更接近 CPU 寄存器的特殊内存中，而不是将所有数据和指令都存储在主存中。

通常，**缓存**是一组内存位置的集合，相比其他内存位置，其访问时间更短。在本书中，当我们谈论缓存时，通常指的是 **CPU 缓存**，它是 CPU 能以比访问主存更快的速度访问的内存位置集合。CPU 缓存可以位于与 CPU 相同的芯片上，也可以位于单独的芯片上，该芯片的访问速度比普通内存芯片快得多。比主存访问速度更快的内存更昂贵，所以缓存比主存小得多。

一旦有了缓存，一个明显的问题就是决定哪些数据和指令应该存储在缓存中。普遍使用的原则是基于这样的想法，即程序倾向于使用与最近使用的数据和指令在物理上接近的数据和指令。在执行一条指令后，程序通常会执行下一条指令，分支往往相对较少。类似地，在程序访问一个内存位置中的数据后，通常会继续访问物理上邻近的内存位置中的数据。一个极端的例子是使用数组的情况。考虑循环：

```
float  z[1000];
. . .
sum = 0.0;
for (i = 0; i < 1000; i++)
    sum += z[i];
```

数组被分配为连续内存位置的块。例如，存储 z[1] 的位置紧跟在位置 z[0] 之后。因此，只要 i<999，z[i] 的读取紧接着 z[i+1] 的读取。

访问一个位置后再访问附近位置的原则通常称为**局部性**（locality）。在访问一个内存位置（指令或数据）后，程序通常会在不久的将来（**时间**局部性，temporal locality）访问附近的位置（**空间**局部性，spatial locality）。

为了利用局部性原理，系统使用更广泛的有效互连来访问数据和指令。也就是说，内存访问将有效地操作数据块和指令，而不是单个指令和单个数据项。这些块称为**缓存块**或**缓存行**。典型的缓存行存储的信息是单个内存位置的 8 到 16 倍。在我们的示例中，如果一个缓存行存储了 16 个浮点数，那么当我们第一次累加 sum+=z[0] 时，系统可能会从内存读取 z 的前 16 个元素——z[0]，z[1]，…，z[15]——进入缓存。所以接下来的 15 个加法将使用已经在缓存中的 z 的元素。

从概念上讲，通常简便地将 CPU 缓存视为单一的整体结构。但实际上，缓存通常分为几个级别：第 1 级（L1）最小，速度最快，其他级（L2，L3，…）更大更慢。在 2021 年，大多数系统至少有 2 级，3 级系统非常常见。缓存通常将信息副本存储在较慢的内存中，我们通常将编号较低（更快、更小）的缓存视为更接近寄存器的缓存。因此，存储在 L1 缓存中的变量通常也存储在 L2 缓存中。但是，某些多级缓存不会复制其他级别中可用的信息。对于这些缓存，L1 缓存中的变量可能不会存储在任何其他级别的缓存中，但会存储在主存中。

当 CPU 需要访问指令或数据时，它会沿着缓存层次结构依次运行：首先检查 L1 缓存，然后检查 L2 缓存，依此类推。最后，如果所需的信息不在任何缓存中，它将访问主存。当缓存中存在所需信息并且该信息可用时，被称为**缓存命中**或**命中**（hit）。如果信息不可用，则称为**缓存缺失**或**缺失**（miss）。命中或缺失通常会根据级别进行表述。例如，当 CPU 尝试访问变量时，可能会出现 L1 缺失和 L2 命中。

请注意，内存访问术语**读**和**写**也用于缓存。例如，我们可以从 L2 缓存读取指令，也可以将数据写入 L1 缓存。

当 CPU 尝试读取数据或指令时，若出现缓存读取缺失，它将从内存中读取包含所需信息的数据块，并将其存储在缓存中。这可能会使处理器在等待较慢的内存访问时暂停：处理器可能会停止执行当前程序中的语句，直到从内存中提取所需的数据或指令。因此，在我们的示例中，在读取 z[0] 时，当包含 z[0] 的数据块从内存传输到缓存中时，处理器可能会暂停。

当 CPU 将数据写入缓存时，缓存中的值与主存中的值是不同或**不一致的**。有两种处理不一致的基本方法。在**写直达缓存**中，当数据被写入缓存时，会将其写入主存。在**写回缓存**中，数据不会立即写入。相反，缓存中更新的数据被标记为脏数据，当缓存行被来自内存中数据生成的新缓存行替换时，脏缓存行将写入内存。

2.2.2 缓存映射

缓存设计中的另一个问题是决定应将行存储在何处。也就是说，如果我们从主存中提取一个数据块并生成一个高速缓存行，它应该放在缓存中的什么位置？这个问题的答案因系统而异。一个极端是**全相联**缓存，其中新行可以放置在缓存中的任何位置。另一个极端是**直接映射**缓存，其中每个缓存行在缓存中都有唯一的位置，它将被分配到该指定位置。中间方案称为 *n* **路组相联**。在这些方案中，每个缓存行可以放置在缓存中 *n* 个不同位置之中的一个。例如，在两路组相联缓存中，每一个缓存行都可以映射到两个位置之一。

例如，假设主存由 16 个数据块（内存行）组成，索引为 0～15，缓存由 4 个缓存行组成，索引为 0～3。在全相联缓存中，可以将数据块 0 指定给缓存位置 0、1、2 或 3。在直接映射缓存中，我们可以通过数据块索引除以 4 后的余数来分配缓存行。因此，第 0、4、8和 12 个数据块将映射到缓存行 0，第 1、5、9 和 13 个数据块将映射到缓存行 1，依此类推。在两路组相联缓存中，我们可以将缓存分为两组：索引 0 和 1 形成组 0，索引 2 和 3 形成组1。因此，我们可以使用主存的索引除 2 取模的余数部分，数据块 0 将映射到缓存行索引 0或缓存行索引 1（见表 2.1）。

表 2.1 将 16 行的主存分配给 4 行的缓存

内存索引	缓存位置		
	全相联	直接映射	两路
0	0、1、2 或 3	0	0 或 1
1	0、1、2 或 3	1	2 或 3
2	0、1、2 或 3	2	0 或 1
3	0、1、2 或 3	3	2 或 3
4	0、1、2 或 3	0	0 或 1
5	0、1、2 或 3	1	2 或 3
6	0、1、2 或 3	2	0 或 1
7	0、1、2 或 3	3	2 或 3
8	0、1、2 或 3	0	0 或 1
9	0、1、2 或 3	1	2 或 3
10	0、1、2 或 3	2	0 或 1
11	0、1、2 或 3	3	2 或 3
12	0、1、2 或 3	0	0 或 1
13	0、1、2 或 3	1	2 或 3
14	0、1、2 或 3	2	0 或 1
15	0、1、2 或 3	3	2 或 3

当内存中的多个数据块可以映射到缓存中的多个不同位置（全相联和 *n* 路组相联）时，我们还需要决定应该替换或**逐出**缓存中的哪一行。在前面的示例中，例如，如果第 0 个数据块位于缓存位置 0，第 2 个数据块位于缓存位置 1，我们将在哪里存储第 4 个数据块？最常用的方法称为**最近最少使用**。顾名思义，缓存有数据块使用的相对顺序的记录，如果第 0 个数据块的使用比第 2 个数据块更近，那么第 2 个数据块将被逐出并替换为第 4 个数据块。

2.2.3 缓存和程序：示例

重要的是要记住，CPU 缓存的工作是由系统硬件控制的，而我们程序员并不直接决定缓存中有哪些数据和哪些指令。然而，了解空间和时间局部性的原理可以让我们间接控制缓存。例如，C 以"行优先"顺序存储二维数组。也就是说，尽管我们将二维数组视为矩形块，但它的内存实际上是一个巨大的一维数组。所以在行优先存储中，我们首先存储行 0，然后存储行 1，依此类推。在以下两个代码段中，我们预计第一对嵌套循环的性能要比第二对好得多，因为它在连续块中访问二维数组中的数据。

```
double A[MAX][MAX], x[MAX], y[MAX];
. . .
/* 初始化A和x, y赋值为0 */
. . .
/* 第一对循环 */
for (i = 0; i < MAX; i++)
   for (j = 0; j < MAX; j++)
      y[i] += A[i][j]*x[j];
. . .
/* y赋值为0 */
. . .
/* 第二对循环 */
for (j = 0; j < MAX; j++)
   for (i = 0; i < MAX; i++)
      y[i] += A[i][j]*x[j];
```

为了更好地理解这一点，假设 MAX 为 4，缓存行存储四个双精度值，A 的元素存储在内存中，如下表所示。

缓存行	A 的元素			
0	A[0][0]	A[0][1]	A[0][2]	A[0][3]
1	A[1][0]	A[1][1]	A[1][2]	A[1][3]
2	A[2][0]	A[2][1]	A[2][2]	A[2][3]
3	A[3][0]	A[3][1]	A[3][2]	A[3][3]

因此，A[0][1] 存储在 A[0][0] 之后，而 A[1][0] 存储在 A[0][3] 之后。

我们假设当每对循环开始执行时，A 的元素都不在缓存中。我们还假设缓存是直接映射的，它只能存储 A 的八个元素或者两个缓存行（不考虑 x 和 y）。

两对循环都试图首先访问 A[0][0]。由于它不在缓存中，这将导致缓存缺失，系统将把 A 中由 A[0][0]、A[0][1]、A[0][2]、A[0][3] 组成的第一行读取到缓存中。然后，第一对循环访问缓存中的 A[0][1]、A[0][2]、A[0][3]，当代码访问 A[1][0] 时，第一对循环中的下一次缺失将发生。以这种方式继续，我们看到第一对循环在访问 A 的元素时总共将导致四次缺失，每行一次。请注意，由于我们假设的缓存只能存储 A 的两行或八个元素，因此当我们读取第二行的第一个元素和第三行的第一个元素时，必须从缓存中逐出已经在缓存中的一行，但一旦逐出一行，第一对循环并不需要再次访问该行的元素。

将第一行读入缓存后，第二对循环需要访问 A[1][0]、A[2][0]、A[3][0]，这些都不在缓存中。因此，A 接下来的三次访问也会导致缺失。此外，由于缓存很小，对 A[2][0] 和 A[3][0] 的读取将需要逐出缓存中已有的行。由于 A[2][0] 存储在缓存行 2 中，读取其行将逐出行 0，读取 A[3][0] 将逐出行 1。完成第一次外循环后，我们接下来需要访问

A[0][1]，它与第一行的其余部分一起被逐出。所以我们看到，每次读取 A 的一个元素时，都会出现 1 次缺失，第二对循环会导致 16 次缺失。

因此，我们希望第一对嵌套循环比第二对快得多。事实上，如果我们在其中一个系统上运行 MAX=1000 的代码，第一对嵌套循环的速度大约是第二对的 3 倍。

2.2.4　虚拟内存

缓存可以使 CPU 快速访问主存中的指令和数据。然而，如果我们运行一个非常大的程序或运行一个访问非常大的数据集的程序，那么所有的指令和数据可能都无法装入主存。多任务操作系统尤其如此：为了在程序之间切换并产生多个程序同时运行的假象，在下一个时间片中使用的指令和数据应该在主存中。因此，在多任务系统中，即使主存非常大，许多正在运行的程序也必须共享可用的主存。此外，这种共享必须以这样一种方式进行，即每个程序的数据和指令都不会被其他程序损坏。

开发**虚拟内存**是为了使主存可以作为辅助存储的缓存。它利用了时空局部性原理，只在主存中保存许多正在运行的程序中的活跃部分，那些空闲的部分可以保存在一个称为**交换空间**的二级存储器块中。与 CPU 缓存一样，虚拟内存对数据块和指令块进行操作。这些块通常称为**页**，由于二级存储的访问速度可能比主存的访问速度慢得多，因此页相对较大。大多数系统都有固定的页大小，当前的大小范围为 4KB 到 16KB。

如果我们在编译程序时试图为页分配物理内存地址，可能会遇到麻烦。如果我们这样做，那么程序的每一页只能分配给一块内存，而在多任务操作系统中，可能有许多程序想要使用同一块内存。为了避免此问题，在编译程序时，会为其页分配虚拟页码。然后，当程序运行时，将创建一个表，将虚拟页码映射到物理地址。当程序运行并引用虚拟地址时，此**页表**用于将虚拟地址转换为物理地址。如果页表的创建由操作系统管理，则可以确保一个程序使用的内存不会与另一个程序使用的内存重叠。

使用页表的一个缺点是，它会将访问主存中某个位置所需的时间增加一倍。例如，假设我们要在主存中执行一条指令，然后我们的执行程序将拥有该指令的虚拟地址，但在内存中找到该指令之前，我们需要将虚拟地址转换为物理地址。为此，我们需要在内存中找到包含该指令的页面。现在，虚拟页码作为虚拟地址的一部分被存储。例如，假设地址是 32 位，页面是 4KB=4 096 字节。然后，页面中的每个字节可以用 12 位标识，因为 $2^{12}=4\ 096$。因此，我们可以使用虚拟地址的低 12 位来定位页面中的一个字节，而虚拟地址的其余位可以用于定位单个页面（见表 2.2）。请注意，可以从虚拟地址计算虚拟页码，而无须访问内存。但是，一旦找到虚拟页码，我们就需要访问页表，将其转换为物理页地址。如果页表所需的部分不在缓存中，我们需要从内存中加载它。加载后，我们可以将虚拟地址转换为物理地址，并获得所需的指令。

表 2.2　虚拟地址被分成虚拟页码和字节偏移

虚拟地址									
虚拟页码					字节偏移				
31	30	⋯	13	12	11	10	⋯	1	0
1	0	⋯	1	1	0	0	⋯	1	1

这显然是一个问题。虽然多个程序可以或多或少同时使用主存，但使用页表有可能显著

增加每个程序的总体运行时间。为了解决这个问题，处理器有一个特殊的地址转换缓存，称为**旁路转换缓冲区**（Translation Lookaside Buffer，TLB）。它将页面表中的少量条目（通常为16~512）缓存在非常快的内存中。使用时空局部性原则，我们预计大多数内存引用将指向物理地址存储在 TLB 中的页面，并且需要访问主存中页表的内存引用数量将大幅减少。

TLB 术语与缓存术语相同。当我们查找地址并且虚拟页码在 TLB 中时，称为 TLB 命中。如果不在 TLB 中，则称为缺失。然而，页表术语与缓存术语有显著区别。如果尝试访问不在内存中的页，即页表没有该页的有效物理地址，并且该页面仅存储在磁盘上，则尝试的访问被称为**页面错误**。

磁盘访问的相对缓慢对虚拟内存有几个额外的影响。首先，使用 CPU 缓存，我们可以使用写直达或写回方案来处理写缺失。然而，对于虚拟内存，磁盘访问非常昂贵，因此应尽可能避免访问，虚拟内存应始终使用写回方案。这可以通过在内存中的每个页面上保留一个位来处理，该位指示页面是否已更新。如果它已经更新，那么被主存逐出时，它将被写入磁盘。其次，由于磁盘访问速度很慢，页表的管理和磁盘访问的处理可以由操作系统完成。因此，尽管我们作为程序员并不直接控制虚拟内存，但与 CPU 缓存不同，CPU 缓存由系统硬件处理，而虚拟内存通常由系统硬件和操作系统软件的组合控制。

2.2.5　指令级并行

指令级并行（ILP）尝试通过让多个处理器组件或**功能单元**同时执行指令来提高处理器性能。ILP 有两种主要方法：**流水线**，其中功能单元分阶段排列；**多发射**，其中可以同时启动多个指令。几乎所有现代 CPU 都使用这两种方法。

流水线

流水线的原理类似于工厂装配线：当一个团队将汽车的发动机连接到底盘上时，另一个团队可以将变速器连接到已经由第一个团队加工过的汽车发动机和驱动轴上，第三个团队可以将车身连接到已经由前两个团队加工过的汽车底盘上。作为涉及计算的示例，假设我们要将浮点数 9.87×10^4 和 6.54×10^3 相加。然后，我们可以使用以下步骤。

这里我们使用的是以 10 为底的三位数尾数或有效位，小数点左侧有一位数字。因此，在本例中，标准化将小数点向左移动一个单位，四舍五入为三位数字。

时间	操作	操作数 1	操作数 2	结果
1	获取操作数	9.87×10^4	6.54×10^3	
2	比较指数	9.87×10^4	6.54×10^3	
3	移位一个操作数	9.87×10^4	0.654×10^4	
4	相加	9.87×10^4	0.654×10^4	10.524×10^4
5	标准化结果	9.87×10^4	0.654×10^4	1.0524×10^5
6	四舍五入结果	9.87×10^4	0.654×10^4	1.05×10^5
7	存储结果	9.87×10^4	0.654×10^4	1.05×10^5

现在，如果每个操作都需要 1ns（10^{-9}s），累加操作将需要 7ns。如果我们执行如下代码：

```
float x[1000], y[1000], z[1000];
. . .
for (i = 0; i < 1000; i++)
    z[i] = x[i] + y[i];
```

for 循环大约需要 7 000ns。

作为替代方案，假设我们将浮点加法器分成七个独立的硬件或功能单元。第一个单元将获取两个操作数，第二个单元将比较指数，依此类推。此外，假设一个功能单元的输出是下一个功能单元的输入。因此，将两个值相加的功能单元的输出就是对结果进行标准化的单元的输入。那么一个浮点加法仍然需要 7ns。然而，当我们执行 **for** 循环时，可以在比较 x[0] 和 y[0] 的指数时获取 x[1] 和 y[1]。更一般地，我们可以在七个不同的累加中同时执行七个不同的阶段（见表 2.3）。从表中可以看出，在时刻 5 之后，流水线循环每纳秒产生一个结果，而不是每 7ns 产生一个结果，因此执行 **for** 循环的总时间已从 7 000ns 减少到 1 006ns，几乎是原来的七分之一。

表 2.3   流水线加法。表中的数字是操作数 / 结果的下标

时间	获取	比较	移位	相加	标准化	四舍五入	存储
0	0						
1	1	0					
2	2	1	0				
3	3	2	1	0			
4	4	3	2	1	0		
5	5	4	3	2	1	0	
6	6	5	4	3	2	1	0
⋮	⋮	⋮	⋮	⋮	⋮	⋮	⋮
999	999	998	997	996	995	994	993
1 000		999	998	997	996	995	994
1 001			999	998	997	996	995
1 003					999	998	997
1 004						999	998
1 005							999

总的来说，具有 k 个阶段的流水线在性能上不会得到 k 倍的提升。例如，如果不同功能单元所需的时间不同，则阶段将以最慢功能单元的速度有效运行。此外，延迟（例如等待操作数可用）可能会导致流水线暂停。有关流水线性能的更多详细信息，请参见练习 2.1。

多发射

流水线通过获取单个硬件或功能单元并按顺序连接它们来提高性能。多发射处理器复制功能单元，并尝试在一个程序中同时执行不同的指令。例如，如果我们有两个完整的浮点加法器，就可以将执行循环所需的时间大约减半：

```
for (i = 0; i < 1000; i++)
    z[i] = x[i] + y[i];
```

当第一个加法器计算 z[0] 时，第二个加法器可以计算 z[1]；当第一个计算 z[2] 时，第二个可以计算 z[3]；依此类推。

如果功能单元在编译时调度，则多发射系统被称为使用**静态多发射**。如果它们安排在运行时，则系统被称为使用**动态多发射**。支持动态多发射的处理器有时被称为**超标量处理器**。

当然，要利用多发射，系统必须找到可以同时执行的指令。最重要的技术之一是**前瞻执**

行（speculation）。在前瞻执行中，编译器或处理器对指令进行猜测，然后根据猜测执行指令。下面是一个简单的示例，在以下代码中，系统可能会预测 z=x+y 的结果将给 z 一个正值，因此，它将指定 w=x：

```
z = x + y;
if (z > 0)
    w = x;
else
    w = y;
```

另外一个例子，在以下代码中：

```
z = x + y;
w = *a_p;   /* a_p是一个指针 */
```

系统可能会预测 a_p 不指向 z，因此它可以同时执行这两个赋值。

正如两个例子所表明的，前瞻执行必须考虑到预测行为不正确的可能性。在第一个示例中，如果赋值 z=x+y 的结果不是正值，我们需要退回并执行赋值 w=y。在第二个示例中，如果 a_p 指向 z，则需要重新执行赋值 w=*a_p。

如果编译器进行前瞻执行，它通常会插入测试推测是否正确的代码，如果不正确，则会采取纠正措施。如果硬件进行前瞻执行，处理器通常将推测执行的结果存储在缓冲区中。当知道推测正确时，缓冲区的内容会被传输到寄存器或内存中。如果推测不正确，则丢弃缓冲区的内容，并重新执行指令。

虽然动态多发射系统可以无序执行指令，但在当前生成的系统中，指令仍按顺序加载，并且指令的结果也按顺序提交。也就是说，指令的结果按照程序指定的顺序写入寄存器和内存。

另一方面，优化编译器可以对指令重新排序。正如我们稍后将看到的，这可能对共享内存编程产生重要影响。

2.2.6　硬件多线程

ILP 很难利用：具有长序列相关语句的程序提供的机会很少。例如，在直接计算斐波那契数时：

```
f[0] = f[1] = 1;
for (i = 2; i <= n; i++)
    f[i] = f[i−1] + f[i−2];
```

基本上没有同时执行指令的机会。

线程级并行（TLP）试图通过同时执行不同的线程来提供并行性，因此它提供了比 ILP **更粗粒度**的并行性，也就是说，正在同时执行的程序单元，即线程，比**细粒度**单元（单个指令）更大或更粗。

当前执行的任务暂停时（例如，当前任务必须等待从内存中加载的数据时），**硬件多线程**为系统继续执行有用的工作提供了一种方法。与其在当前执行的线程中寻找并行性，不如简单地运行另一个线程。当然，为了使其有用，系统必须支持线程之间的快速切换。例如，在一些较旧的系统中，线程被简单地通过进程来实现，在进程之间切换所需的时间内，可以执行数千条指令。

在**细粒度**多线程处理中，在每条指令后，处理器在线程之间切换，跳过暂停的线程。虽然这种方法有可能避免由于暂停而浪费机器时间，但它的缺点是准备执行长指令序列的线程可能必须等待执行每条指令。**粗粒度**多线程试图通过仅切换暂停等待耗时操作完成的线程（例如，从主存中加载）来避免此问题。这有一个优点，即切换线程不需要几乎是瞬时的。然而，在较短的暂停时间内，处理器可能处于空闲状态，线程切换也会导致延迟。

同时多线程（SMT）是细粒度多线程的一种变体。它试图利用超标量处理器，通过允许多个线程使用多个功能单元实现。如果我们指定"首选"线程，即具有许多准备好执行的指令的线程，则可以在一定程度上解决线程减速的问题。

2.3 并行硬件

由于可以同时执行不同的功能单元，因此多发射和流水线可以清楚地被视为并行硬件。然而，由于程序员通常看不到这种形式的并行性，我们将它们都视为基本的冯·诺依曼模型的扩展，并且出于我们的目的，并行硬件将限于程序员可见的硬件。换句话说，如果可以随时修改源代码来利用它，或者如果必须修改源代码来利用它，那么我们将认为硬件是并行的。

2.3.1 并行计算机的分类

我们将使用两种独立的并行计算机分类。第一种是 **Flynn 分类法**[20]，它根据指令流的数量和它可以同时管理的数据流（或数据通路）的数量对并行计算机进行分类。因此，经典的冯·诺依曼系统是**单指令流单数据流**（SISD）系统，因为它一次执行一条指令，并且在大多数情况下，一次计算一个数据值。分类中的并行系统始终可以管理多个数据流，我们区分了仅支持单个指令流（SIMD）的系统和支持多个指令流（MIMD）的系统。

我们已经在第 1 章中提到了另一种分类：与核心如何访问内存有关。在**共享内存系统**中，核心可以共享对内存位置的访问，核心通过修改共享内存位置来协调其工作。在**分布式内存系统**中，每个核心都有自己的专用内存，这些核心通过网络通信来协调工作。

2.3.2 SIMD系统

单指令流多数据流（SIMD）系统是并行系统。顾名思义，SIMD 系统通过将同一指令应用于多个数据项，在多个数据流上运行，因此可以将一个抽象 SIMD 系统视为具有单个控制单元和多个数据通路。指令从控制单元广播到数据通路，每个数据通路要么将指令应用到当前数据项，要么将其闲置。例如，假设我们要执行"向量加法"，也就是说，假设我们有两个数组 x 和 y，每个数组有 n 个元素，我们想将 y 的元素添加到 x 的元素中：

```
for (i = 0; i < n; i++)
    x[i] += y[i];
```

更进一步，如果假设 SIMD 系统有 n 条数据通路，则我们可以将 x[i] 和 y[i] 加载到第 i 个数据通路中，让第 i 个数据通路将 y[i] 累加到 x[i]，并将结果存储在 x[i] 中。如果 SIMD 系统有 m 个数据通路且 $m<n$，我们可以简单地一次在 m 个元素的块中执行加法。例如，如果 $m=4$，$n=15$，我们可以首先累加元素 0 到 3，然后累加元素 4 到 7，然后累加元素 8 到 11，最后累加元素 12 到 14。请注意，在示例最后一组元素——元素 12 到 14 中，我们只对 x 和 y 的三个元素进行操作，因此四个数据通路中的一个将处于空闲状态。

所有数据通路执行相同指令或空闲的要求可能会严重降低 SIMD 系统的整体性能。例如，假设我们只想在 y[i] 为正时执行加法：

```
for (i = 0; i < n; i++)
    if (y[i] > 0.0) x[i] += y[i];
```

在此设置中，我们必须将 y 的每个元素加载到数据通路中，并确定它是否为正。如果 y[i] 为正，我们可以继续进行加法。否则，当其他数据通路执行加法时，存储 y[i] 的数据通路将处于空闲状态。

还请注意，在"经典"SIMD 系统中，数据通路必须同步运行，即每个数据通路必须等待下一条指令广播后才能继续。此外，数据通路没有指令存储区，因此数据通路不能通过存储指令以供以后执行来延迟指令的执行。

最后，正如我们的第一个示例所示，SIMD 系统非常适合并行化操作大型数据数组的简单循环。通过在处理器之间划分数据并让处理器对其数据子集应用（或多或少）相同的指令而获得的并行性称为**数据并行性**。SIMD 并行在处理大型数据并行问题时非常有效，但 SIMD 系统在处理其他类型的并行问题时往往表现不佳。

SIMD 系统的历史有些曲折。20 世纪 90 年代初，SIMD 系统（思维机器）制造商是最大的并行超级计算机制造商之一。然而，到 20 世纪 90 年代末，唯一广泛生产的 SIMD 系统是向量处理器。最近，图形处理单元（GPU）和桌面 CPU 正在利用 SIMD 计算的各个方面。

向量处理器

尽管向量处理器的组成结构多年来发生了变化，但它们的关键特征是可以对数据的数组或向量进行操作，而传统的 CPU 则可以对单个数据元素或标量进行操作。典型的新系统具有以下特点：

- □ 向量寄存器。这是能够存储操作数向量并同时对其内容进行操作的寄存器。向量长度由系统固定，范围从 4 到 256 个 64 位元素。
- □ 向量化和流水线功能单元。注意，相同的操作被应用于向量中的每个元素，或者，在加法等操作的情况下，相同的操作应用于两个向量中每对的对应元素。因此向量运算是 SIMD。
- □ 向量指令。这些是对向量而不是标量进行操作的指令。如果向量长度是 vector_length，那么这些指令有一个很大的优点，即一个简单的循环，例如，

  ```
  for (i = 0; i < n; i++)
      x[i] += y[i];
  ```

  对于每个 vector_length 元素块，只需要一次加载、累加和存储，而传统系统需要对每个元素进行加载、累加和存储。
- □ 交错存储器。内存系统由多个可以或多或少独立访问的"库"组成。在访问一个库后、重新访问之前会有一段延迟，但访问另一个库的速度要快得多。因此，如果一个向量的元素分布在多个库中，则加载 / 存储连续元素的延迟很小甚至没有延迟。
- □ 跨步内存访问和硬件分散 / 聚集。在跨步内存访问中，程序以固定的间隔访问向量的元素。例如，访问第一个元素、第五个元素、第九个元素等将以四个跨步进行跨步访问。分散 / 聚集（在本书中）是指以不规则的间隔写入（分散）或读取（聚集）向量的元素，例如，访问第一个元素、第二个元素、第四个元素、第八个元素等。典型的向量系统提供了特殊的硬件来加速跨步访问和分散 / 聚集。

向量处理器对于很多应用程序很有优势，它们的使用快速且简单。向量化编译器非常擅长识别可以向量化的代码。此外，它们还可以识别无法向量化的循环，并且常常提供有关循环无法向量化的原因的信息。因此，用户可以做出明智的决策，决定是否有可能重写循环将

其向量化。向量系统具有非常高的内存带宽，加载的每个数据项都会被实际使用，而基于缓存的系统可能不会使用缓存行中的每个项。另一方面，它们不像其他并行体系结构那样处理不规则的数据结构，而且它们的**可扩展性**似乎有一个非常有限的限制，即它们处理更大问题的能力。很难看到如何创建可以在更长向量上运行的系统。当前这代系统通常通过增加向量处理器的数量而不是向量长度来扩展。当前的商品系统对非常短向量操作的支持有限，而长向量操作的处理器是定制的，因此非常昂贵。

图形处理单元

实时图形应用程序编程接口（API）使用点、线和三角形在内部表示对象的曲面。它们使用**图形处理流水线**将内部表示转换为可以发送到计算机屏幕的像素数组。该流水线的几个阶段是可编程的。可编程阶段的行为由称为着色器函数的函数指定。着色器函数通常很短，只有几行 C 代码。它们也是隐式并行的，因为它们可以应用于图形流中的多个元素（例如顶点）。由于将着色器函数应用于附近的元素通常会导致相同的控制流，因此 GPU 可以通过使用 SIMD 并行来优化性能，而在当前一代产品中，所有 GPU 都使用 SIMD 并行。这是通过在每个 GPU 处理核心上包含大量数据通路（例如 128 个）来实现的。

处理单个图像可能需要非常大量的数据，单个图像有数百兆数据并不罕见。因此，GPU 需要保持非常高的数据传送速率，为了避免内存访问暂停，它们严重依赖硬件多线程，有些系统能够为每个执行线程存储 100 多个挂起线程的状态。实际线程数取决于着色器函数所需的资源量（例如寄存器）。这里的一个缺点是，需要许多线程处理大量数据以保持数据通路繁忙，而 GPU 在小问题上的性能可能相对较差。

应该强调的是，GPU 不是纯 SIMD 系统。尽管给定核心上的数据通路可以使用 SIMD 并行，但当代 GPU 可以在单个核心上运行多个指令流。此外，典型的 GPU 可以有几十个核心，这些核心还能够执行独立的指令流。因此，GPU 既不是纯 SIMD，也不是纯 MIMD。

还请注意，GPU 可以使用共享或分布式内存。最大的系统通常同时使用这两种功能：一些核心访问一个共同的内存块，但其他 SIMD 核心访问不同的共享内存块，而访问不同共享内存块的两个核心可以通过网络进行通信。然而，在本书的其余部分中，我们将仅讨论使用共享内存的 GPU。

GPU 在通用、高性能计算方面越来越受欢迎，并且已经开发了几种允许用户利用其能力的语言。在第 6 章中，我们将更详细地介绍 NVIDIA 处理器的体系结构以及如何对其进行编程，另见 [33]。

2.3.3 MIMD系统

多指令流多数据流（MIMD）系统支持在多个数据流上运行多个并行指令流。因此，MIMD 系统通常由完全独立的处理单元或核心组成，每个处理单元或核心都有自己的控制单元和数据通路。此外，与 SIMD 系统不同，MIMD 系统通常是**异步**的，也就是说，处理器可以按自己的速度运行。在许多 MIMD 系统中，没有全局时钟，并且两个不同处理器上的系统时间之间可能没有关系。事实上，除非程序员强制进行一些同步，否则即使处理器正在执行完全相同的指令序列，在任何给定的时刻，它们也可能正在执行不同的语句。

正如我们在第 1 章中所指出的，MIMD 系统有两种主要类型：共享内存系统和分布式内存系统。在**共享内存系统**中，一组自主处理器通过互连网络连接到内存系统，每个处理器可以访问每个内存位置。在共享内存系统中，处理器通常通过访问共享数据结构进行隐式通信。在**分布式内存系统**中，每个处理器都与自己的*私有*内存配对，处理器–内存对通过互连网络进行通信。因此，在分布式内存系统中，处理器通常通过发送消息或通过函数访问另一个处理器的内存来显式通信（参见图2.3和图2.4）

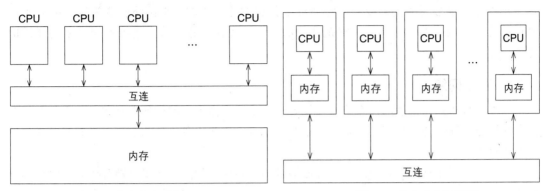

图2.3 共享内存系统   图2.4 分布式内存系统

共享内存系统

最广泛使用的共享内存系统使用一个或多个**多核**处理器。正如我们在第1章中所讨论的，多核处理器在单个芯片上有多个CPU或核心。通常，核心具有私有的L1缓存，而其他缓存可能在核心之间共享，也可能不共享。

在具有多个多核处理器的共享内存系统中，互连网络可以将所有处理器直接连接到主存，或者每个处理器可以直接连接到主存块，并且处理器可以通过内置在处理器中的特殊硬件访问彼此的主存块（见图2.5和图2.6）。第一种类型的系统中，所有核心访问所有内存位置的时间都是相同的；而在第二种类型中，核心直接连接到的内存位置比必须通过另一个芯片访问的内存位置访问速度更快。因此，第一种类型的系统称为**统一内存访问**（UMA）系统，而第二种类型的系统称为**非统一内存访问**（NUMA）系统。UMA系统通常更容易编程，因为程序员不需要担心不同内存位置的不同访问时间。这种优势可以被NUMA系统中更快地访问直接连接的内存的能力所抵消。此外，NUMA系统可能比UMA系统使用更多的内存。

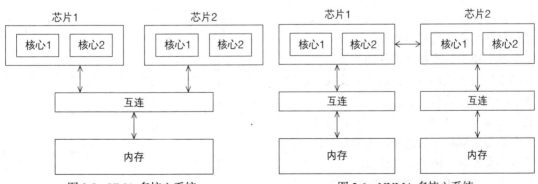

图2.5 UMA多核心系统   图2.6 NUMA多核心系统

分布式内存系统

最广泛使用的分布式内存系统称为**集群**。它们由一系列商用系统组成，例如，通过商用互连网络（例如以太网）连接的PC。事实上，这些系统的**节点**，即通过通信网络连接在一起的各个计算单元，通常是具有一个或多个多核处理器的共享内存系统。为了将这些系统与纯分布式存储系统区分开来，它们有时被称为**混合系统**。如今，人们通常认为集群具有共享内存节点。

网格提供了必要的基础设施，将地理上分布的计算机的大型网络转变为统一的分布式内存系统。一般来说，这样的系统是异构的，也就是说，各个节点是由不同类型的硬件构建的。

2.3.4 互连网络

互连对分布式和共享内存系统的性能起着决定性的作用：即使处理器和内存实际上具有无限的性能，缓慢的互连将严重降低除最简单的并行程序之外的所有程序的总体性能（参见练习 2.11）。

尽管有些互连有很多共同点，但有足够多的差异使得我们有必要分别对待共享内存和分布式内存的互连。

共享内存的互连网络

在过去，共享内存系统通常使用**总线**连接处理器和内存。最初，**总线**是一组并行通信线和一些控制总线访问的硬件的集合。总线的关键特征是，连接到总线的设备共享通信线。总线具有成本低、灵活性强的优点。它可以将多个设备连接到一条总线，而无须多少额外成本。然而，由于通信线是共享的，随着连接到总线的设备数量的增加，对总线的使用发生争用的可能性增加，导致总线的预期性能降低。因此，如果我们将大量处理器连接到一条总线上，处理器将不得不经常等待对主存的访问。因此，随着共享内存系统规模的增加，总线逐渐被交换开关互连所取代。

顾名思义，**交换**互连使用交换机来控制连接设备之间的数据路由。**交叉开关**是一种相对简单且功能强大的交换互连。图 2.7a 中显示了一个简单的交叉开关。行是双向通信链路，正方形是核心或内存模块，圆圈是交换机。

单个交换机可以采用图 2.7b 所示的两种配置之一。有了这些交换机和至少与处理器一样多的内存模块，如果两个核心试图同时访问同一个内存模块，那么尝试访问内存的两个核心之间只会

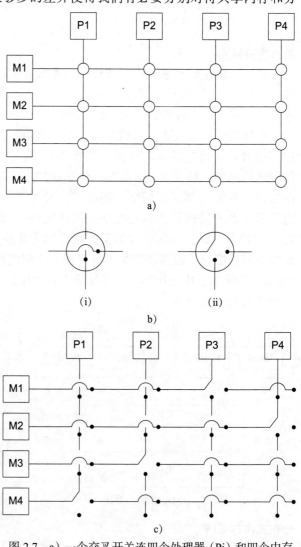

图 2.7 a) 一个交叉开关连四个处理器（Pi）和四个内存模块（Mj），b) 配置内部交叉开关，c) 处理器同时进行内存访问

发生冲突。例如，图 2.7c 显示了 P1 写入 M4、P2 读取 M3、P3 读取 M1 和 P4 写入 M2 时开关的配置。

交叉开关允许不同设备之间同时通信，因此它们比总线快得多。然而，交换机和链路的成本相对较高。基于小型总线的系统将比同样大小的基于交叉开关的系统便宜得多。

分布式内存的互连网络

分布式内存互连通常分为两组：直接互连和间接互连。在**直接互连**中，每个交换机直接连接到处理器 – 内存对，并且交换机彼此连接。图 2.8 显示了一个**环**和一个二维**环形网格**。与之前一样，圆形是交换机，正方形是处理器，线是双向链路。

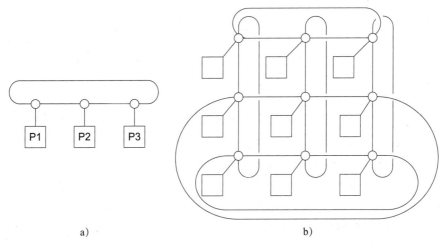

a)　　　　　　　　　　　　　　　　　　b)

图 2.8　a）一个环，b）一个二维环形网格

直接互连功率的最简单度量之一是链路的数量。在计算直接互连中的链路时，通常只计算交换机到交换机的链路。这是因为处理器到交换机链路的速度可能与交换机到交换机链路的速度相差很多。此外，为了获得链路的总数，我们通常只需将处理器的数量与交换机到交换机链路的数量相加。因此，在环形图（图 2.8a）中，我们通常会计算 3 条链路而不是 6 条链路，在环面网格图（图 2.8b）中，我们会计算 18 条链路而不是 27 条链路。

环优于简单总线，因为它允许多个处理器同时通信。然而，设计总线的通信方案很容易，其中一些处理器必须等待其他处理器完成通信。环形网格将比环更昂贵，因为交换机更复杂——它们必须支持 5 条链路而不是 3 条链路。如果有 p 个处理器，环形网格中的链路数是 $2p$，而环中只有 p。然而，不难相信，使用网格时，同时通信模式的数量可能比使用环时更多。

"同时通信链路数"或"连接性"的一个衡量标准是**等分宽度**（bisection width）。为了理解这个衡量标准，假设并行系统被分成两半，每一半包含一半的处理器或节点。两半之间"跨越鸿沟"可以同时进行多少次通信？在图 2.9a 中，我们将一个有 8 个节点的环分成两组，每组 4 个节点，可以看到，两半之间只能进行两次通信。（为了使图更易于阅读，我们在本图和后续的直接互连图中对每个节点及其交换机进行了分组。）然而，在图 2.9b 中，我们将节点分为两部分，这样可以同时进行四次通信，那么等分宽度是多少？等分宽度应该给出"最坏情况"估计，因此等分宽度是 2 而不是 4。

计算等分宽度的另一种方法是删除将节点集拆分为两个相等的部分所需的最小链接数。删除的链接数是等分宽度。如果我们有一个带有 $p=q^2$ 个节点（其中 q 是偶数）的正方形二维环形网格，那么可以通过移除"中间"的水平链路和周围的水平链路将节点分成两半（见图 2.10）。这表明等分宽度最多为 $2q=2\sqrt{p}$、事实上，这是可能的最小链接数，正方形二维环形网格的等分宽度为 $2\sqrt{p}$。

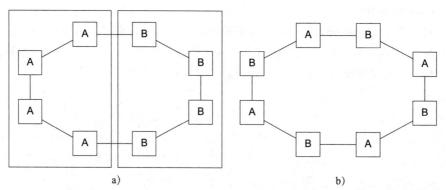

图 2.9　一个环的两个分组。a) 两半之间只能进行两次通信，b) 四个连接可以同时进行

链路的**带宽**是它可以传输数据的速率，通常以兆比特或每秒兆字节为单位。**等分带宽**通常被用作衡量网络质量的指标，类似于等分宽度。然而，它不对连接两半的链路数量进行计算，而是对链路的带宽求和。例如，如果环中的链路具有每秒 10 亿比特的带宽，则环的等分带宽将为每秒 20 亿比特或每秒 2000 兆比特。

理想的直接互连是**全连接网络**，其中每个交换机直接连接到其他交换机（见图 2.11）。其等分宽度为 $p^2/4$。然而，为具有多个节点的系统构建这样的互连是不切实

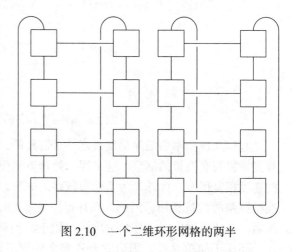

图 2.10　一个二维环形网格的两半

际的，因为它总共需要 $p^2/2-p/2$ 条链路，并且每个交换机必须能够连接到 p 条链路。因此，它更像是一种"理论上可能的最佳"互连，而不是一种实际的互连网络，并被当作评估其他互连网络的基础。

超立方体是一种高度连接的直接互连，已在实际系统中使用。超立方体是归纳式构建的：一维超立方体是一个具有两个处理器的完全连接系统；二维超立方体是由两个一维超立方体通过连接"对应"交换机而构建的；三维超立方体是由两个二维超立方体构成的（见图 2.12）。因此，d 维超立方体具有 $p=2^d$ 个节点，d 维超立方体中的交换机直接连接到处理器和 d 个交换机。超立方体的等分宽度为

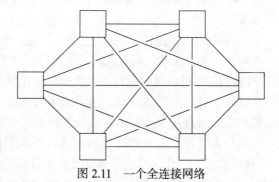

图 2.11　一个全连接网络

$p/2$，因此它比环形或环形网格更具连通性，但它的交换机必须更强大，因为它们必须支持

$1+d=1+\log_2(p)$ 条线，而网格交换机只需要 5 条线。因此，具有 p 个节点的超立方体比环形网格的构造成本更高。

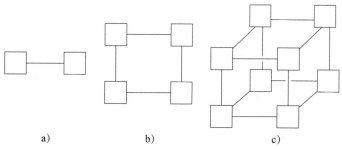

图 2.12　a) 一维超立方体，b) 二维超立方体，c) 三维超立方体

间接互连是直接互连的替代方案。在间接互连中，交换机不能直接连接到处理器。它们通常可表示为单向链路和一组处理器，每个处理器都有一个传出链接和一个传入链接，以及一个交换网络（见图 2.13）。

交叉开关矩阵和 **omega 网络**是相对简单的间接网络示例。我们在前面看到了一个带有双向链路的共享内存（图 2.7）。图 2.14 中的分布式内存交叉开关矩阵具有单向链路。请注意，只要两个处理器不尝试与同一个处理器通信，所有处理器都可以同时与另一个处理器通信。

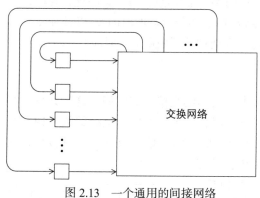

图 2.13　一个通用的间接网络

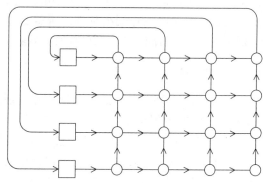

图 2.14　分布式内存的交叉互连

omega 网络如图 2.15 所示。交换机为 2×2 交叉开关矩阵（见图 2.16）。注意，与交叉开关矩阵不同，在 omega 网络中有一些通信无法同时进行。例如，在图 2.15 中，如果处理器 0 向处理器 6 发送消息，则处理器 1 不能同时向处理器 7 发送消息。另一方面，omega 网络的成本比交叉开关矩阵更低廉。omega 网络使用 $(1/2)\,p\log_2(p)$ 个 2×2 交叉开关矩阵交换机，因此它总共使用 $2p\log_2(p)$ 个交换机，而交叉开关矩阵使用 p^2 个交换机。

定义间接网络的等分宽度要复杂一些，然而原理是一样的：我们希望将节点分成大小相等的两组，并确定这两部分之间可以进行多少通信，

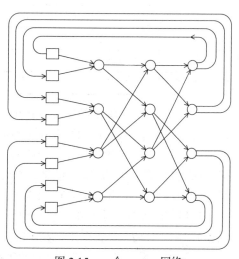

图 2.15　一个 omega 网络

或者确定需要删除的最小链路数，使两组节点无法通信。$p \times p$ 交叉开关矩阵的等分宽度是 p，而 omega 网络的等分宽度是 $p/2$。

延迟和带宽

无论何时传输数据，我们都关心数据到达目的地需要多长时间。无论我们谈论的是在主存和缓存、缓存和寄存器、硬盘和内存之间传输数据，还是在分布式内存或混合系统中的两个节点之间传输数据，都是如此。通常有两个量用来描述互连的性能（无论连接的两个节点是什么）：

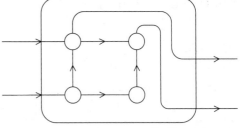

图 2.16 一个 omega 网络中的开关

延迟和带宽。延迟是从源开始传输数据，到目标开始接收第一个字节之间经过的时间。带宽是目标开始接收第一个字节后接收数据的速率。因此，如果互连的延迟为 ls，带宽为 b 字节 /s，则传输 n 字节消息所需的时间为：

$$消息传输时间 = l + n/b$$

然而，请注意，这些术语通常以不同的方式使用。例如，延迟有时用于描述总消息传输时间，有时用于描述传输数据所涉及的任何固定消耗所需的时间。例如，如果我们在分布式内存系统中的两个节点之间发送消息，那么消息不仅仅是原始数据，它可能包括要传输的数据、目标地址，一些描述信息大小的信息，一些用于纠错的信息，等等。因此，在此设置中，延迟可能是在发送端组装消息所需的时间（组合各个部分所需的时间），以及在接收端解析消息所需的时间（从消息中提取原始数据并将其存储在目标中所需的时间）。

2.3.5　高速缓存一致性

回想一下，CPU 缓存是由系统硬件管理的，程序员不能直接控制它们。这对共享内存系统有几个重要的影响。为了理解这些问题，假设我们有一个具有两个核心的共享内存系统，每个核心都有自己的私有数据缓存（见图 2.17）。如果两个核心只读取共享数据，就不存在问题。例如，假设 x 是一个初始化为 2 的共享变量，y0 是私有的且由核心 0 拥有，y1 和 z1 是私有的且由核心 1 拥有。现在，假设在指定的时刻执行以下语句：

时刻	核心 0	核心 1
0	y0= x;	y1 = 3*x;
1	x = 7;	不涉及 x 的语句
2	不涉及 x 的语句	z1 = 4*x;

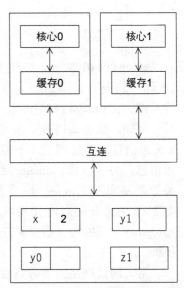

图 2.17 具有两个核心和两个缓存的共享内存系统

然后，y0 的内存位置最终将获得值 2，y1 的内存位置最终将获得值 6。然而，z1 的值还不清楚。起初可能会出现这样的情况：由于核心 0 在赋值给 z1 之前将 x 更新为 7，因此 z1 将得到值 $4 \times 7 = 28$。但是，在时刻 0，x 在核心 1 的缓存中。因此，除非出于某种原因 x 从核心 0 的缓存中退出，然后重新加载到核心 1 的缓存中；否则实际上可能会使用原始值 x=2，z1 将获得值 $4 \times 2 = 8$。

请注意，无论系统是使用写直达策略还是写回策略，都会发生这种不可预测的行为。如果使用写直达策略，则主存将通过分配 x=7 进行更新。但是，这对核心 1 的缓存中的值没有影响。如果系统使用写回策略，则在更新 z1 时，核心 0 的缓存中的新值 x 甚至可能对核心 1 不可用。

显然，这是一个问题。程序员无法直接控制缓存何时更新，因此程序无法执行这些看似无害的语句，也无法知道 z1 中存储的内容。这里存在几个问题，但我们现在主要关注的点是，当多个处理器的缓存存储相同的变量时，我们为单处理器系统描述的缓存没有提供任何机制来确保一个处理器对缓存变量的更新会被其他处理器"看到"，也就是说，让其他处理器存储的缓存值也被更新。这就是所谓的**缓存一致性**问题。

监听缓存一致性

确保缓存一致性的主要方法有两种：**监听缓存一致性**和**基于目录的缓存一致性**。监听背后的想法来自基于总线的系统：当核心共享一条总线时，所有连接到总线的核心都可以"看到"总线上传输的任何信号。因此，当核心 0 更新其缓存中存储的 x 的副本时，如果它也通过总线广播此信息，并且如果核心 1 正在"监听"总线，它将看到 x 已更新，并且它可以将其 x 的副本标记为无效。这基本上就是监听缓存一致性的工作原理。我们的描述与实际监听协议之间的主要区别在于，广播仅通知其他核心包含 x 的缓存行已更新，而不是 x 已更新。

关于监听，有几点需要说明。第一，互连并非必须是总线，只是它支持从每个处理器到所有其他处理器的广播。第二，监听可以用于写直达缓存和写回缓存。原则上，如果互连与具有写直达缓存的总线被共享，则互连上不需要额外的通信量，因为每个核心都可以简单地"监视"写入。第三，对于写回缓存，额外的通信是需要的，因为对缓存的更新不会立即发送到内存。

基于目录的缓存一致性

遗憾的是，在大型网络中，广播成本很高，而监听缓存一致性需要在每次更新变量时进行广播。因此，监听缓存一致性是不可扩展的，因为对于较大的系统，它会导致性能降级。假设我们有一个具有基本分布式内存体系结构的系统（图 2.4），然而，系统为所有内存提供了单一的地址空间。因此，假如核心 0 可以访问存储在核心 1 内存中的变量 x，只需执行 y=x 这种语句（当然，访问附加到另一个核心的内存会比访问"本地"内存慢，这一点另做讨论）。原则上，这样的系统可以扩展到非常多的核心。然而，监听缓存一致性显然是一个问题，因为与访问本地内存的速度相比，跨互连的广播将会非常缓慢。

基于目录的缓存一致性协议试图通过使用被称为**目录**的数据结构来解决这个问题。该目录存储了每个缓存行的状态。通常，该数据结构是分布式的：在我们的示例中，每个核心／内存对可能负责存储结构中指定其本地内存中缓存行状态的部分。因此，当一行被读入（例如）核心 0 的缓存时，与该行相对应的目录条目将被更新，表明核心 0 具有该行的副本。核心在更新变量时将查询目录，并且在其缓存中具有该变量缓存行的核心的缓存控制器将使这些缓存行无效。

显然，目录需要大量的额外存储，但在更新缓存变量时，只需要通知存储该变量的核心即可。

伪共享

CPU 缓存是在硬件中实现的。它们在缓存行上操作，而不是在单个变量上，这可能会对性能造成灾难性后果。例如，假设我们要重复调用函数 f(i, j)，并将计算值累加到向量中：

```
int  i, j, m, n;
double  y[m];

/*  赋值y = 0  */
. . .

for  (i = 0;  i < m;  i++)
    for  (j = 0;  j < n;  j++)
        y[i]  +=  f(i,j);
```

我们可以通过在核心之间划分外循环中的迭代来并行化这一点。如果我们有 core_count 个核心，可能会将首批 m/core_count 个迭代分配给第一个核心，将下一批 m/core_count 个迭代分配给第二个核心，依此类推。

```
/*  私有变量  */
int  i, j, iter_count;

/*  共享变量被一个核心初始化  */
int  m, n, core_count
double  y[m];

iter_count = m/core_count

/*  核心0完成这部分  */
for  (i = 0;  i < iter_count;  i++)
    for  (j = 0;  j < n;  j++)
        y[i]  +=  f(i,j);

/*  核心1完成这部分  */
for  (i = iter_count;  i < 2*iter_count;  i++)
    for  (j = 0;  j < n;  j++)
        y[i]  +=  f(i,j);


. . .
```

现在，假设我们的共享内存系统有两个核心，且 m=8，双精度值是 8 字节，缓存行是 64 字节，y[0] 存储在缓存行的开头。一个缓存行可以存储 8 个双精度值，y 占据一个完整的缓存行。当核心 0 和核心 1 同时执行其代码时会发生什么情况呢？由于所有 y 都存储在一个缓存行中，因此每当其中一个核心执行语句 y[i]+=f(i,j) 时，该行将失效，下次另一个核心尝试执行该语句时，它将不得不从内存中获取更新的行。因此，如果 n 的值很大，我们会预料到很大比例的赋值 y[i]+= f(i,j) 将访问主存，尽管核心 0 和核心 1 从未访问过彼此的 y 元素。这被称为**伪共享**，因为系统表现得就像 y 元素被核心共享一样。

请注意，伪共享不会导致不正确的结果。然而，它会因为对主存的访问超出必要的次数，而破坏程序的性能。我们可以通过使用线程或进程本地的临时存储，然后将临时存储复制到共享存储来减少其影响。我们将在第 4 章和第 5 章继续深入讨论该主题。

2.3.6　共享内存与分布式内存

并行计算的新手有时想知道为什么所有 MIMD 系统都不是共享内存，因为大多数程序员发现通过共享数据结构隐式协调处理器工作的概念比显式发送消息更有吸引力。当我们研究分布式和共享内存的软件时，将讨论其中一些问题。目前，主要的硬件问题是扩展互连的成本。当我们向总线添加处理器时，总线访问冲突的可能性会急剧增加，因此总线适用于只有少数处理器的系统。大型交叉开关矩阵非常昂贵，因此使用大型交叉开关矩阵互连的系统也很少见。另一方面，分布式内存互连（如超立方体和环形网格）的价格相对低廉，并且已经构建了具有数千个使用这些互连和其他互连的处理器的分布式内存系统。因此，分布式内存系统通常更适用于需要大量数据或计算的问题。

2.4　并行软件

并行硬件已经存在。实际上，所有桌面和服务器系统都在使用多核处理器，如今，甚至手机和平板电脑也是如此。本书第 1 版（2011 年）中曾断言："对于并行软件来说，情况并非如此。"目前（2021 年），并行软件的情况在不断变化。大多数系统软件在某种程度上利用了并行性，许多广泛使用的应用程序（如 Excel、Photoshop、Chrome）也可以使用多核处理器。然而，仍然有许多程序只能使用一个核心，并且还有许多程序员没有编写并行程序的经验。这是一个问题，因为我们不能再依赖硬件和编译器来稳定提高应用程序的性能。如果我们要继续提高应用程序的性能和能力，软件开发人员必须学会编写利用共享和分布式内存体系结构以及 MIMD 和 SIMD 系统的应用程序。在本节中，我们将了解为并行系统编写软件时所涉及的一些问题。

首先介绍一些术语。通常，在运行共享内存程序时，我们将启动一个进程并派生出多个线程。因此，当讨论共享内存程序时，我们将讨论执行任务的线程。另一方面，当运行分布式内存程序时，我们将启动多个进程，并讨论执行任务的进程。当运行同样适用于共享内存和分布式内存的系统时，我们将讨论执行任务的进程 / 线程。

2.4.1　注意事项

在继续之前，需要强调本节的一些局限性。第一，本章中的内容只是想针对这些问题给出一些观点，没有试图全面深入。

第二，我们将主要关注通常称为**单程序多数据**（SPMD）的程序。SPMD 程序不是在每个核心上运行不同的程序，而是由可执行代码组成，通过使用条件分支，它可以表现得像多个不同的程序一样。例如：

```
if  (我是线程/进程0)
      执行这块;
else
      执行那块;
```

请注意，SPMD 程序很容易实现数据并行，例如：

```
if  (我是线程/进程0)
    操作数组的前半部分;
else  /* 我是线程/进程1 */
    操作数组的后半部分;
```

回想一下，如果程序通过划分任务给各个线程和进程来获得并行性，那么它就是**任务并行**的。第一个示例清楚地表明，SPMD 程序也可以实现**任务并行性**。

2.4.2　协调进程/线程

在极少数情况下，获得优异的并行性能是微不足道的。例如，假设我们有两个数组，并且要累加它们：

```
double x[n], y[n];
. . .
for (int i = 0; i < n; i++)
   x[i] += y[i];
```

为了使其并行化，我们只需要将数组的元素分配给进程/线程。例如，如果我们有 p 个进程/线程，可能会让进程/线程 0 负责元素 0, $\cdots$, $n/p-1$，进程/线程 1 负责元素 n/p, $\cdots$, $2n/p-1$，依此类推。

所以对于这个例子，程序员只需要完成如下工作。

1. 在进程/线程之间分配工作，使：

a. 每个进程/线程得到大致相同的工作量。

b. 所需的通信量最小化。

回想一下，在进程/线程之间划分工作以满足步骤 a 的过程称为**负载平衡**。分工的两个条件是显而易见的，但仍然很重要。在许多情况下，没有必要过多考虑它们：在程序员事先不知道工作量，而在程序运行时才生成工作量的情况下，它们通常会成为关注点。

回想一下，将串行程序或算法转换为并行程序的过程通常被称为**并行化**。通过在进程/线程之间简单地划分工作就可以并行化的程序有时被认为是**易并行**的并行程序。这很不公平，因为它表明程序员应该认为编写一个易并行的并行程序是很简单的，但恰恰相反，成功地设计出一个针对任何问题的并行解决方案是一件很难得的事情。

绝大多数问题难以求得并行解决方案。正如我们在第 1 章中看到的，对于这些问题，我们需要协调进程/线程的工作。在这些项目中，我们通常还需要完成如下工作。

2. 安排进程/线程同步。

3. 安排进程/线程之间的通信。

最后这两个问题往往是相互关联的。例如，在分布式内存程序中，我们通常通过进程之间的通信来隐式同步进程；而在共享内存程序中，我们通常通过线程之间的同步来进行通信。下面将详细介绍这两个问题。

2.4.3　共享内存

如前所述，在共享内存程序中，变量可以是**共享**的，也可以是**私有**的。共享变量可以由任何线程读取或写入，而私有变量只能由一个线程访问。线程之间的通信通常通过共享变量完成，因此通信是隐式的而不是显式的。

动态和静态线程

在许多环境中，共享内存程序使用**动态线程**。在这个范式下，通常有一个主线程，并在任何给定的时刻都有一组（可能是空的）工作线程。主线程通常在等待工作请求，例如，通过网络，当新请求到达时，它会派生出一个工作线程来执行该请求，当线程完成工作时，它会终止并加入主线程。这个范式有效地利用了系统资源，因为线程所需的资源只在线程实际运行时才被使用。

动态范式的替代方法是**静态线程**范式。在这个范式中，在主线程进行任何必要的设置之后，派生出所有线程，直到所有工作完成后，所有线程才会停止运行。线程加入主线程后，主线程可能会进行一些清理（例如，释放内存），然后它也会终止。就资源利用而言，这种方法可能效率较低：如果线程处于闲置状态，则无法释放其资源（例如堆栈、程序计数器等）。然而，派生和连接线程可能是相当耗时的操作。因此，如果所需资源可用，静态线程范式可能比动态范式具有更好的性能。它还有一个优点，即更接近于分布式内存编程中使用最广泛的范式：用于一种类型的系统中的部分思维方式被保留给另一种。因此，我们将经常使用静态线程范例。

非确定性

在处理器异步执行的任何 MIMD 系统中，都可能存在**不确定性**。如果给定的输入可能导致不同的输出，则计算是不确定的。如果多个线程独立执行，则它们完成语句的相对速率因运行而异，因此程序的结果也可能因运行而异。一个非常简单的示例：假设我们有两个线程，一个具有 ID 或序列号 0，另一个具有 ID 或序列号 1。还假设每个线程都存储一个私有变量 my_x，线程 0 的 my_x 值为 7，线程 1 的值为 19。此外，假设两个线程都执行以下代码：

```
. . .
printf("Thread %d > my_x = %d\n", my_rank, my_x);
. . .
```

那么，输出可能如下，

```
Thread 0 > my_x = 7
Thread 1 > my_x = 19
```

但是，输出也可能如下，

```
Thread 1 > my_x = 19
Thread 0 > my_x = 7
```

事实上，情况可能更糟：一个线程的输出可能会被另一个线程的输出拆开。然而，这里的要点是，由于线程独立执行并与操作系统交互，一个线程完成一个语句块所需的时间因执行而异，因此无法预测这些语句完成的顺序。

在许多情况下，不确定性并不是问题。在我们的示例中，因为已经用线程的序列号标记了输出，所以输出的显示顺序可能并不重要。然而，也有许多情况，不确定性——特别是在共享内存程序中——可能是灾难性的，因为它很容易导致程序错误。下面是一个带有两个线程的简单示例。

假设每个线程计算一个**整数值**，并将其存储在私有变量 my_val 中。还假设我们要将存储在 my_val 中的值累加到已初始化为 0 的共享内存位置 x 中。因此，两个线程都希望执行如下代码：

```
my_val = Compute_val(my_rank);
x += my_val;
```

现在回想一下，加法通常需要将要累加的两个值加载到寄存器中，然后值相加，最后存储结果。为了使事情相对简单，我们将假设值直接从主存加载到寄存器中，并直接从寄存器存储到主存中。以下是一个可能的事件序列：

时刻	核心 0	核心 1
0	完成对 my_val 的赋值	调用 Compute_val
1	将 x = 0 加载到寄存器	完成对 my_val 的赋值
2	将 my_val = 7 加载到寄存器	将 x = 0 加载到寄存器
3	将 my_val = 7 添加到 x	将 my_val = 19 加载到寄存器

（续）

时刻	核心 0	核心 1
4	存储 x=7	将 my_val 添加到 x
5	开始其他工作	存储 x=19

很明显，这不是我们想要的，很容易想象其他事件序列会导致 x 的值不正确。这里的不确定性是因为两个线程试图或多或少同时更新内存位置 x。当线程或进程尝试同时访问共享资源时，访问可能会导致错误，我们经常说程序有**竞争条件**，因为线程或进程在执行操作时处于"竞争"状态。也就是说，计算结果取决于哪个线程在竞争中获胜。在我们的示例中，线程正在竞争执行 x+=my_val。在这种情况下，除非一个线程在另一个线程启动之前完成 x+=my_val，否则结果将不正确。所以我们需要每个线程的操作 x+=my_val 是**原子**的。如果线程完成操作后，没有其他线程修改内存位置，则写入内存位置的操作是原子的。通常有几种方法可以确保操作是原子的。一种方法是确保一次只有一个线程执行更新 x+=my_val。一次只能由一个线程执行的代码块称为**临界区**，通常由程序员来确保对临界区的互斥访问。换句话说，如果一个线程正在执行临界区中的代码，那么我们需要确保其他线程将被排除在外。

确保互斥最常用的机制是**互斥锁**或**互斥量**，或简称为**锁**。互斥量是一种由硬件支持的特殊类型的对象。基本思想是每个临界区都有一个锁来保护。在一个线程可以执行临界区中的代码之前，它必须通过调用一个互斥函数"获取"互斥量，并且在执行完临界区代码后，它应该通过调用解锁函数"释放"互斥量。当一个线程"拥有"锁时，即从调用加锁函数返回，但尚未调用解锁函数，任何其他试图执行临界区中代码的线程都将等待其完成加锁函数的调用。

因此，为了确保代码的正确运行，我们可以修改它，使其看起来像这样：

```
my_val = Compute_val( my_rank );
Lock(&add_my_val_lock );
x += my_val;
Unlock(&add_my_val_lock );
```

这确保了一次只有一个线程可以执行语句 x+=my_val。请注意，代码不会对线程施加任何预定顺序。线程 0 或线程 1 都可以先执行 x+=my_val。

还要注意，互斥量的使用加强了临界区的**串行化**。由于一次只有一个线程可以执行临界区中的代码，因此该代码实际上是串行的。因此，我们希望代码具有尽可能少的临界区，并且希望临界区尽可能短。

还有其他可以替代互斥量的方式。在**忙等待**（busy-waiting）时，一个线程进入一个循环，其唯一目的是测试一个条件。在我们的示例中，假设有一个共享变量 ok_for_1 已初始化为 false。然后，类似以下代码的代码可以确保线程 1 在线程 0 更新 x 之前不会更新 x：

```
my_val = Compute_val(my_rank);
if (my_rank == 1)
    while (!ok_for_1);    /* 忙等待循环 */
x += my_val;             /* 关键区 */
if (my_rank == 0)
    ok_for_1 = true;      /* 使线程1更新x */
```

因此，在线程 0 执行 ok_for_1=true 之前，线程 1 将卡在循环 **while**（! ok_for_1）中。这个循环称为"忙等待"，因为线程可能非常忙地在等待条件。它的优点是易于理解和实现。然而，这可能会非常浪费系统资源，因为即使某个线程在做无用功，运行该线程的核心也会反复检查是否可以进入临界区。**信号量**类似于互斥量，尽管其行为的细节略有不同，但有一些类型的线程同步更容易用信号量而不是互斥量实现。**监视器**（monitor）在更高的级别上提供互斥：它是一个对象，其方法一次只能由一个线程执行。我们将在第 4 章进一步讨论忙等待和信号量。

线程安全

在许多情况下，并行程序可以调用为在串行程序开发的函数，并且不会有任何问题。然而，也有一些例外值得注意。对于 C 程序员来说，最重要的例外发生在使用**静态**局部变量的函数中。回想一下，函数中声明的普通 C 局部变量是从系统堆栈中分配的。由于每个线程都有自己的堆栈，普通的 C 局部变量是私有的。然而，回想一下，在函数中声明的静态变量从一次调用到下一次调用时仍然存在。因此，静态变量在调用函数的任何线程之间有效共享，这可能会产生意外和不必要的后果。

例如，C 字符串库函数 strtok 将一个输入字符串拆分为子字符串。当它第一次被调用时，会传递一个字符串，在随后的调用中，它会返回连续的子字符串。这可以通过使用静态字符 **char*** 变量来实现，该变量引用第一次调用时传递的字符串。现在假设两个线程正在将字符串拆分为子字符串。显然，例如，如果线程 0 第一次调用 strtok，然后线程 1 在线程 0 完成拆分其字符串之前首先调用 strtok，那么线程 0 的字符串将丢失或覆盖，并且在后续调用中，它可能会得到线程 1 字符串的子字符串。

strtok 之类的函数不是**线程安全**的。这意味着如果在多线程程序中使用它，可能会出现错误或意外结果。当代码块不是线程安全的情况出现时，通常是因为不同的线程正在访问共享数据。因此，正如我们所看到的，尽管许多串行函数可以在多线程程序中安全使用（它们是线程安全的），程序员仍需要警惕那些专门为串行程序编写的函数。我们将在第 4 章和第 5 章中详细介绍线程安全的内容。

2.4.4 分布式内存

在分布式内存程序中，核心只能直接访问自己的私有内存。这里有几个 API 被使用，然而，到目前为止，最广泛使用的是消息传递（message-passing）。因此，在本节中，我们将主要关注消息传递。然后，将简要介绍几个其他使用较少的 API。

关于分布式内存 API，首先要注意的可能是，它们能在共享内存硬件上使用。在逻辑上，程序员将共享内存划分为各个线程的私有地址空间是完全可行的，并且使用库函数或编译器可以实现所需的通信。

如前所述，分布式内存程序通常通过启动多个进程而不是多个线程来执行。这是因为分布式内存程序中的典型"执行线程"可能运行在具有独立操作系统的独立 CPU 上，并且可能没有软件架构来启动单个"分布式"进程并使该进程在系统的每个节点上派生一个或多个线程。

消息传递

消息传递 API（至少）提供发送和接收函数。进程通常通过序列号（rank）相互识别，序列号取值范围为 $0, 1, \cdots, p-1$，其中 p 是进程个数。因此，进程 1 可能会使用以下伪代码向进程 0 发送消息：

```
char message[100];
. . .
my_rank = Get_rank();
if (my_rank == 1) {
    sprintf(message, "Greetings from process 1");
    Send(message, MSG_CHAR, 100, 0);
} else if (my_rank == 0) {
    Receive(message, MSG_CHAR, 100, 1);
    printf("Process 0 > Received: %s\n", message);
}
```

这里，Get_rank 函数返回调用进程的序列号。然后，进程根据其序列号进行分支。进程 1 使用标准 C 库中的 sprintf 创建一条消息，然后通过 Send 调用将其发送给进程 0。调用的参数依次为消息、消息中元素的类型（MSG_CHAR）、消息中元素的数量（100）和目标进程的序列号（0）。另一方面，进程 0 调用 Receive 时使用以下参数：将接收消息的变量（message）、消息元素的类型、可用于存储消息的元素数以及发送消息的进程的序列号。完成 Receive 调用后，进程 0 打印消息。

这里有几点值得注意。第一，请注意程序段是 SPMD。这两个进程使用相同的可执行文件，但执行不同的操作。在这种情况下，它们做什么取决于序列号。第二，请注意，变量 message 指的是不同进程上的不同内存块。编程人员通常通过使用变量名来强调这一点，例如 my_message 或 local_message。第三，请注意，我们假设进程 0 可以写入标准输出 stdout。通常情况是这样的：消息传递 API 的大多数实现允许所有进程访问标准输出 stdout 和标准错误 stderr，即使 API 没有明确提供这一点。稍后我们将进一步讨论 I/O。

Send 和 Receive 函数的确切行为有多种可能，大多数消息传递 API 提供了几种不同的 Send 和 / 或 Receive 函数。最简单的行为是调用 Send 并进入阻塞，直到调用 Receive 开始接收数据。这意味着在匹配的调用 Receive 启动之前，调用 Send 的进程不会从调用中返回。或者，Send 函数可以将消息的内容复制到其拥有的存储器中，然后在复制数据后立即返回。Receive 函数最常见的行为是在收到消息之前阻止接收进程。Send 和 Receive 还有其他可能性，我们将在第 3 章继续讨论。

典型的消息传递 API 还提供多种附加功能。例如，可能存在用于各种"集合"通信的函数，比如**广播**，其中单个进程向所有进程发送相同的数据，或者**归约**，其中由各个进程计算的结果组合成单个结果，如由进程计算的值累加。除此之外，还可能有管理进程和交流复杂数据结构的特殊函数。消息传递最广泛使用的 API 是**消息传递接口**（MPI）。我们将在第 3 章中仔细研究它。

消息传递是用于开发并行程序的一种功能强大且通用的 API。实际上，全世界功能最强大的计算机上运行的所有程序都使用消息传递。然而，它是非常底层的。也就是说，程序员需要处理大量的细节。例如，要调用串行程序，通常需要重写绝大多数程序。程序中的数据结构可能必须由每个进程复制，或者显式地分布在进程之间。此外，重写通常不能增量完成。例如，如果一个数据结构用于程序的许多部分，那么为并行部分分发数据结构和为串行（未并行）部分收集数据结构可能会非常昂贵。因此，消息传递有时被称为"并行编程的汇编语言"，已经有很多人尝试开发其他分布式内存 API。

单向通信

在消息传递中，一个进程必须调用发送函数，并且发送函数必须与另一个进程的接收函数的调用相匹配。任何通信都需要两个进程的明确参与。在**单向通信**或远程内存访问中，单个进程调用一个函数，通过使用另一个进程的值更新本地内存，或使用调用进程的值更新远程内存。这可以简化通信，因为它只需要单个进程的积极参与。此外，通过消除与同步两个进程相关的开销，可以显著降低通信成本。还可以通过消除其中一个函数调用（发送或接收）来减少开销。

应注意的是，其中一些优势在实践中可能很难实现。例如，如果进程 0 正在将值复制到进程 1 的内存中，则进程 0 必须有某种方式知道何时可以安全复制，因为它将覆盖某些内存位置。进程 1 还必须有某种方式知道何时更新了内存位置。第一个问题可以通过在复制之前同步两个进程来解决，第二个问题可以通过另一个同步来解决，或者通过在进程 0 完成复制后设置一个"flag"变量来解决。在后一种情况下，进程 1 可能需要**轮询**标志变量，以确定新值是否可用。也就是说，它必须反复检查 flag 变量，直到得到指示"进程 0 已完成其复制的值"为止。显然，这些问题会大大增加与传输值相关的开销。另一个困难是，由于两个进程之间没有显式交互，远程内存操作可能会引入很难跟踪的错误。

分区全局地址空间语言

由于许多程序员发现共享内存编程比消息传递或单向通信更具吸引力，因此许多小组正在开发并行编程语言，允许用户使用一些共享内存技术来编程分布式内存硬件。这并不像听起来那么简单。如果我们简单地编写一个编译器，将分布式内存系统中的集合内存视为单个大内存，那么程序的性能就会很差，或者至多是不可预测的，因为每次运行的进程访问内存时，它都可能访问本地内存，也就是说，属于执行它的核心的内存，或者远程内存，即属于另一个核心的内存。访问远程内存可能要比访问本地内存花费数百甚至数千倍的时间。例如，考虑以下用于共享内存向量加法的伪代码：

```
shared int n = . . . ;
shared double x[n], y[n];
private int i, my_first_element, my_last_element;
my_first_element = . . . ;
my_last_element = . . . ;

/* 初始化 x 和 y */
. . .

for (i = my_first_element; i <= my_last_element; i++)
    x[i] += y[i];
```

我们首先声明两个共享数组。然后，根据进程的序列号，我们确定数组中的哪些元素"属于"哪个进程。初始化数组后，每个进程都会累加其指定的元素。如果 x 和 y 的已指定元素已经被分配内存，以便指定给每个进程的元素位于连接到该进程运行的核心的内存中，那么此代码应该运行得非常快。然而，例如，如果将 x 的全部分配给核心 0，而将 y 的全部分配给核心 1，那么性能可能会很糟糕，因为每次执行分配 x[i]+=y[i]，进程都需要引用远程内存。

分区全局地址空间（PGAS）语言提供了一些共享内存程序的机制。然而，它们为程序员提供了避免上述问题的工具。私有变量分配在执行该进程的核心的本地内存中，共享数据结构中的数据分布由程序员控制。例如，程序员知道共享数组的哪些元素在哪个进程的本地内存中。

目前有几个项目正在开发 PGAS 语言。例如，参见 [8, 54]。

2.4.5　GPU编程

GPU 通常不是"独立"处理器。它们通常不运行操作系统和系统服务，例如直接访问二级存储。因此，对 GPU 进行编程还需要为 CPU "主机"系统编写代码，该系统在普通 CPU 上运行。CPU 主机的内存和 GPU 内存通常是分离的。因此，在主机上运行的代码通常会在 CPU 和 GPU 上分配和初始化存储。它将在 GPU 上启动程序，并负责 GPU 程序结果的输出。因此，GPU 编程实际上是异构编程，因为它涉及编程两种不同类型的处理器。

GPU 本身将有一个或多个处理器。这些处理器中的每一个都能够运行数百或数千个线程。在我们将要使用的系统中，处理器共享一大块内存，但每个处理器都有一小块更快的内存只能由该处理器上运行的线程访问。这些更快的内存块可以被看作程序员管理的缓存。

处理器上运行的线程通常分为多个组：组中的线程使用 SIMD 模型，不同组中的两个线程可以独立运行。SIMD 组中的线程不能同步运行。也就是说，它们可能不会同时执行同一条指令。但是，在组中的所有线程完成当前指令的执行之前，组中的任何线程都不会执行下一条指令。如果组中的线程正在执行一个分支，则可能需要空闲一些线程。例如，假设 SIMD 组中有 32 个线程，每个线程都有一个私有变量 rank_in_gp，范围从 0 到 31。还假设线程正在执行以下代码：

```
// 线程私有变量
int rank_in_gp, my_x;
...
if (rank_in_gp < 16)
    my_x += 1;
else
    my_x -= 1;
```

然后，序列号 <16 的线程将执行第一个赋值，而序列号 ≥ 16 的线程处于空闲状态。序列号 <16 的线程完成后，角色将颠倒：序列号 <16 的线程将处于空闲状态，而序列号 ≥ 16 的线程将执行第二次赋值。当然，为两条指令闲置一半的线程并不是对可用资源的有效利用。因此，由程序员来最小化分支，SIMD 组中的线程将采用不同的分支。

GPU 编程与 CPU 编程的另一个不同是如何调度线程执行。GPU 使用硬件调度器（与 CPU 不同，CPU 使用软件来调度线程和进程），而这个硬件调度器使用的开销很小。但是，当 SIMD 组中的所有线程就绪时，调度程序将选择执行一条指令。在前面的示例中，在执行测试之前，我们希望每个线程将变量 rank_in_gp 存储在寄存器中。因此，为了最大限度地利用硬件，我们通常创建大量 SIMD 组。在这种情况下，未准备好执行的组（例如，它们正在等待内存中的数据，或等待前一条指令的完成）会处于空闲阶段，并且调度器可以选择准备好的 SIMD 组。

2.4.6　混合系统编程

在继续之前，我们应该注意到，可以使用节点上的共享内存 API 和用于节点间通信的分布式内存 API 的组合来编程多核处理器集群等系统。然而，这通常只适用于要求尽可能高性能的程序，因为这种"混合"API 的复杂性使得程序开发更加困难。例如，参见 [45]。相反，此类系统通常使用单个分布式内存 API 进行编程，用于节点间和节点内通信。

2.5　输入和输出

2.5.1　MIMD系统

我们通常避免了输入和输出的问题，有以下几个原因。第一，并行 I/O（多核访问多个磁盘或其他设备）是一个可以轻松地写一本书的主题。例如，参见 [38]。第二，我们即将开发的绝大多数程序在 I/O 方面做得很少。它们读取和写入的数据量非常小，很容易由标准 C 的 I/O 函数 printf、fprintf、scanf 和 fscanf 管理。然而，即使我们对这些函数的使用有限，也可能导致一些问题。由于这些函数是标准 C（一种串行语言）的一部分，该标准没有说明当它们被不同进程调用时会发生什么。第三，由单个进程派生的线程确实共享标准输入、标准输出和标准错误。但正如我们所看到的，当多个线程尝试访问标准输入、标准输出和标准错误的其中一个时，结果是不确定的，并且无法预测会发生什么。

当我们从多个进程 / 线程调用 printf 时，作为开发人员，我们通常希望输出显示在单个系统的控制台上，该系统是我们启动程序的系统。事实上，这是绝大多数系统所做的。然而，这对于进程来说是没有任何保证的，我们需要知道，系统也可以执行其他操作，例如，只有一个进程可以访问 stdout 或 stderr，甚至没有任何进程可以访问 stdout 或 stderr。

当我们运行多个进程 / 线程时，调用 scanf 应该发生什么就不那么明显了。是否应在进程 / 线程之间划分输入？还是只允许单个进程 / 线程调用 scanf？绝大多数系统允许至少一个进程调用 scanf，通常是进程 0，而大多数系统允许多个线程调用 scanf。同样，有些系统不允许任何进程调用 scanf。

当多个进程 / 线程可以访问 stdout、stderr 或 stdin 时，你可能会猜到，输入的分布和输出的顺序通常是不确定的。对于输出，每次运行程序时数据可能会以不同的顺序出现，或者更糟糕的是，一个进程 / 线程的输出可能会被另一个进程 / 线程的输出打断。对于输入，每个进程 / 线程在每次运行时读取的数据可能不同，即使使用相同的输入。

为了部分解决这些问题，当并行程序需要进行 I/O 时，我们将做出这些假设并遵循这些规则：

- 在分布式内存程序中，只有进程 0 将访问 stdin。在共享内存程序中，只有主线程或线程 0 将访问 stdin。
- 在分布式内存和共享内存程序中，所有进程 / 线程都可以访问 stdout 和 stderr。
- 然而，由于输出到 stdout 的顺序不确定，在大多数情况下，只有一个进程 / 线程会将结果输出到 stdout。但输出调试程序结果是个例外。在这种情况下，通常会有多个进程 / 线程写入 stdout。
- 只有一个进程 / 线程会尝试访问 stdin、stdout 或 stderr 以外的任何单个文件。例如，每个进程 / 线程都可以打开自己的私有文件进行读写，但没有两个进程 / 线程会打开同一个文件。
- 调试输出应始终包括生成输出的进程 / 线程的序列号或 ID。

2.5.2　GPU

在大多数情况下，GPU 程序中的主机代码将执行所有 I/O。由于我们在主机上只运行一个进程 / 线程，标准 C 的 I/O 函数的行为应该与普通串行 C 程序中的行为相同。

使用主机进行 I/O 的规则的例外情况是，当我们调试 GPU 代码时，希望能够写入

stdout 和 / 或 stderr。在我们使用的系统中，每个线程都可以写入 stdout，并且，与 MIMD 程序一样，输出的顺序是不确定的。同样在我们使用的系统中，没有 GPU 线程可以访问 stderr、stdin 或二级存储。

2.6 性能

当然，我们编写并行程序的主要目的是提高性能。那么我们的期待是什么？如何评估我们的项目？在本节中，我们将从查看同构 MIMD 系统的性能开始。因此，我们假设所有核心都具有相同的架构。由于 GPU 并非如此，我们将在单独的小节中讨论 GPU 的性能。

2.6.1 在 MIMD 系统中的加速比和效率

通常，并行程序所能做的最好的事情是在核心之间平均分配工作，同时不为核心引入额外的工作。如果我们成功地做到了这一点，并且用 p 个核心运行程序，每个核心上有一个线程或进程，那么并行程序的运行速度将是相同设计的单个核心上运行的串行程序的 p 倍。如果我们设串行运行时间为 T_{serial}，并行运行时间为 T_{parallel}，那么通常情况下，并行程序的最好可能运行时间是 $T_{\text{parallel}} = T_{\text{serial}}/p$。当这种情况发生时，我们就说并行程序具有**线性加速比**。

实际上，我们通常不会得到完美的线性加速，因为使用多个进程 / 线程几乎总是会带来一些开销。例如，共享内存程序几乎总是有临界区，这将要求我们使用一些互斥机制，例如互斥锁。对互斥函数的调用是串行程序中不存在的开销，互斥函数的使用迫使并行程序对临界区进行串行执行。分布式内存程序几乎总是需要通过网络传输数据，这通常比本地内存访问慢得多，然而，串行程序不会有这些开销。因此，我们很难发现并行程序得到线性加速。此外，随着进程或线程数量的增加，开销可能会增加。例如，更多的线程可能意味着需要更多的线程访问临界区，而更多的进程可能意味着需要通过网络传输更多的数据。

因此，如果我们将并行程序的**加速比**定义为：

$$S = \frac{T_{\text{serial}}}{T_{\text{parallel}}}$$

那么，线性加速比 $S=p$。此外，由于随着 p 的增加，我们预计并行开销会增加，因此，我们还希望 S 成为理想线性加速比 p 中越来越小的一部分。另一种说法是，S/p 可能会随着 p 的增加而减小。表 2.4 显示了 S 和 S/p 随 p 增加的变化示例 ⊖。有时称 S/p 为并行程序的**效率**。如果我们将 S 的公式代入，可以看到效率是：

$$E = \frac{S}{p} = \frac{\left(\dfrac{T_{\text{serial}}}{T_{\text{parallel}}}\right)}{p}$$

$$= \frac{T_{\text{serial}}}{p \cdot T_{\text{parallel}}}$$

表 2.4　并行程序的加速比和效率

p	1	2	4	8	16
S	1.0	1.9	3.6	6.5	10.8
$E=S/p$	1.0	0.95	0.90	0.81	0.68

⊖　这些数据取自第 3 章，见表 3.6 和表 3.7。

如果串行程序运行时所用的核心与并行系统使用的核心是同一类型，那么我们可以将效率视为并行核心在求解问题时的平均利用率。也就是说，效率可以被认为是并行运行时间的一部分，该并行运行时间是每个核心平均用于求解原始问题的时间。并行运行时间的其余部分是并行开销。这可以通过简单地将效率和并行运行时间相乘来得出：

$$E \cdot T_{\text{parallel}} = \frac{T_{\text{serial}}}{p \cdot T_{\text{parallel}}} \cdot T_{\text{parallel}} = \frac{T_{\text{serial}}}{p}$$

例如，假设 $T_{\text{serial}}=24\text{ms}$，$p=8$，$T_{\text{parallel}}=4\text{ms}$，则，

$$E = \frac{24}{8 \cdot 4} = \frac{3}{4}$$

平均而言，每个进程/线程在解决原始问题上花费 $3/4 \cdot 4=3\text{ms}$，在并行开销上花费 $4-3=1\text{ms}$。

许多并行程序是通过在进程/线程之间明确划分串行程序的工作，并添加必要的"并行开销"来开发的，例如互斥或通信。因此，如果 T_{overhead} 表示这种并行开销，通常情况下：

$$T_{\text{parallel}}=T_{\text{serial}}/p+T_{\text{overhead}}$$

应用这个公式时，很明显，并行效率只是并行程序在原始问题上花费的并行运行时间的一部分，因为这个公式将并行运行时间分为原始问题上的时间，记为 T_{serial}/p，以及在并行开销上花费的时间，记为 T_{overhead}。

我们已经看到，T_{parallel}、S 和 E 依赖于进程或线程的数量 p。我们还需要记住，T_{parallel}、S、E 和 T_{serial} 都取决于问题的规模。例如，如果我们将程序的问题规模减半或翻倍，其加速比如表 2.4 所示，我们将得到表 2.5 所示的加速比和效率。加速比如图 2.18 所示，效率如图 2.19 所示。

表 2.5　不同问题规模的并行程序的加速比和效率

	p	1	2	4	8	16
原问题一半大小	S	1.0	1.9	3.1	4.8	6.2
	E	1.0	0.95	0.78	0.60	0.39
原问题规模大小	S	1.0	1.9	3.6	6.5	10.8
	E	1.0	0.95	0.90	0.81	0.68
原问题两倍大小	S	1.0	1.9	3.9	7.5	14.2
	E	1.0	0.95	0.98	0.94	0.89

我们在这个例子中可以看到，当增加问题规模时，加速比和效率会增加，而当减少问题规模时，加速比和效率会降低。

这种行为很常见，因为在许多并行程序中，若进程/线程的数量是固定的，则随着问题大小的增加，并行开销的增长要比解决原始问题所花费的时间的增长慢得多。也就是说，如果我们认为 T_{serial} 和 T_{overhead} 是问题规模的函数，那么 T_{serial} 随着问题规模的增加增长得更快。练习 2.15 将更详细地进行介绍。

要考虑的最后一个问题是，在报告加速比和效率时，应使用 T_{serial} 的哪些值。一些作者认为，T_{serial} 应该是可用的最快处理器上最快程序的运行时间。然而，由于我们通常认为效率是并行系统上核心的利用率，因此在实践中，大多数作者使用并行程序所基于的串行程序，

并在并行系统的单个处理器上运行。因此，如果我们研究并行希尔排序程序的性能，第一组的作者可能会在可用最快系统的单个核上使用串行基数排序或快速排序，而第二组的作者则会在并行系统的单个处理器上使用串行希尔排序。我们通常使用第二种方法。

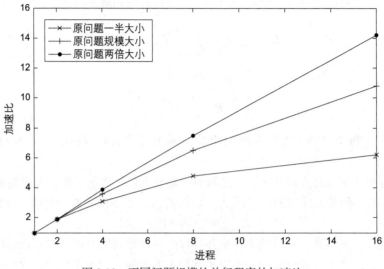

图 2.18   不同问题规模的并行程序的加速比

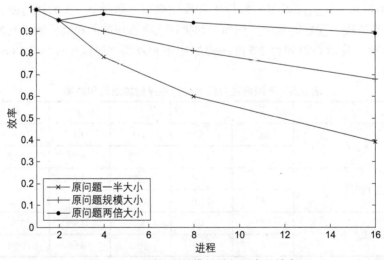

图 2.19   不同问题规模的并行程序的效率

2.6.2   阿姆达定律

早在 20 世纪 60 年代，吉恩·阿姆达（Gene Amdahl）就提出了一个被称为阿姆达定律的观察结果 [3]。粗略地说，除非几乎所有串行程序都并行化，否则无论可用的核心数量如何，可能的加速都将非常有限。例如，假设我们能够并行化一个串行程序的 90%，此外，假设并行化是"完美的"，也就是说，无论我们使用的核心数是多少，程序这部分的加速比都是 p。如果串行运行时间是 $T_{\text{serial}}=20$，那么并行部分的运行时间将是 $0.9 \times T_{\text{serial}}/p=18/p$，"未并行"部分的运行时间将是 $0.1 \times T_{\text{serial}}=2$。总体并行运行时间为

$$T_{\text{parallel}}=0.9 \times T_{\text{serial}}/p+0.1 \times T_{\text{serial}}=18/p+2$$

加速比将是

$$S = \frac{T_{\text{serial}}}{0.9 \times T_{\text{serial}}/p+0.1 \times T_{\text{serial}}} = \frac{20}{18/p+2}$$

现在，随着 p 越来越大，$0.9 \times T_{\text{serial}}/p=18/p$ 越来越接近 0，所以总的并行运行时间不能小于 $0.1 \times T_{\text{serial}}=2$。也就是说，$S$ 中的分母不能小于 $0.1 \times T_{\text{serial}}=2$。因此分数 S 必须满足不等式：

$$S \leqslant \frac{T_{\text{serial}}}{0.1 \times T_{\text{serial}}} = \frac{20}{2} = 10$$

即 $S \leqslant 10$。这意味着，即使我们在并行化程序的 90% 的部分做得很好，即使有 1000 个核心，加速比也永远不会超过 10。

更一般地说，如果串行程序的一小部分 r 没有被并行，那么阿姆达定律认为我们不能得到比 $1/r$ 更好的加速比。在我们的示例中，$r=1-0.9=1/10$，因此加速比不可能超过 10。因此，如果串行程序的一部分 r 是"固有的串行"，也就是说，不可能被并行化，那么我们不可能得到比 $1/r$ 更好的加速比。因此，即使 r 很小，比如说，1/100，并且有一个具有数千个核心的系统，我们也不可能得到比 100 更好的加速比。

有几个理由提醒我们不必太担心阿姆达定律。第一，它没有考虑问题的大小。对于许多问题，随着问题规模的增大，程序的"固有序列"部分的规模减小。这一说法的一个更为数学化的版本被称为古斯塔夫森（Gustafson）定律[25]。第二，科学家和工程师使用的数千个程序通常在大型分布式内存系统上获得巨大的加速比。第三，小的加速比真的很可怕吗？在许多情况下，获得 5 或 10 的加速比就足够了，尤其是在开发并行程序的工作量不是很大的情况下。

2.6.3　MIMD 系统的可扩展性

"可扩展"一词有多种非正式用法。事实上，我们已经多次使用它了。粗略地说，如果一个程序通过增加其运行的系统的功率（例如，增加核心的数量），可以获得比该程序运行在功率较弱的系统（例如，核心较少的系统）上时更快的加速比，那么该程序是可扩展的。然而，在 MIMD 并行程序性能的讨论中，可扩展性有一个更正式的定义。假设我们使用固定数量的进程 / 线程和固定的输入大小运行一个并行程序，并获得了效率 E。现在增加程序使用的进程 / 线程的数量。如果我们可以找到问题规模的相应增长率，使程序始终具有效率 E，那么程序是**可扩展的**。

例如，假设 $T_{\text{serial}}=n$，其中 T_{serial} 的单位为微秒，n 也是问题规模。还假设 $T_{\text{parallel}} = n/p + 1$，那么：

$$E = \frac{n}{p(n/p+1)} = \frac{n}{n+p}$$

为了查看程序是否可扩展，我们将进程 / 线程的数量增加到原来的 k 倍，并希望找到需要增加问题规模至原来的 x 倍，以便 E 保持不变。进程 / 线程数为 kp，问题大小为 xn，我们要为 x 求解以下方程：

$$E = \frac{n}{n+p} = \frac{xn}{xn+kp}$$

如果 $x=k$，分母 $xn+kp=kn+kp=k(n+p)$ 中有一个公因数 k，我们可以化简分数，得到：

$$\frac{xn}{xn+kp} = \frac{kn}{k(n+p)} = \frac{n}{n+p}$$

换句话说，如果我们以与增加进程 / 线程数量相同的速度增加问题规模，那么效率将保持不变，并且程序是可扩展的。

以下两种情况有特殊名称。如果增加进程 / 线程的数量时，可以在不增加问题规模的情况下保持固定的效率，那么该程序就可以说是具有强可扩展性。如果我们可以通过以与增加进程 / 线程数量相同的速度增加问题规模来保持固定的效率，那么该程序被认为是弱可扩展性。示例中的程序具有弱可扩展性。

2.6.4　MIMD程序的计时

你可能想知道我们是如何找到 T_{serial} 和 $T_{parallel}$ 的。有很多不同的方法，对于并行程序，细节可能取决于 API。然而，我们可以做一些一般性的观察，这可能会使事情变得更容易一些。

首先要注意的是，至少有两种不同的理由需要计时。在程序开发过程中，我们可能会计时以确定程序是否按照我们的意愿运行。例如，在分布式内存程序中，我们可能有兴趣了解进程等待消息的时间，因为如果这个值很大，那么几乎可以肯定，我们的设计或实现都存在问题。另一方面，一旦我们完成了程序的开发，通常会对确定它的性能感兴趣。也许令人惊讶的是，我们对这两种问题的计时方式通常是不同的。对于第一种计时，我们通常需要非常详细的信息：程序的这一部分花费了多少时间？那部分花了多少时间？对于第二种计时，我们通常只报告一个值。现在我们将讨论第二种计时方式（关于采取第一种计时方式的一个问题的简要讨论请参见练习 2.21）。

其次，我们通常对程序开始和程序结束之间的时间不感兴趣，只对程序的一部分感兴趣。例如，如果编写一个实现冒泡排序的程序，我们可能只对排序关键字所需的时间感兴趣，而不对读入和打印关键字所需的时间感兴趣。因此，我们可能无法使用报告运行程序从开始到结束所需时间的 Unix shell 命令 `time` 等。

再次，我们通常对 "CPU 时间" 不感兴趣。这个时间是由标准 C 函数 `clock` 报告的。它是作为程序的一部分执行代码所花费的总时间。它包括我们所写代码的时间；包括我们花在库函数上的时间，如 `pow` 或 `sin`；还包括操作系统在我们调用的函数（如 `printf` 和 `scanf`）上花费的时间。它不包括程序空闲的时间，这可能产生一个问题。例如，在分布式内存程序中，调用接收函数的进程可能必须等待发送进程执行匹配的发送，操作系统可能会在接收进程等待时使其休眠。由于进程调用的任何函数都不处于活跃状态，因此此空闲时间不会算作 CPU 时间。然而，它应该在我们对总体运行时间的评估中起作用，因为它可能是程序中的实际成本。如果每次运行程序时，进程都必须等待，忽略它等待的时间会对程序的实际运行时间产生误导。

因此，当你看到报告并行程序运行时间的文章时，报告的时间通常是挂钟时间。也就是说，文章的作者报告了从用户感兴趣的代码开始执行到完成执行之间经过的时间。如果用户可以看到程序的执行情况，他会在秒表开始执行时按开始按钮，在停止执行时按停止按钮。当然，他看不到自己的代码正在执行，但可以修改源代码，使其看起来像这样：

```
double start, finish;
. . .
start = Get_current_time();
/* 我们希望计时的代码 */
. . .
finish = Get_current_time();
printf("The elapsed time = %e seconds\n", finish-start);
```

函数 Get_current_time() 是一个假设函数，它应该返回自过去某个固定时间以来经过的秒数。这只是一个占位符，实际使用的函数将取决于 API。例如，MPI 有一个可以在此处使用的函数 MPI_Wtime，而用于共享内存编程的 OpenMP API 有一个函数 omp_get_Wtime。这两个函数都返回挂钟时间，而不是 CPU 时间。

计时器功能的**分辨率**可能存在问题。分辨率是计时器的测量单位。它是可以有非零时间的最短事件的持续时间。某些计时器函数的分辨率以毫秒为单位（10^{-3}s），指令所需时间小于纳秒（10^{-9}s），在计时器报告非零时间之前，程序可能必须执行数百万条指令。许多 API 提供了一个报告计时器解析的函数。其他 API 指定计时器必须具有给定的分辨率。无论哪种情况，作为程序员，我们都需要检查这些值。

当我们为并行程序计时的时候，需要对计时的方式更加小心。在我们的示例中，想要计时的代码可能是由多个进程或线程执行的，而最初的计时将导致 p 个运行时间的输出：

```
private double start, finish;
. . .
start = Get_current_time();

/* 我们希望计时的代码 */
. . .
finish = Get_current_time();
printf("The elapsed time = %e seconds\n", finish-start);
```

然而，我们通常感兴趣的是单一时间：从第一个进程 / 线程开始执行代码到最后一个进程 / 线程完成执行代码所经过的时间。我们通常无法准确地获得这一点，因为一个节点上的时钟与另一个节点上的时钟之间可能没有任何对应关系。我们通常会达成如下妥协：

```
shared double global_elapsed;
private double my_start, my_finish, my_elapsed;
. . .
/* 所有进程/线程同步 */
Barrier();
my_start = Get_current_time();

/* 我们希望计时的代码 */
. . .

my_finish = Get_current_time();
my_elapsed = my_finish - my_start;

/* 查找所有进程/线程的最大值 */
global_elapsed = Global_max(my_elapsed);
if (my_rank == 0)
    printf("The elapsed time = %e seconds\n",
            global_elapsed);
```

这里，首先执行一个 barrier 函数，该函数大致同步所有进程 / 线程。我们希望所有

进程 / 线程都能同时从调用中返回，但这样的函数通常只能保证所有进程 / 线程都在第一个进程 / 线程返回时启动了调用。然后，我们像以前一样执行代码，每个进程 / 线程都会找到所花的时间。然后，所有进程 / 线程调用一个全局最大值函数，该函数返回运行最大时间，由进程 / 线程 0 将其打印出来。

我们还需要意识到时间的可变性。当我们多次运行一个程序时，每次运行所用的时间很可能会不同，即使每次运行程序时使用相同的输入和系统。处理这一问题的最佳方法似乎是报告平均运行时间或中位数运行时间。然而，一些外部事件不太可能使我们程序的运行速度超过其最佳运行时间。因此，我们通常报告最短时间，而不是报告平均时间或中位数时间。

每个核心运行多个线程可能会导致计时的可变性急剧增加。更重要的是，如果每个核心运行多个线程，系统将不得不花费额外的时间来调度和取消调度核心，这将增加总体运行时间。因此，我们很少在每个核心上运行多个线程。

最后，实际上，由于我们的程序不是为高性能 I/O 而设计的，所以通常不会在报告的运行时间中包含 I/O。

2.6.5　GPU性能

在对 MIMD 性能的讨论中，假设可以通过比较并行程序与串行程序的性能来评估并行程序。当然，我们可以将 GPU 程序的性能与串行程序的性能进行比较，很常见的情况是，GPU 程序的加速比串行程序或并行 MIMD 程序快。

然而，正如在讨论 MIMD 程序的效率时所指出的，我们经常假设串行程序运行在并行计算机使用的相同类型的核心上。由于 GPU 使用的核心本质上是并行的，因此这种类型的比较通常对 GPU 没有意义。因此，在讨论 GPU 的性能时，通常不使用效率。

类似地，由于 GPU 上的核心与传统 CPU 有根本不同，因此谈论 GPU 程序相对于串行 CPU 程序的线性加速没有意义。

请注意，由于 GPU 程序相对于 CPU 程序的效率没有意义，MIMD 程序可扩展性的正式定义不能应用于 GPU 程序。然而，可扩展性的非正式用法通常应用于 GPU：如果我们可以增加 GPU 的大小，并在较小的 GPU 上获得超过程序性能的加速，那么 GPU 程序是可扩展的。

如果我们在传统的串行处理器上运行 GPU 程序的固有串行部分，那么阿姆达定律可以应用于 GPU 程序，得到的可能加速比上限将与 MIMD 程序的可能加速比上限相同。也就是说，如果原始串行程序的一部分 r 没有并行化，并且该部分在常规串行处理器上运行，那么在 GPU 和串行处理器上运行的程序的最佳加速比将小于 $1/r$。

需要注意的是，适用于阿姆达 MIMD 系统定律的警告同样适用于阿姆达 GPU 定律："固有串行"比例很可能取决于问题规模，如果随着问题规模的增加而变小，则最佳加速比的界限将增大。此外，许多 GPU 程序获得了巨大的加速比，最后，相对较小的加速比可能就足够了。

对于 MIMD 程序，我们讨论的关于计时的基本思想也同样适用于 GPU 程序。然而，由于 GPU 程序通常在常规 CPU 上启动和完成，只要对 GPU 上运行的整个程序的性能感兴趣，我们通常可以只使用 CPU 上的计时器，在程序的 GPU 部分启动之前启动它，在 GPU 部分完成后停止它。还有更复杂的场景，例如，在多个 CPU-GPU 对上运行一个程序需要更加小心，但我们不会处理这些类型的程序。如果只想计时 GPU 上运行的代码的一个子集，那么我们需要使用为 GPU 定义的 API 的计时器。

2.7 并行程序设计

我们已有了一个串行程序，如何将其并行化？一般来说，我们需要在进程 / 线程之间划分工作，以便每个进程 / 线程获得大致相同的工作量，并将任何并行开销降至最低。在大多数情况下，我们还需要安排进程 / 线程进行同步和通信。不幸的是，我们没有可以遵循的机械的过程。如果有，我们可以编写一个程序，将任何串行程序转换为并行程序，不过，正如我们在第 1 章中所指出的，尽管做了大量的工作并取得了一些进展，但这似乎是一个没有通用解决方案的问题。

然而，Ian Foster 在其在线著作 *Design and Building Parallel Programs*[21] 中概述了这些步骤。

1. 划分。将要执行的计算和计算操作的数据划分为小任务。这里的重点应该是确定可以并行执行的任务。

2. 通信。确定在上一步中确定的任务之间需要进行哪些通信。

3. 凝聚或聚合。将第 1 步中确定的任务和通信合并到更大的任务中。例如，如果必须先执行任务 A，然后才能执行任务 B，那么可以将它们聚合到单一的复合任务中。

4. 映射。将上一步中标识的复合任务分配给进程 / 线程。这样做是为了使通信最小化，并且每个进程 / 线程得到大致相同的工作量。

这有时被称为 **Foster 方法论**。

2.7.1 示例

让我们举一个小例子。假设有一个生成大量浮点数据的程序，它将这些数据存储在一个数组中。为了了解数据的分布情况，我们可以制作数据的直方图。回想一下，要制作直方图，我们只需将数据范围划分为大小相等的子区间或桶，确定每个桶中的测量数量，并绘制一个条形图，显示桶的相对大小。假设我们的数据如下：

1.3, 2.9, 0.4, 0.3, 1.3, 4.4, 1.7, 0.4, 3.2, 0.3,

4.9, 2.4, 3.1, 4.4, 3.9, 0.4, 4.2, 4.5, 4.9, 0.9

数据位于 0～5 的范围内，如果我们选择有 5 个桶，直方图可能类似于图 2.20。

一个串行程序

在开始并行程序的设计时，首先考虑串行程序的设计通常是一个好方法。虽然串行设计中使用的算法可能不适合并行化，但只要仔细思考串行解决方案中涉及的问题，我们就能更好地理解解决问题时需要做什么。此外，通常情况下，并行程序的设计直接基于串行程序的设计。

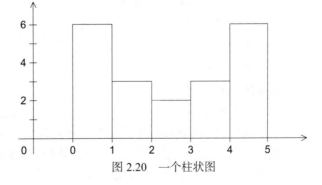

图 2.20　一个柱状图

编写一个生成直方图的串行程序非常简单。我们需要确定桶是什么，确定每个桶中的测量数量，并打印直方图的条形图。由于我们不关注 I/O，仅限于前两个步骤，因此输入将是：

1. 测量次数，data_count。

2. data_count 的浮点数数组，data。

3. 包含最小值的桶的最小值，min_meas。

4. 包含最大值的桶的最大值，max_meas。

5. 桶的数量，bin_count。

输出将是一个数组，其中包含每个桶中的数据元素数。为了精确起见，我们将使用以下数据结构：

— bin_maxes. bin_count 浮点数的数组
— bin_counts. bin_count 整数的数组

数组 bin_maxes 将存储每个桶的上限，bin_counts 将存储每个桶中的数据元素数。明确地说，我们可以定义：

```
bin_width = (max_meas - min_meas)/bin_count.
```

然后 bin_maxes 将被初始化：

```
for (b = 0; b < bin_count; b++)
    bin_maxes[b] = min_meas + bin_width*(b+1);
```

我们将采用这样的约定，桶 b 是如下范围内的所有测量值：

```
bin_maxes[b-1] <= measurement < bin_maxes[b]
```

当然，当 b=0 时没有意义，在这种情况下，我们将使用桶 0 作为如下范围内的测量值的规则：

```
min_meas <= measurement < bin_maxes[0]
```

这意味着我们总是需要将桶 0 视为一个特例，但这并不太麻烦。

一旦初始化 bin_max 并将 0 分配给 bin_counts 的所有元素，我们可以使用以下伪代码获得计数：

```
for (i = 0; i < data_count; i++) {
    bin = Find_bin(data[i], bin_maxes, bin_count, min_meas);
    bin_counts[bin]++;
}
```

Find_bin 函数返回 data[i] 所属的桶。这可能是一个简单的线性搜索函数：搜索 bin_max，直到找到满足以下条件的桶 b：

```
bin_maxes[b-1] <= data[i] < bin_maxes[b]
```

（这里我们将 bin_maxes[-1] 视为 min_meas。）该方法适用于桶数不多的情况，当有很多桶时，二分查找会更好。

串行程序并行化

如果我们假设 data_count 远大于 bin_count，那么即使在 Find_bin 函数中使用二分查找，这段代码中的绝大多数工作都将在确定 bin_count 中的值的循环中进行。因此，并行化的重点应该放在这个循环上，我们将应用 Foster 方法论。首先要注意的是，Foster 方法论中步骤的结果并不是唯一确定的，因此，如果在任何阶段得到了不同的结果，都不应该感到惊讶。

对于第一步，我们可以确定两种类型的任务：查找数据元素所属的桶和增加 bin_

counts 中的相应条目。

对于第二步，必须在计算适当的桶和增加 bin_counts 的元素之间进行通信。如果用椭圆表示任务，用箭头表示通信，我们将得到一个类似图 2.21 所示的图表。这里，标记为"data[i]"的任务确定值 data[i] 属于哪个桶，标记为"bin_counts[b]++"的任务增加 bin_counts[b]。

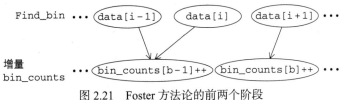

图 2.21　Foster 方法论的前两个阶段

对于任何固定的 data 元素，可以聚合任务"查找桶 b 的 data 元素"和"递增 bin_counts[b]"，因为第二个任务只能在第一个任务完成后发生。

然而，进入最后的映射步骤时，我们会看到，如果为两个进程或线程分配了属于相同桶 b 的 data 元素，那么它们都将执行语句 bin_counts[b]++。如果 bin_counts[b] 是共享的（例如，数组 bin_counts 存储在共享内存中），则将导致竞争条件。如果在进程/线程之间划分了 bin_counts，那么更新其元素将需要通信。在任何一种情况下，这些选项都可能非常昂贵，详细信息可能取决于系统的类型。

如果桶、bin_count 和进程/线程的数量都不是绝对巨大的，那么我们可以让每个进程或每个线程临时存储桶的计数。也就是说，每个进程/线程都有自己的存储，比如 loc_bin_counts，用于存储分配给每个桶的 data 元素中的元素数。然后，在每个进程/线程确定其 loc_bin_counts 中的值后，我们可以对各个 loc_bin_counts 中的元素进行"全局求和"，以获得每个桶的 bin_counts 中的总计数。

如果 data 中的元素数量非常大，那么一个包含大量桶的柱状图可能与一个只有 1000 个桶的柱状图没有什么不同。另一方面，如果 data 中的元素数量相对较少，那么一个包含大量桶的柱状图可能会有许多空桶，而柱状图不会帮助我们很好地了解数据的分布，所以让我们假设桶的总数不超过 1000 个。此外，在 MIMD 系统上，进程/线程的数量可能不会超过几百个。如果我们有 500 个进程/线程，那么使用 loc_bin_counts 将为本地桶累加最多 500 000 个整数值（int），这在典型的 MIMD 系统上是相当适度的存储量。

GPU 可能有非常多的线程，很容易达到数千个，并且每个线程存储自己的 loc_bin_counts 所需的额外存储量对于系统来说可能太大。然而，在使用共享内存（我们将使用这种内存）的 GPU 中，通常有非常快速的基本原子操作实现，例如递增 1 的操作。因此，对于 GPU，我们可以使用单个共享数组来存储 bin_counts，并使用系统定义的原子操作进行增量操作，从而获得合理的性能。

因此，对于 GPU，我们将继续使用图 2.21 所示的任务图。然而，对于 MIMD 系统，我们将插入一组中间任务，其中各种 loc_bin_counts 的元素将增加，在任务的最后一层，我们将把 loc_bin_counts[b] 的各种元素添加到每个桶 b 的 bin_counts[b] 中（见图 2.22）。

现在，在 Foster 方法论中的映射阶段，我们可以在进程/线程之间划分 data 元素。然后，单个进程/线程将负责确定其每个元素所属的桶 b，如果使用 GPU，则增加 bin_ counts[b]，如果使用 MIMD 系统，则增加 loc_bin_counts。MIMD 系统有最后一个阶段：计算 loc_bin_counts 的全局和，存为 bin_counts。

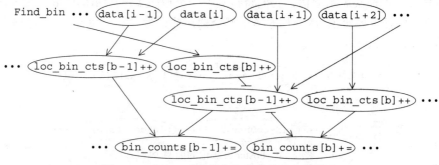

图 2.22　MIMD 系统任务和通信的另一种定义

我们为 data 元素选择的实际映射可能取决于它们的实际分布。这几乎取决于特定的系统以及如何优化系统上的内存访问时间。例如，在共享内存 MIMD 系统中，如果为每个线程分配一个连续元素块，则可能会优化缓存性能。例如，如果有 p 个线程和 n 个 data 元素，那么我们可能会将首批 n/p 个元素分配给线程 0，将下一批 n/p 个元素分配给线程 1，等等。这可能会优化缓存利用率。

一旦确定了 bin_counts 中的值，我们就完成了整个过程。因此，我们已经完成了 GPU 程序。但对于 MIMD 程序，我们仍然需要将各种 loc_bin_cts 中的值累加到 bin_counts 中。如果进程 / 线程的数量都很小，而桶的数量也很小，那么所有累加的内容都可以分配给单个进程 / 线程。如果桶的数量远远大于进程 / 线程的数量，那么我们可以在进程 / 线程之间划分桶，就像划分 data 元素一样。如果进程 / 线程的数量很大，我们可以使用树结构的全局和，类似于第 1 章中讨论的方法。唯一的区别是，现在发送的进程 / 线程正在发送一个数组，而接收的进程 / 线程正在接收并累加一个数组。图 2.23 显示了 8 个进程 / 线程的示例。顶行中的每个圆对应一个进程 / 线程。在第一行和第二行之间，奇数序列号的进程 / 线程使其 loc_bin_cts 可用于偶数序列号的进程 / 线程。然后在第二行中，偶数序列号的进程 / 线程将新计数累加到其现有计数中。在第二行和第三行之间，我们对进程 / 线程使用相同的思想，进程 / 线程的序列号不能被 4 整除的线程，发送给那些序列号能被 4 整除的进程 / 线程。重复此操作，直到进程 / 线程 0 计算完 bin_counts 中的所有值。

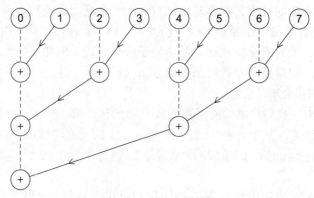

图 2.23　累加本地数组

2.8　编写和运行并行程序

在过去，几乎所有的并行程序开发都是使用文本编辑器（如 vi 或 Emacs）完成的，程序通过命令行或编辑器编译和运行。调试器通常也从命令行启动。现在也有来自 Microsoft、Eclipse 项目和其他公司的集成开发环境（IDE），参见 [18, 41, 44]。

在较小的共享内存系统中，操作系统只有一个运行副本，通常在可用核心上调度线程。在这些系统上，共享内存程序通常可以使用 IDE 或命令行启动。一旦启动，程序通常会使用控制台和键盘从 stdin 输入并输出到 stdout 和 stderr。在较大的系统上，可能有一个批处理调度器。也就是说，用户请求一定数量的核心，并指定可执行文件的路径以及输入和输出的位置（通常是到辅助存储中的文件）。

在典型的分布式内存和混合系统中，有一台主机负责在用户之间分配节点。有些系统是纯批处理系统，类似于共享内存批处理系统。另一些允许用户以交互方式签出节点和运行作业。由于作业启动通常涉及与远程系统通信，因此实际启动通常是通过脚本完成的。例如，MPI 程序通常由一个名为 mpirun 或 mpiexec 的脚本启动。

正如我们已经注意到的，GPU 系统是异构的：GPU 程序包含常规 CPU 代码和 GPU 代码。在 GPU 上运行的程序部分通常由在 CPU 上运行的部分启动。因此，对于用户来说，编译和启动可能类似于传统 CPU 程序的编译和启动。然而，正如我们之前所指出的，GPU 可能无法透明地访问 I/O 函数。在我们即将使用的系统（NVIDIA）上，GPU 上的每个线程都可以访问 stdout，但不能访问其他文件。因此，在这些系统上，输出到 stdout 以外的文件以及所有输入都必须在 CPU 代码中完成。

与往常一样，RTFD 有时被翻译为"阅读精细文档"。

2.9　假设

如前所述，我们将重点关注同构 MIMD 系统，其中所有节点都具有相同的体系结构，以及异构 GPU 系统。我们所有的程序都是 SPMD。因此，我们将编写一个可以使用分支来具有多种不同行为的程序。

对于 MIMD 系统，我们假设核心是相同的，但它们是异步操作的。我们通常假设在一个核心上最多运行一个进程或线程，并且我们通常会使用静态进程或线程。换句话说，我们通常会或多或少地在同一时间启动所有进程或线程，当它们执行完后，我们会或多或少地在同一时间终止它们。

对于 GPU，我们将编写一个简单的程序，但它将包含一些在主机或 CPU 上运行的代码，以及一些在设备或 GPU 上运行的代码。CPU 代码将启动在 GPU 上运行的代码，我们让系统将 GPU 线程映射到 GPU 核心。

一些用于并行 MIMD 系统的 API 定义了新的编程语言。然而，大多数都是通过函数库来扩展现有语言，例如传递消息的函数或对串行语言编译器的扩展。后一种方法将是我们MIMD 程序的重点。我们将使用 C 语言的并行扩展。

由于 GPU 程序包含在两种不同类型的处理器上运行的代码，因此我们需要为这些程序提供一种新的语言——CUDA。它与 C++ 非常相似，我们通常只使用 C 语言常见的 C++ 子集。然而，在一些情况下，值得注意的是，我们需要使用与 C 不同的 C++ 特性。

当我们想显式编译和运行程序时，将使用 UNIX shell 的命令行、gcc 编译器、它的一些扩展（例如 mpicc）或 CUDA 编译器（nvcc），并从命令行启动程序。例如，如果我们想显示 Kernighan 和 Ritchie[32] 的"hello，world"程序的编译和执行，可能会显示如下内容：

```
$ gcc -g -Wall -o hello hello.c
$ ./hello
hello, world
```

$ 符号是来自 shell 的提示。对于基于 gcc 的编译器，我们通常会使用以下选项：

❑ -g，创建允许我们使用调试器的信息。

❑ -Wall，发出大量警告。

❑ -o <outfile>，将可执行文件放入名为 outfile 的文件中。

❑ 为程序计时时，我们经常告诉编译器使用 -O2 选项。

在大多数系统中，默认情况下，用户目录或文件夹不在用户的执行搜索路径中，因此我们通常会进入可执行文件所在的目录，并通过添加"./"到执行文件名来启动作业。

对于 CUDA 编译器 nvcc，我们通常只使用 -o<outfile> 命令行选项。

2.10 小结

这一章涵盖很多材料，完整的小结会占用很大篇幅，所以本节尽量简洁。

2.10.1 串行系统

我们开始讨论传统的串行硬件和软件。计算机硬件的标准模型是**冯·诺依曼体系结构**，它由执行计算的**中央处理器**和存储数据和指令的**主存**组成。内存中的每个位置都由一个**地址**和该位置的**内容**组成。CPU 和内存的分离被称为**冯·诺依曼瓶颈**，因为它限制了指令的执行速度。CPU 进一步分为**控制单元**和**数据通路**，控制单元确定要执行的指令，数据通路执行这些指令。控制单元和数据通路都有非常快的内存位置，称为**寄存器**。指令被加载到寄存器中以执行，数据被加载到寄存器中以用于执行指令。计算结果也存储在寄存器中。

也许计算机上最重要的软件是**操作系统**（OS）。它管理计算机的资源。大多数现代操作系统都是**多任务**的。即使硬件没有多个处理器或核心，通过在执行程序之间快速切换，操作系统也会产生多个作业同时运行的假象。正在运行的程序称为**进程**。由于正在运行的进程或多或少是自治的，因此它有许多相关的数据和信息。**线程**由进程启动。线程不需要那么多相关的数据和信息，线程的停止和启动速度比进程快得多。

在计算机科学中，**缓存**是一种比其他内存位置访问速度更快的内存位置。CPU 缓存是介于 CPU 寄存器和主存之间的内存位置。它的目的是减少与访问主存相关的延迟。数据使用**时间和空间局部性**原则存储在缓存中。也就是说，接近最近访问项（空间局部性）的项更有可能在不久的将来访问（时间局部性）。因此，系统不在主存和缓存之间传输单个数据项和单个指令，而是传输连续数据项和连续指令的**块**或**行**。当指令或数据项被访问并且已经在缓存中时，称为缓存**命中**。如果该项不在缓存中，则称为缓存**缺失**。缓存直接由计算机硬件管理，因此程序员只能间接控制缓存。

主存也可以作为辅助存储的缓存，它由硬件和操作系统通过虚拟内存进行管理。与将程序的所有指令和数据存储在主存中不同，该方法只将活动部分存储在主存中，其余部分存储在称为**交换空间**的二级存储器中。与 CPU 缓存一样，虚拟内存对连续数据和指令块进行操作，在这种设置中称为**页**。请注意，虚拟内存使用的是独立于实际物理地址的**虚拟地址**，而不是使用物理地址来寻址程序使用的内存。物理地址和虚拟地址之间的对应关系存储在主存中的**页表**里。虚拟地址和页表的组合为系统提供了在内存中任意位置存储程序数据和指令的灵活性。因此，两个不同的程序是否使用相同的虚拟地址并不重要。由于页表存储在主存中，每次程序需要访问主存位置时，都可能需要两次内存访问：一次是获取适当的页表条目，以便找到主存中的位置，另一次是实际访问所需的内存。为了避免这个问题，CPU 有一个特殊的页表缓存，称为**转换查找缓冲区**，它存储最近使用的页表条目。

指令级并行（ILP）允许单个处理器同时执行多条指令。ILP 有两种主要类型：**流水线**和**多发射**。通过流水线，处理器的一些功能单元按顺序排序，其中一个功能单元的输出是下一个功能单元的输入。因此，当一段数据正在由（例如）第二级功能单元处理时，另一段数据可以由第一级功能单元处理。对于多发射，功能单元被复制，处理器尝试在单个程序中同时执行不同的指令。

硬件多线程不是试图同时执行单个指令，而是试图同时执行不同的线程。实现硬件多线程有几种不同的方法。然而，它们都试图通过在线程之间快速切换来保持处理器尽可能繁忙。尤为重要的是，线程**暂停**并且必须等待（例如，内存访问完成）才能执行指令。在**同步多线程**中，不同线程可以同时使用多发射处理器中的多个功能单元。由于线程由多条指令组成，我们有时会说**线程级并行**（TLP）比 ILP **粒度更粗**。

2.10.2 并行硬件

ILP 和 TLP 在非常低的级别上提供并行性：它们通常由处理器和编译器控制，而不是由程序员直接控制。就我们的目的而言，如果程序员可以看到并行性，那么硬件是并行的，并且可以修改源代码来利用它。

我们使用两种主要的并行硬件分类方法：Flynn 分类法和共享与分布式内存分类。**Flynn 分类法**区分了系统可以同时管理的指令流数量和数据流数量。

共享内存和分布式内存区分了每个核心访问主存的方式。在共享内存系统中，每个核心都可以访问相同的"共享"主存块。在分布式内存系统中，每个核心都有一个主存块，只有它可以直接访问。如果一个核心需要访问另一个核心的内存块中的内存位置，它将通过网络进行通信。

冯·诺依曼系统有单一的指令流和单一的数据流，因此它被分类为**单指令流单数据流**（SISD）系统。由于冯·诺依曼系统中只有一个核心，因此它既不是共享内存，也不是分布式内存。

单指令流多数据流（SIMD）系统一次执行一条指令，但该指令可以操作多个数据项。这些系统通常以锁步方式执行指令：第一条指令同时应用于所有数据元素，然后应用第二条指令，依此类推。这种类型的并行系统通常用于**数据并行**程序中，在这些程序中，数据在处理器之间进行划分，并且每个数据项都受到或多或少相同的指令序列的约束。**向量处理器**和**图形处理单元**通常被归类为 SIMD 系统，尽管当前一代 GPU 也具有多指令流多数据流系统的特点。

SIMD 系统中的分支是通过闲置一些处理器实现的，这些处理器上正运行的指令不适合一些数据项。这种行为通常使 SIMD 系统不适合**任务并行**。在任务并行情况下，每个处理器执行不同的任务，甚至执行具有许多条件分支的数据并行。

SIMD 系统可以使用共享和 / 或分布式内存。然而，在考虑为 GPU 编写程序时，我们只考虑共享内存系统。

顾名思义，**多指令流多数据流**（MIMD）系统执行多个独立的指令流，每个指令流都可以有自己的数据流。实际上，MIMD 系统是自主处理器的集合，它可以按照自己的速度执行。不同 MIMD 系统之间的主要区别在于它们是**共享内存**还是**分布式内存**系统。大多数较大的 MIMD 系统是**混合**系统，其中一些相对较小的共享内存系统通过互连网络连接。在这样的系统中，单个共享内存系统有时被称为**节点**。一些 MIMD 系统是**异构**系统，其中处理器具有不同的功能。例如，具有常规 CPU 和 GPU 的系统是异构系统。所有处理器具有相同体系结构的系统是**同构**的。

在共享内存系统中，有许多不同的互连网络用于将处理器连接到内存，以及在分布式内存或混合系统中互连处理器。共享内存的两个互连是**总线**和**交叉开关**。分布式内存系统有时使用**直接**互连，如**环形网格**和**超立方体**，有时使用**间接**互连，如交叉开关和**多级**网络。通常通过检查网络的**等分宽度**或**等分带宽**来评估网络。这些给出了网络能够支持多少同步通信的度量。对于节点之间的单独通信，我们经常讨论互连的**延迟**和**带宽**。

共享内存系统的一个潜在问题是**缓存一致性**。同一变量可以存储在两个不同核心的缓存中，如果一个核心更新变量的值，另一个核心可能不知道这个变化。确保缓存一致性的主要方法有两种：**监听**和使用**目录**。监听依赖于互连网络的能力，将信息从每个缓存控制器广播到其他每个缓存控制器。目录是一种特殊的分布式数据结构，它在每个缓存行上存储信息。缓存一致性为共享内存编程带来了另一个问题：**伪共享**。当一个核心更新一个缓存行中的变量，而另一个核心想要访问同一缓存行中的另一个变量时，它将不得不访问主存，因为缓存一致性的单位是缓存行。也就是说，第二个核心只"知道"它想要访问的行已经更新。它不知道要访问的变量尚未更改。

2.10.3 并行软件

在本书中，我们将着重于为同构 MIMD 系统以及具有 CPU 和 GPU 的异构系统开发软件。此类系统的大多数程序都由单个程序组成，该程序通过在线程 / 进程和 / 或分支之间划分数据来获得并行性。此类程序通常称为**单程序多数据**（SPMD）程序。在 CPU 和 GPU 上的共享内存程序中，我们将运行任务的实例称为线程；在分布式内存程序中，我们称之为进程。

除非我们的问题是**易并行**的，否则并行程序的开发至少需要解决进程或线程之间的**负载均衡**、**通信**和**同步**问题。

在共享内存程序中，各个线程可以具有**私有**内存和**共享**内存。通信通常通过**共享变量**完成。每当处理器异步执行时，都有可能出现**不确定性**，即对于给定的输入，程序的行为从前一次运行到下一次运行可能会改变。这可能是一个严重的问题，尤其是在共享内存程序中。如果不确定性是由两个线程试图访问同一资源而导致的，并且可能会产生错误，则该程序被称为存在**竞争条件**。竞争条件最常见的地方之一是**临界区**，即一次只能由一个线程执行的代码块。保护临界区的两种可能的方法是使用**原子操作**和**互斥**。当一个线程执行原子操作时，其他线程无法修改正在更新的变量。一些 API 提供了对其数据进行原子操作的特殊函数。在大多数共享内存 API 中，可以使用**互斥锁**或**互斥的对象**强制执行临界区中的互斥。临界区应尽可能小，因为互斥锁一次只允许一个线程执行临界区中的代码，从而有效地使代码串行化。

共享内存程序的第二个潜在问题是**线程安全**。如果一个代码块由多个线程运行时可以正常工作，这被称为**线程安全的**。为在串行程序中使用而编写的函数可能会无意中使用共享数据，例如静态变量，而在多线程程序中使用这些函数可能会导致错误，因此此类函数不是线程安全的。

在分布式内存系统中编程，最常用的 API 是**消息传递**。在消息传递中，至少有两个不同的函数：**发送**函数和**接收**函数。当进程需要通信时，一个调用 send，另一个调用 receive。这些函数有多种可能的行为。例如，send 可以**阻止**或等待，直到匹配的 receive 开始，或者消息传递软件可以将消息数据复制到自己的存储中，并且发送过程可以在匹配的接收开始之前返回。receive 最常见的行为是阻塞，直到收到消息为止。最广泛使用的消息传递系统称为**消息传递接口**（MPI）。除了简单的发送和接收之外，它还提供了大量的功能。

分布式内存系统还可以使用**单向通信**（提供访问属于另一进程的内存的功能）和**分区全局地址空间**语言（提供分布式内存系统中的一些共享内存功能）进行编程。

2.10.4　输入和输出

在一般的并行系统中，多个核心可以访问多个二级存储设备。我们不会试图编写使用此功能的程序。相反，我们将针对同构 MIMD 系统的程序编写程序：其中一个进程或线程可以访问 stdin，所有进程都可以访问 stdout 和 stderr。然而，由于除调试输出外的不确定性，我们通常会有一个进程或线程访问标准输出。对于异构 CPU-GPU 系统，除调试输出外，我们将在 CPU 上使用单个线程进行所有 I/O。对于调试输出，我们将使用 GPU 上的线程。

2.10.5　性能

如果在具有 p 个进程或线程且每个核心不超过一个进程 / 线程的同构 MIMD 系统上运行并行程序，那么我们的理想是使并行程序的运行速度是串行程序的 p 倍。这被称为**线性加速比**，但实际上通常无法实现。如果用 T_{serial} 表示串行程序的运行时间，用 $T_{parallel}$ 表示并行程序的运行时间，则并行程序的**加速比** S 和**效率** E 由如下公式分别给出：

$$S = \frac{T_{serial}}{T_{parallel}}, \quad E = \frac{T_{serial}}{pT_{parallel}}$$

所以线性加速比为 $S=p$ 和 $E=1$。实际上，我们几乎总是有 $S<p$ 和 $E<1$。如果我们固定问题规模，E 通常会随着 p 的增加而减少，而如果我们固定进程 / 线程的数量，则 S 和 E 通常会随着问题规模的增加而增加。如果串行程序在与并行系统上运行的核心类型相同的核心上运行，那么效率也可以被看作是每个并行核心上执行的串行程序的平均部分。

GPU 上的并行核心与 CPU 上的核心有着根本的不同。因此，我们通常不谈论 GPU 上的效率：查看并行核心上执行的串行程序的比例是没有意义的。然而，谈论 GPU 程序相对于串行程序或同类 MIMD 程序的加速是很常见的。

阿姆达定律提供了并行程序可以获得的加速比上限：如果原始串行程序有 r 比例的部分没有并行化，那么无论我们使用多少个进程 / 线程，都不可能获得优于 $1/r$ 的加速比。在实践中，许多并行程序都获得了很好的加速比。造成这种明显矛盾的一个可能原因是，阿姆达定律没有考虑到这样一个事实，即随着问题规模的增大，未并行化的部分相对于并行化的部分通常会减小。

可扩展性有多种解释。一种解释是，如果程序在更大的系统上运行时能够获得加速比，那么它是可扩展的。从形式上讲，随着进程/线程数量的增加，如果问题规模可以按一个速度增加，使效率保持不变，那么同构 MIMD 系统的并行程序是可扩展的。如果问题规模可以保持不变，则程序具有**强**可扩展性；如果问题规模需要以与进程/线程数量相同的速度增加，则程序具有**弱**可扩展性。可扩展性仅在非正式意义上用于 GPU 程序：如果我们可以在更大的系统上运行 GPU 程序时获得加速，那么 GPU 程序是可扩展的。

要确定 T_{serial} 和 $T_{parallel}$，通常需要在源代码中包含对计时器函数的调用。我们希望这些计时器函数提供**挂钟**时间，而不是 CPU 时间，因为程序可能处于"活动"状态（例如，等待消息），即使核心处于空闲状态。在同构 MIMD 系统中，通常通过在启动计时器之前同步进程/线程来获取并行时间，并且在停止计时器之后，我们可以找到所有进程/线程中的最大运行时间。在 GPU 中，我们通常在启动 GPU 之前启动计时器，在 GPU 完成后停止计时器，以此来计算主机上的时间。由于系统的可变性，通常需要使用给定的数据集多次运行一个程序，并且通常从多次运行中获得最短的时间。为了减少可变性并改进同构 MIMD 系统的总体运行时间，通常每个核心运行不超过一个线程。在 GPU 上，我们让系统将线程分配给核心。

2.10.6 并行程序设计

Foster 方法论提供了一系列可用于设计并行程序的步骤。这些步骤包括对问题进行**分区**以识别任务、识别任务之间的**通信**、**凝聚**或**聚合**到组任务，以及将聚合任务**映射**分配到进程/线程。

2.10.7 假设

我们将着眼于为共享和分布式内存的同构 MIMD 系统和异构 CPU-GPU 系统开发并行程序，并将编写 SPMD 程序。在同构系统上，我们通常使用静态的进程或线程程序——开始执行时创建的进程/线程，直到程序终止才关闭。在这些系统上，我们还假设在系统的每个核心上最多运行一个进程或线程。在异构 CPU-GPU 系统上，我们将在 CPU 上启动程序，CPU 将在 GPU 上启动线程并等待它们终止。

2.11 练习

2.1 在讨论浮点加法时，我们做出了一个简化的假设，即每个功能单元花费的时间相同。假设每次提取和存储需要 2ns，其余操作都需要 1ns。

    a. 在这些假设下，浮点加法操作需要多长时间？

    b. 根据这些假设，1000 对浮点数的非流水线加法需要多长时间？

    c. 根据这些假设，1000 对浮点数的流水线加法需要多长时间？

    d. 如果操作数/结果存储在内存层次结构的不同级别中，则提取和存储所需的时间可能会有很大差异。假设从 L1 缓存提取需要 2ns，从 L2 缓存提取需要 5ns，从主存提取需要 50ns。若取一个操作数时发生 L1 缓存未命中和 L2 缓存命中，流水线会发生什么情况？如果出现 L1 缓存和 L2 缓存未命中，会发生什么情况？

2.2 说明如何使用 CPU 中硬件实现的队列来提高写直达缓存的性能。

2.3 回想一下涉及二维数组缓存读取的示例。较大的矩阵和较大的缓存如何影响两对嵌套循环的性能？如果 MAX=8 并且缓存可以存储四行，会发生什么情况？在第一对嵌套循环中读取 A 时发生了多少次未命中？第二对中发生了多少次未命中？

2.4   在表 2.2 中，虚拟地址由 12 位的字节偏移量和 20 位的虚拟页码组成。如果程序在一个具有此页面大小和此虚拟地址大小的系统上运行，它可以有多少页？

2.5   向冯·诺依曼系统添加高速缓存和虚拟内存是否会改变其作为 SISD 系统的设计？添加流水线会怎么样？添加多发射或硬件多线程呢？

2.6   假设向量处理器有一个内存系统，其中从内存加载单个 64 位字需要 10 个周期。为了使一个负载流平均每个负载只需要一个周期，需要多少内存库？

2.7   讨论 GPU 和向量处理器执行以下代码的不同之处：

```
sum = 0.0;
for (i = 0; i < n; i++) {
    y[i] += a*x[i];
    sum += z[i]*z[i];
}
```

2.8   考虑如下伪代码：

```
for (i = 0; i < n; i++) {
    if (my_rank == 0) {
        A(&args1, i);
        B(&args2, i);
    } else if (my_rank == 1) {
        C(&args3, i);
        D(&args4, i);
    } else if (my_rank == 2) {
        E(&args5, i);
        F(&args6, i);
    }
}
```

假设每个测试 my_rank==... 以及函数 A，B，…，F 需要 1 个时间单位来执行。

a. 假设代码在 SIMD 系统上由三个线程执行。构造一个表，显示 for 语句主体的单个迭代的执行情况。该表应显示每个线程的执行时间、执行内容以及每个线程的空闲时间。

b. 现在假设代码在 MIMD 系统上由三个线程执行。构造一个表，显示 for 语句主体的单个迭代的执行情况。

2.9   请解释，如果硬件多线程处理核心有大型缓存，并且运行了许多线程，为什么它的性能可能会下降？

2.10   在对并行硬件的讨论中，我们使用 Flynn 分类法来确定三种类型的并行系统：SISD、SIMD 和 MIMD。我们的系统都没有被识别为多指令流单数据流（MISD）。MISD 系统将如何工作？请举例说明。

2.11   假设程序必须执行 10^{12} 条指令才能解决特定问题。还假设一个单处理器系统可以在 10^6s（约 11.6 天）内解决问题。因此，平均而言，单处理器系统每秒可执行 10^6 条或 100 万条指令。现在假设程序已经被并行化，以便在分布式内存系统上执行。还假设如果并行程序使用 p 个处理器，则每个处理器将执行 $10^{12}/p$ 个指令，并且每个处理器必须发送 $10^9(p-1)$ 条消息。最后，假设在执行并行程序时没有额外的开销，也就是说，程序将在每个处理器执行其所有指令并发送其所有消息后完成，并且不会因等待消息等问题而出现任何延迟。

 a. 假设需要 10^{-9}s 发送消息。如果每个处理器的速度都与运行串行程序的单个处理器一样快，那么程序在 1000 个处理器上运行需要多长时间？

 b. 假设需要 10^{-3}s 发送消息。程序在 1000 个处理器上运行需要多长时间？

2.12 推导各种分布式内存互连中链路总数的公式。

2.13 a. 平面网格与环形网格类似，只是它没有"环绕"链路。正方形平面网格的等分宽度是多少？

 b. 三维网格与平面网格相似，只是它也有深度。三维网格的等分宽度是多少？

2.14 a. 绘制一个四维超立方体。

 b. 使用超立方体的归纳定义来解释为什么超立方体的等分宽度是 $p/2$。

2.15 假设串行程序的运行时间由 $T_{serial}=n^2$ 给出，其中运行时间的单位为微秒。假设此程序的并行化具有运行时间 $T_{parallel}=n^2/p+\log_2(p)$。编写一个程序，在不同的 n 和 p 值下查找该程序的加速比和效率。使用 $n=10$，20，40，…，320 和 $p=1$，2，4，…，128，当 p 增大而 n 保持不变时，加速比和效率会发生什么变化？当 p 固定而 n 增加时会发生什么？

2.16 如果并行程序的加速比大于进程或线程数 p，则有时会被称为具有**超线性加速比**。然而，许多研究者并不认为克服"资源限制"的程序具有超线性加速。例如，当一个程序在单处理器系统上运行时，它的数据必须使用二级存储，当它在大型分布式内存系统上运行时，它可能能够将所有数据放入主存。请再举一个例子，说明程序如何克服资源限制并获得大于 p 的加速比。

2.17 看一下你在计算机科学导论课上写的三个程序。这些程序的哪些部分（如果有）本质上是串行的？程序所做工作的固有串行部分是否会随着问题规模的增加而减少？还是大致保持不变？

2.18 假设 $T_{serial}=n$，$T_{parallel}=n/p+\log_2(p)$，其中时间以微秒为单位。如果我们将 p 按因子 k 增加，那么就可以找到一个公式，计算我们需要将 n 增加多少才能保持恒定的效率。如果我们将进程数从 8 个增加到 16 个，那么 n 应该增加多少？并行程序是否可扩展？

2.19 获得线性加速比的程序是否具有很强的可扩展性？解释你的答案。

2.20 Bob 有一个程序，他想用两组数据来计时，即 input_data1 和 input_data2。为了在向他感兴趣的代码中添加计时函数之前了解预期情况，他使用两组数据和 Unix shell 命令 time 来运行程序：

```
$ time ./bobs_prog < input_data1

real  0m0.001s
user  0m0.001s
sys   0m0.000s

$ time ./bobs_prog < input_data2

real  1m1.234s
user  1m0.001s
sys   0m0.111s
```

Bob 将在其程序中使用的计时器函数具有毫秒分辨率。Bob 应该用它来为他的程序计时第一组数据吗？第二组数据呢？为什么？

2.21　正如我们在前面的问题中看到的，Unix shell 命令 time 报告用户时间、系统时间以及"实时"时间或总运行时间。假设 Bob 定义了可以在 C 程序中调用的以下函数：

```
double utime(void);
double stime(void);
double rtime(void);
```

第一个函数返回程序开始执行后经过的用户时间秒数，第二个函数返回系统秒数，第三个函数返回总秒数。粗略地说，用户时间是花在用户代码和不需要使用操作系统的库函数上的时间，例如 sin 和 cos。系统时间是花费在确实需要使用操作系统的函数上的时间，例如 printf 和 scanf。

a. 三个函数值之间的数学关系是什么？也就是说，假设程序包含以下代码：

```
u = double utime(void);
s = double stime(void);
r = double rtime(void);
```

写一个公式来表示 u、s 和 r 之间的关系（假设调用函数所需的时间可以忽略不计）。

b. 在 Bob 的系统上，MPI 进程等待消息的任何时间都不按 utime 或 stime 计算，而是按 rtime 计算。解释 Bob 如何利用这些事实来确定 MPI 进程是否花费了太多时间等待消息。

c. Bob 给了 Sally 他的计时函数。然而，Sally 发现，在她的系统上，MPI 进程等待消息的时间被计算为用户时间。此外，发送消息不使用任何系统时间。Sally 是否可以使用 Bob 的函数来确定 MPI 进程是否花费了太多时间等待消息？解释你的答案。

2.22　将 Foster 方法应用于易并行计算问题，例如向量加法。任务是什么？任务之间的通信是什么？你将如何聚合任务？如何将复合任务映射到进程 / 线程？

2.23　在我们应用 Foster 方法构建直方图的过程中，基本上用 data 元素确定了聚合任务。一种明显的替代方法是使用 bin_counts 元素识别聚合任务。因此，聚合任务将由所有 bin_counts[b] 的增量组成。为每个进程 / 线程分配一个桶集合，对桶集合中的每个桶 b 和每个 data 元素，确定该数据元素是否属于桶 b。如果数据结构已经分布并初始化，则设计一个使用此设计的并行程序。这两种设计中哪一种更具可扩展性？

2.24　请尝试为第 1 章中的树结构全局和编写伪代码，为 loc_bin_cts 的元素求和。首先考虑如何在共享内存 MIMD 设置中实现这一点，然后考虑如何在分布式内存 MIMD 设置中实现这一点。在共享内存设置中，哪些变量是共享的，哪些是私有的？

基于 MPI 的分布式内存编程

回想一下，并行的多指令流多数据流（MIMD）计算机大体上可以分为**分布式内存**和**共享内存**系统两种。从程序员的角度来看，分布式内存系统由一些通过网络连接的核心－存储对组成，并且与核心相关的存储器只有该核心可以直接访问（见图 3.1）。另一方面，从程序员的视角来看，共享内存系统由一组核心组成，它们都连接了全局可访问的存储器，因此每个核心都可以访问任意的存储位置（见图 3.2）。在这一章中，我们将研究如何利用**消息传递**对分布式内存系统进行编程。

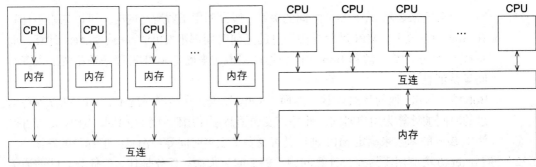

图 3.1 分布式内存系统   图 3.2 共享内存系统

回想一下，在消息传递程序中，运行在核心－存储对中的程序通常被称作**进程**，而两个进程可以通过调用函数进行通信：一个进程调用 send 函数而另一个进程调用 receive 函数。我们将要使用的消息传递方式叫作 MPI，它是消息传递接口的缩写。MPI 不是一种新的编程语言，它定义了一个可以被 C 语言和 Fortran 语言程序调用的函数库。我们将学习 MPI 的一些不同的发送和接收函数，同时将学习一些涉及多个进程的"全局"通信函数，这些函数被称作**集合**通信。在学习这些 MPI 函数的过程中，我们也将学习一些编写消息传递程序方面的基础知识，例如数据划分和分布式存储系统的 I/O 问题，同时我们也将再次讨论并行程序的性能问题。

3.1 入门

也许我们大多数人见到的第一个程序都是 Kernighan 和 Ritchie 经典的" hello，world"程序 [32] 的变体：

```c
#include <stdio.h>

int main(void) {
    printf("hello, world\n");

    return 0;
}
```

让我们利用 MPI 来写一个类似于"hello，world"的程序。不同于让进程简单地打印一条消息，我们将指定一个进程进行输出，而另一个进程将向它发送打印的信息。

在并行编程中，用非负整数的序列号来表示进程是很常见的（也可以说是标准的）。所以如果有 p 个进程，那么这些进程的序列号为 $0, 1, 2, \cdots, p-1$，对于"hello, world"程序，我们让进程 0 作为指定进程，另一个进程将会向它发送消息（见程序 3.1）[⊖]。

```c
1   #include <stdio.h>
2   #include <string.h>   /* 为了使用strlen              */
3   #include <mpi.h>      /* 为了使用MPI函数等           */
4
5   const int MAX_STRING = 100;
6
7   int main(void) {
8       char         greeting[MAX_STRING];
9       int          comm_sz;   /* 进程的数量    */
10      int          my_rank;   /* 我的进程序列号 */
11
12      MPI_Init(NULL, NULL);
13      MPI_Comm_size(MPI_COMM_WORLD, &comm_sz);
14      MPI_Comm_rank(MPI_COMM_WORLD, &my_rank);
15
16      if (my_rank != 0) {
17          sprintf(greeting, "Greetings from process %d of %d!",
18              my_rank, comm_sz);
19          MPI_Send(greeting, strlen(greeting)+1, MPI_CHAR, 0, 0,
20              MPI_COMM_WORLD);
21      } else {
22          printf("Greetings from process %d of %d!\n",
23              my_rank, comm_sz);
24          for (int q = 1; q < comm_sz; q++) {
25              MPI_Recv(greeting, MAX_STRING, MPI_CHAR, q,
26                  0, MPI_COMM_WORLD, MPI_STATUS_IGNORE);
27              printf("%s\n", greeting);
28          }
29      }
30
31      MPI_Finalize();
32      return 0;
33  }  /* main */
```

程序 3.1 MPI 程序，打印来自进程的问候信息

3.1.1 编译和执行

编译和运行程序的细节取决于所用的系统，所以你可能需要咨询当地的专家。然而回想一下，当需要这一过程清晰明了时，我们会假定正在用文本编辑器来写源代码，用命令行来

⊖ 在程序 3.1 中，第 24 行使用了在 **for** 循环中初始化声明的语法，该用法需要在支持 c99 标准的编译器中进行编译才不会报错，因此，可以在编译器的参数中加上 −std=c99 或 −std=gnu99 来编译代码。因此，编译命令可以修改为：

```
$ mpicc −g −Wall −std=c99 −o mpi_bello mpi_bello.c
```

编译和运行。许多系统使用叫作 mpicc 的命令进行编译 [⊖]。

```
$ mpicc −g −Wall −o mpi_hello mpi_hello.c
```

通常来说，mpicc 是一个**封装了** C 语言编译器的脚本。**包装器脚本**的主要目的是运行一些程序。在这个例子中，程序是 C 编译器。然而，包装器通过告诉编译器去哪找到必要的头文件，以及哪些库与目标文件链接来简化编译器的运行。

许多系统还支持通过 mpiexec 启动程序：

```
$ mpiexec −n <number of processes> ./mpi_hello
```

所以要在一个进程中运行程序，我们需要输入

```
$ mpiexec −n 1 ./mpi_hello
```

而想在四个进程中运行程序，我们需要输入

```
$ mpiexec −n 4 ./mpi_hello
```

在一个进程中运行，程序的输出是：

```
Greetings from process 0 of 1!
```

而在四个进程中运行，程序的输出是：

```
Greetings from process 0 of 4!
Greetings from process 1 of 4!
Greetings from process 2 of 4!
Greetings from process 3 of 4!
```

我们如何通过调用 mpiexec 获得一行或多行问候语？ mpiexec 命令告诉系统启动 <mpi_hello> 程序的 <number of process> 实例，它还告诉系统哪个核心应该运行程序对应的实例。在进程运行后，MPI 的实现负责确保进程可以互相通信。

3.1.2　MPI程序

让我们进一步看看上面的程序。

首先要注意的是这是一个 C 语言程序。例如，它包含标准 C 头文件 stdio.h 和 string.h。它也像其他的 C 程序一样有一个主函数。然而，该程序的许多部分是不同的。第三行包括一个 mpi.h 头文件，其中包含 MPI 函数、宏定义、类型定义等的原型，还包含编译一个 MPI 程序所需的所有定义和声明。

其次要注意的是所有由 MPI 定义的标识符都以字符串 MPI_ 开头，下划线后是函数名和 MPI 定义的类型，第一个字母需要大写，MPI 宏定义和常量的所有字母都大写。所以区分 MPI 定义和用户程序定义的内容并不难。

3.1.3　MPI_Init和MPI_Finalize

在第 12 行，MPI_Init 的调用告诉 MPI 系统进行所有必要的设置。例如，它可能会为消息缓冲区分配存储空间，以及决定哪个进程获得哪个序列号。根据经验，在程序调用 MPI_Init 之前不应该有其他 MPI 函数被调用。它的语法是：

⊖ 我们知道美元符号($)是 shell 提示符，所以它不应该被输入，并且为了易于理解，我们假设使用 GNU C 编译器，即 gcc，并且总是使用选项 −g、−Wall 和 −o。更多信息见 2.9 节。

```
int MPI_Init(
    int*    argc_p  /* in/out */,
    char*** argv_p  /* in/out */);
```

参数 argc_p 和 argv_p 是指向 main 函数的 argc 和 argv 参数的指针。然而，当程序不使用这些参数时，就会向这两个参数传递 NULL。与大多数 MPI 函数一样，MPI_Init 会返回一个整型的错误码。在大多数例子中，我们会忽略错误码，因为检查它们往往会导致代码混乱，并更加难以理解它在做什么 [⊖]。

在第 31 行，MPI_Finalize 的调用告诉 MPI 系统我们已经完成 MPI 的使用，所有为 MPI 分配的资源都可以被释放。语法非常简单：

```
int MPI_Finalize(void);
```

一般来说，调用 MPI_Finalize 之后不应再调用任何 MPI 函数。

因此，典型的 MPI 程序具有以下的基本轮廓：

```
. . .
#include <mpi.h>
. . .
int main(int argc, char* argv[]) {
    /* 之前没有MPI调用   */
    MPI_Init(&argc, &argv);
    . . .
    MPI_Finalize();
    /* 之后没有MPI调用   */
    . . .
    return 0;
}
```

然而，我们发现没有必要将指向 argc 和 argv 的指针传递给 MPI_Init，也没有必要在主函数中调用 MPI_Init 和 MPI_Finalize。

3.1.4　通信域、MPI_Comm_size和MPI_Comm_rank

在 MPI 中，**通信域**是一组互相传递消息的进程的集合。MPI_Init 的目的之一就是定义一个通信域，它包含用户启动程序时启动的所有进程，该通信域叫作 MPI_COMM_WORLD。第 13 行和第 14 行调用的函数获取有关 MPI_COMM_WORLD 的信息。它们的语法是：

```
int MPI_Comm_size(
    MPI_Comm  comm       /* in  */,
    int*      comm_sz_p  /* out */);

int MPI_Comm_rank(
    MPI_Comm  comm       /* in  */,
    int*      my_rank_p  /* out */);
```

这两个函数中，第一个参数都是通信域，并且具有 MPI 为通信域定义的特殊类型：MPI_Comm。MPI_Comm_size 在第二个参数中返回通信域中进程的数量，MPI_Comm_rank 在第二个参数中返回通信域中调用进程的序列号。我们经常使用变量 comm_sz 表示 MPI_COMM_WORLD 中的进程数量，用变量 my_rank 表示进程序列号。

⊖　当然，当我们调试程序时，会大量使用 MPI 错误码。

3.1.5　SPMD程序

需要注意的是我们只编译了单一的程序——并没有为每个进程编译不同的程序，尽管事实上进程 0 做的事情与其他进程完全不同：它接收一系列消息并打印，而其他每个进程都在创建和发送消息。这在并行编程中很常见，事实上，大多数 MPI 程序也采用这种方式编写，也就是编写单一的程序，以便不同的进程执行不同的操作，这可以简单地根据进程序列号对进程进行分支来实现。回想一下，这种编程方式叫作**单程序多数据**（SPMD）方式。第 16~29 行的 if-else 语句使我们的程序成为 SPMD。

还需要注意的是，原则上我们的程序可以用任意数量的进程来运行，之前我们看到它可以运行在一个和四个进程中，但是如果系统拥有足够的资源，也可以在 1000 甚至 100 000 个进程中运行。尽管 MPI 不要求程序具有这个属性，但在实际例子中我们总是尽量写出可以在任意数量进程中运行的程序，因为我们通常无法提前知道可用的确切资源。例如，我们今天可能可以使用 20 核的系统，但明天可能使用 500 核的系统。

3.1.6　通信

在第 17~18 行，除了进程 0，每个进程都会创建一条发送给进程 0 的消息。（sprintf 函数与 printf 十分相似，但它不是写入 stdout，而是写入一个字符串。）第 19~20 行将消息传送给进程 0。另一方面，进程 0 只是使用 printf 函数打印它的消息，然后用 for 循环接收并打印进程 1，2，…，comm_sz-1 传来的消息。第 25~26 行接收进程 q 传来的消息，q 可以为 1，2，…，comm_sz-1。

3.1.7　MPI_Send

由进程 1，2，…，comm_sz-1 执行的发送操作相当复杂，所以让我们进一步观察一下。每一个发送操作通过调用 MPI_Send 执行，它的语法是：

```
int MPI_Send(
    void*         msg_buf_p      /* in */,
    int           msg_size       /* in */,
    MPI_Datatype  msg_type       /* in */,
    int           dest           /* in */,
    int           tag            /* in */,
    MPI_Comm      communicator   /* in */);
```

前三个参数 msg_buf_p、msg_size 和 msg_type 决定消息的内容，剩下的参数 dest、tag 和 communicator 决定消息的目的地。

第一个参数 msg_buf_p 是一个指针，它指向包含消息内容的内存块，在我们的程序中，这是一个包含 greeting 的字符串。（记住在 C 中，数组是指针，例如字符串。）第二个和第三个参数 msg_size 和 msg_type 决定发送数据的数量。在我们的程序中，msg_size 参数是消息中字符的数量，再加上 C 中结束字符串的一个字符 '\0'。msg_type 的参数内容是 MPI_CHAR。这两个参数共同告诉系统消息包含 strlen(greeting)+1 个字符。

由于 C 中的类型（**int**、**char** 类型等）无法作为参数传给函数，MPI 定义了一类特殊的类型 MPI_Datatype，用于 msg_type 参数，MPI 还为该类型定义了许多常量值。表 3.1 列出了我们将会使用的（以及其他的）一些类型。

表 3.1　一些提前定义好的 MPI 数据类型

MPI 数据类型	C 语言数据类型
MPI_CHAR	signed **char**
MPI_SHORT	signed **short int**
MPI_INT	signed **int**
MPI_LONG	signed **long int**
MPI_LONG_LONG	signed **long long int**
MPI_UNSIGNED_CHAR	unsigned **char**
MPI_UNSIGNED_SHORT	unsigned **short int**
MPI_UNSIGNED	unsigned **int**
MPI_UNSIGNED_LONG	unsigned **long int**
MPI_FLOAT	**float**
MPI_DOUBLE	**double**
MPI_LONG_DOUBLE	**long double**
MPI_BYTE	
MPI_PACKED	

需要注意的是，greeting 字符串的大小与参数 msg_size 和 msg_type 指定的消息大小不同，例如，当我们在四个进程中运行程序时，每个消息的长度是 31 个字符，而我们为 greeting 中的 100 个字符分配了存储空间。当然，发送消息的大小应小于或等于缓冲区中的存储量，在我们的例子中是 greeting 字符串。

第四个参数 dest 指定应接收消息的进程的序列号。第五个参数 tag 是一个非负整数，它用来区分其他方面相同的消息。例如，假设进程 1 向进程 0 发送**浮点数**，一部分浮点数应该被打印出来，而另一部分应该用于计算，但 MPI_Send 的前四个参数并不会提供关于哪些浮点数应该打印、哪些浮点数应该用于计算的信息。因此，进程 1 可以对应该打印的浮点数设置 tag 为 0，对用于计算的浮点数设置 tag 为 1。

MPI_Send 的最后一个参数是通信域。所有的涉及通信的 MPI 函数都有一个通信域参数。通信域最重要的功能之一就是明确通信的范围。回想一下，通信域是一组可以互相传递消息的进程的集合。相反，一个进程无法接收不同通信域进程传递的消息。由于 MPI 提供创建新通信域的函数，这个特点可以保证在复杂程序中信息不会在错误的地点被"意外地接收"。

举个例子来说明这一点。假设我们正在学习全球气候变化并且很幸运地找到了两个函数库：一个可以构造地球大气模型，一个可以构造地球海洋模型。当然，这两个库都使用 MPI。这些模型都被独立地构造，因此它们之间不需要通信，但模型内部之间会进行通信。我们的工作就是编写接口代码，解决一个库传递的信息会意外地被另一个库接收这一问题。我们也许可以用标签设计方案：大气库获得标签 $0, 1, \cdots, n-1$，海洋库获得标签 n，$n+1, \cdots, n+m$。这样每个库可以在给定的范围内为每条消息找到指定的标签。然而，通信域提供了一个更为简单的解决方案：给大气库函数一个通信域，而给海洋库函数一个不同的通信域。

3.1.8　MPI_Recv

MPI_Recv 的前六个参数与 MPI_Send 的前六个参数相对应：

```
int MPI_Recv(
    void*          msg_buf_p       /* out */,
    int            buf_size        /* in  */,
    MPI_Datatype   buf_type        /* in  */,
    int            source          /* in  */,
    int            tag             /* in  */,
    MPI_Comm       communicator    /* in  */,
    MPI_Status*    status_p        /* out */);
```

因此前三个参数指定了可以用于接收消息的内存：msg_buf_p指向内存块，buf_size确定可以被存储在内存块中的对象数量，buf_type表示对象的类型。接下来的三个参数用于标识消息：参数source指定接收对应消息的进程，参数tag应与被发送消息的tag匹配，参数communicator应与发送进程的通信域相匹配。我们将会简短地讨论一下参数status_p。在许多情况下，它不会被调用进程所使用，而且与在"greeting"程序中相同，可以传递特殊的MPI常量MPI_STATUS_IGNORE。

3.1.9　消息匹配

假设进程 q 这样调用 MPI_Send：

```
MPI_Send(send_buf_p, send_buf_sz, send_type, dest, send_tag,
         send_comm);
```

并假设进程 r 这样调用 MPI_Recv：

```
MPI_Recv(recv_buf_p, recv_buf_sz, recv_type, src, recv_tag,
         recv_comm, &status);
```

在以下情况下，采用以上方式调用 MPI_Send 的 q 进程发送的消息可以被采用以上方式调用 MPI_Recv 的 r 进程接收：

❑ recv_comm = send_comm
❑ recv_tag = send_tag
❑ dest = r
❑ src = q

然而这些条件还不足以成功接收消息。由前三对参数 send_buf_p/recv_buf_p、send_buf_sz/recv_buf_sz 和 send_type/recv_type 明确的参数必须指定兼容的缓冲区，相关细节规则见 MPI-3 规范[40]。大多数情况下，以下规则就足够了：

❑ 如果 recv_type = send_type 并且 recv_buf_sz ⩾ send_buf_sz，q 进程传送的消息可以被 r 进程成功接收。

当然，一个进程可能正从多个进程处接收消息，并且接收进程并不知道其他进程发送消息的顺序。例如，假设进程 0 为进程 1，2，…，comm_sz-1 分配任务，进程 1，2，…，comm_sz-1 完成任务后将结果返回给进程 0。如果分配给各进程的工作需要耗费不可预测的时间，那么进程 0 无法知道其他进程完成的顺序。如果进程仅仅按照进程等级号接收结果，即首先接收进程 1 的结果，再接收进程 2 的结果，以此类推，而如果进程 comm_sz-1 首先完成，那么它可能需要"坐下来"等待其他进程完成。为了避免这个问题，MPI 提供了一个特殊的常量 MPI_ANT_SOURCE，它可以被传递给 MPI_Recv，之后如果进程 0 执行了如下代码，它就可以按照进程完成的顺序来接收结果：

```
for (i = 1; i < comm_sz; i++) {
    MPI_Recv(result, result_sz, result_type, MPI_ANY_SOURCE,
            result_tag, comm, MPI_STATUS_IGNORE);
    Process_result(result);
}
```

类似地，一个进程可能接收多个来自其他进程的带有不同标签的消息，并且接收进程不知道消息发送的顺序。对于这种情况，MPI 提供了一个特殊的常量 MPI_ANY_TAG，它可以被传递给 MPI_Recv 的 tag 参数。

关于这些通配符参数，有两点需要强调：

1. 只有接收方可以使用通配符参数。发送方必须指定一个进程序列号和一个非负的标签，所以 MPI 采用"推"通信机制，而不是"拉"机制。

2. communicator 参数没有通配符，发送方和接收方都必须始终明确通信域。

3.1.10 status_p 参数

如果花一分钟思考一下这些规则，就会注意到接收方可以在不知道以下信息的情况下接收消息：

1. 消息中的数据量

2. 消息的发送方

3. 消息的标签

那么，接收方如何找到这些值呢？回想一下，MPI_Recv 的最后一个参数类型是 MPI_Status*，MPI 的 MPI_Status 类型至少包含三个成员 MPI_SOURCE、MPI_TAG 和 MPI_ERROR。假设我们的程序包含这样的定义：

```
MPI_Status status;
```

之后再调用 MPI_Recv，其中 &status 作为最后一个参数传递，我们可以通过检查这两个成员确定发送方和标签：

```
status.MPI_SOURCE
status.MPI_TAG
```

接收到的数据量不会存储在应用程序可以直接访问的空间中，但可以通过调用 MPI_Get_count 检索到。例如，假设在调用的 MPI_Recv 中，接收缓冲区的类型是 recv_type，并且再次传入 &status，然后调用

```
MPI_Get_count(&status, recv_type, &count)
```

会返回 count 参数中接收的元素数。通常，MPI_Get_count 的语法是：

```
int MPI_Get_count(
        MPI_Status*     status_p    /* in  */,
        MPI_Datatype    type        /* in  */,
        int*            count_p     /* out */);
```

请注意，count 参数不能作为 MPI_Status 变量的成员直接访问，因为它取决于接收数据的类型，因此，确定它的值可能需要计算（例如，（接收的字节数）/（每个对象的字节数））。如果不需要这个信息，我们就不需要浪费时间去确定它。

3.1.11 MPI_Send 和 MPI_Recv 的语义

当我们从一个进程向另一个进程发送消息时，具体的细节取决于具体的系统，但我们仍

可以做出一些概括。发送进程将组装消息，例如，它会给正在传输的具体数据加上"信封"信息，包括目的进程的序列号、发送进程的序列号、标签、通信域和有关消息大小的一些信息。回想一下第 2 章，一旦消息被组装好，基本上有两种可能：发送进程可以**缓存**消息或者**阻塞**消息。如果它缓存消息，MPI 系统会将消息（数据和信封）存储在自己内部的存储器中，如果调用 MPI_Send 就会返回。

或者，如果系统阻塞，它将会等待直至可以传送消息，对 MPI_Send 的调用将不会立刻返回结果。因此如果使用 MPI_Send，当函数返回时，我们无法确切地知道消息是否已经被传送了，只知道用来传送消息的存储区（即发送缓冲区）可以被程序再次使用。如果我们需要知道消息是否被发送，或者需要立刻返回对 MPI_Send 的调用，无论消息是否发送，那么 MPI 提供了其他可供选择的发送函数。我们将会在之后学习其中一个函数。

MPI 的实现决定了 MPI_Send 的确切行为，然而，典型的实现有一个默认的"截断"信息大小。如果消息的大小小于截断值，它将会被缓冲，如果消息大小大于截断值，MPI_Send 将会阻塞。

不同于 MPI_Send，MPI_Recv 在收到匹配的消息之前一直处于阻塞状态，所以当调用的 MPI_Recv 返回时，我们就可以知道接收缓冲区中存储了一条消息（除非发生了错误）。还有一种接收消息的替代方法是，系统检查匹配的消息是否有效并返回，而不管是否存在匹配的消息。

MPI 要求消息不可以"超车"。这意味着如果进程 q 向进程 r 发送两条消息，那么进程 q 发送的第一条消息必须在第二条消息之前接收。然而，对于从不同进程发送的消息的到达并没有限制，也就是说，如果进程 q 和 t 都向 r 发送消息，尽管 q 先于 t 发送消息，但是并不要求 q 的消息在 t 的消息之前接收。这是由于 MPI 无法对网络的性能施加要求，例如，如果 q 恰好在火星的一台机器上运行，而 r 和 t 都在旧金山的同一台机器上运行，如果 q 在 t 发送消息的前一纳秒发送消息，那么要求 q 的消息在 t 的消息之前到达是极其不合理的。

3.1.12   一些潜在的陷阱

请注意，MPI_Recv 的语义表明了 MPI 编程中的一个潜在陷阱：如果一个进程尝试去接收消息却没有匹配的发送，那么这个进程将会一直阻塞，也就是说这个进程将会**挂起**。所以，当我们设计程序时，需要确保每一个接收都有对应的发送，更重要的是，我们在编程时需要非常小心，以确保在调用 MPI_Send 和 MPI_Recv 时不会出现意外的错误。例如，如果标签不匹配，或者目的进程的序列号与源进程的序列号不匹配，则接收无法与发送相匹配，并且其中一个进程将会挂起，或者更糟糕的是，接收可能会与另一个发送相匹配。

类似地，如果对 MPI_Send 的调用阻塞并且没有匹配的接收，那么发送进程将会挂起。另一方面，如果对 MPI_Send 的调用被缓存并且没有匹配的接收，那么消息将会丢失。

3.2   MPI中的梯形法则

从进程打印消息是很好的，但我们可能不会只为了打印消息而去费心学习编写 MPI 程序。下面让我们编写一个更有用的程序，实现数值积分的梯形法则。

3.2.1   梯形法则

回想一下，我们可以使用梯形法则近似计算函数 $y=f(x)$、两条垂直线和 x 轴之间的面积

（见图 3.3）。基本思想是将 x 轴上的区间划分为 n 个相等的子区间，然后用一个梯形近似计算该图形和每个子区间之间的面积，该梯形的底是子区间长度，其垂直边是通过子区间端点的垂直线，其第四条边是连接垂直线穿过该图的点的割线（见图 3.4）。如果子区间的端点为 x_i 和 x_{i+1}，则子区间的长度为 $h=x_{i+1}-x_i$ 此外，如果两个垂直段的长度为 $f(x_i)$ 和 $f(x_{i+1})$，则梯形的面积为

$$\frac{h}{2}\left[f(x_i)+f(x_{i+1})\right]$$

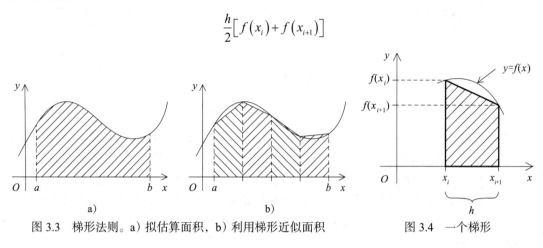

图 3.3　梯形法则。a）拟估算面积，b）利用梯形近似面积　　　　图 3.4　一个梯形

我们选择了 n 个子区间并且让它们都具有相同的长度，我们还知道，如果包围该区域的垂直线是 $x=a$ 和 $x=b$，那么

$$h=\frac{b-a}{n}$$

因此，如果我们将最左边的端点和最右边的端点称为 x_0 和 x_n，就可以得到

$$x_0=a,\ x_1=a+h,\ x_2=a+2h,\ \cdots,\ x_{n-1}=a+(n-1)h,\ x_n=b$$

那么我们对总面积的近似计算就是梯形面积的总和，即梯形面积的总和 $=h[f(x_0)/2+f(x_1)+f(x_2)+\cdots+f(x_{n-1})+f(x_n)/2]$。因此，串行程序的伪代码可能如下所示：

```
/* 输入： a, b, n */
h = (b−a)/n;
approx = (f(a) + f(b))/2.0;
for (i = 1; i <= n−1; i++) {
    x_i = a + i*h;
    approx += f(x_i);
}
approx = h*approx;
```

3.2.2　梯形法则的并行化

"并行化"不是最吸引人的词，但正如我们在第 1 章中所见，编写并行程序的程序员确实使用动词"并行化"来描述将串行程序或算法转换为并行程序的过程。

回想一下，我们可以使用四个基本步骤来设计并行程序：

1. 将问题解决方案划分为任务。

2. 确定任务之间的通信通道。

3. 将任务聚合为复合任务。

4. 将复合任务映射到核心。

在划分阶段，我们通常尝试确定尽可能多的任务。对于梯形法则，我们可以确定两种类型的任务：一种计算单个梯形的面积，另一种计算这些面积的总和。然后通信通道会将第一类单个任务加入第二类单个任务（见图 3.5）。

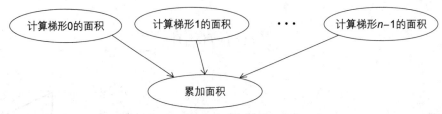

图 3.5 梯形法则的任务和通信

那么，如何聚合任务并将其映射到核心？直觉告诉我们，使用的梯形越多，估计就越准确。也就是说，我们应该使用尽可能多的梯形，而非更多核心。因此，我们需要将梯形面积的计算聚合为组。一种自然的方法是将区间 [a, b] 分解为 comm_sz 子区间，如果 n 可以被 comm_sz 整除，n 为梯形数，我们就可以简单地将带有 n/comm_sz 个梯形的梯形法则应用于每个 comm_sz 子区间。为了完成这个过程，我们可以让其中一个进程（比如进程 0）累加近似计算值。

让我们做一个简化的假设，n 可以被 comm_sz 整除。那么程序的伪代码可能如下：

```
1    Get a, b, n;
2    h = (b-a)/n;
3    local_n = n/comm_sz;
4    local_a = a + my_rank*local_n*h;
5    local_b = local_a + local_n*h;
6    local_integral = Trap(local_a, local_b, local_n, h);
7    if (my_rank != 0)
8       Send local_integral to process 0;
9    else /* my_rank == 0 */
10      total_integral = local_integral;
11      for (proc = 1; proc < comm_sz; proc++) {
12         Receive local_integral from proc;
13         total_integral += local_integral;
14      }
15   }
16   if (my_rank == 0)
17      print result;
```

暂时不考虑输入的问题，只是"硬连接"a、b 和 n 的值。这样做时，我们得到了程序 3.2 中显示的 MPI 程序。Trap 函数只是串行梯形法则的一个实现（见程序 3.3）。

```
1    int main(void) {
2       int my_rank, comm_sz, n = 1024, local_n;
3       double a = 0.0, b = 3.0, h, local_a, local_b;
4       double local_int, total_int;
5       int source;
6
7       MPI_Init(NULL, NULL);
8       MPI_Comm_rank(MPI_COMM_WORLD, &my_rank);
9       MPI_Comm_size(MPI_COMM_WORLD, &comm_sz);
```

```
10
11      h = (b-a)/n;          /* h对所有进程相同      */
12      local_n = n/comm_sz;  /* 所以梯形的数量也相同 */
13
14      local_a = a + my_rank*local_n*h;
15      local_b = local_a + local_n*h;
16      local_int = Trap(local_a, local_b, local_n, h);
17
18      if (my_rank != 0) {
19          MPI_Send(&local_int, 1, MPI_DOUBLE, 0, 0,
20              MPI_COMM_WORLD);
21      } else {
22          total_int = local_int;
23          for (source = 1; source < comm_sz; source++) {
24              MPI_Recv(&local_int, 1, MPI_DOUBLE, source, 0,
25                  MPI_COMM_WORLD, MPI_STATUS_IGNORE);
26              total_int += local_int;
27          }
28      }
29
30      if (my_rank == 0) {
31          printf("With n = %d trapezoids, our estimate\n", n);
32          printf("of the integral from %f to %f = %.15e\n",
33              a, b, total_int);
34      }
35      MPI_Finalize();
36      return 0;
37 } /* main */
```

程序 3.2　MPI 梯形法则（第 1 版）

```
1  double Trap(
2          double left_endpt  /* in */,
3          double right_endpt /* in */,
4          int    trap_count  /* in */,
5          double base_len    /* in */) {
6      double estimate, x;
7      int i;
8
9      estimate = (f(left_endpt) + f(right_endpt))/2.0;
10     for (i = 1; i <= trap_count-1; i++) {
11         x = left_endpt + i*base_len;
12         estimate += f(x);
13     }
14     estimate = estimate*base_len;
15
16     return estimate;
17 } /* Trap */
```

程序 3.3　MPI 梯形法则中的 Trap 函数

注意，在选择标识符时，我们试图区分局部变量和全局变量。**局部**变量是其内容仅对使用它们的程序有意义的变量，梯形法则程序中的例子是 local_a、local_b 和 local_n。

对所有进程都很重要的变量一般称为**全局**变量，梯形法则中的例子是 a, b, n。请注意，这种用法不同于我们在编程入门课程中学到的用法，在入门课程中，局部变量是单个函数私有的，而全局变量是所有函数都可以访问的。由于上下文应该使意思清楚，所以不会出现混淆。

3.3 处理I/O

目前版本的并行梯形法则有一个严重的缺陷：它只会使用 1024 个梯形来计算区间 [0, 3] 的积分。我们可以编辑代码并重新编译，但与简单地输入三个新数字相比，这是相当多的工作。我们需要解决从用户那里获取输入的问题。当我们讨论并行程序的输入时，最好也注意一下输出。我们在第 2 章讨论了这两个问题。因此，如果你还记得关于非确定性和输出的讨论，可以跳到 3.3.2 节。

3.3.1 输出

在"greeting"程序和梯形法则程序中，我们都假定进程 0 可以写入 stdout，即它对 printf 的调用行为与我们预期的一样。虽然 MPI 标准没有指定哪些进程可以访问哪些 I/O 设备，但实际上所有的 MPI 实现都允许 MPI_COMM_WORLD 中的所有进程完全访问 stdout 和 stderr。所以大多数 MPI 实现允许所有进程执行 printf 和 fprintf(stderr, ...)。

然而，大多数 MPI 实现并没有提供对这些设备访问的任何自动调度。也就是说，如果多个进程试图写入 stdout，则进程输出的顺序将是不可预测的。事实上，一个进程的输出甚至可能被另一个进程的输出中断。

例如，假设我们试图运行一个 MPI 程序，其中每个进程只打印一条消息（见程序 3.4）。

```c
#include <stdio.h>
#include <mpi.h>

int main(void) {
   int my_rank, comm_sz;

   MPI_Init(NULL, NULL);
   MPI_Comm_size(MPI_COMM_WORLD, &comm_sz);
   MPI_Comm_rank(MPI_COMM_WORLD, &my_rank);

   printf("Proc %d of %d > Does anyone have a toothpick?\n",
         my_rank, comm_sz);

   MPI_Finalize();
   return 0;
}  /* main */
```

程序 3.4　每个进程只打印一条消息

在我们的集群中，如果运行带有 5 个进程的程序，它通常会产生"预期的"输出：

```
Proc 0 of 5 > Does anyone have a toothpick?
Proc 1 of 5 > Does anyone have a toothpick?
Proc 2 of 5 > Does anyone have a toothpick?
```

　　然而，当我们用 6 个进程运行它时，输出行顺序是不可预测的：

```
Proc 0 of 6 > Does anyone have a toothpick?
Proc 1 of 6 > Does anyone have a toothpick?
Proc 2 of 6 > Does anyone have a toothpick?
Proc 5 of 6 > Does anyone have a toothpick?
Proc 3 of 6 > Does anyone have a toothpick?
Proc 4 of 6 > Does anyone have a toothpick?
```

或者：

```
Proc 0 of 6 > Does anyone have a toothpick?
Proc 1 of 6 > Does anyone have a toothpick?
Proc 2 of 6 > Does anyone have a toothpick?
Proc 4 of 6 > Does anyone have a toothpick?
Proc 3 of 6 > Does anyone have a toothpick?
Proc 5 of 6 > Does anyone have a toothpick?
```

　　发生这种情况的原因是 MPI 进程正在"竞争"对共享输出设备（stdout）的访问，并且不可能预测进程输出的排队顺序。这样的竞争导致了**非确定性**。也就是说，每次运行的实际输出都不同。

　　在任何情况下，如果不希望不同进程的输出以随机顺序出现，则需要相应地修改程序。例如，我们可以让除 0 以外的每个进程将其输出发送给进程 0，进程 0 可以按照进程标识号的顺序打印输出。这正是我们在"greeting"程序中所做的。

3.3.2　输入

　　与输出不同，大多数 MPI 实现只允许 MPI_COMM_WORLD 中的进程 0 访问 stdin，这是有意义的：如果多个进程可以访问 stdin，哪个进程应该获得输入数据的哪一部分？进程 0 应该得到第一行吗？进程 1 得到第二行？或者进程 0 应该得到第一个字符？

　　所以，要编写能够使用 scanf 的 MPI 程序，我们需要按照进程序列号进行分支，让进程 0 读取数据，然后将数据发送给其他进程。例如，可以为并行梯形法则程序编写程序 3.5 中所示的 Get_input 函数。在这个函数中，进程 0 只是读入 a、b 和 n 的值，并将所有这三个值发送给每个进程。因此，这个函数使用了与"greeting"程序相同的基本通信结构，只是进程 0 向每个进程发送消息，而其他进程在接收消息。

```
1   void Get_input(
2         int       my_rank    /* in  */,
3         int       comm_sz    /* in  */,
4         double*   a_p        /* out */,
5         double*   b_p        /* out */,
6         int*      n_p        /* out */) {
7      int dest;
8
9      if (my_rank == 0) {
10        printf("Enter a, b, and n\n");
11        scanf("%lf %lf %d", a_p, b_p, n_p);
12        for (dest = 1; dest < comm_sz; dest++) {
13           MPI_Send(a_p, 1, MPI_DOUBLE, dest, 0, MPI_COMM_WORLD);
14           MPI_Send(b_p, 1, MPI_DOUBLE, dest, 0, MPI_COMM_WORLD);
15           MPI_Send(n_p, 1, MPI_INT, dest, 0, MPI_COMM_WORLD);
16        }
```

```
17      } else { /* my_rank != 0 */
18         MPI_Recv(a_p, 1, MPI_DOUBLE, 0, 0, MPI_COMM_WORLD,
19            MPI_STATUS_IGNORE);
20         MPI_Recv(b_p, 1, MPI_DOUBLE, 0, 0, MPI_COMM_WORLD,
21            MPI_STATUS_IGNORE);
22         MPI_Recv(n_p, 1, MPI_INT, 0, 0, MPI_COMM_WORLD,
23            MPI_STATUS_IGNORE);
24      }
25   }  /* Get_input */
```

程序 3.5   读取用户输入的函数

要使用这个函数，只需在 main 函数中插入对它的调用，注意要在初始化 my_rank 和 comm_sz 之后再将其放入：

```
. . .
MPI_Comm_rank(MPI_COMM_WORLD, &my_rank);
MPI_Comm_size(MPI_COMM_WORLD, &comm_sz);

Get_input(my_rank, comm_sz, &a, &b, &n);

h = (b−a)/n;
. . .
```

3.4 集合通信

如果停下来思考一下梯形法则程序，我们会发现一些可以改进的地方。其中最明显的一个问题是在每个进程计算其积分部分之后求"全局和"。比如，我们雇 8 个工人去盖一所房子，如果后 7 个工人告诉第 1 个工人该做什么，然后后 7 个工人拿了工资回家，我们可能会觉得钱花得不值。但这和全局和非常相似。每个序列号大于 0 的进程都是"告诉进程 0 要做什么"，然后退出。也就是说，每个序列号大于 0 的进程实际上表示"将这个数字加到总数中"。进程 0 几乎完成了计算全局和的所有工作，而其他进程几乎什么都没做。有时候，这是并行程序中我们能做到的最好的结果，但如果假设有 8 个学生，每个人都有一个数，想求这 8 个数的和，我们当然可以想出一个更公平的分布方法，而不是让 8 个学生中的后 7 个把数字给第一个学生，然后让第一个学生做加法。

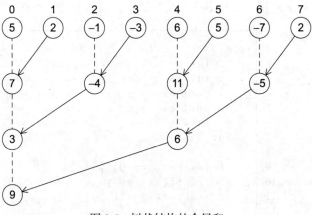

3.4.1 树形结构的通信

正如我们在第 1 章已经看到的，可以使用"二叉树结构"，如图 3.6 所示。在这个图中，最初学生或进程 1、3、5 和 7 分别将它们的值发送给进程 0、2、4 和 6。然后进程 0、2、4、6 将接收到的值与它们的原始值相加，重复此过程两次。

图 3.6 树状结构的全局和

1. a.进程 2 和进程 6 分别将它们的新值发送给进程 0 和进程 4。

　　　　b. 进程 0 和进程 4 将接收到的值添加到它们的新值中。

　2. a. 进程 4 将其最新的值发送给进程 0。

　　　　b. 进程 0 将接收到的值添加到其最新值。

这个解决方案可能看起来不太理想，因为一半的进程（1、3、5 和 7）所做的工作与原始方案中所做的工作相同。然而，如果仔细想想，原来的方案需要 comm_sz-1=7 次接收，进程 0 做 7 次累加，而新方案只需要 3 次，所有其他进程不超过 2 次接收和累加。此外，该方案还具有大量工作由不同进程并行完成的特点。例如，在第一阶段，进程 0、2、4 和 6 的接收和累加可以同时进行。因此，如果进程在大致相同的时间启动，计算全局和所需的总时间将是进程 0 所需的时间，即 3 次接收和 3 次累加。因此，总时间比原来减少了 50% 以上。此外，如果使用更多的进程，我们可以做得更好。例如，如果 comm_sz=1024，那么原始方案需要进程 0 执行 1023 个接收和累加操作，而新方案只需要进程 0 执行 10 个接收和累加操作（见练习 3.5），这将原方案的速度提高了 100 倍以上。

　　你可能觉得这个方案很好，但编写树状结构的全局和似乎需要相当多的工作。你确实是对的（参见编程作业 3.3），事实上，这个问题可能更加困难。例如，构造一个使用不同"进程对"的树状结构的全局和是完全可行的。假设我们可能在第一阶段配对 0 和 4，1 和 5，2 和 6，3 和 7。然后 0 和 2 配对，1 和 3 配对，最后 0 和 1 配对（见图 3.7）。当然，还有很多其他的可能性。如何决定哪一个是最好的？需要对每个备选方案进行编码并评估其性能吗？如果我们这样做了，有没有可能一种方法对"小树"最有效，而另一种方法对"大树"最有效？更糟糕的是，一种方法可能在系统 A 上最有效，而另一种方法可能在系统 B 上最有效。

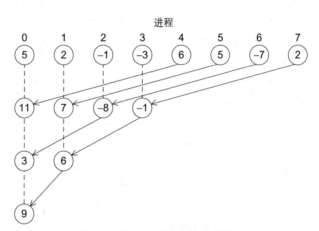

图 3.7　另一种树状结构的全局和

3.4.2　MPI_Reduce

　　由于几乎有无限的可能性，期望每个 MPI 程序都编写一个最优的全局和函数是不合理的，因此 MPI 通过要求 MPI 的实现包含全局和来保护程序员，以防止这种无休止的优化陷阱。这将优化的负担放在了 MPI 实现的开发人员身上，而不是应用程序开发人员。这里的假设是，MPI 实现的开发人员应该对硬件和系统软件都有足够的了解，这样就可以对实现细节做出更好的决策。

　　现在，"全局和函数"显然需要通信。然而，与 MPI_Send-MPI_Recv 对不同，全局和函数可能涉及两个以上的进程。事实上，在梯形法则程序中，它将涉及 MPI_COMM_WORLD 中的所有进程。在 MPI 术语中，涉及通信域中所有进程的通信功能称为**集合通信**。为了区分集合通信和一般函数（如 MPI_Send 和 MPI_Recv），MPI_Send 和 MPI_Recv 通常被称为**点对点通信**。

　　事实上，全局和只是整个集合通信的一个特例。例如，我们可能不是求分布在各个进程中的 comm_sz 数的和,而是求最大值、最小值或乘积,或许多其他可能性中的任何一个。因此,MPI 将全局和函数一般化,这样任何一种可能性都可以用单个函数实现:

```
int MPI_Reduce(
        void*        input_data_p     /* in  */,
        void*        output_data_p    /* out */,
        int          count            /* in  */,
        MPI_Datatype datatype         /* in  */,
        MPI_Op       operator         /* in  */,
        int          dest_process     /* in  */,
        MPI_Comm     comm             /* in  */);
```

泛化的关键是第五个参数 operator。它有 MPI_Op 类型,这是一个预定义的 MPI 类型,类似于 MPI_Datatype 和 MPI_Comm。这个类型中有许多预定义的值(参见表 3.2),也可以定义自己的操作符(详细信息参见 MPI-3 标准 [40])。

表 3.2　MPI 中预定义的约简算子

操作值	含义
MPI_MAX	最大
MPI_MIN	最小
MPI_SUM	总和
MPI_PROD	乘积
MPI_LAND	逻辑与
MPI_BAND	按位与
MPI_LOR	逻辑或
MPI_BOR	按位或
MPI_LXOR	逻辑异或
MPI_BXOR	按位异或
MPI_MAXLOC	最大值和最大值的位置
MPI_MINLOC	最小值和最小值的位置

我们想要的操作符是 MPI_SUM。使用这个值作为 operator 实参,我们可以将程序 3.2 的第 18~28 行代码替换为单个函数调用:

```
MPI_Reduce(&local_int, &total_int, 1, MPI_DOUBLE, MPI_SUM,
        0, MPI_COMM_WORLD);
```

值得注意的一点是,通过使用大于 1 的 count 参数,MPI_Reduce 可以对数组而不是标量进行操作。所以下面的代码可以用来给每个进程添加一个 N 维向量的集合:

```
double local_x[N], sum[N];
. . .
MPI_Reduce(local_x, sum, N, MPI_DOUBLE, MPI_SUM, 0,
        MPI_COMM_WORLD);
```

3.4.3　集合通信与点对点通信

要记住,集合通信与点对点通信在以下几个方面有所不同:

1. 通信域中的所有进程必须调用相同的集合函数。例如,如果一个程序试图在一个进程上调用 MPI_Reduce,而在另一个进程上调用 MPI_Recv,那么这个程序就会出错,并且很可能会挂起或崩溃。

2. 每个进程传递给 MPI 集合通信的参数必须是"兼容的"。例如，如果一个进程传入 0 作为 dest_process，而另一个进程传入 1，那么调用 MPI_Reduce 的结果就是错误的，程序可能再次挂起或崩溃。

3. output_data_p 参数只在 dest_process 上使用。但是，所有进程仍然需要传入与 output_data_p 对应的实际参数，即使它只是 NULL。

4. 点对点通信基于标签和通信域进行匹配。集合通信不使用标签，所以它们完全根据通信域和被调用的顺序来匹配。例如，考虑表 3.3 中显示的对 MPI_Reduce 的调用。假设每个进程调用 MPI_Reduce，操作符为 MPI_SUM，目标进程为 0。乍一看，似乎在两次调用 MPI_Reduce 之后，b 的值将是 3，d 的值将是 6。但是，内存位置的名称与调用 MPI_Reduce 的匹配无关。调用的顺序将决定匹配，因此存储在 b 中的值将是 1+2+1=4，存储在 d 中的值将是 2 + 1 + 2 = 5。

表 3.3　MPI_Reduce 的多次调用

时间	进程 0	进程 1	进程 2
0	a = 1; c = 2	a = 1; c = 2	a = 1; c = 2
1	MPI_Reduce(&a, &b, ...)	MPI_Reduce(&c, &d, ...)	MPI_Reduce(&a, &b, ...)
2	MPI_Reduce(&c, &d, ...)	MPI_Reduce(&a, &b, ...)	MPI_Reduce(&c, &d, ...)

最后一个警告：对于输入和输出，使用相同的缓冲区调用 MPI_Reduce 可能很诱人。例如，如果我们想形成每个进程上 x 的全局和，并将结果存储在进程 0 上的 x 中，可以尝试调用：

```
MPI_Reduce(&x, &x, 1, MPI_DOUBLE, MPI_SUM, 0, comm)
```

但这个调用在 MPI 中是非法的，因此它的结果将是不可预测的：它可能产生不正确的结果，导致程序崩溃；它甚至可能产生正确的结果，但这是不合法的，因为涉及输出参数的**混叠**。如果两个参数引用相同的内存块，那么它们就会混叠，如果其中一个参数是输出或输入 / 输出参数，那么 MPI 会禁止这种参数的混叠。这是因为 MPI 论坛希望使 MPI 的 Fortran 和 C 版本尽可能相似，而 Fortran 禁止混淆。在某些情况下，MPI 提供一种替代结构，可以有效地避免这种限制（参见 7.1.9 小节中的示例）。

3.4.4　MPI_Allreduce

在梯形法则程序中，我们只输出结果。因此，只有一个进程得到全局和的结果是很自然的。然而，不难想象这样一种情况：所有进程都需要一个全局和的结果来完成一些更复杂的计算。在这种情况下，我们遇到了一些与初始全局和相同的问题。例如，如果我们使用一棵树来计算全局和，可能会"反向"分支来分配全局和（见图 3.8）。或者，我们可以让进程交换部分结果，而不是使用单向通信。这种交流模式有时被称为蝶式模式（见图 3.9）。同样，我们也不想决定使用哪种结构，或者如何对其进行编码以获得最佳性能。MPI 提供了一个 MPI_Reduce 的变体，它将结果存储在通信域中的所有进程上：

```
int MPI_Allreduce(
        void*         input_data_p    /* in  */,
        void*         output_data_p   /* out */,
        int           count           /* in  */,
        MPI_Datatype  datatype        /* in  */,
        MPI_Op        operator        /* in  */,
        MPI_Comm      comm            /* in  */);
```

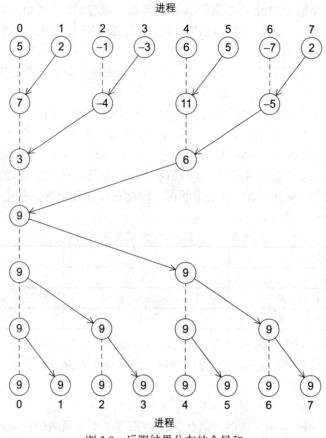

图 3.8 后跟结果分布的全局和

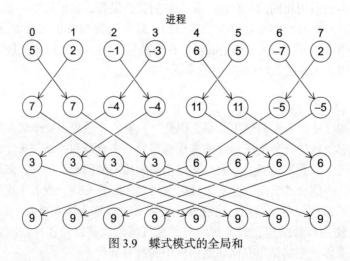

图 3.9 蝶式模式的全局和

3.4.5 广播

如果我们通过将进程 0 上的接收循环替换为树状结构的通信，来改进在梯形法则程序中全局和的性能，那么我们应该能够对输入数据的分布做一些类似的事情。实际上，如果我们简单地将图 3.6 的树状全局和中的通信进行"反向"，就可以得到图 3.10 所示的树状通信，进而可以用这个结构来分布输入数据。将属于单个进程的数据发送到通信域中所有进程的集合通信称为**广播**，你可能已经猜到，MPI 提供广播功能：

```
int MPI_Bcast(
        void*        data_p        /* in/out */,
        int          count         /* in      */,
        MPI_Datatype datatype      /* in      */,
        int          source_proc   /* in      */,
        MPI_Comm     comm          /* in      */);
```

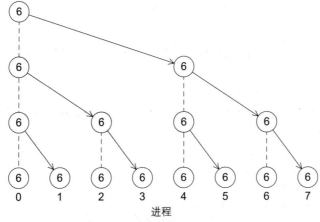

图 3.10　树状结构广播

序列号为 source_proc 的进程将 data_p 引用的内存内容发送给通信器 comm 中的所有进程。

程序 3.6 展示了如何修改程序 3.5 中的 Get_input 函数，使它使用 MPI_Bcast，而不是 MPI_Send 和 MPI_Recv。

```
1   void Get_input(
2           int    my_rank    /* in  */,
3           int    comm_sz    /* in  */,
4           double* a_p       /* out */,
5           double* b_p       /* out */,
6           int*    n_p        /* out */) {
7
8       if (my_rank == 0) {
9           printf("Enter a, b, and n\n");
10          scanf("%lf %lf %d", a_p, b_p, n_p);
11      }
12      MPI_Bcast(a_p, 1, MPI_DOUBLE, 0, MPI_COMM_WORLD);
13      MPI_Bcast(b_p, 1, MPI_DOUBLE, 0, MPI_COMM_WORLD);
14      MPI_Bcast(n_p, 1, MPI_INT, 0, MPI_COMM_WORLD);
15  }  /* Get_input */
```

程序 3.6　使用 MPI_Bcast 的 Get_input 版本

回想一下，在串行程序中，in/out 参数的值由函数使用和更改。然而，对于 MPI_Bcast，data_p 参数是序列号为 source_proc 的进程的输入参数，以及其他进程的输出参数。因此，当一个集合通信的参数被标记为 in/out 时，它可能是某些进程的输入参数和其他进程的输出参数。

3.4.6 数据分布

假设我们想写一个计算向量和的函数：

$$x + y = (x_0, x_1, \cdots, x_{n-1}) + (y_0, y_1, \cdots, y_{n-1})$$
$$= (x_0 + y_0, x_1 + y_1, \cdots, x_{n-1} + y_{n-1})$$
$$= (z_0, z_1, \cdots, z_{n-1})$$
$$= z$$

如果将向量实现为数组，比如**双精度**数组，则可以使用程序 3.7 中的代码实现向量的串行加法。

```
1   void Vector_sum(double x[], double y[], double z[], int n) {
2       int i;
3
4       for (i = 0; i < n; i++)
5           z[i] = x[i] + y[i];
6   }   /* Vector_sum */
```

程序 3.7 向量加法的串行实现

我们如何使用 MPI 实现这一点？这项工作包括向量的各个分量的相加，因此我们可以指定这些任务只是相应分量的相加。那么任务之间就没有通信，向量加法并行化的问题归结为将任务聚合并分配给核心。如果分量的数量是 n，有 comm_sz 个核心或进程，让我们假设 n 能被 comm_sz 整除，并定义 local_n=n/comm_sz。然后，我们可以简单地将 local_n 连续分量块分配给每个进程。表 3.4 左侧的四列显示了 n 为 12、comm_sz 为 3 的示例。这通常被称为向量的**块分区**。

表 3.4 12 个分量的向量在 3 个进程中的不同分区

进程	分量											
	块				循环				块循环，块大小 =2			
0	0	1	2	3	0	3	6	9	0	1	6	7
1	4	5	6	7	1	4	7	10	2	3	8	9
2	8	9	10	11	2	5	8	11	4	5	10	11

块分区的替代方法是**循环分区**。在循环分区中，我们以循环的方式分配分量。表 3.4 中间的四列显示了一个 n 为 12、comm_sz 为 3 的示例。进程 0 获得分量 0，进程 1 获得分量 1，进程 2 获得分量 2，进程 0 获得分量 3，以此类推。

第三种方法是**块循环分区**。这里的想法是，我们不使用单个分量的循环分布，而使用分量块的循环分布。因此，在确定块的大小之前，块循环分布是不完全确定的。以 comm_sz=3、n=12、块大小 b=2 为例，如表 3.4 右侧 4 列所示。

一旦我们决定了如何划分这些向量，就很容易写出一个并行的向量加法函数：每个进程只是将其分配的分量相加。此外，不管分区是什么，每个进程都有向量的 local_n 个分量，为了节省存储空间，我们可以将它们存储在每个进程上，作为具有 local_n 个元素的数组。

因此，每个进程将执行程序 3.8 中显示的函数。虽然变量的名称已经更改以强调这个函数只作用于向量中的进程部分，但这个函数实际上与原来的串行函数相同。

```
1   void Parallel_vector_sum(
2         double  local_x[]   /* in  */,
3         double  local_y[]   /* in  */,
4         double  local_z[]   /* out */,
5         int     local_n     /* in  */) {
6      int local_i;
7
8      for (local_i = 0; local_i < local_n; local_i++)
9         local_z[local_i] = local_x[local_i] + local_y[local_i];
10  }  /* Parallel_vector_sum */
```

程序 3.8　向量加法的并行实现

3.4.7　分散

现在假设我们想测试向量加法函数。如果可以读取向量的维数以及向量 x 和 y，那就很方便了。我们已经知道如何读入向量的维数：进程 0 可以提示用户，读入值，并把值广播到其他进程。我们可以对向量做一些类似的尝试：进程 0 可以读入它们，并将它们传播给其他进程。然而，这可能是非常浪费的。如果有 10 个进程，这些向量有 10 000 个分量，那么每个进程将需要为具有 10 000 个分量的向量分配存储空间，而它只对具有 1000 个分量的子向量进行操作。例如，如果我们使用块分布，进程 0 将分量 1000 到 1999 发送给进程 1，分量 2000 到 2999 发送给进程 2，等等，这样会更好。使用这种方法，进程 1 到 9 只需要为它们实际使用的分量分配存储空间。

因此，我们可以尝试编写一个函数，在进程 0 上读取整个向量，但只将所需的分量发送给其他每个进程。对于通信，MPI 提供了这样一个函数：

```
int MPI_Scatter(
    void*         send_buf_p   /* in  */,
    int           send_count   /* in  */,
    MPI_Datatype  send_type    /* in  */,
    void*         recv_buf_p   /* out */,
    int           recv_count   /* in  */,
    MPI_Datatype  recv_type    /* in  */,
    int           src_proc     /* in  */,
    MPI_Comm      comm         /* in  */);
```

如果通信域 comm 包含 comm_sz 个进程，那么 MPI_Scatter 将 send_buf_p 引用的数据分成 comm_sz 个片段——第一个片段分配给进程 0，第二个片段分配给进程 1，第三个片段分配给进程 2，以此类推。例如，假设我们正在使用块分布，进程 0 已经将所有 n 个分量的向量读入 send_buf_p。然后进程 0 将获得第一组 local_n=n/comm_sz 个分量，进程 1 将获得下一组 local_n 个分量，以此类推。每个进程都应该传递它的本地向量作为 recv_buf_p 参数，而 recv_count 参数应该是 local_n。send_type 和 recv_type 都应该是 MPI_DOUBLE，而 src_proc 应该是 0。也许令人惊讶的是，send_count 也应该是 local_n——send_count 是进入每个进程的数据量；它不是 send_buf_p 引用的内存中的数据量。如果使用块分布和 MPI_Scatter 函数，我们可以使用程序 3.9 中显示的 Read_ vector 函数读入向量。

```
1  void Read_vector(
2       double    local_a[]    /* out */,
3       int       local_n      /* in */,
4       int       n            /* in */,
5       char      vec_name[]   /* in */,
6       int       my_rank      /* in */,
7       MPI_Comm  comm         /* in */) {
8
9     double* a = NULL;
10    int i;
11
12    if (my_rank == 0) {
13       a = malloc(n*sizeof(double));
14       printf("Enter the vector %s\n", vec_name);
15       for (i = 0; i < n; i++)
16          scanf("%lf", &a[i]);
17       MPI_Scatter(a, local_n, MPI_DOUBLE, local_a, local_n,
18             MPI_DOUBLE, 0, comm);
19       free(a);
20    } else {
21       MPI_Scatter(a, local_n, MPI_DOUBLE, local_a, local_n,
22             MPI_DOUBLE, 0, comm);
23    }
24 }  /* Read_vector */
```

程序 3.9   用于读取和分配向量的函数

这里需要注意的一点是,MPI_Scatter 将 send_count 对象的第一个块发送给进程 0,将 send_count 对象的下一个块发送给进程 1,依此类推。因此,这种读取和分配输入向量的方法只适用于使用块分布,并且向量中分量的数量 n 能被 comm_sz 整除的情况。我们在 3.4.6 节中讨论了如何处理循环或块循环分布,并在练习 3.13 中研究如何处理 n 不能被 comm_sz 整除的情况。

3.4.8   收集

当然,我们要能看到向量加法的结果,否则我们的测试程序将是无用的,所以需要写一个函数来打印分布向量。我们的函数可以将向量的所有分量收集到进程 0 上,然后进程 0 可以打印所有分量。这个函数中的通信可以通过 MPI_Gather 来实现:

```
int MPI_Gather(
    void*         send_buf_p    /* in  */,
    int           send_count    /* in  */,
    MPI_Datatype  send_type     /* in  */,
    void*         recv_buf_p    /* out */,
    int           recv_count    /* in  */,
    MPI_Datatype  recv_type     /* in  */,
    int           dest_proc     /* in  */,
    MPI_Comm      comm          /* in  */);
```

进程 0 上的 send_buf_p 引用的内存中存储的数据存储在 recv_buf_p 的第一个块

中，进程 1 上的 send_buf_p 引用的内存中存储的数据存储在 recv_buf_p 引用的第二个块中，以此类推。因此，如果我们使用块分布，可以实现分布式向量打印函数，如程序 3.10 所示。注意，recv_count 是从每个进程接收到的数据项数，而不是接收到的数据项总数。

```
1   void  Print_vector(
2         double    local_b[]   /* in */,
3         int       local_n     /* in */,
4         int       n           /* in */,
5         char      title[]     /* in */,
6         int       my_rank     /* in */,
7         MPI_Comm  comm        /* in */) {
8
9      double* b = NULL;
10     int i;
11
12     if (my_rank == 0) {
13        b = malloc(n*sizeof(double));
14        MPI_Gather(local_b, local_n, MPI_DOUBLE, b, local_n,
15              MPI_DOUBLE, 0, comm);
16        printf("%s\n", title);
17        for (i = 0; i < n; i++)
18           printf("%f ", b[i]);
19        printf("\n");
20        free(b);
21     } else {
22        MPI_Gather(local_b, local_n, MPI_DOUBLE, b, local_n,
23              MPI_DOUBLE, 0, comm);
24     }
25  }  /* Print_vector */
```

程序 3.10   用于打印分布式向量的函数

使用 MPI_Gather 的限制类似于使用 MPI_Scatter 的限制：print 函数只能在使用块分布的向量上正常工作，其中每个块大小相同。

3.4.9 综合实例

在最后一个例子中，让我们看看如何编写一个将矩阵和向量相乘的 MPI 函数。回想一下，如果 $A=(a_{ij})$ 是一个 $m \times n$ 的矩阵，x 是一个有 n 个分量的向量，那么 $y=Ax$ 是一个有 m 个分量的向量，我们可以通过 A 的第 i 行与 x 的点积来求 y 的第 i 个分量（见图 3.11）。

$$y_i=a_{i0}x_0+a_{i1}x_1+a_{i2}x_2+\cdots+a_{i,n-1}x_{n-1}$$

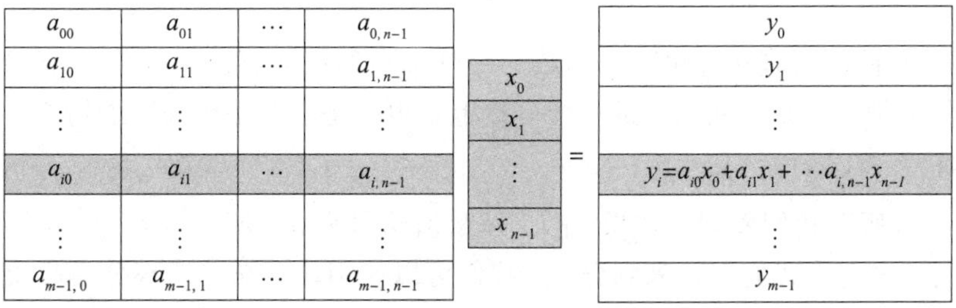

图 3.11   矩阵 – 向量乘法

因此，我们可以这样编写串行矩阵乘法的伪代码：

```
/* 对于A的每一行 */
for (i = 0; i < m; i++) {
    /* 构建第i行与x的点积 */
    y[i] = 0.0;
    for (j = 0; j < n; j++)
        y[i] += A[i][j]*x[j];
}
```

事实上，这可能是实际的 C 代码。然而，C 程序处理二维数组的方式有一些特殊性（参见练习 3.14）。因此 C 程序员经常使用一维数组来"模拟"二维数组。最常用的方法是依次列出行。例如，二维数组

$$\begin{pmatrix} 0 & 1 & 2 & 3 \\ 4 & 5 & 6 & 7 \\ 8 & 9 & 10 & 11 \end{pmatrix}$$

会被存储为一维数组

$$0\ 1\ 2\ 3\ 4\ 5\ 6\ 7\ 8\ 9\ 10\ 11$$

在本例中，如果我们从 0 开始计算行和列，那么存储在二维数组第 2 行、第 1 列（即值为 9 的元素）中的元素，位于一维数组中 $2 \times 4 + 1 = 9$ 的位置。更一般地，如果数组有 n 列，那么当我们使用这种格式时，会看到存储在第 i 行和第 j 列的元素位于一维数组中 $i \times n + j$ 的位置。

利用这种一维格式，我们得到了程序 3.11 所示的 C 函数。

```
 1  void Mat_vect_mult(
 2        double   A[]   /* in  */,
 3        double   x[]   /* in  */,
 4        double   y[]   /* out */,
 5        int      m     /* in  */,
 6        int      n     /* in  */) {
 7     int i, j;
 8
 9     for (i = 0; i < m; i++) {
10        y[i] = 0.0;
11        for (j = 0; j < n; j++)
12           y[i] += A[i*n+j]*x[j];
13     }
14  }  /* Mat_vect_mult */
```

程序 3.11   串行矩阵 – 向量乘法

现在我们来看看如何并行化这个函数。一个单独的任务可以是 A 的一个元素乘以 x 的一个分量，然后把这个乘积加到 y 的一个分量上。也就是说，每次执行语句

```
y[i] += A[i*n+j]*x[j];
```

都是一个任务，所以我们看到，如果 y[i] 被赋值给进程 q，那么将 A 的第 i 行赋值给进程 q 也会很方便，这提示我们用行来划分 A。我们可以使用块分布、循环分布或块循环分布来划分行。在 MPI 中，使用块分布是最简单的。我们用 A 的行的分块分布，和往常一样，假

设行数 m 可以被 comm_sz 整除。

我们将 A 按行分配，这样 y[i] 的计算将包含 A 中所有需要的元素，所以我们应该按块分配 y。也就是说，如果 A 的第 i 行赋值给进程 q，那么 y 的第 i 个分量也应该赋值给进程 q。

现在 y[i] 的计算涉及 A 的第 i 行中的所有元素和 x 的所有向量，所以我们可以通过简单地将所有 x 分配给每个进程来最小化通信量。然而，在实际应用中——尤其是当矩阵是方阵时——使用矩阵 – 向量乘法的程序通常会执行多次乘法，一次乘法的结果向量 y 将是下一次迭代的输入向量 x。实际上，我们通常假设 x 的分布和 y 的分布是一样的。

那么，如果 x 有一个块分布，我们如何安排每个进程在执行下面的循环之前访问 x 的所有分量？

```
for (j = 0; j < n; j++)
    y[i] += A[i*n+j]*x[j];
```

使用我们已经熟悉的集合通信，可以执行对 MPI_Gather 的调用，然后执行对 MPI_Bcast 的调用。这很可能涉及两种树形结构的通信，或许用蝶式模式可以做得更好。因此，MPI 再次提供了一个独立的函数：

```
int MPI_Allgather(
        void*         send_buf_p    /* in  */,
        int           send_count    /* in  */,
        MPI_Datatype  send_type     /* in  */,
        void*         recv_buf_p    /* out */,
        int           recv_count    /* in  */,
        MPI_Datatype  recv_type     /* in  */,
        MPI_Comm      comm          /* in  */);
```

这个函数连接每个进程的 send_buf_p 的内容，并将其存储在每个进程的 recv_buf_p 中。通常，recv_count 是从每个进程接收的数据量。所以在大多数情况下，recv_count 将与 send_count 相同。

我们现在可以实现并行矩阵 – 向量乘法函数，如程序 3.12 所示。如果这个函数被多次调用，我们可以通过在调用函数中分配一次 x 并将其作为附加参数传递来提高性能。

```
1   void Mat_vect_mult(
2           double        local_A[]    /* in  */,
3           double        local_x[]    /* in  */,
4           double        local_y[]    /* out */,
5           int           local_m      /* in  */,
6           int           n            /* in  */,
7           int           local_n      /* in  */,
8           MPI_Comm      comm         /* in  */) {
9       double* x;
10      int local_i, j;
11      int local_ok = 1;
12
13      x = malloc(n*sizeof(double));
14      MPI_Allgather(local_x, local_n, MPI_DOUBLE,
15              x, local_n, MPI_DOUBLE, comm);
16
17      for (local_i = 0; local_i < local_m; local_i++) {
```

```
18          local_y[local_i] = 0.0;
19          for (j = 0; j < n; j++)
20              local_y[local_i] += local_A[local_i*n+j]*x[j];
21      }
22      free(x);
23  }  /* Mat_vect_mult */
```

程序 3.12　一个 MPI 矩阵 – 向量乘法函数

3.5　MPI派生的数据类型

在几乎所有的分布式内存系统中，通信可能比本地计算要昂贵得多。例如，从一个节点发送一个 **double** 类型的数据到另一个节点所花费的时间，要比将存储在节点本地内存中的两个 **double** 相加所花费的时间长得多。此外，在多个消息中发送固定数量数据的成本通常要比发送具有相同数据量的单个消息的成本大得多。例如，我们预估下面的一对 **for** 循环要比单个的发送 / 接收对慢得多：

```
double x[1000];
. . .
if (my_rank == 0)
    for (i = 0; i < 1000; i++)
        MPI_Send(&x[i], 1, MPI_DOUBLE, 1, 0, comm);
else /* my_rank == 1 */
    for (i = 0; i < 1000; i++)
        MPI_Recv(&x[i], 1, MPI_DOUBLE, 0, 0, comm, &status);

if (my_rank == 0)
    MPI_Send(x, 1000, MPI_DOUBLE, 1, 0, comm);
else   /* my_rank == 1 */
    MPI_Recv(x, 1000, MPI_DOUBLE, 0, 0, comm, &status);
```

事实上，在我们的一个系统中，带有发送和接收循环的代码比不使用通信的代码多花费了将近 50 倍的时间。在另一个系统上，带有该循环的代码要比没有该循环的代码多花费超过 100 倍的时间。因此，如果我们能减少发送的消息总数，就有可能提高程序的性能。

MPI 提供了三种基本的方法来合并可能需要多个消息的数据：各种通信函数的 count 参数、派生的数据类型和 MPI_Pack/Unpack。我们已经了解了 count 参数——它可以用于将连续的数组元素分组到单个消息中。在本节中，我们将讨论一种构建派生数据类型的方法。在练习中，我们将了解一些用于构建派生数据类型和 MPI_Pack/Unpack 的其他方法。

在 MPI 中，通过在内存中存储数据项的类型及其相对位置，**派生数据类型**可用于表示内存中任何数据项的集合。这里的想法是，如果发送数据的函数知道数据项集合的类型和内存中的相对位置，它就可以在发送数据项之前从内存中收集这些数据项。类似地，接收数据的函数可以在接收到项目时将它们分发到内存中正确的目的地。比如，在我们的梯形法则程序中，需要调用 MPI_Bcast 三次：一次左端点 a，一次右端点 b，一次梯形的数量 n。作为替代，我们可以构建一个派生数据类型，包括两个 **double** 类型和一个 **int** 类型。如果我们这样做，只需要一个 MPI_Bcast 调用。在进程 0 上，a、b 和 n 将随一个调用一起发送，而在其他进程上，这些值将随调用一起接收。

形式上，派生数据类型由基本 MPI 数据类型序列以及每个数据类型的位移组成。在我们的梯形法则示例中,假设在进程 0 上,变量 a、b 和 n 存储在以下地址的内存位置。

向量	地址
a	24
b	40
n	48

那么下面的派生数据类型可以表示这些数据项:

$$\{(\texttt{MPI\_DOUBLE}, 0), (\texttt{MPI\_DOUBLE}, 16), (\texttt{MPI\_INT}, 24)\}$$

每对的第一个元素对应数据的类型,每对的第二个元素是数据元素从该类型开始的位移。我们假设该类型从 a 开始,所以它的位移为 0,而其他元素的位移以字节为单位,b 的位置为 40-24=16,即从 a 的开始位置偏移 16 字节,n 的位置是 48-24=24,即从 a 的开始位置偏移 24 字节。

我们可以使用 MPI_Type_create_struct 来构建一个派生数据类型,它由具有不同基本类型的单个元素组成:

```
int MPI_Type_create_struct(
    int            count                      /* in  */,
    int            array_of_blocklengths[]    /* in  */,
    MPI_Aint       array_of_displacements[]   /* in  */,
    MPI_Datatype   array_of_types[]           /* in  */,
    MPI_Datatype*  new_type_p                 /* out */);
```

参数 count 是数据类型中的元素数量,因此对于我们的示例,它应该是 3。每个数组参数都应该有 count 个元素。第一个数组 array_of_blocklengths 允许单个数据项是数组或子数组。例如,如果第一个元素是一个包含 5 个元素的数组,则有:

```
array_of_blocklengths[0] = 5;
```

然而,在我们的例子中,没有一个元素是数组,所以我们可以简单地定义:

```
int array_of_blocklengths[3] = {1, 1, 1};
```

MPI_Type_create_struct 的第三个参数 array_of_displacements 指定了从消息开始以字节为单位的位移。所以我们希望:

```
array_of_displacements[] = {0, 16, 24};
```

为了找到这些值,我们可以使用 MPI_Get_address 函数:

```
int MPI_Get_address(
    void*      location_p   /* in  */,
    MPI_Aint*  address_p    /* out */);
```

它返回 location_p 引用的内存位置的地址。特殊类型 MPI_Aint 是一个足够大的整数类型,它足以在系统上存储一个地址。因此,要在 array_of_displacements 中获取值,可以使用以下代码:

```
MPI_Aint a_addr, b_addr, n_addr;

MPI_Get_address(&a, &a_addr);
array_of_displacements[0] = 0;
MPI_Get_address(&b, &b_addr);
array_of_displacements[1] = b_addr - a_addr;
```

```
MPI_Get_address(&n, &n_addr);
array_of_displacements[2] = n_addr − a_addr;
```

`array_of_datatypes` 应该存储元素的 MPI 数据类型，所以我们可以定义：

```
MPI_Datatype array_of_types[3] = {MPI_DOUBLE, MPI_DOUBLE,
    MPI_INT};
```

通过这些初始化，我们可以用以下调用构建新的数据类型：

```
MPI_Datatype input_mpi_t;
. . .
MPI_Type_create_struct(3, array_of_blocklengths,
    array_of_displacements, array_of_types,
    &input_mpi_t);
```

在通信函数中使用 `input_mpi_t` 之前，必须先通过以下调用**提交**它：

```
int MPI_Type_commit(
    MPI_Datatype*  new_mpi_t_p  /* in/out */);
```

这允许 MPI 的实现优化其在通信函数中使用的数据类型的内部表示。现在，为了使用 `input_mpi_t`，我们在每个进程上对 `MPI_Bcast` 进行如下调用：

```
MPI_Bcast(&a, 1, input_mpi_t, 0, comm);
```

因此，我们可以使用 `input_mpi_t`，就像使用一种基本 MPI 数据类型一样。

在构造新数据类型时，MPI 实现很可能必须在内部分配额外的存储空间。因此，当使用完新类型后，可以调用如下函数释放使用的任何额外存储空间：

```
int MPI_Type_free(MPI_Datatype*  old_mpi_t_p  /* in/out */);
```

我们使用这里列出的步骤来定义 `Get_input` 函数可以调用的 `Build_mpi_type` 函数，新的函数和更新的 `Get_input` 函数显示在程序 3.13 中。

```
void Build_mpi_type(
    double*        a_p              /* in */,
    double*        b_p              /* in */,
    int*           n_p              /* in */,
    MPI_Datatype*  input_mpi_t_p    /* out */) {

  int array_of_blocklengths[3] = {1, 1, 1};
  MPI_Datatype array_of_types[3] = {MPI_DOUBLE, MPI_DOUBLE,
    MPI_INT};
  MPI_Aint a_addr, b_addr, n_addr;
  MPI_Aint array_of_displacements[3] = {0};

  MPI_Get_address(a_p, &a_addr);
  MPI_Get_address(b_p, &b_addr);
  MPI_Get_address(n_p, &n_addr);
  array_of_displacements[1] = b_addr−a_addr;
  array_of_displacements[2] = n_addr−a_addr;
  MPI_Type_create_struct(3, array_of_blocklengths,
      array_of_displacements, array_of_types,
      input_mpi_t_p);
  MPI_Type_commit(input_mpi_t_p);
}  /* Build_mpi_type */
```

```
void Get_input(int my_rank, int comm_sz, double* a_p,
        double* b_p, int* n_p) {
    MPI_Datatype input_mpi_t;

    Build_mpi_type(a_p, b_p, n_p, &input_mpi_t);

    if (my_rank == 0) {
        printf("Enter a, b, and n\n");
        scanf("%lf %lf %d", a_p, b_p, n_p);
    }
    MPI_Bcast(a_p, 1, input_mpi_t, 0, MPI_COMM_WORLD);

    MPI_Type_free(&input_mpi_t);
}  /* Get_input */
```

程序 3.13　派生数据类型的 Get_input 函数

3.6　MPI程序的性能评估

让我们来看看矩阵 – 向量乘法程序的性能。在大多数情况下，编写并行程序是因为我们希望它们比解决相同问题的串行程序更快。如何验证这一点？我们在 2.6 节中花了一些时间讨论这个问题，所以首先回顾一下我们学过的一些内容。

3.6.1　计时

我们通常对程序从开始执行到结束执行所花费的时间不感兴趣。例如，在矩阵 – 向量的乘法中，我们对输入矩阵或打印乘积所花的时间不感兴趣。我们只对做实际乘法运算的时间感兴趣，所以需要修改源代码。通过在调用函数处添加代码，可以计算实际矩阵 – 向量乘法从开始到结束所花费的时间。MPI 提供了一个函数 MPI_Wtime，它返回从过去一段时间以来已经过去的秒数：

```
double MPI_Wtime(void);
```

我们可以这样对 MPI 代码块计时：

```
double start, finish;
. . .
start = MPI_Wtime();
/* 要计时的代码 */
. . .
finish = MPI_Wtime();
printf("Proc %d > Elapsed time = %e seconds\n"
        my_rank, finish-start);
```

要对串行代码计时，不需要在 MPI 库中进行链接。POSIX 库中有一个名为 gettimeofday 的函数，它返回从过去的某个时间点开始经过的微秒数。语法细节不是很重要：在头文件 timer.h 中定义了一个 C 宏指令 GET_TIME，可以从该书的网站下载。这个宏指令应该用双参数调用：

```
#include "timer.h"
. . .
double now;
. . .
GET_TIME(now);
```

在执行这个宏指令之后，现在将存储从过去的某个时间开始的秒数。因此，我们可以通过执行来获得微秒级分辨率的串行代码运行时间：

```
#include "timer.h"
. . .
double start, finish;
. . .
GET_TIME(start);
/* 要计时的代码 */
. . .
GET_TIME(finish);
printf("Elapsed time = %e seconds\n", finish-start);
```

这里要强调的一点是：GET_TIME 是一个宏指令，所以定义它的代码是由预处理器直接插入源代码中的。因此，它可以直接对其实参进行操作，而实参是一个双精度对象，不是指向双精度对象的指针。关于计时的最后一个注意事项是：由于 timer.h 不在系统包含的文件目录中，如果它不在你正在编译的目录中，有必要告诉编译器它的位置。例如，如果它在 /home/peter/my_include 目录下，下面的命令可以用来编译一个使用 GET_TIME 的串行程序：

```
$ gcc -g -Wall -I/home/peter/my_include -o <executable>
      <source_code.c>
```

MPI_Wtime 和 GET_TIME 都返回挂钟时间。回想一下，计时器（例如 C clock 函数）返回 CPU 时间：用户代码、库函数和操作系统代码所花费的时间。它不包括空闲时间，空闲时间可能是并行运行时间的重要组成部分。例如，对 MPI_Recv 的调用可能会花费大量时间等待消息的到来。另一方面，挂钟时间给出了总的运行时间，所以它包括空闲时间。

还有一些问题有待解决。首先，正如我们所描述的，并行程序将报告 comm_sz 个时间：每个进程一个，但我们希望它只报告一次。理想情况下，所有进程都将同时开始执行矩阵 - 向量乘法，然后报告最后一个进程完成时所经过的时间。换句话说，并行执行时间就是"最慢"进程完成所花费的时间。我们无法得到确切的时间，因为我们无法确保所有进程都在同一时刻开始，但可以获取相当接近确切时间的值。MPI 集合通信函数 MPI_Barrier 确保在通信域中的每个进程都在开始调用它之前，不会有进程从调用它返回。它的语法是：

```
int MPI_Barrier(MPI_Comm  comm    /* in */);
```

所以下面的代码可以用来计时 MPI 代码块，并报告单次运行时间：

```
double local_start, local_finish, local_elapsed, elapsed;
. . .
MPI_Barrier(comm);
local_start = MPI_Wtime();
/* 要计时的代码 */
. . .
local_finish = MPI_Wtime();
local_elapsed = local_finish - local_start;
MPI_Reduce(&local_elapsed, &elapsed, 1, MPI_DOUBLE,
    MPI_MAX, 0, comm);

if (my_rank == 0)
    printf("Elapsed time = %e seconds\n", elapsed);
```

注意，对 MPI_Reduce 的调用使用的是 MPI_MAX 操作符：它查找输入参数 local_

`elapsed` 的最大值。

正如第 2 章中所指出的，我们还需要注意时间的可变性：当我们多次运行程序时，很可能会看到时间的重大变化，即使每次运行都使用相同的输入、相同的进程数和相同的系统。这是因为程序与系统其他部分，尤其是操作系统的交互是不可预测的。由于这种交互几乎肯定不会使程序比在"安静"系统上运行得更快，所以我们通常报告的是最小运行时间，而不是平均值或中值。有关此问题的进一步讨论，请参见 [6]。

最后，当我们在节点是多核处理器的混合系统上运行 MPI 程序时，只在每个节点上运行一个 MPI 进程。这可以减少互连的争用，并在一定程度上提高运行时的性能。除此之外，这还可以减少运行时的可变性。

3.6.2 结果

矩阵 – 向量乘法程序的计时结果如表 3.5 所示。输入矩阵是方阵，显示的时间以毫秒为单位，我们将每次的时间四舍五入到两位有效数字。`comm_sz=1` 的时间是在分布式内存系统的单个核心上运行的串行程序的运行时间。毫不奇怪，如果我们修正 `comm_sz`，并增加矩阵的阶数 n，运行时间就会增加。对于数量相对较少的进程，n 翻倍会导致运行时间增加大约四倍。然而，对于大量的进程，这个公式就失效了。

表 3.5 串行和并行矩阵 – 向量乘法的运行时间（以毫秒为单位）

comm_sz	矩阵的阶				
	1 024	2 048	4 096	8 192	16 384
1	4.1	16.0	64.0	270	1 100
2	2.3	8.5	33.0	140	560
4	2.0	5.1	18.0	70	280
8	1.7	3.3	9.8	36	140
16	1.7	2.6	5.9	19	71

如果我们固定 n 并增加 `comm_sz`，运行时间通常会减少。事实上，对于较大的 n 值，将进程数量翻倍大约会使整个运行时间减半。然而，对于小 n，增加 `comm_sz` 几乎没有好处。实际上，当 $n=1\ 024$ 时，从 8 个进程到 16 个进程，总体运行时间没有改变。

这些计时是相当典型的并行运行时间——当我们增加问题规模时，运行时间也会增加，这与进程的数量无关。增加的速度可以是相当恒定的（例如，一次处理时间），也可以是变化很大的（例如，16 次处理时间）。当我们增加进程数量时，运行时间通常会减少。然而在某些时候，运行时间开始变得更糟：当矩阵的阶数为 1 024，进程从 8 个增加到 16 个时，情况尤为明显。

对此的解释是，串行程序的运行时间与相应的并行程序的运行时间之间有一种相当普遍的关系。回想一下，我们用 T_{serial} 来表示串行运行时间，由于它通常取决于输入 n 的大小，我们经常将其表示为 $T_{serial\,(n)}$。再回想一下，我们用 $T_{parallel}$ 来表示并行运行时间，它取决于输入的矩阵阶数 n 和进程数 `comm_sz=p`，我们会经常将其表示为 $T_{parallel\,(n,\,p)}$。正如第 2 章提到的，通常情况下，并行程序会将串行程序的工作分配给进程，并增加一些开销时间，我们将 $T_{overhead}$ 表示为：

$$T_{parallel}\,(n,p) = T_{serial}\,(n)\,/p + T_{overhead}$$

在 MPI 程序中，并行开销通常来自通信，它取决于问题规模和进程的数量。

不难看出，这个公式适用于我们的矩阵－向量乘法程序。串行程序的核心是一对嵌套的 **for** 循环：

```
for (i = 0; i < m; i++) {
    y[i] = 0.0;
    for (j = 0; j < n; j++)
        y[i] += A[i*n+j]*x[j];
}
```

如果我们只计算浮点运算，那么内部循环将执行 n 次乘法和 n 次加法，总共 $2n$ 次浮点运算。由于我们执行了 m 次内部循环，这对循环总共执行了 $2mn$ 个浮点操作。所以当 $m=n$ 时：

$$T_{\text{serial}}(n) \approx an^2$$

a 为常数。

如果串行程序将一个 $n \times n$ 矩阵乘以一个 n 维向量，那么并行程序中的每个进程将一个 $n/p \times n$ 矩阵乘以一个 n 维向量。因此，并行程序的局部矩阵－向量乘法部分执行 n^2/p 次浮点运算。这样看来，这种局部矩阵－向量乘法使每一个进程的工作减少至原来的 $1/p$ 倍。

然而，并行程序还需要完成对 MPI_Allgather 的调用，才能执行局部矩阵－向量乘法。在我们的例子中，它表示为

$$T_{\text{parallel}}(n, p)=T_{\text{serial}}(n)/p+T_{\text{allgather}}$$

此外，根据我们的计时数据，似乎对于较小的 p 值和较大的 n 值，公式中的主导项是 $T_{\text{serial}}(n)/p$。要看到这一点，首先要注意的是，对于值较小的 p（例如，$p=2, 4$），将 p 的值加倍大约会使总运行时间减半。例如

$$T_{\text{serial}}(4\,096)=1.9 \times T_{\text{parallel}}(4\,096, 2)$$
$$T_{\text{serial}}(8\,192)=1.9 \times T_{\text{parallel}}(8\,192, 2)$$
$$T_{\text{parallel}}(8\,192, 2)=2.0 \times T_{\text{parallel}}(8\,192, 4)$$
$$T_{\text{serial}}(16\,384)=2.0 \times T_{\text{parallel}}(16\,384, 2)$$
$$T_{\text{parallel}}(16\,384, 2)=2.0 \times T_{\text{parallel}}(16\,384, 4)$$

此外，如果我们将 p 固定在一个小值（例如，$p=2, 4$），那么增加 n 似乎与增加串行程序的 n 的效果大致相同。例如

$$T_{\text{serial}}(4\,096) = 4.0 \times T_{\text{serial}}(2\,048)$$
$$T_{\text{parallel}}(4\,096, 2) = 3.9 \times T_{\text{serial}}(2\,048, 2)$$
$$T_{\text{parallel}}(4\,096, 4) = 3.5 \times T_{\text{serial}}(2\,048, 4)$$
$$T_{\text{serial}}(8\,192) = 4.2 \times T_{\text{serial}}(4\,096)$$
$$T_{\text{serial}}(8\,192, 2) = 4.2 \times T_{\text{parallel}}(4\,096, 2)$$
$$T_{\text{parallel}}(8\,192, 4) = 3.9 \times T_{\text{parallel}}(8\,192, 4)$$

这些观察结果表明，并行运行时间的表现与串行程序的运行时间很像，即 $T_{\text{serial}}(n)/p$。换句话说，$T_{\text{allgather}}$ 的开销对性能的影响很小。

另一方面，对于小 n 和大 p，这些模式就失效了。例如：

$$T_{\text{parallel}}(1\,024, 8)=1.0 \times T_{\text{parallel}}(1\,024, 16)$$
$$T_{\text{parallel}}(2\,048, 16)=1.5 \times T_{\text{parallel}}(1\,024, 16)$$

对于小 n 和大 p，我们的 T_{parallel} 公式中的主导项是 $T_{\text{allgather}}$。

3.6.3　加速比和效率

回想一下，串行和并行运行时间之间最广泛使用的关系度量是**加速比**。它是串行运行时间和并行运行时间的比率：

$$S(n, p) = \frac{T_{\text{serial}}(n)}{T_{\text{parallel}}(n, p)}$$

$S(n, p)$ 的理想值是 p。如果 $S(n, p)=p$，那么带有 comm_sz=p 个进程的并行程序的运行速度是串行程序的 p 倍。在实践中，这种加速比有时被称为**线性加速比**，通常无法实现。我们的矩阵–向量乘法程序得到的加速比如表 3.6 所示。对于较小的 p 和较大的 n，我们的程序获得了近似线性的加速比。另一方面，对于较大的 p 和较小的 n，加速比远小于 p。最糟糕的情况是 n=1 024 和 p=16，我们只能获得 2.4 的加速比。

表 3.6　并行矩阵–向量乘法的加速比

comm_sz	矩阵的阶				
	1 024	2 048	4 096	8 192	16 384
1	1.0	1.0	1.0	1.0	1.0
2	1.8	1.9	1.9	1.9	2.0
4	2.1	3.1	3.6	3.9	3.9
8	2.4	4.8	6.5	7.5	7.9
16	2.4	6.2	10.8	14.2	15.5

再回想一下，另一个广泛使用的并行性能度量是并行**效率**。这是"每进程"加速比：

$$E(n, p) = \frac{S(n, p)}{p} = \frac{T_{\text{serial}}(n)}{p \times T_{\text{parallel}}(n, p)}$$

因此，线性加速比对应于 p/p=1.0 的并行效率，通常，我们预计效率小于 1。

矩阵–向量乘法程序的效率见表 3.7。同样，对于小 p 和大 n，我们的并行效率接近线性，而对于大 p 和小 n，它们远不如线性。

表 3.7　矩阵–向量并行乘法的效率

comm_sz	矩阵的阶				
	1 024	2 048	4 096	8 192	16 384
1	1.00	1.00	1.00	1.00	1.00
2	0.89	0.94	0.97	0.96	0.98
4	0.51	0.78	0.89	0.96	0.98
8	0.30	0.61	0.82	0.94	0.98
16	0.15	0.39	0.68	0.89	0.97

3.6.4　可扩展性

对于小 n 和大 p，我们的并行矩阵–向量乘法程序并没有达到线性加速比的效果，这是否意味着它不是一个好程序？许多计算机科学家通过观察程序的"可扩展性"来回答这个问题。回想一下，粗略地说，如果问题规模可以以一定的速度增加，从而使效率不会随着进程数量的增加而降低，那么程序是**可扩展的**。

这个定义存在的问题是"问题的规模可以以一定的速度增加……"这句表述。考虑两个并行程序：程序 A 和程序 B。假设如果 $p \geq 2$，不考虑问题规模，程序 A 的效率为 0.75，还假设程序 B 的效率为 $n/(625p)$，并且 $p \geq 2$ 和 $1\,000 \leq n \leq 625p$，然后根据我们的"定义"，这两个程序都是可扩展的。对于程序 A，保持恒定效率所需的增长率为 0，而对于程序 B，如果以与增加 p 相同的速度增加 n，我们将保持恒定效率。例如，如果 $n=1\,000$，$p=2$，则 B 的效率为 0.80。如果我们将 p 翻倍到 4，将问题规模保留在 $n = 1\,000$，效率将下降到 0.4，但如果我们将问题规模翻倍到 $n = 2\,000$，效率将保持在 0.8 不变。因此，程序 A 比 B 更具可扩展性，但两者都满足我们对可扩展性的定义。

查看并行效率表（表 3.7），我们发现，矩阵－向量乘法程序肯定没有与程序 A 相同的可扩展性：几乎在每种情况下，当 p 增加时，效率都会降低。另一方面，这个程序有点像程序 B：如果 $p \geq 2$，我们将 p 和 n 都增加至原来的 2 倍，那么在大多数情况下，并行效率实际上会增加。唯一的例外是当我们将 p 从 2 增加到 4 时，而且当计算机科学家讨论可扩展性时，他们通常对 p 的大值感兴趣。当 p 从 4 增加到 8 或从 8 增加到 16，并且将 n 增加至原来的 2 倍时，效率总是会增加。

回想一下，可以在不增加问题规模的情况下保持恒定效率的程序有时被称为**具有很强的可扩展性**。如果问题规模以与进程数量相同的速度增长，则可以保持恒定效率的程序有时被称为**弱可扩展性**。程序 A 具有强可扩展性，而程序 B 具有弱可扩展性。此外，我们的矩阵－向量乘法程序显然也是具有弱可扩展性的。

3.7　一种并行排序算法

分布式内存环境中的并行排序算法是什么意思？它的"输入"是什么？它的"输出"是什么？答案取决于键存储的位置。我们可以使用分布在进程之间或分配给单个进程的键开始或结束。在本节中，我们将研究一种算法，该算法以分布在进程之间的键开始和结束。在编程作业 3.8 中，我们将研究一种算法，该算法以分配给单个进程的键结束。

如果我们总共有 n 个键和 $p=\text{comm\_sz}$ 个进程，那么算法将在开始和结束时为每个进程分配 n/p 个键。（和往常一样，我们假设 n 能被 p 整除。）在开始时，没有限制将哪些键分配给哪些进程。然而，当算法终止时：

□ 分配给每个进程的键应该按照（假设）递增的顺序排序。
□ 如果 $0 \leq q<r<p$，那么分配给进程 q 的每个键应该小于或等于分配给进程 r 的每个键。

因此，如果我们根据进程的序列号排列键，即首先是进程 0 的键，然后是进程 1 的键，依此类推，那么键将按递增的顺序排序。为了显式起见，我们假定键是一般的整数。

3.7.1　一些简单的串行排序算法

在开始之前，让我们看看几个简单的串行排序算法。也许最著名的串行排序算法是冒泡排序（见程序 3.14）。数组 a 存储调用函数时未排序的键，以及函数返回时已排序的键。a 中的键数为 n。该算法对列表中的元素进行比较：a[0] 与 a[1] 比较，a[1] 与 a[2] 比较，依此类推。无论何时，如果进行比较的一对元素是无序的，元素就会交换，因此在第一次通过外部循环时，当 list_length = n 时，列表中的最大值将被移动到 a[n-1] 中。下一次传递将忽略最后一个元素，并将仅次于最大元素的元素移动到 a[n-2] 中。因此，随着 list_length 的减少，会陆续有更多的元素被分配到它们在排序后的列表中的最终位置。

```
void Bubble_sort(
        int   a[]   /* in/out */,
        int   n     /* in     */) {
    int list_length, i, temp;

    for (list_length = n; list_length >= 2; list_length--)
        for (i = 0; i < list_length-1; i++)
            if (a[i] > a[i+1]) {
                temp = a[i];
                a[i] = a[i+1];
                a[i+1] = temp;
            }

}  /* Bubble_sort */
```

程序 3.14 串行冒泡排序

尝试并行化这个算法没有多大意义，因为比较的顺序是固有的。为了了解这一点，假设 a[i-1]=9，a[i]=5，a[i+1]=7。算法首先会比较 9 和 5，然后交换它们，之后比较 9 和 7 并交换它们，最后得到序列 5，7，9。如果我们不按顺序进行比较，也就是说，如果我们先比较 5 和 7 然后再比较 9 和 5，就会得到序列 5，9，7。因此，"比较 – 交换"发生的顺序对算法的正确性至关重要。

冒泡排序的一种变体称为奇偶移项排序，它有更多的并行机会。关键是要"脱钩"比较 – 互换。该算法由两种不同类型的阶段序列组成。在偶数阶段，对下列元素对执行比较交换：

$$(a[0], a[1]),\ (a[2], a[3]),\ (a[4], a[5]),\ \cdots$$

在奇数阶段，对下列元素对进行比较交换：

$$(a[1], a[2]),\ (a[3], a[4]),\ (a[5], a[6]),\ \cdots$$

这里举一个小例子：

　　　　起始：5, 9, 4, 3。

　　　　偶数阶段：比较交换（5，9）和（4，3），得到列表 5, 9, 3, 4。

　　　　奇数阶段：比较交换（9，3），得到列表 5, 3, 9, 4。

　　　　偶数阶段：比较交换（5，3）和（9，4）得到列表 3, 5, 4, 9。

　　　　奇数阶段：比较交换（5，4）得到列表 3, 4, 5, 9。

这个示例需要四个阶段来对包含四个元素的列表进行排序。一般来说，可能需要更少的阶段，但下面的定理保证我们可以在最多 n 个阶段中对 n 个元素进行排序。

定理：假设 A 是一个有 n 个键的列表，A 是奇偶移项排序算法的输入。n 个阶段之后，A 会被排序。

程序 3.15 展示了一个串行奇偶移项排序函数的代码。

```
void Odd_even_sort(
     int   a[]   /* in/out */,
     int   n     /* in     */) {
   int phase, i, temp;

   for (phase = 0; phase < n; phase++)
      if (phase % 2 == 0) { /* 偶数阶段 */
         for (i = 1; i < n; i += 2)
            if (a[i−1] > a[i]) {
               temp = a[i];
               a[i] = a[i−1];
               a[i−1] = temp;
            }
      } else { /* 奇数阶段 */
         for (i = 1; i < n−1; i += 2)
            if (a[i] > a[i+1]) {
               temp = a[i];
               a[i] = a[i+1];
               a[i+1] = temp;
            }
      }
} /* Odd_even_sort */
```

程序 3.15   串行奇偶移项排序

3.7.2   并行奇偶移项排序

很明显，奇偶移项排序比冒泡排序具有更多的并行性，因为所有的比较－交换在一个阶段可以同时发生。让我们试着利用这个方法。

有许多可能的途径可以应用 Foster 方法，这里举一个例子：

❑ 任务：在阶段 j 的末尾确定 a[i] 的值。

❑ 通信：决定 a[i] 值的任务需要与决定 a[i−1] 或 a[i+1] 值的任务进行通信。同时，在阶段 j 末尾的 a[i] 值需要用于确定阶段 $j+1$ 末尾的 a[i] 值。

如图 3.12 所示，我们将确定 a[k] 值的任务标记为 a[k]。

现在回想一下，当排序算法开始和结束执行时，每个进程被分配 n/p 个键，在这种情况下，我们的聚合和映射至少部分地由问题描述指定。我们来看以下两种情况。

当 $n=p$ 时，图 3.12 很清楚地说明了算法应该如何进行。根据阶段的不同，进程 i 可以将其当前值 a[i] 发送给进程 $i-1$ 或进程 $i+1$。同时，它应该分别接收存储在进程 $i-1$ 或进程 $i+1$ 上的值，然后决定将这两个值中的哪一个作为 a[i] 存储到下一个阶段。

然而，当 $n=p$ 时，我们不太可能真正想要应用这个算法，因为不太可能有超过几百或几千个处理器供我们使用，而对几千个值进行排序对于单

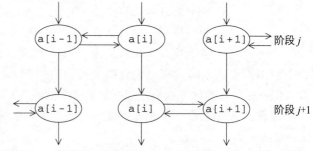

图 3.12   任务间的奇偶排序通信。确定 a[k] 值的任务标记为 a[k]

个处理器来说通常是相当简单的。此外，即使我们能够访问数千甚至数百万个处理器，为每个比较－交换发送和接收消息所增加的成本也会大大降低程序的运行速度，使其变得毫无用处。请记住，通信的成本通常比"本地"计算（例如比较－交换）的成本大得多。

当每个进程存储 $n/p > 1$ 个元素时，应该如何修改它？（回想一下，我们假设 n 能被 p 整除。）让我们来看一个例子。假设有 $p=4$ 个进程，$n=16$ 个键，如表 3.8 所示。首先，我们可以对分配给每个进程的键应用快速串行排序算法。例如，我们可以在每个进程上使用 C 库函数 qsort 来对本地键进行排序。如果每个进程有一个元素，那么进程 0 和进程 1 交换元素，进程 2 和进程 3 交换元素。现在，我们试着让进程 0 和进程 1 交换它们所有的元素，进程 2 和进程 3 交换它们所有的元素。然后很自然地，进程 0 保留 4 个较小的元素，进程 1 保留 4 个较大的元素。同样，进程 2 应该保留较小的，进程 3 应该保留较大的。这就得到了表中第三行所示的情况。再一次地，在阶段 1 中，进程 1 和进程 2 交换它们的元素，而进程 0 和进程 4 是空闲的。如果进程 1 保留较小的元素，进程 2 保留较大的元素，我们可以得到如第 4 行所示的分布。在另外两个阶段继续这个过程将得到一个已排序的列表。也就是说，每个进程的键按递增顺序存储，如果 $q < r$，则分配给进程 q 的键小于或等于分配给进程 r 的键。

表 3.8　并行奇偶移项排序

时间	进程			
	0	1	2	3
开始	15, 11, 9, 16	3, 14, 8, 7	4, 6, 12, 10	5, 2, 13, 1
本地排序后	9, 11, 15, 16	3, 7, 8, 14	4, 6, 10, 12	1, 2, 5, 13
在阶段 0 后	3, 7, 8, 9	11, 14, 15, 16	1, 2, 4, 5	6, 10, 12, 13
在阶段 1 后	3, 7, 8, 9	1, 2, 4, 5	11, 14, 15, 16	6, 10, 12, 13
在阶段 2 后	1, 2, 3, 4	5, 7, 8, 9	6, 10, 11, 12	13, 14, 15, 16
在阶段 3 后	1, 2, 3, 4	5, 6, 7, 8	9, 10, 11, 12	13, 14, 15, 16

事实上，我们的例子说明了该算法的最坏情况性能。

定理：如果并行奇偶移项排序运行了 p 个进程，那么在 p 个阶段之后，输入列表将被排序。

并行算法对计算机来说是很清楚的：

```
对本地的键进行排序;
for (phase = 0; phase < comm_sz; phase++) {
    partner = Compute_partner(phase, my_rank);
    if (还未空闲) {
        将键传给伙伴;
        收到伙伴传来的键;
        if (my_rank < partner)
            保持更小的键;
        else
            保持更大的键;
    }
}
```

然而，在我们将算法转换为 MPI 程序之前，还有一些细节需要解决。

首先，我们如何计算参与进程的伙伴序列号？当进程空闲时，伙伴序列号是多少？如果是偶数阶段，那么奇数级的进程与 my_rank-1 的进程交换，偶数级的进程与 my_rank+1 的进程交换。在奇数阶段中，计算是相反的。但是，这些计算可能会返回一些无效的序列号：如果 my_rank=0 或 my_rank = comm_sz-1，伙伴序列号可以是 -1 或 comm_sz。但是当 partner = 1 或 partner = comm_sz 时，进程应该是空闲的。因此，我们可以使用 Compute_partner 计算的序列号来判断一个进程是否空闲：

```
if (phase % 2 == 0)        /* 偶数阶段 */
    if (my_rank % 2 != 0)      /* 奇数序列号 */
        partner = my_rank - 1;
    else                    /* 偶数序列号 */
        partner = my_rank + 1;
else                        /* 奇数阶段 */
    if (my_rank % 2 != 0)      /* 奇数序列号 */
        partner = my_rank + 1;
    else                    /* 偶数序列号 */
        partner = my_rank - 1;
if (partner == -1 || partner == comm_sz)
    partner = MPI_PROC_NULL;
```

MPI_PROC_NULL 是一个由 MPI 定义的常量。当它被用作点对点通信中的源或目标序列号时，将不会发生通信，对通信的调用将直接返回。

3.7.3 MPI程序中的安全性

如果进程不是空闲的，我们可以尝试通过调用 MPI_Send 和 MPI_Recv 来实现通信：

```
MPI_Send(my_keys, n/comm_sz, MPI_INT, partner, 0, comm);
MPI_Recv(temp_keys, n/comm_sz, MPI_INT, partner, 0, comm,
      MPI_STATUS_IGNORE);
```

然而，这可能会导致程序挂起或崩溃。回想一下，MPI 标准允许 MPI_Send 有两种不同的行为方式：它可以简单地将消息复制到 MPI 管理的缓冲区中并返回，或者可以阻塞，直到对 MPI_Recv 的匹配调用开始。此外，许多 MPI 实现设置了一个阈值，在这个阈值处系统从缓冲切换到阻塞。也就是说，相对较小的消息会被 MPI_Send 缓冲，但对于较大的消息则会阻塞。如果每个进程都执行 MPI_Send，那么没有进程能够开始执行对 MPI_Recv 的调用，程序将挂起或**死锁**：每个进程均被阻塞，等待一个永远不会发生的事件。

依赖 MPI 提供的缓冲的程序被认为是**不安全的**。对于不同的输入集，这样的程序运行起来可能没有问题，但是对于其他的输入集，它可能挂起或崩溃。如果我们以这种方式使用 MPI_Send 和 MPI_Recv，程序将是不安全的，很可能对于较小的 n 值，程序运行没有问题，而对于较大的 n 值，它可能会挂起或崩溃。

这里出现了几个问题：

1. 一般来说，我们如何判断一个程序是否安全？

2. 我们如何修改并行奇偶排序程序中的通信，使其安全？

为了回答第一个问题，我们可以使用 MPI 标准定义的 MPI_Send 的替代方法，叫作 MPI_Ssend，额外的"s"代表同步，并且 MPI_Ssend 保证阻塞，直到匹配的接收开始。因此，我们可以通过将 MPI_Send 调用替换为 MPI_Ssend 调用来检查程序是否安全。如果程序在使用适当的输入和 comm_sz 运行时没有挂起或崩溃，那么原始程序是安全的。MPI_Ssend 的参数和 MPI_Send 的参数是一样的：

```
int MPI_Ssend(
    void*         msg_buf_p        /* in */,
    int           msg_size         /* in */,
    MPI_Datatype  msg_type         /* in */,
    int           dest             /* in */,
    int           tag              /* in */,
    MPI_Comm      communicator     /* in */);
```

第二个问题的答案是必须重新构建通信。导致不安全程序的最常见原因是多个进程同时相互发送，然后接收。与合作进程的交换就是一个例子。另一个例子是"环形传递"，其中每个进程 q 发送给序列号为 $q+1$ 的进程，除了进程 comm_sz−1 发送给 0：

```
MPI_Send(msg, size, MPI_INT, (my_rank+1) % comm_sz, 0,
    comm);
MPI_Recv(new_msg, size, MPI_INT,
    (my_rank+comm_sz −1) % comm_sz, 0, comm,
    MPI_STATUS_IGNORE);
```

在这两种设置中，我们都需要重构通信，以便一些进程在发送之前接收。例如，上述通信可以重构如下：

```
if (my_rank % 2 == 0) {
    MPI_Send(msg, size, MPI_INT, (my_rank+1) % comm_sz, 0,
        comm);
    MPI_Recv(new_msg, size, MPI_INT,
        (my_rank+comm_sz −1) % comm_sz, 0, comm,
        MPI_STATUS_IGNORE);
} else {
    MPI_Recv(new_msg, size, MPI_INT,
        (my_rank+comm_sz −1) % comm_sz, 0, comm,
        MPI_STATUS_IGNORE);
    MPI_Send(msg, size, MPI_INT, (my_rank+1) % comm_sz, 0,
        comm);
}
```

很明显，如果 comm_sz 是偶数，这将有效。例如，如果是 comm_sz=4，那么进程 0 和 2 将首先分别发送给 1 和 3，而进程 1 和 3 将分别从 0 和 2 接收。对于下一个发送－接收对，角色是相反的：进程 1 和 3 将分别发送给 2 和 0，而 2 和 0 将从 1 和 3 接收。

但是，如果 comm_sz 是奇数（并且大于 1），这个方案是否也安全就不太清楚了。图 3.13 显示了可能的事件序列：实线箭头表示已完成的通信，虚线箭头表示等待完成的通信。

MPI 为我们调度通信提供了另一种选择——可以调用函数 MPI_Sendrecv：

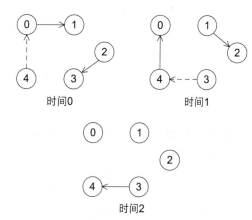

图 3.13　有五个进程的安全通信

```
int MPI_Sendrecv(
    void*         send_buf_p       /* in */,
    int           send_buf_size    /* in */,
    MPI_Datatype  send_buf_type    /* in */,
```

```
int             dest            /* in  */,
int             send_tag        /* in  */,
void*           recv_buf_p      /* out */,
int             recv_buf_size   /* in  */,
MPI_Datatype    recv_buf_type   /* in  */,
int             source          /* in  */,
int             recv_tag        /* in  */,
MPI_Comm        communicator    /* in  */,
MPI_Status*     status_p        /* in  */);
```

这个函数在单个调用中执行阻塞发送和接收。dest 和 source 可以相同，也可以不同。它特别有用的地方在于 MPI 实现对通信进行调度，这样程序就不会挂起或崩溃。上面使用的复杂代码（检查进程级别是奇数还是偶数的代码）可以用一个对 MPI_Sendrecv 的调用来替换。如果发生了发送缓冲区和接收缓冲区应该相同的情况，MPI 提供了替代方案：

```
int MPI_Sendrecv_replace(
    void*           buf_p           /* in/out */,
    int             buf_size        /* in     */,
    MPI_Datatype    buf_type        /* in     */,
    int             dest            /* in     */,
    int             send_tag        /* in     */,
    int             source          /* in     */,
    int             recv_tag        /* in     */,
    MPI_Comm        communicator    /* in     */,
    MPI_Status*     status_p        /* in     */);
```

3.7.4　关于并行奇偶排序的一些补充细节

回想一下，我们曾经开发过如下的并行奇偶移项排序算法：

```
对本地的键进行排序；
for (phase = 0; phase < comm_sz; phase++) {
    partner = Compute_partner(phase, my_rank);
    if (还未空闲) {
        将键传给伙伴；
        收到伙伴传来的键；
        if (my_rank < partner)
            保持更小的键；
        else
            保持更大的键；
    }
}
```

根据我们对 MPI 安全性的讨论，它可以合理地在仅调用 MPI_Sendrecv 的情况下实现发送和接收：

```
MPI_Sendrecv(my_keys, n/comm_sz, MPI_INT, partner, 0,
    recv_keys, n/comm_sz, MPI_INT, partner, 0, comm,
    MPI_Status_ignore);
```

所以现在只剩下确定要保留哪些键了。假设现在我们想保留较小的键，然后要在 $2n/p$ 个键的集合中保留最小的 n/p 个键。一种明显的方法是对 $2n/p$ 个键的列表进行排序（使用串行排序算法），并保留列表的前一半。然而，排序是一个相对昂贵的操作，我们可以利用已经有两个 n/p 个键的排序列表这一事实，通过将两个列表合并为一个列表来降低成本。事实上，我们可以做得更好：不需要完全的通用合并，一旦找到最小的 n/p 个键，就可以退出了

（见程序 3.16）。

```
void Merge_low(
        int  my_keys[],      /* in/out    */
        int  recv_keys[],    /* in        */
        int  temp_keys[],    /* scratch   */
        int  local_n         /* = n/p, in */) {
    int m_i, r_i, t_i;

    m_i = r_i = t_i = 0;
    while (t_i < local_n) {
        if (my_keys[m_i] <= recv_keys[r_i]) {
            temp_keys[t_i] = my_keys[m_i];
            t_i++; m_i++;
        } else {
            temp_keys[t_i] = recv_keys[r_i];
            t_i++; r_i++;
        }
    }

    for (m_i = 0; m_i < local_n; m_i++)
        my_keys[m_i] = temp_keys[m_i];
}  /* Merge_low */
```

程序 3.16　并行奇偶移项排序中的 Merge_low 函数

为了得到最大的 n/p 个键，我们只需颠倒归并的顺序。也就是说，我们从 local_n-1 开始，然后向后遍历数组。最后一个改进是避免复制数组，它只是交换指针（见练习 3.28）。

具有"最终改进"的并行奇偶排序版本的运行时间如表 3.9 所示。注意，如果并行奇偶排序在单个处理器上运行，那么它将使用我们用于对本地键进行排序的任何串行排序算法。所以单个进程的时间使用串行快速排序，而不是串行奇偶排序，后者要慢得多。我们将在练习 3.27 中更详细地了解这些耗时。

表 3.9　并行奇偶排序的运行时间（以毫秒为单位）

进程	键的数量（千）				
	200	400	800	1 600	3 200
1	88	190	390	830	1 800
2	43	91	190	410	860
4	22	46	96	200	430
8	12	24	51	110	220
16	7.5	14	29	60	130

3.8　小结

MPI 是一个函数库，可以从 C 或 Fortran 程序中调用。许多系统使用 mpicc 来编译 MPI 程序，使用 mpiexec 来运行这些程序。C MPI 程序应该包含 MPI.h 头文件，以获得 MPI 定义的函数原型、类型、宏等。

MPI_Init 完成运行 MPI 所需的设置，它应该在调用其他 MPI 函数之前调用。当你的程序不使用 argc 和 argv 时，两个参数都可以传递 NULL。

在 MPI 中，**通信域**是可以互相发送消息的进程的集合。MPI 程序启动后，总是创建一个由所有进程组成的通信域，叫作 MPI_COMM_WORLD。

许多并行程序使用**单程序多数据**（SPMD）方法：运行单个程序，通过在数据上分支（如进程序列号），获得运行多个不同程序的效果。

使用完 MPI 后，应该调用 MPI_Finalize。

要将消息从一个 MPI 进程发送到另一个进程，可以使用 MPI_Send。要接收消息，可以使用 MPI_Recv。MPI_Send 的参数描述消息的内容及其目的地。MPI_Recv 的参数描述可以接收消息的存储空间，以及应该从哪里接收消息。MPI_Recv 会**阻塞**，也就是说，在接收到消息（或发生错误）之前，不会返回对 MPI_Recv 的调用。MPI_Send 的行为是由 MPI 实现定义的，它可以阻塞或**缓冲**消息。如果发生阻塞，它不会返回，直到匹配的接收已经开始。如果消息被缓冲，MPI 将把消息复制到它自己的私有存储中，并且一旦消息被复制，MPI_Send 将立即返回。

在编写 MPI 程序时，区分**局部**变量和**全局**变量是很重要的。局部变量的值特定于定义它们的进程，而全局变量在所有进程上都是相同的。在梯形法则程序中，梯形总数 n 为全局变量，每个进程的子区间的左右端点为局部变量。

大多数串行程序是**确定性**的。这意味着如果我们用相同的输入运行相同的程序，将得到相同的输出。回想一下，并行程序通常不具有此属性，如果多个进程或多或少是独立运行的，则进程可能会在不同的时间到达不同的点，这取决于进程无法控制的事件。因此并行程序可以是**非确定性**的，也就是说，相同的输入可以产生不同的输出。如果 MPI 程序中的所有进程都在打印输出，那么每次程序运行时输出的顺序可能会不同。因此，在 MPI 程序中，通常使用一个进程（例如，进程 0）处理所有输出。当我们允许每个进程打印调试信息时，这条经验法则通常在调试过程中被忽略。

大多数 MPI 实现允许所有进程打印到 stdout 和 stderr。但是，我们遇到的每个实现最多只允许一个进程（通常是 **MPI_COMM_WORLD** 中的进程 0）从 stdin 中读取数据。

集合通信涉及通信域中的所有进程，因此它们与 MPI_Send 和 MPI_Recv 不同，MPI_Send 和 MPI_Recv 只涉及两个进程。为了区分这两种通信类型，MPI_Send 和 MPI_Recv 等函数通常被称为**点对点**通信。

两个最常用的集合通信函数是 MPI_Reduce 和 MPI_Allreduce。MPI_Reduce 将全局操作（例如全局求和）的结果存储在单个指定进程上，而 MPI_Allreduce 将结果存储在通信域中的所有进程上。

在 MPI 函数（比如 MPI_Reduce）中，可能很容易将相同的实际参数传递给输入缓冲区和输出缓冲区。这被称为**参数混叠**，MPI 明确禁止将一个输出参数与另一个参数混叠。

我们学习了其他一些重要的 MPI 集合通信：

❑ MPI_Bcast 将数据从单个进程发送到通信域中的所有进程。例如，如果进程 0 从 stdin 读取数据，并且需要将数据发送给所有进程，那么这将非常有用。

❑ MPI_Scatter 将数组中的元素分配给进程。如果要分配的数组包含 n 个元素，并且有 p 个进程，那么第一组 n/p 个将被发送给进程 0，下一组 n/p 个将被发送给进程 1，依此类推。

❑ MPI_Gather 是 MPI_Scatter 的 "逆操作"。如果每个进程存储一个包含 m 个元素的子数组，MPI_Gather 将收集指定进程上的所有元素，首先放置进程 0 的元素，然后放置进程 1 的元素，以此类推。

❑ MPI_Allgather 类似于 MPI_Gather，不同的是它收集所有进程上的所有元素。

❑ MPI_Barrier 近似于同步各进程：除非通信域中的所有进程都启动了对 MPI_Barrier 的调用，否则任何进程都不能从调用 MPI_Barrier 返回。

在分布式内存系统中，不存在全局共享内存，因此在进程间划分全局数据结构是编写 MPI 程序的关键问题。对于普通的向量和数组，我们可以使用块分区、循环分区或块循环分区。如果全局向量或数组有 n 个分量，并且有 p 个进程，**块分区**将第一组 n/p 个分配给进程 0，下一组 n/p 个分配给进程 1，以此类推。**循环分区**以 "循环" 的方式分配元素：第一个元素分配给进程 0，下一个分配进程 1，……，第 p 个分配给进程 $p-1$。在给前 p 个元素赋值后，我们返回进程 0，因此第（$p+1$）个分配到进程 0，第（$p+2$）个分配给进程 1，依此类推。**块循环分区**以循环的方式将元素块分配给进程。

与只涉及 CPU 和主存的操作相比，发送消息是昂贵的。此外，用更少的消息发送给定的数据量通常比用更多的消息发送相同的数据量要便宜。因此，通过将多条消息的内容组合成一条消息来减少发送的消息数量通常是有意义的。MPI 为此提供了三种方法：通信函数的 count 参数、派生数据类型和 MPI_Pack/Unpack。派生数据类型通过指定数据项的类型及其在内存中的相对位置来描述任意数据集合。在本章中，我们简要介绍了如何使用 MPI_Type_create_struct 来构建派生数据类型。在练习中，我们将探索一些其他方法，并研究 MPI_Pack/Unpack。

当我们对并行程序计时的时候，通常对消逝时间或 "挂钟时间" 感兴趣，这是代码块所花费的总时间。它包括用户代码中的时间、库函数中的时间、用户代码启动的操作系统函数中的时间以及空闲时间。我们学习了记录挂钟时间的两种方法：GET_TIME 和 MPI_Wtime。GET_TIME 是在文件 timer.h 中定义的一个宏，可以从该书的网站下载。它可以用于以下串行代码：

```
#include "timer.h"  // 从书上的网站下载
. . .
double start, finish, elapsed;
. . .
GET_TIME(start);
/* 要计时的代码 */
. . .
GET_TIME(finish);
elapsed = finish − start;
printf("Elapsed time = %e seconds\n", elapsed);
```

MPI 提供了一个函数 MPI_Wtime，可以用来代替 GET_TIME。尽管如此，对并行代码计时更加复杂，因为理想情况下，我们希望在代码开始时同步进程，然后报告 "最慢的" 进程完成代码所花费的时间。MPI_Barrier 在同步进程方面做得相当好。调用它的进程将阻塞，直到通信域中的所有进程都调用了它。我们可以使用下面的模板来查找 MPI 代码的运行时间：

```
double start, finish, loc_elapsed, elapsed;
. . .
MPI_Barrier(comm);
start = MPI_Wtime();
/* 要计时的代码 */
. . .
finish = MPI_Wtime();
loc_elapsed = finish − start;
MPI_Reduce(&loc_elapsed, &elapsed, 1, MPI_DOUBLE,
        MPI_MAX, 0, comm);
if (my_rank == 0)
    printf("Elapsed time = %e seconds\n", elapsed);
```

使用计时的另一个问题在于，如果重复计时相同的代码，通常会有相当大的变化。例如，操作系统可能闲置一个或多个进程，以便其他进程可以运行。因此，我们通常需要几次计时，并报告它们的最小值。

在进行计时之后，我们可以使用**加速比**或**效率**来评估程序的性能。加速比是串行运行时间与并行运行时间的比率，效率是加速比除以并行进程的数量。加速比的理想值是 p，即进程数，效率的理想值是 1.0。我们经常无法达到这些理想值，但程序接近这些值的情况并不少见，尤其是当 p 很小而问题的规模 n 很大时。**并行开销**是由串行程序没有完成的额外工作导致的并行运行时部分。在 MPI 程序中，并行开销来自通信。当 p 很大而 n 很小时，并行开销在总运行时间中占据主导地位并不罕见，而且加速比和效率可能相当低。

如果有可能增加问题的规模 n，使效率不会随着 p 的增加而降低，那么并行程序就被称为**可扩展的**。

回想一下，MPI_Send 可以阻塞或缓冲输入。如果 MPI 程序的正确行为依赖于 MPI_Send 缓冲输入这一事实，那么这个 MPI 程序是**不安全的**。这通常发生在多个进程首先调用 MPI_Send，然后调用 MPI_Recv 的时候。如果对 MPI_Send 的调用没有缓冲消息，那么它们将阻塞，直到对 MPI_Recv 的匹配调用已经启动。然而，这永远不会发生。例如，如果进程 0 和进程 1 试图交换数据，并且都在调用 MPI_Recv 之前调用 MPI_Send，那么每个进程将永远等待另一个进程调用 MPI_Recv，因为它们都将阻塞对 MPI_Send 的调用。也就是说，进程将挂起或**死锁**——它们将永远阻塞，等待永远不会发生的事件。

MPI 程序可以通过用 MPI_Ssend 调用替换每一个 MPI_Send 调用来检查安全性。MPI_Ssend 接收与 MPI_Send 相同的参数，但它总是阻塞，直到匹配的接收开始，多出的"s"代表同步。如果程序用 MPI_Ssend 正确地完成所需的输入和通信域大小，那么程序是安全的。

可以通过几种方式使不安全的 MPI 程序变得安全。程序员可以调度对 MPI_Send 和 MPI_Recv 的调用，这样一些进程（例如，偶数级进程）会先调用 MPI_Send，而其他进程（例如，奇数级进程）会先调用 MPI_Recv。或者，我们可以使用 MPI_Sendrecv 或 MPI_Sendrecv_replace。这些函数同时执行发送和接收，但保证对它们进行安排，从而使程序不会挂起或崩溃。MPI_Sendrecv 为发送和接收缓冲区使用不同的参数，而 MPI_Sendrecv_replace 为两者使用相同的缓冲区。

3.9   练习

3.1   如果我们使用 strlen(greeting) 来表示进程 1，2，…，comm_sz-1 所发送的消

息的长度, 而不是 strlen(greeting)+1, 那么在 "greeting" 程序中会发生什么? 如果我们使用 MAX_STRING 而不是 strlen(greeting)+1 又会发生什么? 你能解释一下这些结果吗?

3.2 修改梯形法则, 使其能够正确地估算积分, 即使 n 不能被 comm_sz 整除 (你仍然可以假设 $n \geqslant$ comm_sz)。

3.3 确定梯形法则程序中哪些变量是局部的, 哪些是全局的。

3.4 修改只从每个进程中打印一行输出的程序 (mpi_output.c), 以便输出按进程序列号顺序打印: 首先是进程 0 的输出, 然后是进程 1 的输出, 以此类推。

3.5 在二叉树中, 每个节点到根节点都有一条唯一的最短路径。这个路径的长度通常被称为节点的**深度**。一棵二叉树, 若其中每个非叶节点都有两个子节点, 则称为**满二叉树**; 一棵满二叉树, 若其中每个叶节点都有相同的深度, 则称为**完全**二叉树 (见图 3.14)。利用数学归纳法的原理证明, 如果 T 是一棵具有 n 个叶子的完全二叉树, 那么叶子的深度为 $\log_2(n)$。

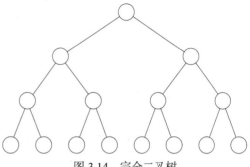

图 3.14　完全二叉树

3.6 假设 comm_sz=4, 且 x 是一个有 n=14 个分量的向量。

　　a. 在使用块分布的程序中, x 的分量如何在进程中分布?

　　b. 在一个使用循环分布的程序中, x 的分量如何在各进程中分布?

　　c. 在一个使用块大小为 b=2 的块循环分布的程序中, x 的分量如何在进程中分布?

　　你应该努力使分配一般化, 这样无论 comm_sz 和 n 是什么, 它们都可以使用。你还应该努力使分配 "公平", 以便如果 q 和 r 是任意两个进程, 分配给 q 的分量数量和 r 的分量数量之间的差异可以尽可能小。

3.7 如果通信域只包含一个进程, 那么各种 MPI 集合函数会做什么?

3.8 假设 comm_sz=8 和 n=16。

　　a. 画一幅图, 展示当进程 0 需要分布一个包含 n 个元素的数组时, 如何使用 comm_sz 个进程的树形结构通信实现 MPI_Scatter。

　　b. 画一幅图, 说明当需要将分布在 comm_sz 个进程之间的 n 元素数组收集到进程 0 上时, 如何使用树形结构通信实现 MPI_Gather。

3.9 编写一个 MPI 程序, 实现向量与标量的乘法和点积。用户应该输入两个向量和一个标量, 它们都由进程 0 读入, 并分布在进程之间。计算结果并收集到进程 0 上, 由进程 0 打印结果。你可以假设向量的个数 n 能被 comm_sz 整除。

3.10 在程序 3.9 所示的 Read_vector 函数中, 我们使用 local_n 作为 MPI_Scatter 的两个形式参数 send_count 和 recv_count 的实际参数。为什么可以给这些参数取别名?

3.11 计算**前缀和**是全局和的一种推广。区别于简单地求 n 个值的和:

$$x_0+x_1+\cdots+x_{n-1}$$

前缀和是 n 个部分和:

$$x_0, \ x_0+x_1, \ x_0+x_1+x_2, \ \cdots, \ x_0+x_1+\cdots+x_{n-1}$$

a. 设计一个串行算法，计算具有 n 个元素的数组的 n 个前缀和。

b. 在具有 n 个进程的系统上并行化你的串行算法，每个进程存储一个 x_i。

c. 假设有某个正整数 k 使得 $n=2^k$，你能设计一个串行算法和串行算法的并行化，使并行算法只需要 k 个通信阶段吗？（你可能需要在网上找一下。）

d. MPI 提供了一个集合通信功能 MPI_Scan，可以用来计算前缀和：

```
int MPI_Scan(
        void*       sendbuf_p   /* in  */,
        void*       recvbuf_p   /* out */,
        int         count       /* in  */,
        MPI_Datatype datatype   /* in  */,
        MPI_Op      op          /* in  */,
        MPI_Comm    comm        /* in  */);
```

它操作具有 count 个元素的数组，sendbuf_p 和 recvbuf_p 都应该引用类型为 datatype 的 count 个元素的块。op 参数与 MPI_Reduce 的 op 相同。编写一个 MPI 程序，在每个 MPI 进程上生成一个随机的 count 元素数组，查找前缀和，并输出结果。

3.12   蝶式结构的 allreduce 的替代方法是"环传递"结构。在环传递中，如果有 p 个进程，那么每个进程 q 向进程 $q+1$ 发送数据，除了进程 $p-1$ 向进程 0 发送数据之外。这样重复，直到每个过程都得到想要的结果。因此，我们可以用以下代码实现 allreduce：

```
sum = temp_val = my_val;
for (i = 1; i < p; i++) {
    MPI_Sendrecv_replace(&temp_val, 1, MPI_INT, dest,
            sendtag, source, recvtag, comm, &status);
    sum += temp_val;
}
```

a. 编写一个 MPI 程序，对 allreduce 实现这个算法。与蝶式结构相比，它的性能如何？

b. 修改在上一问中编写的 MPI 程序，使其实现前缀和。

3.13   MPI_Scatter 和 MPI_Gather 有一个限制，即每个进程必须发送或接收相同数量的数据项。如果不是这样，我们必须使用 MPI 函数 MPI_Gatherv 和 MPI_Scatterv。查看这些函数的手册，修改向量和点积程序，使其能够正确处理 n 不能被 comm_sz 整除的情况。

3.14   a. 编写一个串行 C 程序，在 main 函数中定义一个二维数组。只需要使用常量来表示维度：

```
int two_d[3][4];
```

在 main 函数中初始化数组。初始化数组后，调用试图打印该数组的函数。函数的原型应该是这样的：

```
void Print_two_d(int two_d[][], int rows,
        int cols);
```

编写完函数后，尝试编译程序。你能解释一下为什么不能编译吗？

b. 在查阅 C 语言引用（例如 Kernighan 和 Ritchie[32]）后，修改程序，使其能够编译和运行，但仍然使用二维 C 数组。

3.15   2.2.3 节讨论的二维数组的"行优先"存储和 3.4.9 节使用的一维存储之间有什么关系？

3.16　假设 comm_sz=8 和向量 x=（0, 1, 2, …, 15），使用块分布在各进程之间分布。画一幅图说明蝶式结构如何实现 x 的 allgather 步骤。

3.17　MPI_Type_continuous 可用于从数组中连续元素的集合构建派生数据类型。它的语法是：

```
int MPI_Type_contiguous(
        int         count       /* in  */,
        MPI_Datatype old_mpi_t   /* in  */,
        MPI_Datatype* new_mpi_t_p /* out */);
```

修改 Read_vector 和 Print_vector 函数，使它们使用通过调用 MPI_Type_continuous 创建的数据类型，并在调用 MPI_Scatter 和 MPI_Gather 时使用值为 1 的 count 参数。

3.18　MPI_Type_vector 可用于从数组中的元素块集合构建派生数据类型，只要这些块都具有相同的大小和相等的间距。它的语法是：

```
int MPI_Type_vector(
        int         count        /* in  */,
        int         blocklength   /* in  */,
        int         stride        /* in  */,
        MPI_Datatype old_mpi_t    /* in  */,
        MPI_Datatype* new_mpi_t_p  /* out */);
```

例如，如果我们有一个包含 18 个双精度数的数组 x，想要构建一个对应位置为 0、1、6、7、12、13 的元素的类型，我们可以调用：

```
int MPI_Type_vector(3, 2, 6, MPI_DOUBLE, &vect_mpi_t);
```

由于该类型由 3 个块组成，每个区块有 2 个元素，区块开始部分之间的间距为 6 个 **double** 类型数据。

编写 Read_vector 和 Print_vector 函数，分别允许进程 0 读取和打印一个带有块循环分布的向量。但是要小心，不要使用 MPI_Scatter 或 MPI_Gather。在使用 MPI_Type_vector 创建的类型时，涉及使用这些函数的技术问题（参见 [23]）。只需在 Read_vector 中对进程 0 使用发送循环，在 Print_vector 中对进程 0 使用接收循环。其他进程应该能够通过分别调用 MPI_Recv 和 MPI_Send 来完成它们对 Read_vector 和 Print_vector 的调用。进程 0 上的通信应该使用由 MPI_Type_vector 创建的派生数据类型。对其他进程的调用应该只对通信函数使用 count 参数，因为它们接收 / 发送的元素将存储在连续的数组位置中。

3.19　MPI_Type_indexed 可用于从任意数组元素构建派生数据类型。它的语法是：

```
int MPI_Type_indexed(
        int         count                  /* in  */,
        int         array_of_blocklengths[]  /* in  */,
        int         array_of_displacements[] /* in  */,
        MPI_Datatype old_mpi_t              /* in  */,
        MPI_Datatype* new_mpi_t_p            /* out */);
```

与 MPI_Type_create_struct 不同，偏移是以 old_mpi_t 为单位的，而不是字节。使用 MPI_Type_indexed 创建一个派生数据类型，它对应于方阵的上三角部分。例如，在 4×4 矩阵

$$\begin{pmatrix} 0 & 1 & 2 & 3 \\ 4 & 5 & 6 & 7 \\ 8 & 9 & 10 & 11 \\ 12 & 13 & 14 & 15 \end{pmatrix}$$

中，上三角形部分是元素 0, 1, 2, 3, 5, 6, 7, 10, 11, 15。进程 0 应该读取 $n \times n$ 的矩阵作为一维数组，创建派生的数据类型，并通过单个调用 MPI_Send 发送上三角形部分。进程 1 应该通过对 MPI_Recv 的调用来接收上三角形部分，然后打印它接收到的数据。

3.20 MPI_Pack 和 MPI_Unpack 函数为分组数据提供了派生数据类型的替代方案。MPI_Pack 每次一个块地将要发送的数据复制到用户提供的缓冲区中，然后可以发送和接收缓冲区。接收到数据后，可以使用 MPI_Unpack 从接收缓冲区解包数据。MPI_Pack 的语法是：

```
int MPI_Pack(
        void*         in_buf          /* in     */,
        int           in_buf_count    /* in     */,
        MPI_Datatype  datatype        /* in     */,
        void*         pack_buf        /* out    */,
        int           pack_buf_sz     /* in     */,
        int*          position_p      /* in/out */,
        MPI_Comm      comm            /* in     */);
```

因此，我们可以用以下代码将输入数据打包到梯形法则程序中：

```
char pack_buf[100];
int position = 0;

MPI_Pack(&a, 1, MPI_DOUBLE, pack_buf, 100, &position,
      comm);
MPI_Pack(&b, 1, MPI_DOUBLE, pack_buf, 100, &position,
      comm);
MPI_Pack(&n, 1, MPI_INT, pack_buf, 100, &position,
      comm);
```

问题的关键是 position 参数。当调用 MPI_Pack 时，position 应该引用 pack_buf 中的第一个可用位置。当 MPI_Pack 返回时，它引用刚刚打包的数据之后的第一个可用位置，所以在进程 0 执行这段代码之后，所有进程都可以调用 MPI_Bcast：

```
MPI_Bcast(pack_buf, 100, MPI_PACKED, 0, comm);
```

注意，打包缓冲区的 MPI 数据类型是 MPI_PACKED。现在其他进程可以使用 MPI_Unpack 解压数据：

```
int MPI_Unpack(
        void*         pack_buf        /* in     */,
        int           pack_buf_sz     /* in     */,
        int*          position_p      /* in/out */,
        void*         out_buf         /* out    */,
        int           out_buf_count   /* in     */,
        MPI_Datatype  datatype        /* in     */,
        MPI_Comm      comm            /* in     */);
```

这可以通过"反转" MPI_Pack 中的步骤来使用。也就是说，从 position=0 开始，每次解压缩一个数据块。

为梯形法则程序编写另一个 Get_input 函数。这个函数应该在进程 0 上使用 MPI_Pack，在其他进程上使用 MPI_Unpack。

3.21 你的系统做矩阵 - 向量乘法的运行时间是多少？对于给定的 comm_sz 和 *n*，你看到的时间变化是什么样的？结果是否倾向于聚集在最小值、平均值或中值附近？

3.22 对使用 MPI_Reduce 的梯形法则的实现进行计时。你怎么选择 *n*，即梯形的数量？最小时间与平均值和中值时间相比如何？加速比是多少？效率是多少？根据你收集的数据，你认为梯形法则是可扩展的吗？

3.23 虽然我们不知道 MPI_Reduce 实现的内部原理，但可以猜测它使用了与二叉树类似的结构。如果是这样的话，我们可以预期它的运行时间将以大约 $\log_2(p)$ 的速度增长，因为树中大约有 $\log_2(p)$ 层（这里 *p*=comm_sz）。由于串行梯形法则的运行时间大致与 *n*（梯形数）成正比，而并行梯形法则只是将串行规则应用于每个进程上的 *n*/*p* 个梯形，根据我们对 MPI_Reduce 的假设，得到并行梯形法则的总运行时间公式，如下所示：

$$T_{\text{parallel}}(n, p) \approx a \times \frac{n}{p} + b \log_2(p)$$

a 和 *b* 为常数。

a. 使用上述公式，利用练习 3.22 中的计时时间，以及你最喜欢的数学计算程序（例如 MATLAB）来得到 *a* 和 *b* 值的最小二乘估计。

b. 使用公式和上一问中计算的 *a* 和 *b* 的值来评估预测的运行时间的质量。

3.24 参看编程作业 3.7。即使 count 参数为 0，我们概述的用于计算发送消息成本的代码也有效。当 count 参数为 0 时，系统会发生什么？你能解释一下发送零字节消息时运行时间是非零的原因吗？

3.25 如果 comm_sz=*p*，我们提到的"理想"加速比是 *p*，有可能做得更好吗？

a. 考虑一个计算向量和的并行程序。如果我们只对向量和计时，也就是忽略向量的输入和输出，那么这个程序如何实现大于 *p* 的加速比？

b. 实现大于 *p* 的加速比的程序被称为**超线性**加速。我们的向量和示例只是通过克服某些"资源限制"实现了超线性加速。这些资源限制是什么？程序是否可能在不克服资源限制的情况下获得超线性加速？

3.26 *n* 个元素列表的串行奇偶移项排序可以用少于 *n* 个阶段对列表进行排序。作为一个极端的例子，如果输入列表已经排序，那么算法需要 0 个阶段。

a. 写一个串行的 Is_sorted 函数来确定列表是否被排序。

b. 修改串行奇偶移项排序程序，使其在每个阶段之后检查列表是否已排序。

c. 如果这个程序是在一个 *n* 元素列表的随机集合上测试的，大约哪些部分可以通过检查列表是否排序得到性能提升？

3.27 计算并行奇偶排序的加速比和效率。程序是否获得了线性加速？它是可扩展的吗？具有强可扩展性还是弱可扩展性？

3.28 修改并行奇偶移项排序，使 Merge 函数在找到最小或最大的元素后简单地交换数组指针。这个更改对整个运行时间有什么影响？

3.10　编程作业

3.1　使用 MPI 实现 2.7.1 节讨论的直方图程序。让进程 0 读入输入数据，将其分配给各个进程，并且让进程 0 打印出直方图。

3.2　假设我们向一个方形的飞镖靶投掷飞镖，它的靶心在原点，边长为 2ft[⊖]。假设在方形靶上有一个内切圆。这个圆的半径是 1ft，面积是 πft^2[⊖]。如果飞镖击中的点是均匀分布的（我们总是击中正方形），那么击中圆内的飞镖数量应该近似满足这个方程：

$$\frac{\text{圆内的数量}}{\text{投掷的总数}} = \frac{\pi}{4}$$

因为圆的面积与正方形的面积之比是 $\pi/4$。

　　我们可以用这个公式结合一个随机数发生器来估计 π 的值：

```
number_in_circle = 0;
for (toss = 0; toss < number_of_tosses; toss++) {
    x = random double between −1 and 1;
    y = random double between −1 and 1;
    distance_squared = x*x + y*y;
    if (distance_squared <= 1) number_in_circle++;
}
pi_estimate =
        4*number_in_circle/((double) number_of_tosses);
```

这被称为"蒙特卡罗"方法，因为它使用了随机性（投掷飞镖）。

　　编写一个 MPI 程序，使用蒙特卡罗方法估计 π。进程 0 应该读取抛掷的总数，并将其广播给其他进程。使用 MPI_Reduce 查找局部变量 number_in_circle 的全局和，并让进程 0 打印结果。你可能需要使用 **long long int** 来表示圆圈中被击中的次数和投掷的次数，因为这两者都必须非常大才能得到合理的 π 估计值。

3.3　写一个 MPI 程序，计算一个树状结构的全局和。首先为 comm_sz 是 2 的幂的特殊情况编写程序。然后，在这个版本可以运行之后，修改程序，使它能够处理任何 comm_sz。

3.4　编写一个 MPI 程序，使用蝶式结构计算全局和。首先为 comm_sz 是 2 的幂的特殊情况编写程序。你能修改程序使它能处理任意数量的进程吗？

3.5　使用矩阵的块 – 列分布实现矩阵 – 向量乘法。你可以让进程 0 读取矩阵，然后简单地使用一个发送循环来将它分配给进程。假设矩阵是 n 阶的方阵，且 n 能被 comm_sz 整除。你可能需要查看 MPI 函数 MPI_Reduce_scatter。

3.6　使用矩阵的块 – 子矩阵分布实现矩阵 – 向量乘法。假设向量分布在对角线进程中。同样，可以让进程 0 读取矩阵并在将子矩阵发送给进程之前聚合它们。假设 comm_sz 是一个完全平方数，$\sqrt{comm\_sz}$ 能被矩阵的阶数整除。

3.7　ping-pong 是一种通信方式，即发送两条消息，首先从进程 A 发送到进程 B（ping），然后从进程 B 发送回进程 A（pong）。重复 ping-pong 的计时块是估计发送消息成本的常用方法。在你的系统中使用 C clock 函数为 ping-pong 程序计时。在时钟给出非零

　⊖　1ft=0.3048m。——编辑注
　⊖　1ft²=0.0929m²。——编辑注

运行时间之前，代码必须运行多长时间？你使用 clock 函数获得的时间与使用 MPI_ Wtime 获得的时间相比如何？

3.8　并行归并排序以分配给每个进程 n/comm_sz 个键开始，以所有键按顺序存储在进程 0 上结束。为了实现这一点，它使用了与我们用来实现全局求和相同的树状结构通信。然而，当一个进程接收到另一个进程的键时，它会将新的键合并到已经排序的键列表中。编写一个程序实现并行归并排序，进程 0 应该读入 n 并将其广播给其他进程，每个进程应该使用随机数生成器来创建一个包含 n/comm_sz 个整数的本地列表。然后，每个进程应该对其本地列表进行排序，进程 0 应该收集并打印本地列表，然后所有进程应该使用树状结构的通信将全局列表合并到进程 0 上，由进程 0 打印结果。

3.9　编写一个程序，用于确定改变分布式数据结构分布方式的成本。从向量的块分布到循环分布需要多长时间？反向再分布需要多长时间？

Pthreads 共享内存编程

回顾一下，从程序员的角度来看，共享内存系统是所有核心都可以访问所有内存位置的系统（见图 4.1）。因此，协调核心工作问题的一个明显的方法是指定某些内存位置为"共享"。这是一种非常自然的并行编程的方法。事实上，我们很可能想知道为什么不是所有的并行程序都使用这种共享内存方法。然而，我们将在本章中看到，在对共享内存系统进行编程时会出现一些问题，这些问题通常与分布式内存编程中所遇到的有所不同。

例如，在第 2 章中我们看到，如果不同的核心试图更新单个共享内存位置，那么共享位置的内容可能是不可预知的。更新共享位置的代码就是一个临界区的例子，我们将看到其他一些相关的例子并学习几种控制对临界区访问的方法。

我们还将学习共享内存编程的其他问题和技术。在共享内存编程中，运行在处理器上的程序实例通常被称为**线程**

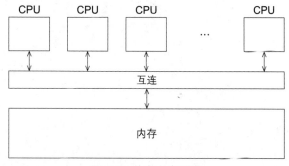

图 4.1 共享内存系统

（与 MPI 不同，它被称为进程）。我们将学习如何同步线程，以便每个线程都能等待执行一个语句块，直到另一个线程完成某些工作。我们也将学习如何让一个线程"休眠"，直到某一个条件发生。我们将看到，在某些情况下，乍一看，临界区必须相当大，然而，我们也将看到有一些工具可以用来"微调"对这些大代码块的访问，从而可以真正并行执行更多程序。我们还将看到，使用高速缓冲存储器实际上会导致共享内存程序运行得更慢。最后，我们将观察到，在连续调用之间"保持状态"的函数会导致不一致甚至不正确的结果。

在本章中，我们将使用 POSIX 线程来实现大部分的共享内存功能。在下一章中，我们将研究共享内存编程的另一种方法，即 OpenMP。

4.1　进程、线程和Pthreads

回顾第 2 章，在共享内存编程中，线程有点类似于 MPI 编程中的进程。然而，原则上，它可以是"轻量级的"。一个进程是正在运行（或挂起）的程序的一个实例。除了可执行程序外，它还包括以下内容：

- 一个栈的内存块。
- 一个堆的内存块。
- 系统为进程分配的资源描述符，例如文件描述符（包括 stdout、stdin 和 stderr）。
- 安全信息，例如有关进程可以访问哪些硬件和软件资源的信息。
- 有关进程状态的信息，例如进程是否准备好运行或正在等待资源，寄存器的内容，包括程序计数器，等等。

在大多数系统中，在默认情况下，一个进程的内存块是私有的：除非操作系统干预，一个进程不能直接访问另一个进程的内存。这是有道理的。如果用一个文本编辑器来写一个程序（一个正在运行文本编辑器的进程），你不希望你的浏览器（另一个进程）覆盖文本编辑器的内存。在多用户环境中，这一点更为关键。通常情况下，一个用户的进程不应该被允许访问另一个用户进程的内存。

然而，当我们运行共享内存程序时，这是不可取的。至少，我们希望某些变量可以被多个进程使用，这样可以更容易地访问内存。除了堆栈和程序计数器之外，进程共享对 `stdout` 和所有其他进程特定资源的访问也很方便。这可以通过启动单个进程，然后让该进程启动这些额外的"轻量级"进程来安排。由于这个原因，它们通常被称为**轻量级进程**。

更常用的术语是**线程**，来自"控制线程"的概念。控制线程只是一个程序中的一系列语句。这个术语表示单个进程中的控制流，并且在一个共享内存程序中，单个进程可能有多个控制线程。

正如前面所指出的，在本章中，我们将使用一种线程的具体实现方法，这种方法被称为 POSIX threads，或者更经常地被称为 Pthreads。POSIX[46] 是类 UNIX 操作系统的标准库，例如 Linux 和 macOS。它规定了这些系统中应该有的各种设施。特别是，它规定了一个用于多线程编程的应用编程接口（API）。

Pthreads 不是一种编程语言（像 C 或 Java）。相反，像 MPI 一样，Pthreads 指定了一个可以与 C 程序连接的库。与 MPI 不同，Pthreads API 只在 POSIX 系统上可用，例如 Linux、macOS、Solaris、HPUX，等等。不同于 MPI，Pthreads 还有其他一些广泛使用的多线程编程规范：Java 线程、Windows 线程、Solaris 线程。然而，所有的线程规范都支持相同的基本思想，所以一旦学会了如何用 Pthreads 编程，学习如何用其他线程 API 编程就不难了。

由于 Pthreads 是一个 C 语言库，原则上它可以被用于 C++ 程序中。然而，最近的 C++11 标准包括它自己的共享内存编程模型，支持线程（`std :: thread`），所以在编写 C++ 程序时，使用它可能更有意义。

4.2 Hello, world

让我们看一下 Pthreads 程序。在程序 4.1 中，主函数启动了几个线程。每个线程都打印了一条信息，然后退出。

```
1   #include <stdio.h>
2   #include <stdlib.h>
3   #include <pthread.h>
4
5   /* 全局变量: 所有线程都可以访问 */
6   int thread_count;
7
8   void *Hello(void* rank);   /* 线程函数 */
9
10  int main(int argc, char* argv[]) {
11     long thread;  /* 在64位系统中使用long   */
12     pthread_t* thread_handles;
13
```

```
14      /*  从命令行中获取线程的数量 */
15      thread_count = strtol(argv[1], NULL, 10);
16
17      thread_handles = malloc (thread_count*sizeof(pthread_t));
18
19      for (thread = 0; thread < thread_count; thread++)
20         pthread_create(&thread_handles[thread], NULL,
21            Hello, (void*) thread);
22
23      printf("Hello from the main thread\n");
24
25      for (thread = 0; thread < thread_count; thread++)
26         pthread_join(thread_handles[thread], NULL);
27
28      free(thread_handles);
29      return 0;
30   }  /* main */
31
32   void *Hello(void* rank) {
33      /* Use long in case of 64-bit system */
34      long my_rank = (long) rank;
35
36      printf("Hello from thread %ld of %d\n",
37            my_rank, thread_count);
38
39      return NULL;
40   }  /* Hello */
```

程序 4.1 Pthreads "hello, world" 程序

4.2.1 执行

该程序像普通的 C 程序一样被编译，但我们可能需要连接 Pthreads 库 [注]：

```
$ gcc -g -Wall -o pth_hello pth_hello.c -lpthread
```

-lpthread 告诉编译器，我们要链接到 Pthreads 库。注意，是 -lpthread，而不是 -lpthreads。在一些系统中，编译器会自动链接到库中，并且不需要 -lpthread。

要运行程序，我们只需要输入

```
$ ./pth_hello <number of threads>
```

例如，要用 1 个线程运行程序，我们输入

```
$ ./pth_hello 1
```

然后输出的形式如下：

```
Hello from the main thread
Hello from thread 0 of 1
```

要用 4 个线程运行程序，我们输入

```
$ ./pth_hello 4
```

输出的形式如下：

[注] 回顾一下，美元符号（$）是 shell 的提示符，所以它不应该被打进去。为明确起见，假设我们使用的是 GNU C 编译器 gcc，并且总是使用选项 -g, -Wall 和 -o。更多信息见 2.9 节。

```
Hello from the main thread
Hello from thread 0 of 4
Hello from thread 1 of 4
Hello from thread 2 of 4
Hello from thread 3 of 4
```

如果输出出现乱序，请不要担心。正如稍后将讨论的，我们通常无法直接控制线程执行的顺序。

4.2.2　预备

让我们仔细看一下程序 4.1 的源代码。首先注意到，这只是一个 C 语言程序，有一个主函数和一个其他函数。该程序包括熟悉的 `stdio.h` 和 `stdlib.h` 头文件，然而也有很多东西是新的和不同的。

在第 3 行，我们包含 `pthread.h`——Pthreads 头文件，它们声明了各种 Pthreads 函数、常量、类型，等等。

在第 6 行，我们定义了一个全局变量 `thread_count`。在 Pthreads 程序中，全局变量是由所有线程共享的。本地变量和函数参数——在函数中声明的变量，（通常）是执行该函数的线程的私有变量。如果有几个线程在执行同一个函数，每个线程都会有自己的局部变量和函数参数的私有副本。如果你还记得每个线程都有自己的堆栈，这就说得通了。

我们应该注意，全局变量会带来微妙的、令人困惑的错误。例如，假设我们写一个程序，在其中声明一个全局变量 **int** x。然后写一个函数 f，我们打算在其中使用一个叫做 x 的局部变量，但是忘记了声明它。当我们运行该程序时，它就会产生非常奇怪的输出，我们确定这是由于全局变量 x 有一个奇怪的值造成的。几天后，我们终于发现这个奇怪的值来自 f。作为一条经验法则，我们应该尽量将全局变量的使用限制在真正需要它们的情况下——例如，用于共享变量。

在第 15 行中，程序从命令行中获得了它应该启动的线程数。与 MPI 程序不同，Pthreads 程序通常像串行程序一样被编译和运行，一个相对简单的方法是使用一个命令行参数来指定应该启动的线程数。这并不是必需的，这只是我们要使用的一个方便的惯例。

`strtol` 函数将一个字符串转换为 **long int**。它在 `stdlib.h` 中声明，其语法为：

```
long strtol(
        const char*   number_p    /* in   */,
        char**        end_p       /* out  */,
        int           base        /* in   */);
```

它返回与 number_p 所指的字符串对应的 **long int**。数字表示的基数由 base 参数给出。如果 end_p 不为 NULL，它将指向 number_p 中第一个无效的（即非数字）字符。

4.2.3　启动线程

我们已经注意到，与 MPI 程序不同的是，MPI 程序中的进程通常是由脚本启动的，而在 Pthreads 中，线程是由程序的可执行文件启动的。这引入了一些额外的复杂性，因为我们需要在程序中加入代码来明确地启动线程，而且需要数据结构来存储线程的信息。

在第 17 行，我们为每个线程分配了一个 `pthread_t` 对象的存储空间。`pthread_t` 数据结构用于存储线程的特定信息，它在 `pthread.h` 中声明。

`pthread_t` 对象是不透明对象的例子。它们所存储的实际数据是系统特定的，而且它们的数据成员并不能被用户代码直接访问。然而，Pthreads 标准保证 pthread_t 对象确实存储足够的信息来唯一地识别它所关联的线程。因此，举例来说，有一个 Pthreads 函数，一个线程可以用来检索其关联的 pthread_t 对象，还有一个 Pthreads 函数，可以通过检查其关联的 pthread_t 对象来确定两个线程是否是同一个。

在第 19～21 行，我们使用 pthread_create 函数来启动线程。像大多数 Pthreads 函数一样，它的名字以字符串 pthread_ 开头。pthread_create 的语法是：

```
int pthread_create(
    pthread_t*              thread_p              /* out */,
    const pthread_attr_t*   attr_p                /* in  */,
    void*                   (*start_routine)(void*) /* in  */,
    void*                   args_p                /* in  */);
```

第一个参数是一个指向适当的 pthread_t 对象的指针。注意，这个对象并不是在调用 pthread_create 时分配的，它必须在调用之前被分配。因为我们不会使用第二个参数，所以在函数调用中直接传递 NULL[⊖]。第三个参数是线程要运行的函数，最后一个参数是一个指针，它应该被传递给函数 start_routine。大多数 Pthreads 函数的返回值会表明在函数调用中是否出现错误。为了减少例子中的混乱，在这一章中（和本书其他大部分章节一样），我们一般会忽略 Pthreads 函数的返回值。

让我们仔细看一下最后两个参数。由 pthread_create 启动的函数应该有一个原型，形式如下：

```
void* thread_function(void* args_p);
```

回顾一下，**void*** 类型可以被转换为 C 语言中的任何指针类型，所以 args_p 可以指向一个包含 thread_function 所需的一个或多个值的列表。同样，thread_function 的返回值可以指向一个包含一个或多个值的列表。

在对 pthread_create 的调用中，最后一个参数是一个相当常见的 kluge：我们有效地为每个线程分配了一个唯一的整数序列号。让我们先看看为什么要这样做，然后再研究一下如何做的细节。

考虑以下问题：启动一个使用两个线程的 Pthreads 程序，但其中一个线程遇到了错误。我们这些用户如何知道哪个线程遇到了错误？我们不能直接打印出 pthread_t 对象，因为它是不透明的。但是，如果在启动线程时，给第一个线程分配序列号 0，给第二个线程分配序列号 1，只需在错误信息中包括线程的序列号，就可以很容易地确定哪个线程遇到了问题。

由于线程函数需要一个 **void*** 参数，我们可以在 main 函数中为每个线程分配一个整型，并给每个分配的整型分配一个唯一的值。当启动一个线程时，我们可以在调用 pthread_create 时传递一个指向相应整型的指针。然而，大多数程序员都采用了一些转换的技巧。我们不在 main 函数中为"序列号"创建一个整型，而是将循环变量 thread 转换为 **void*** 类型。然后在线程函数 hello 中，我们将参数转换为 **long** 类型（第 34 行）。

进行这些转换的结果是"系统定义的"，但大多数 C 编译器确实允许这样做。然而，如果指针类型的大小与用于序列号的整数类型的大小不同，可能会得到一个警告。在我们使用

⊖ 在这里传递 NULL 使用默认的 Pthreads 属性集——指定各种属性的设置，包括操作系统调度参数和新线程的堆栈大小。

的机器上，指针是 64 位的，而 **int** 只有 32 位，所以我们使用 **long** 而不是 **int**。

请注意，分配线程序列号的方法以及线程对自身进行排序，实际上只是我们将使用的一种方便的惯例。我们没有要求在调用 pthread_create 时传递线程序列号，也没有要求为线程分配序列号。下面这个线程过程期望在 args_p 中传递一个指向结构的指针。这个结构包含一个序列号和任务的名称。（想象一下，如何区分 Web 服务器中的不同请求。）

```
struct thread_args {
    long my_rank;
    char *task_name;
};

void *Hello(void *args) {
    struct thread_args* t_args
        = (struct thread_args *) args;
    printf("Thread %ld is working on task '%s'\n",
        t_args->my_rank, t_args->task_name);
    return NULL;
}
```

当创建线程时，一个指向相应结构的指针会被传递给 pthread_create。我们可以在第 19 行添加这样做的逻辑（在这种情况下，每个线程有相同的"任务名"）：

```
struct thread_args *t_args
    = malloc(sizeof(struct thread_args));

t_args->my_rank = thread;
t_args->task_name = "Hello task";

pthread_create(&thread_handles[thread],
    NULL,
    Hello,
    (void *) t_args);
```

还要注意的是，没有技术上的理由让每个线程都运行相同的函数：我们可以让一个线程运行 hello，另一个线程运行 goodbye，以此类推。然而，与 MPI 程序一样，我们通常会在 Pthreads 程序中使用"单程序多数据"方式的并行性。也就是说，每个线程将运行相同的线程函数，但我们将通过在一个线程内的分支获得不同线程函数的效果。

4.2.4　运行线程

正在运行主函数的线程有时被称为**主线程**。因此，在启动线程后，它会打印以下信息：

```
Hello from the main thread
```

在此期间，由调用 pthread_create 启动的线程也在运行。它们在第 34 行中通过转换得到它们的等级，然后打印它们的信息。请注意，当一个线程结束时，由于其函数的类型有一个返回值，该线程应该返回些信息。在这个例子中，这些线程实际上不需要返回任何信息，所以它们返回 NULL。

正如我们前面提到的，在 Pthreads 中，程序员并不能直接控制线程的运行位置 ⊖。在 pthread_create 中没有任何参数说哪个核心应该运行哪个线程，线程的位置是由操作系

⊖　一些系统（例如，Linux 的一些实现）确实允许程序员指定线程的运行位置。然而，这些结构是不可移植的。

统控制的。事实上，在一个负载过重的系统中，线程可能都在同一个核心上运行。如果一个程序启动的线程比核心多，我们应该期待多个线程在一个核心上运行。然而，如果有一个核心没有被使用，操作系统通常会将新的线程放在该核心上。

4.2.5　停止线程

在第 25 行和第 26 行，我们为每个线程调用一次函数 pthread_join。对 pthread_join 的一次调用将等待与 pthread_t 对象相关的线程完成。pthread_join 的语法是

```
int pthread_join(
    pthread_t    thread     /* in  */,
    void**       ret_val_p  /* out */);
```

第二个参数可以用来接收任何由线程计算的返回值。在这个例子中，每个线程都返回 NULL，最终主线程会在该线程上调用 pthread_join 来完成停止。

这个函数被称为 pthread_join，因为它经常被用来描述多线程进程中的线程。如果我们把主线程看作图中的一条线，那么，当调用 pthread_create 时，我们可以从主线程上创建一个分支或分叉。多次调用 pthread_create 将导致多个分支或分叉。然后，当由 pthread_create 启动的线程终止时，图中显示了加入主线程的分支（见图 4.2）。

如前所述，每个线程都需要分配各种资源，包括堆栈和局部变量。pthread_join 函数不仅允许我们等待一个特定的线程完成它的执行，而且还释放了与该线程相关的资源。事实上，如果不加入已经执行完毕

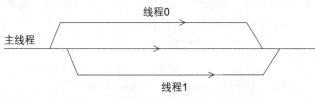

图 4.2　主线程分叉并加入两个线程

的线程，就会产生浪费资源的僵尸线程，如果不加检查，甚至会阻止新线程的创建。如果你的程序不需要等待某个特定的线程结束，可以用 pthread_detach 函数把它分离出来，以表明它的资源在终止时应该被自动释放。关于使用 pthread_detach 的例子，见练习 4.7。

4.2.6　错误检查

为了使程序紧凑且易于阅读，我们抵制了许多包含在"真实"程序中的重要细节的诱惑。在这个例子中（以及在许多程序中），最可能的问题来源是用户输入（或缺少输入）。因此，检查程序是否用命令行参数启动是一个非常好的主意，如果是的话，检查线程数的实际值，看它是否合理。如果访问该书的网站，可以下载一个包括这种基本错误检查的程序版本。

一般来说，经常检查 Pthreads 函数返回的错误代码是一个好的做法。当你刚开始使用 Pthreads 并对一些函数的使用细节不完全清楚的时候，这可能特别有用。我们建议养成查阅 Pthreads 函数手册中"返回值"部分的习惯（例如，参见 man pthread_create，你会注意到有几个返回值显示了各种错误）。

4.2.7　启动线程的其他方法

在我们的例子中，用户通过输入一个命令行参数来指定要启动的线程数量，然后，主线程创建所有的附属线程。当这些线程运行时，主线程会打印一条信息，然后等待其他线程终止。这种线程编程的方法与我们的 MPI 编程方法非常相似，MPI 系统启动一个进程集合并

等待它们完成。

然而，还有一种非常不同的方法来设计多线程程序。在这种方法中，附属线程只有在需要时才会启动。举例来说，设想一个 Web 服务器，处理关于旧金山湾区高速公路交通信息的请求。假设主线程接收请求，附属线程完成请求。在一个典型的周二早上 1 点钟，可能会有很少的请求，而在一个典型的周二晚上 5 点钟，可能会有成千上万的请求。因此，设计这个网络服务器的一个自然方法是让主线程在收到请求时启动辅助线程。

直观地说，线程启动涉及一些开销。启动一个线程所需的时间会比浮点运算等所需时间长得多，所以在需要最高性能的应用中，"按需启动线程"的方法可能并不理想。在这种情况下，通常采用一种能够利用两种方法的优势的方案会提高性能。我们的主线程将在程序开始时启动它预计需要的所有线程，但这些线程将闲置，而不是在完成工作后终止。一旦有另一个请求到来，空闲的线程就可以满足它，而不会产生线程创建的开销。这种方法被称为线程池，我们将在编程作业 4.5 中介绍。

4.3 矩阵-向量乘法

我们来看看如何编写一个 Pthreads 矩阵 – 向量乘法程序。回顾一下，如果 $A=(a_{ij})$ 是一个 $m \times n$ 矩阵，$x=(x_0, x_1, \cdots, x_{n-1})^T$ 是一个 n 维列向量 ⊖，那么矩阵 – 向量积 $Ax=y$ 是一个 m 维列向量，$y=(y_0, y_1, \cdots, y_{m-1})^T$，其中第 i 个分量 y_i 是通过求 A 的第 i 行与 x 的点积得到的（见图 4.3 ）：

$$y_i = \sum_{j=0}^{n-1} a_{ij} x_j$$

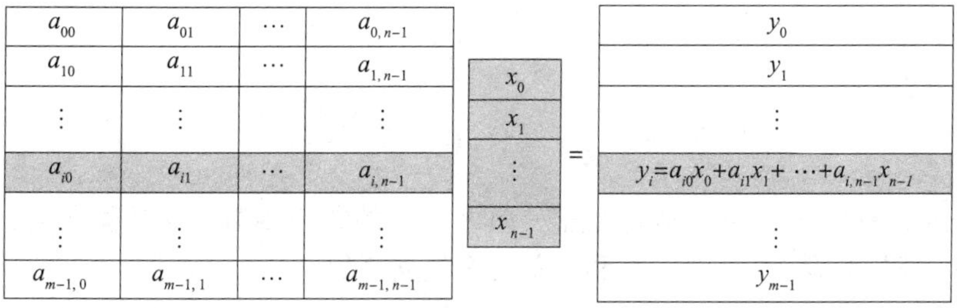

图 4.3   矩阵 – 向量乘法

因此，矩阵 – 向量乘法的串行程序的伪代码可能是以下形式：

```
/* 对于A的每一行 */
for (i = 0; i < m; i++) {
    y[i] = 0.0;
    /* 对于行的每个元素和x的每个元素 */
    for (j = 0; j < n; j++)
        y[i] += A[i][j]* x[j];
}
```

我们希望通过在线程之间划分工作来实现并行化。一种可能性是将外循环的迭代分配给线程。如果我们这样做，每个线程将计算 y 的一些分量。例如，假设 $m=n=6$ 和线程数，`thread_count` 或者 t 为 3。然后计算可以在线程之间划分如下。

线程	y 的分量
0	y[0], y[1]
1	y[2], y[3]
2	y[4], y[5]

⊖   回顾一下，我们惯例使用矩阵和向量下标以 0 开始。如果 b 是一个矩阵或向量，那么 b^T 表示其转置。

要计算 y[0]，线程 0 需要执行如下代码：

```
y[0] = 0.0;
for (j = 0; j < n; j++)
    y[0] += A[0][j]* x[j];
```

因此线程 0 将需要访问 A 的第 0 行的每个元素和 x 的每个元素。更一般地说，被分配 y[i] 的线程将需要执行如下代码：

```
y[i] = 0.0;
for (j = 0; j < n; j++)
    y[i] += A[i][j]*x[j];
```

因此，该线程将需要访问 A 的第 i 行的每个元素和 x 的每个元素。我们看到每个线程需要访问 x 的每个分量，而每个线程只需要访问其分配的 A 的行和分配的 y 的分量。这表明至少应该共享 x。我们也让 A 和 y 共享。这似乎违反了我们的原则，即应该只将需要全局的变量设为全局变量。但是，在练习中，仔细研究将 A 和 y 变量设置为线程函数的局部变量所涉及的一些问题，我们会发现将它们设置为全局变量是很有意义的。此时，我们将观察到，如果它们是全局的，主线程只需从标准输入读取 A 的条目即可轻松初始化所有 A，并且主线程可以轻松打印乘积向量 y。

做出这些决定后，我们只需要编写代码，每个线程将使用这些代码来决定它将计算 y 的哪些分量。为了简化代码，假设 m 和 n 都可以被 t 整除。我们的示例 $m=6$ 和 $t=3$ 表明每个线程都有 m/t 个分量。此外，线程 0 获得第一个 m/t，线程 1 获得下一个 m/t，依此类推。因此，分配给线程 q 的分量的公式可能是

$$第一个分量：q \times \frac{m}{t}$$

和

$$最后一个分量：(q+1) \times \frac{m}{t} - 1$$

使用这些公式，我们可以编写执行矩阵 – 向量乘法的线程函数（参见程序 4.2）。请注意，在此代码中，我们假设 A、x、y、m 和 n 都是全局共享的。

```
void *Pth_mat_vect(void* rank) {
    long my_rank = (long) rank;
    int i, j;
    int local_m = m/thread_count;
    int my_first_row = my_rank*local_m;
    int my_last_row = (my_rank+1)*local_m − 1;

    for (i = my_first_row; i <= my_last_row; i++) {
        y[i] = 0.0;
        for (j = 0; j < n; j++)
            y[i] += A[i][j]*x[j];
    }

    return NULL;
}  /* Pth_mat_vect */
```

程序 4.2 Pthreads 矩阵 – 向量乘法

如果已经读过 MPI 章节，你可能记得使用 MPI 编写一个矩阵 – 向量乘法程序需要更多的工作。这是因为数据结构必然是分布式的，也就是说，每个 MPI 进程只能直接访问自己的本地内存。因此对于 MPI 代码来说，我们需要明确地将所有的 x 收集到每个进程的内存中。从这个例子中看到，在有些情况下，编写共享内存程序比编写分布式内存程序要容易。然而，我们很快就会看到，在有些情况下，共享内存程序会更加复杂。

4.4 临界区

矩阵 – 向量乘法非常容易编码，因为共享内存的位置是以一种非常理想的方式被访问的。在初始化之后，所有的变量（除了 y 之外）都只能由线程读取。也就是说，除了 y，所有的共享变量在被主线程初始化后都不会被改变。此外，尽管线程确实对 y 进行了修改，但只有一个线程对任何单独的分量进行了修改，所以不会有两个（或更多）线程试图修改任何单一分量。如果情况不是这样，会发生什么？也就是说，当多个线程更新一个内存位置时，会发生什么？我们在第 2 章和第 5 章中也讨论了这个问题，所以如果读过其中一章，你就已经知道了答案。让我们看下面一个例子。

让我们试着估计一下 π 的值。有很多不同的公式可以使用，最简单的一个是：

$$\pi = 4\left(1 - \frac{1}{3} + \frac{1}{5} - \frac{1}{7} + \cdots + (-1)^n \frac{1}{2n+1} + \cdots\right)$$

这并不是计算 π 的最佳公式，因为它需要在右边计算很多项才能非常准确。然而，对于我们的目的来说，大量的项会更好地展示并行的效果。

下面的串行代码使用了这个公式：

```
double factor = 1.0;
double sum = 0.0;
for (i = 0; i < n; i++, factor = -factor) {
    sum += factor/(2*i+1);
}
pi = 4.0*sum;
```

我们可以尝试用并行化矩阵 – 向量乘法程序的方法来并行化这个程序：将 for 循环中的迭代分给线程，并将 sum 作为共享变量。为了简化计算，我们假设线程的数量为 thread_count 或 t，均可分求和的项数 n。然后，如果 $\bar{n} = n/t$，线程 0 可以将前 $\bar{n}$ 项相加。因此，对于线程 0 来说，循环变量 i 的范围从 0 到 $\bar{n} - 1$。线程 1 将接下来的 $\bar{n}$ 项相加，所以对于线程 1 来说，循环变量的范围从 $\bar{n}$ 到 $2\bar{n} - 1$。更一般地说，对于线程 q 来说，循环变量的范围将包括

$$q\bar{n}, q\bar{n}+1, q\bar{n}+2, \cdots, (q+1)\bar{n} - 1$$

此外，如果 qn 是偶数，那么第一个项 $q\bar{n}$ 的符号将是正数，如果 $q\bar{n}$ 是奇数，则符号是负数。线程函数可能使用程序 4.3 中的代码。

如果我们用两个线程运行 Pthreads 程序，并且 n 相对较小，就会发现 Pthreads 程序的结果与串行和程序一致。然而，随着 n 变大，我们开始得到一些奇特的结果。例如，在双核处理器下，我们得到以下结果：

```
1   void* Thread_sum(void* rank) {
2      long my_rank = (long) rank;
3      double factor;
4      long long i;
5      long long my_n = n/thread_count;
6      long long my_first_i = my_n*my_rank;
7      long long my_last_i = my_first_i + my_n;
8
9      if (my_first_i % 2 == 0)   /* my_first_i是偶数 */
10        factor = 1.0;
11     else   /* my_first_i是奇数 */
12        factor = -1.0;
13
14     for (i = my_first_i; i < my_last_i; i++, factor = -factor) {
15        sum += factor/(2*i+1);
16     }
17
18     return NULL;
19  }  /* Thread_sum */
```

程序 4.3　尝试使用线程函数来计算 n

	n			
	10^5	10^6	10^7	10^8
π	3.14159	3.141593	3.1415927	3.14159265
一个线程	3.14158	3.141592	3.1415926	3.14159264
两个线程	3.14158	3.141480	3.1413692	3.14164686

请注意，当我们增加 n 时，用一个线程的估计会越来越好。事实上，每次 n 增加至 10 的倍数，我们就会得到一个正确的数字。当 n 为 10^5 时，单线程计算的结果有五个正确的数字；当 n 为 10^6 时，它有六个正确的数字，以此类推。当 n 为 10^5 时，两个线程计算的结果与一个线程计算的结果一致。然而，对于更大的 n 值，两个线程计算的结果实际上变得更糟。事实上，如果我们用两个线程和相同的 n 值多次运行该程序，会发现两个线程计算的结果在不同的运行中会发生变化。对于我们最初的问题，答案显然是：“是的，如果多个线程试图更新一个共享变量，这很重要。”

让我们回顾一下为什么会出现这种情况。记住，两个值的相加通常不是一条机器指令。例如，尽管我们可以用一条 C 语句将一个内存位置 y 的内容加到一个内存位置 x 上，

x = x + y;

机器所做的事情通常更为复杂。一般来说，存储在 x 和 y 中的当前值将被存储在计算机的主存储器中，而主存储器中没有进行算术运算的电路。因此，在进行加法运算之前，存储在 x 和 y 中的数值可能需要从主存储器转移到 CPU 的寄存器中。一旦这些数值进入寄存器，就可以进行加法运算了。加法完成后，得到的结果可能要从寄存器中转回内存。

假设我们有两个线程，每个线程都计算一个存储在其私有变量 y 中的值。还假设我们想把这些私有值加到一个共享变量 x 中，该变量已被主线程初始化为 0。每个线程将执行以下代码：

```
y = Compute(my_rank);
x = x + y;
```

我们还假设线程 0 计算出 y=1，线程 1 计算出 y=2。那么，"正确"的结果应该是 x=3。这是一种可能的情况：

时间	线程 0	线程 1
1	从主线程开始	
2	调用 Compute() 函数	从主线程开始
3	赋值 y=1	调用 Compute() 函数
4	将 x=0 和 y=1 放进寄存器	赋值 y=2
5	0 和 1 相加	将 x=0 和 y=2 放进寄存器
6	在内存位置 x 存储 1	0 和 2 相加
7		在内存位置 x 存储 2

所以我们看到，如果线程 1 在线程 0 存储其结果之前将 x 从内存复制到寄存器，那么线程 0 进行的计算将被线程 1 覆盖。事实上，除非其中一个线程在另一个线程开始从内存中读取 x 之前存储其结果，否则"成功者"的结果会被"失败者"覆盖。

这个例子说明了共享内存编程中的一个基本问题：当多个线程试图更新一个共享资源（在我们的例子中是一个共享变量）时，结果可能是不可预测的。回顾一下，一般来说，当多个线程试图访问一个共享资源，如共享变量或共享文件，至少有一个访问是更新的，而且访问可能导致错误，我们就有一个**竞赛条件**。在我们的例子中，为了使代码产生正确的结果，我们需要确保一旦其中一个线程开始执行语句 x=x+y，它就会在另一个线程开始执行该语句之前完成执行。因此，代码 x=x+y 是一个**临界区**。也就是说，它是一个更新共享资源的代码块，每次只能由一个线程更新。

为了进一步说明竞争条件的概念，设想一家银行想提高其支票账户系统的性能。很明显，第一步是使系统成为多线程：银行业务操作应该分散在多个线程中，而不是一次处理一个交易，以利用并行的优势。这样做的效果很好，直到多个交易同时修改一个账户。考虑到一个初始余额为 1 000 美元的支票账户上有两个待处理交易：

❑ 一笔 100 美元的水电费
❑ 一笔 500 美元的工资存款

交易完成后，新的账户余额应该是 1 400 美元。工资存款需要进行加法运算，水电费支付则需要进行减法运算。然而，如前所述，这些简单的数学运算将被分解成不止一条机器指令。一个可能的结果如下。

时间	线程 0（缴费）	线程 1（工资存款）
1		读取余额（$1 000）
2	读取余额（$1 000）	计算余额 + $500
3	计算余额 − $100	写入余额（$1 500）
4	写入余额（$900）	

我们得到的不是预期的最终余额 1 400 美元，而是 900 美元，因为线程 1 处理的交易被线程 0 覆盖了。

这些类型的问题特别难以调试，因为其结果是非确定的。上面显示的错误完全有可能在不到 1% 的时间内发生，而且可能受到外部因素的影响，包括硬件、操作系统或进程调度算法。更糟糕的是，附加调试器或在代码中添加 printf 语句可能会改变线程的相对时间，似乎暂时"纠正"了这个问题。这种在观察时消失的错误被称为 Heisenbugs（观察系统的行为改变了其状态）。

4.5 忙等待

为了避免竞争条件，线程需要对共享内存区域进行独占访问。例如，当线程 0 想要执行语句 x=x+y 时，它需要首先确保线程 1 没有执行该语句。一旦线程 0 确定了这一点，它就需要为线程 1 提供一些方法以确定它，即线程 0 正在执行该语句，这样线程 1 就不会试图开始执行该语句，直到线程 0 完成。最后，在线程 0 完成语句的执行后，它需要为线程 1 提供某种方式来确定它已经完成，这样线程 1 就可以安全地开始执行该语句。

一个不涉及任何新概念的简单方法是使用一个 flag 变量。假设 flag 是一个共享的整型，被主线程设置为 0。此外，假设我们在例子中加入以下代码：

```
1    y = Compute(my_rank);
2    while (flag != my_rank);
3    x = x + y;
4    flag++;
```

假设线程 1 比线程 0 先完成了第 1 行的赋值，那么当它到达第 2 行的 while 语句时会发生什么呢？如果看一下 while 语句，会发现它有一个很特殊的性质，即它的主体是空的。因此，如果测试 flag!= my_rank 为真，那么线程 1 将再次执行测试。事实上，它将继续重新执行测试，直到测试为假。当测试为假时，线程 1 将继续执行临界区的代码 x=x+y。

由于我们假设主线程已将 flag 初始化为 0，因此线程 1 在线程 0 执行 flag++ 语句之前不会继续执行第 3 行的临界区。事实上，我们看到，除非线程 0 发生困难，否则它最终会追上线程 1。但是，当线程 0 执行第一次 flag != my_rank 测试时，条件为假，它会继续执行临界区 x = x + y 中的代码。完成后，我们看到它会执行 flag++，线程 1 终于可以进入临界区了。

这里的关键是线程 1 在线程 0 执行完成 flag++ 语句之前，不能进入临界区。而且，如果语句完全按照它们编写的方式执行，这意味着线程 1 在线程 0 完成之前无法进入临界区。

while 循环是**忙等待**的一个例子。在忙等待中，一个线程重复测试一个条件，但实际上，在条件具有适当的值（在我们的示例中为假）之前，它不会做任何有用的工作。

请注意，我们说过，只要语句完全按照它们编写的方式执行，那么忙等待解决方案是可行的。如果打开编译器优化，编译器可能会做出影响忙等待正确性的更改。原因是编译器不知道程序是多线程的，所以它不"知道"变量 x 和 flag 可以被另一个线程修改。例如，如果我们的代码如下：

```
y = Compute(my_rank);
while (flag != my_rank);
x = x + y;
flag++;
```

仅由一个线程运行，则 **while**(flag != my_rank) 和 x = x + y 语句的顺序并不重要。因此，优化编译器可能会确定，如果切换语句的顺序，程序将更好地使用寄存器。当然，这会导致如下代码：

```
y = Compute(my_rank);
x = x + y;
while (flag != my_rank);
flag++;
```

它违背了忙等待循环的目的。这个问题最简单的解决方案是在我们使用忙等待时关闭编译器优化。有关完全关闭优化的替代方法，请参见练习 4.3。

我们可以立即看到，对于控制临界区的访问，忙等待并不是一个理想的解决方案。由于线程 1 会反复地执行测试，直到线程 0 执行 flag++，如果线程 0 被延迟（例如，如果操作系统抢占它的核心来运行其他指令），线程 1 将简单地在测试上"旋转"，消耗 CPU 周期。这种方法（通常称为自旋锁）可能会给性能带来灾难性的后果。关闭编译器优化也会严重降低性能。

不过，在继续之前，让我们回到程序 4.3 中的 π 计算程序，并使用忙等待来进行修正。这个函数的临界区是第 15 行。因此我们可以在这之前加上一个忙等待循环。然而，当一个线程完成临界区时，如果它只是增加 flag，最终 flag 将大于线程 t，并且没有一个线程能够返回到临界区。也就是说，在执行了一次临界区之后，所有线程将永远卡在忙等待循环中。因此，在这种情况下，我们不想简单地增加 flag。相反，最后一个线程，即线程 $t-1$，应该将 flag 重置为零。这可以通过将 flag++ 替换为

```
flag = (flag + 1) % thread_count;
```

通过这个改变，我们得到了程序 4.4 中所示的线程函数。如果我们编译程序并在两个线程中运行它，会看到它正在计算正确的结果。

```
 1   void* Thread_sum(void* rank) {
 2      long my_rank = (long) rank;
 3      double factor;
 4      long long i;
 5      long long my_n = n/thread_count;
 6      long long my_first_i = my_n*my_rank;
 7      long long my_last_i = my_first_i + my_n;
 8
 9      if (my_first_i % 2 == 0)
10         factor = 1.0;
11      else
12         factor = -1.0;
13
14      for (i = my_first_i; i < my_last_i; i++, factor = -factor) {
15         while (flag != my_rank);
16         sum += factor/(2*i+1);
17         flag = (flag+1) % thread_count;
18      }
19
20      return NULL;
21   } /* Thread_sum */
```

程序 4.4 Pthreads 具有忙等待的全局和

然而，如果加入计算运行时间的代码，我们会看到当 $n=10^8$ 时，串行求和始终比并行求和快。例如，在双核系统上，两个线程计算求和的时间约为 19.5s，而串行求和的时间约为 2.8s。

为什么会这样呢？当然，启动和加入线程是有开销的。然而，我们可以通过编写一个 Pthreads 程序来估计这个开销，其中的线程函数只是简单地返回：

```
void* Thread_function(void* ignore) {
   return NULL;
}  /* Thread_function */
```

当我们找到启动第一个线程和加入第二个线程之间的时间时，可以看到在这个特定的系统上，开销小于 0.3ms，所以减速并不是由于线程开销造成的。如果我们仔细观察使用忙等待的线程函数，会看到线程在第 16 行交替执行临界区的代码。最初 flag 为 0，所以线程 1 必须等待，直到线程 0 执行临界区并增加 flag。然后，线程 0 必须等待，直到线程 1 执行并增量。线程将在等待和执行之间交替进行，显然，等待和增量使整个运行时间增加了 7 倍。

正如我们将看到的，忙等待并不是保护临界区的唯一解决方案。事实上，还有很多更好的解决方案。然而，由于临界区的代码一次只能由一个线程执行，无论如何限制对临界区的访问，我们都会有效地将临界区的代码序列化。因此，如果有可能的话，我们应该尽量减少执行临界区代码的次数。大大提高求和函数性能的一个方法是让每个线程使用一个私有变量来存储它对求和的贡献。然后，每个线程可以在 **for** 循环之后，将其对全局和的贡献加入一次（见程序 4.5）。当我们在 $n=10^8$ 的双核系统上运行这个程序时，两个线程的耗时减少到 1.5s，这是一个很大的改进。

```
void* Thread_sum(void* rank) {
   long my_rank = (long) rank;
   double factor, my_sum = 0.0;
   long long i;
   long long my_n = n/thread_count;
   long long my_first_i = my_n*my_rank;
   long long my_last_i = my_first_i + my_n;

   if (my_first_i % 2 == 0)
      factor = 1.0;
   else
      factor = -1.0;

   for (i = my_first_i; i < my_last_i; i++, factor = -factor)
      my_sum += factor/(2*i+1);

   while (flag != my_rank);
   sum += my_sum;
   flag = (flag+1) % thread_count;

   return NULL;
}  /* Thread_sum */
```

程序 4.5 循环后带有临界区的全局和函数

4.6 互斥锁

由于等待的线程可能会不断地使用 CPU，所以忙等待通常不是限制对临界区访问的理想解决方案。两个更好的解决方案是互斥锁和信号量。**互斥锁**（Mutex）是 mutual exclusion

的缩写，是一种特殊类型的变量，它和一些特殊的函数一起，可以用来限制对临界区的访问，使得每次只能有一个线程访问。因此，互斥锁可以用来保证一个线程在执行临界区的时候 "排除" 所有其他线程，即对临界区的互斥访问。

Pthreads 标准包含了一个特殊的互斥类型：`pthread_mutex_t`。一个 `pthread_mutex_t` 类型的变量在被使用之前需要被系统初始化。这可以通过调用以下代码来实现：

```
int pthread_mutex_init(
    pthread_mutex_t*        mutex_p    /* out */,
    const pthread_mutexattr_t*  attr_p    /* in */);
```

我们不会使用第二个参数，所以只是传入 NULL 来使用默认属性。你可能偶尔也会遇到下面的静态互斥初始化，它在一行代码中声明了一个互斥锁并初始化了它：

```
pthread_mutex_t mutex = PTHREAD_MUTEX_INITIALIZER;
```

虽然在一般情况下，使用 `pthread_mutex_init` 更灵活，但静态互斥初始化在很多情况下，甚至在大多数情况下都是可以的。

当一个 Pthreads 程序使用完一个互斥锁（不管它们是如何初始化的），它应该调用

```
int pthread_mutex_destroy(
    pthread_mutex_t*  mutex_p  /* in/out */);
```

互斥锁的作用是保护一个临界区不被一个以上的线程同时进入。为了获得对临界区的访问，一个线程将锁定互斥锁，完成其工作，然后解锁互斥锁，让其他线程执行临界区。为了锁定互斥锁并获得对临界区的独占访问，线程会调用：

```
int pthread_mutex_lock(
    pthread_mutex_t*  mutex_p  /* in/out */);
```

当一个线程执行完临界区的代码后，它应该调用：

```
int pthread_mutex_unlock(
    pthread_mutex_t*  mutex_p  /* in/out */);
```

对 `pthread_mutex_lock` 的调用将导致线程等待，直到没有其他线程处于临界区；而对 `pthread_mutex_unlock` 的调用则将通知系统，调用线程已经完成了对临界区代码的执行。

在我们的全局求和程序中，可以通过声明一个全局互斥锁变量来代替忙等待，让主线程初始化它，然后，线程在进入临界区之前调用 `pthread_mutex_lock`，完成临界区的工作后调用 `pthread_mutex_unlock`，而不是使用忙等待和增加一个 flag（见程序 4.6）。第一个调用 `pthread_mutex_lock` 的线程将有效地 "锁定" 临界区：任何其他试图执行临界区代码的线程必须首先调用 `pthread_mutex_lock`，并且直到第一个线程调用 `pthread_mutex_unlock`，所有已经调用 `pthread_mutex_lock` 的线程都会在它们的调用中**阻塞**——它们只会等待直到第一个线程完成。在第一个线程调用 `pthread_mutex_unlock` 后，系统会从被阻塞的线程中选择一个，允许它执行临界区的代码。这个过程将重复进行，直到所有的线程都完成了对临界区的执行。

"锁定" 和 "解锁" 临界区的大门并不是唯一一个与互斥锁有关的比喻。程序员经常说，从调用 `pthread_mutex_lock` 返回的线程已经 "获得了互斥锁" 或 "获得了锁"。当这个术语被使用时，一个调用 `pthread_mutex_unlock` 的线程就放弃了互斥锁或锁。（你也可能遇到术语将此称为 "获得" 和 "释放" 锁）。

```
1  void* Thread_sum(void* rank) {
2     long my_rank = (long) rank;
3     double factor;
4     long long i;
5     long long my_n = n/thread_count;
6     long long my_first_i = my_n*my_rank;
7     long long my_last_i = my_first_i + my_n;
8     double my_sum = 0.0;
9
10    if (my_first_i % 2 == 0)
11       factor = 1.0;
12    else
13       factor = -1.0;
14
15    for (i = my_first_i; i < my_last_i; i++, factor = -factor) {
16       my_sum += factor/(2*i+1);
17    }
18    pthread_mutex_lock(&mutex);
19    sum += my_sum;
20    pthread_mutex_unlock(&mutex);
21
22    return NULL;
23  } /* Thread_sum */
```

程序 4.6　使用互斥锁的全局求和函数

注意，有了互斥锁（与我们的忙等待解决方案不同），线程执行临界区代码的顺序或多或少是随机的：第一个调用 pthread_mutex_lock 的线程将是第一个执行临界区代码的。随后的访问将由系统来安排。Pthreads 并不保证线程会按照它们调用 Pthread_mutex_lock 的顺序来获得锁。然而，在我们的设定中，有限数量的线程会尝试获取锁，并且保证它们最终会获得锁。

如果看一下忙等待 π 程序（循环后有临界区）和互斥锁程序的（未优化）性能，我们会发现，对于这两个版本，只要线程数不超过核心数，单线程程序与多线程程序的运行时间之比就等于线程数。也就是说，

$$\frac{T_{serial}}{T_{parallel}} \approx \text{thread\_count}$$

提供的 thread_count 小于或等于核心数量。回顾一下，$T_{serial}/T_{parallel}$ 被称为加速比，当加速比等于线程数时，我们就达到了"理想"性能或线性加速比。

如果比较一下使用忙等待的版本和使用互斥锁的版本的性能，当程序运行的线程数少于核心数时，我们并没有看到整体运行时间有什么不同。这并不令人惊讶，因为每个线程只进入临界区一次。除非临界区很长，或者 Pthreads 函数很慢，否则我们不会期望线程因为等待进入临界区而被耽搁太多。然而，如果我们开始增加线程的数量，使其超过核心的数量，那么使用互斥锁的版本的性能基本保持不变，而忙等待的版本的性能则会下降（见表 4.1）。

我们看到，使用忙等待时，如果线程比核心多，性能就会下降 ⊖，这是合理的。例如，假设我们有两个核心和五个线程。还假设线程 0 处于临界区，线程 1 处于忙等待循环中，线程

⊖　这些都是典型的运行时间。当使用忙等待和线程数大于核心数时，运行时间会有很大的不同。

2、3 和 4 已经被操作系统取消调度。在线程 0 完成临界区并设置 flag=1 后，它将被终止，而线程 1 可以进入临界区，因此操作系统可以调度线程 2、线程 3 或线程 4。假设它调度了线程 3，它将在 **while** 循环中旋转。当线程 1 完成临界区并设置 flag=2 时，操作系统可以调度线程 2 或线程 4。如果它调度了线程 4，那么线程 3 和线程 4 都将在忙等待循环中忙碌地旋转，直到操作系统取消调度其中一个线程并调度线程 2（见表 4.2）。

表 4.1　在有两个四核处理器的系统上，使用 $n=10^8$ 项的 π 程序的运行时间（以秒为单位）

线程	忙等待版本	互斥锁版本
1	2.90	2.90
2	1.45	1.45
4	0.73	0.73
8	0.38	0.38
16	0.50	0.38
32	0.80	0.40
64	3.56	0.38

表 4.2　带有忙等待的可能的事件序列和比核心更多的线程

时间	flag	线程				
		0	1	2	3	4
0	0	临界区	忙等待	暂停	暂停	暂停
1	1	终止	临界区	暂停	忙等待	暂停
2	2	—	终止	暂停	忙等待	忙等待
⋮	⋮			⋮	⋮	⋮
?	2	—	—	临界区	暂停	忙等待

4.7　生产者–消费者同步和信号量

尽管忙等待通常是对 CPU 资源的浪费，但它确实有一个优点，即我们事先知道线程执行临界区代码的顺序：线程 0 在先，然后是线程 1，然后是线程 2，以此类推。有了互斥锁，线程执行临界区的顺序就取决于随机和系统。由于加法是可交换的，这在我们估算 π 的程序中并不重要。然而，不难想到，在某些情况下，我们也想控制线程执行临界区代码的顺序。例如，假设每个线程产生一个 $n \times n$ 矩阵，我们想按线程序列号顺序将矩阵相乘。由于矩阵乘法不是可交换的，互斥锁的方案就会出现问题：

```
/* n和product_matrix被主线程共享并初始化。product_matrix被
 *  初始化为单位矩阵。*/
void* Thread_work(void* rank) {
   long my_rank = (long) rank;
   matrix_t my_mat = Allocate_matrix(n);
   Generate_matrix(my_mat);
   pthread_mutex_lock(&mutex);
   Multiply_matrix(product_mat, my_mat);
   pthread_mutex_unlock(&mutex);
   Free_matrix(&my_mat);
   return NULL;
}  /* Thread_work */
```

一个更复杂的例子是让每个线程向另一个线程"发送一个消息"。例如，假设有 thread_count 或 t 个线程，我们希望线程 0 向线程 1 发送一个消息，线程 1 向线程 2 发送一个消息，…，线程 $t-2$ 向线程 $t-1$ 发送一个消息，线程 $t-1$ 向线程 0 发送一个消息。在一个线程"收到"一条消息后，它可以打印该消息并终止。为了实现消息传输，我们可以分配一个 **char*** 的共享数组。然后，每个线程可以为它要发送的消息分配存储空间，并在初始化消息后，在共享数组中设置一个指针来引用它。为了避免解除对未定义指针的引用，主线程可以将共享数组中的各个条目设置为 NULL（见程序 4.7）。当我们在双核系统上用多个线程运行该程序时，可以看到一些消息从未被收到。例如，先启动的线程 0，通常会在线程 $t-1$ 将消息复制到消息数组之前完成。

```
1   /* 'messages'有char**类型。它是在main中分配的。  */
2   /* 每个条目在main中都被设置成NULL。              */
3   void *Send_msg(void* rank) {
4      long my_rank = (long) rank;
5      long dest = (my_rank + 1) % thread_count;
6      long source = (my_rank + thread_count - 1) % thread_count;
7      char* my_msg = malloc(MSG_MAX*sizeof(char));
8
9      sprintf(my_msg, "Hello to %ld from %ld", dest, my_rank);
10     messages[dest] = my_msg;
11
12     if (messages[my_rank] != NULL)
13        printf("Thread %ld > %s\n", my_rank, messages[my_rank]);
14     else
15        printf("Thread %ld > No message from %ld\n",
16               my_rank, source);
17
18     return NULL;
19  }  /* Send_msg */
```

程序 4.7   第一次尝试使用 Pthreads 发送消息

这并不奇怪，我们可以用一个忙等待的 **while** 语句代替第 12 行的 **if** 语句来解决这个问题：

```
while (messages[my_rank] == NULL);
printf("Thread %ld > %s\n", my_rank, messages[my_rank]);
```

当然，这种解决方案会有任何忙等待解决方案所具有的同样问题，所以我们更倾向于采用不同的方法。

在执行了第 10 行的赋值后，我们想用序列号 dest 来"通知"线程，使其可以继续打印消息，可以这样做：

```
. . .
messages[dest] = my_msg;
通知线程dest它可以继续;

等待线程源的通知
printf("Thread %ld > %s\n", my_rank, messages[my_rank]);
. . .
```

目前还不清楚互斥锁在这里能起到什么作用。我们可以尝试调用 pthread_mutex_unlock 来"通知"dest 线程。然而，互斥锁被初始化为"unlocked"，所以我们需要在初始化

messages[dest] 之前添加一个调用来锁定互斥锁。这将产生一个问题，因为我们不知道
线程何时会到达对 pthread_mutex_lock 的调用。

为了更清楚地说明这一点，假设主线程创建并初始化了一个互斥锁数组，每个线程都有
一个。那么尝试这样做：

```
1      . . .
2      pthread_mutex_lock(&mutex[dest]);
3      . . .
4      messages[dest] = my_msg;
5      pthread_mutex_unlock(&mutex[dest]);
6      . . .
7      pthread_mutex_lock(&mutex[my_rank]);
8      printf("Thread %ld > %s\n", my_rank, messages[my_rank]);
9      . . .
```

现在假设我们有两个线程，线程 0 远远领先于线程 1，以至于它在线程 1 到达第 2 行的第一
个调用 pthread_mutex_lock 之前就到达了第 7 行的第二个调用。然后，它将获得锁并继
续执行 printf 语句。这将导致线程 0 解除对空指针的引用，从而导致崩溃。

还有其他的方法使用互斥锁来解决这个问题（见练习 4.8）。然而，POSIX 还提供了一
种不同的方法来控制对临界区的访问：**信号量**。让我们来看看它们。

信号量可以被认为是 **unsigned int** 的一种特殊类型，所以它们的值是 0、1、2，在许多
情况下，我们只对值 0 和 1 感兴趣。一个只使用这两个值的信号量被称为二元信号量。大
致来说，0 对应于一个锁定的互斥锁，1 对应于一个解锁的互斥锁。要把二元信号量作为一
个互斥锁使用，首先要把它*初始化为 1*："unlocked"。在你想保护的临界区之前，要对函数
sem_wait 进行一个调用。如果信号量为 0，执行 sem_wait 的线程将阻塞；如果信号量非
零，它将减少信号量并继续执行。在执行了临界区的代码后，线程将调用 sem_post，*增加*
信号量，在 sem_wait 中等待的线程可以继续进行。

信号量是由计算机科学家 Edsger Dijkstra 在 [15] 中首次定义的。这个名字取自铁路用
来控制哪辆火车可以使用轨道的机械装置。该装置由一个通过枢轴连接到一个柱子上的手臂
组成。当机械臂指向下方时，接近的列车可以继续前进，而当机械臂垂直于柱子时，接近
的列车必须停下来等待。轨道对应于临界区：当臂部向下时，对应于信号量为 1，当臂部向
上时，对应于信号量为 0。sem_wait 和 sem_post 的调用对应于列车向信号控制器发送的
信号。

对于我们目前的目的来说，信号量和互斥锁之间的关键区别在于，信号量没有相关的所
有权。主线程可以将所有的信号量初始化为 0，也就是"锁定"，然后任何线程都可以在任
何信号量上执行 sem_post。同样，任何线程都可以对任何信号量执行 sem_wait。因此，
如果我们使用信号量，Send_msg 函数可以写成程序 4.8 中的形式。

```
1    /* 'messages'在main中被分配并初始化为NULL */
2    /* 'semaphores'在main中被分配            */
3    /* 并初始化为0（锁定）                    */
4    void *Send_msg(void* rank) {
5       long my_rank = (long) rank;
6       long dest = (my_rank + 1) % thread_count;
7       char* my_msg = malloc(MSG_MAX*sizeof(char));
8
```

```
 9      sprintf(my_msg, "Hello to %ld from %ld", dest, my_rank);
10      messages[dest] = my_msg;
11      /* "解锁" dest的信号量: */
12      sem_post(&semaphores[dest]);
13
14      /* 等待我们的信号量被解锁 */
15      sem_wait(&semaphores[my_rank]);
16      printf("Thread %ld > %s\n", my_rank, messages[my_rank]);
17
18      return NULL;
19  }  /* Send_msg */
```

程序 4.8　使用信号量使线程可以发送消息

各种信号量函数的语法是

```
int sem_init(
    sem_t*      semaphore_p    /* out */,
    int         shared         /* in */,
    unsigned    initial_val    /* in */);

int sem_destroy(sem_t*   semaphore_p   /* in/out */);
int sem_post(sem_t*      semaphore_p   /* in/out */);
int sem_wait(sem_t*      semaphore_p   /* in/out */);
```

sem_init 的第二个参数控制是否在线程或进程之间共享信号量。在我们的例子中，我们将在线程之间共享信号量，所以常数 0 可以被传入。

请注意，信号量是 POSIX 标准的一部分，但不是 Pthreads 的一部分。因此，有必要确保你的操作系统确实支持信号量，然后在任何使用它们的程序中添加以下预处理指令[⊖]：

```
#include <semaphore.h>
```

最后，请注意，消息发送的问题并不涉及临界区。问题不在于存在一个代码块一次只能由一个线程来执行。相反，线程 my_rank 在线程源完成消息创建之前不能继续进行。这种类型的同步，当一个线程在另一个线程采取某些行动之前不能继续进行，有时被称为**生产者–消费者同步**。例如，设想一个生产者线程生成任务，并将它们放在一个固定大小的队列（或有界缓冲区）中，供消费者线程执行。在这种情况下，消费者阻断，直到至少有一个任务准备好，这时生产者就会发出信号。一旦发出信号，工作就由线程单独进行，不涉及临界区。这种模式在流处理、网络服务器等方面都可以看到：就网络服务器而言，生产者线程可以监听传入的请求 URI 并将其放入队列，而消费者将负责从磁盘上读取相应的文件（例如，http://server/file.txt 可能位于网络服务器文件系统的 /www/file.txt）并将数据发回给请求 URI 的客户端。

如前所述，二元信号量（那些只取值 0 和 1 的信号量）是相当典型的。然而，在我们希望限制对有限资源的访问的情况下，计数信号量也很有用。一个常见的示例是应用设计模式，它涉及限制程序使用的线程数，使其不超过特定机器上可用的核心数。考虑一个有 N 个任务的程序，其中 N 远远大于可用的核心。在这种情况下，主线程负责分配工作负载，并将用可用的核心数量初始化它的信号量，然后在用 pthread_create 启动每个工作线程

之前调用 sem_wait。一旦计数器达到 0，主线程就会阻塞。机器的每一个核心都有一个任务在运行，程序必须等待一个线程完成后才能启动更多的线程。当一个线程确实完成了任务，它将调用 sem_post，以示主线程可以创建另一个工作线程。要使这种方法有效，在每个任务上花费的时间要比创建线程的开销长得多，因为在程序执行过程中，总共要启动 *N* 个线程。关于重用线程池中现有线程的方法，参见编程作业 4.5。

4.8　栅栏和条件变量

让我们来看看共享内存编程中的另一个问题：通过确保线程都处于程序中的同一位置来实现同步。这样的同步点被称为**栅栏**，因为在所有线程都到达栅栏之前，没有线程可以超越栅栏继续前进。

栅栏有许多应用。正如我们在第 2 章中所讨论的，如果对多线程程序的某个部分进行计时，我们希望所有线程在同一时刻启动计时代码，然后报告最后一个线程（即"最慢"的线程）完成计时所花费的时间。所以我们想执行以下代码：

```
/* 共享的 */
double elapsed_time;
. . .
/* 私有的 */
double my_start, my_finish, my_elapsed;
. . .
Synchronize threads;
Store current time in my_start;
/* 执行计时代码 */
. . .
Store current time in my_finish;
my_elapsed = my_finish - my_start;

elapsed = Maximum of my_elapsed values;
```

使用这种方法，我们确信所有的线程都会在大约相同的时间记录 my_start。

栅栏的另一个非常重要的用途是用于调试。正如你可能已经看到的，要确定一个并行程序中的错误发生在哪里是非常困难的。当然，我们可以让每个线程打印一条信息，指出它在程序中达到了哪一个点，但不需要很长时间，输出的数量就会变得难以承受了。栅栏提供了一个替代方案：

```
指出我们想在程序中达到哪一个点;
栅栏;
if (my_rank == 0) {
    printf("All threads reached this point\n");
    fflush(stdout);
}
```

许多 Pthreads 的实现都没有提供栅栏，所以如果代码想具有可移植性，我们需要开发自己的实现。栅栏的实现方法有很多选择，我们将看以下三种。前两种只使用我们已经研究过的结构，而第三种使用了一种新的 Pthreads 对象类型：条件变量。

4.8.1　忙等待和互斥锁

使用忙等待和互斥锁来实现栅栏是很简单的：我们使用一个受互斥锁保护的共享计数器（counter）。当计数器显示每个线程都进入了临界区，线程就可以离开忙等待循环。

```
/* 通过主线程共享和初始化 */
int counter;   /* 初始化为0 */
int thread_count;
pthread_mutex_t barrier_mutex;
. . .

void* Thread_work(. . .) {
   . . .
   /* 栅栏 */
   pthread_mutex_lock(&barrier_mutex);
   counter++;
   pthread_mutex_unlock(&barrier_mutex);
   while (counter < thread_count);
   . . .
}
```

当然，这种实现方式会出现与其他忙等待代码相同的问题：当线程处于忙等待循环中时，我们会浪费 CPU 周期，而且，如果用比核心更多的线程来运行程序，我们会发现程序的性能会严重下降。

另一个问题是共享变量 counter。如果我们想实施第二个栅栏，并试图重复使用 counter，会发生什么？当第一个栅栏完成后，counter 的值将是 thread_count。除非能以某种方式重置 counter，否则我们用于第一个栅栏的 **while** 条件 counter < thread_count 将是假的，并且栅栏不会导致线程阻塞。此外，任何将 counter 重置为零的尝试几乎都是注定要失败的。如果最后一个进入循环的线程试图重置它，那么忙等待中的一些线程可能永远不会看到 counter == thread_count 这一事实，而且该线程可能会在忙等待中挂起。如果某个线程在栅栏之后试图重置 counter，其他线程可能会在 counter 被重置之前进入第二个栅栏，其对 counter 的增量将被丢失。这将产生一个不幸的结果，即导致所有线程在第二个忙等待循环中挂起。因此，如果想使用这个栅栏，我们需要为每个栅栏的实例设置一个 counter 变量。

4.8.2 信号量

一个很自然的问题是，我们是否可以用信号量来实现栅栏。如果可以的话，我们是否可以减少在忙等待中遇到的问题。第一个问题的答案是肯定的：

```
/* 共享变量        */
int counter;        /* 初始化为0 */
sem_t count_sem;    /* 初始化为1 */
sem_t barrier_sem;  /* 初始化为0 */
. . .
void* Thread_work(...) {
   . . .
   /* 栅栏 */
   sem_wait(&count_sem);
   if (counter == thread_count-1) {
      counter = 0;
      sem_post(&count_sem);
      for (j = 0; j < thread_count-1; j++)
         sem_post(&barrier_sem);
   } else {
      counter++;
```

```
            sem_post(&count_sem);
            sem_wait(&barrier_sem);
        }
        . . .
    }
```

与忙等待栅栏一样，我们有一个 counter，用来确定有多少线程进入了栅栏。我们使用两个信号量：count_sem 保护 counter，barrier_sem 用于阻止已经进入栅栏的线程。count_sem 信号量被初始化为 1（也就是未锁定），所以第一个进入栅栏的线程可以在调用 sem_wait 之后继续前进。然而，随后的线程将被阻断，直到它们能够独占地访问该 counter。当一个线程可以独占访问 counter 时，它会检查是否满足 counter<thread_count−1。如果是，该线程会增加 counter，释放锁（sem_post（&count_sem）），并在 sem_wait（&barrier_sem）中阻塞。另一方面，如果 counter == thread_count−1，该线程是最后一个进入栅栏的，所以它可以将 counter 重置为零，并通过调用 sem_post（&count_sem）来解锁 count_sem。现在，它想通知所有其他线程可以继续进行，所以它为每个被阻挡在 sem_wait（&barrier_sem）中的 thread_count−1 线程执行了 sem_post（&barrier_sem）。

请注意，如果执行调用 sem_post（&barrier_sem）循环的线程超前执行，并在线程从 sem_wait（&barrier_sem）解锁之前多次调用 sem_post，也是无关紧要的。回想一下，信号量是一个 **unsigned int**，对 sem_post 的调用使其递增，而对 sem_wait 的调用使其递减，除非它已经为 0。如果它是 0，调用线程将阻塞，直到它再次为正值。因此，如果执行调用 sem_post（&barrier_sem）的循环的线程领先于调用 sem_wait（&barrier_sem）的线程，这也并不重要，因为最终被阻塞的线程会看到 barrier_sem 是正的，它们会减去它并继续前进。

应该很清楚，这种栅栏的执行方式要优于忙等待栅栏，因为线程在 sem_wait 中被阻塞时不需要消耗 CPU 周期。如果想执行第二个栅栏，我们能重用第一个栅栏的数据结构吗？

counter 可以被重复使用，因为我们很小心地在释放任何线程离开栅栏之前将其重置。另外，count_sem 也可以被重用，因为它在任何线程离开栅栏之前被重置为 1。对于 barrier_sem，由于每个 sem_wait 只有一个 sem_post，所以当线程开始执行第二个栅栏时，barrier_sem 的值可能会是 0。然而，假设我们有两个线程，线程 0 在第一个栅栏的 sem_wait（&barrier_sem）中被阻断，而线程 1 正在执行对 sem_post 的循环调用。另外，假设操作系统已经看到线程 0 是空闲的，并将其取消调度。然后，线程 1 可以继续执行第二个栅栏。由于 counter == 0，它将执行 **else** 子句。在增加计数器后，它将执行 sem_post（&count_sem），然后再执行 sem_wait（&barrier_sem）。

然而，如果线程 0 仍然被取消调度，它将不会递减 barrier_sem。因此，当线程 1 到达 sem_wait（&barrier_sem）时，barrier_sem 仍然是 1，所以它将简单地减去 barrier_sem 并继续执行。这将产生一个不幸的后果：当线程 0 再次开始执行时，它仍然会在第一个 sem_wait（&barrier_sem）中被阻塞，而线程 1 会在线程 0 进入第二个栅栏之前继续执行。因此，重复使用 barrier_sem 会导致一个竞争条件。

4.8.3　条件变量

在 Pthreads 中创建栅栏的一个更好的方法是由条件变量提供的。**条件变量**是一个数据对象，它允许一个线程暂停执行，直到一个特定的事件或条件发生。当该事件或条件发生时，另一个线程可以向该线程发出唤醒信号。一个条件变量总是与一个互斥锁相关联。

通常情况下，条件变量被用于类似这个伪代码的结构中：

```
锁住互斥锁;
if 条件发生
    signal thread(s);
else {
    解锁互斥锁和块;
    /* 当线程被解锁时，互斥锁也被重新上锁 */
}
unlock mutex;
```

Pthreads 中的条件变量有 pthread_cond_t 类型。函数

```
int pthread_cond_signal(
    pthread_cond_t* cond_var_p  /* in/out */);
```

将解除被阻塞的线程中的一个，函数

```
int pthread_cond_broadcast(
    pthread_cond_t* cond_var_p  /* in/out */);
```

将解除所有被阻塞的线程。这是条件变量的一个优势。回顾一下，我们需要一个调用 sem_post 的 **for** 循环来实现与信号量类似的功能。函数

```
int pthread_cond_wait(
    pthread_cond_t*  cond_var_p  /* in/out */,
    pthread_mutex_t*  mutex_p    /* in/out */);
```

将会解锁 mutex_p 所指的互斥锁，并导致执行线程阻塞，直到它被其他线程调用 pthread_cond_signal 或 pthread_cond_broadcast 解锁。当线程被解锁后，它就会重新获得该互斥锁。所以实际上，pthread_cond_wait 实现了以下的函数序列：

```
pthread_mutex_unlock(&mutex_p);
wait_on_signal(&cond_var_p);
pthread_mutex_lock(&mutex_p);
```

下面的代码用一个条件变量实现了一个栅栏：

```
/* 共享的 */
int counter = 0;
pthread_mutex_t mutex;
pthread_cond_t cond_var;
. . .
void* Thread_work(. . .) {
    . . .
    /* 栅栏 */
    pthread_mutex_lock(&mutex);
    counter++;
    if (counter == thread_count) {
        counter = 0;
        pthread_cond_broadcast(&cond_var);
    } else {
        while (pthread_cond_wait(&cond_var, &mutex) != 0);
    }
    pthread_mutex_unlock(&mutex);
    . . .
}
```

请注意，除了对 pthread_cond_broadcast 的调用之外，其他事件有可能导致一个暂停的线程解除阻塞（例如，见 Butenhof [7]）。这被称为虚假唤醒。因此，对 pthread_cond_wait 的调用通常应该放在一个 **while** 循环中。如果线程被调用 pthread_cond_signal 或 pthread_cond_broadcast 之外的某个事件解除阻塞，则 pthread_cond_wait 的返回值将非零，并且解除阻塞的线程将再次调用 pthread_cond_wait。

如果单线程被唤醒，那么在继续进行之前，检查该条件是否已经得到满足也是一个好主意。在我们的例子中，如果一个单线程通过调用 pthread_cond_signal 从栅栏中释放出来，那么该线程应该在继续进行之前确认 counter == 0。不过，这在广播中可能是很危险的。在被唤醒后，一些线程可能会抢先改变条件，如果每个线程都在检查条件，那么后来被唤醒的线程可能会发现条件不再被满足而重新进入休眠状态。

请注意，为了使我们的栅栏能够正常运行，调用 pthread_cond_wait 来解锁互斥锁是非常重要的。如果它没有解锁互斥锁，那么只有一个线程可以进入栅栏，其他所有线程都会在调用 pthread_mutex_lock 时阻塞，第一个进入栅栏的线程会在调用 pthread_cond_wait 时阻塞，而我们的程序会挂起。

还要注意的是，互斥锁的语义要求在我们从调用 pthread_cond_wait 返回之前，互斥锁要被重新锁定。当从调用 pthread_mutex_lock 返回时，我们获得了锁。因此，我们应该在某个时候通过调用 pthread_mutex_unlock 来放弃这个锁。

就像互斥锁和信号量一样，条件变量应该被初始化和销毁。在这种情况下，这些函数是

```
int pthread_cond_init(
        pthread_cond_t*          cond_p          /* out */,
        const pthread_condattr_t* cond_attr_p    /* in  */);

int pthread_cond_destroy(
        pthread_cond_t*  cond_p   /* in/out */);
```

我们不会使用 pthread_cond_init 的第二个参数，因为对于互斥锁来说，默认的属性与我们的目的相匹配，所以我们在调用它时将第二个参数设置为 NULL。像往常一样，如果我们打算使用默认属性，也有一个静态版本的初始化器：

```
pthread_cond_t cond = PTHREAD_COND_INITIALIZER;
```

当一个线程需要等待某些东西时，条件变量往往非常有用。当受保护的应用程序状态不能用 **unsigned int** 计数器表示时，条件变量可能比信号量更合适。

4.8.4　Pthreads栅栏

在继续之前，我们应该注意到 Open Group，这个继续开发 POSIX 标准的标准组，确实为 Pthreads 定义了一个栅栏接口。然而，正如前面指出的，它并不是普遍可用的，所以我们没有在本书中讨论它。关于 API 的一些细节，请参看练习 4.10。

4.9　读写锁

让我们来看看对一个大型共享数据结构的控制访问问题，这个结构可以被线程简单地搜索或更新。为了方便起见，假设这个共享数据结构是一个排序的、单链的整数列表，我们感兴趣的操作是 Member、Insert 和 Delete。

4.9.1 排序的链表函数

链表本身是由链表节点的集合组成的，每个节点是一个有两个成员的结构：一个 **int** 和一个指向下一个节点的指针。我们可以定义这样一个结构：

```
struct list_node_s {
    int data;
    struct list_node_s* next;
}
```

一个典型的链表如图 4.4 所示。一个类型为 **struct** list_node_s 的指针 head_p 指向链表中的第一个节点。最后一个节点的下一个成员为 NULL（在下一个成员中用斜线 "/" 表示）。

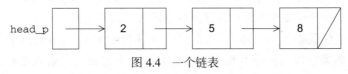

图 4.4　一个链表

Member 函数（程序 4.9）使用一个指针遍历链表，直到找到所需的值或者确定所需的值不在链表中。由于链表是排序的，当 curr_p 指针为 NULL 或当前节点的数据成员大于期望值时，后一种情况就会发生。

```
1   int  Member(int value, struct list_node_s* head_p) {
2       struct list_node_s* curr_p = head_p;
3
4       while (curr_p != NULL && curr_p->data < value)
5           curr_p = curr_p->next;
6
7       if (curr_p == NULL || curr_p->data > value) {
8           return 0;
9       } else {
10          return 1;
11      }
12  } /* Member */
```

程序 4.9　Member 函数

Insert 函数（程序 4.10）首先搜索插入新节点的正确位置。由于链表是排序的，它必须搜索，直到找到一个数据成员大于要插入的值的节点。当它找到这个节点时，需要在已经找到的节点之前的位置插入新的节点。由于链表是单链的，我们不能在没有第二次遍历链表的情况下 "回溯" 到这个位置。有几种方法来处理这个问题。我们使用的方法是定义第二个指针 pred_p，一般来说，它指的是当前节点的前身。当我们退出搜索要插入的位置的循环时，pred_p 所指的节点的下一个成员可以被更新，使其指向新节点（见图 4.5）。

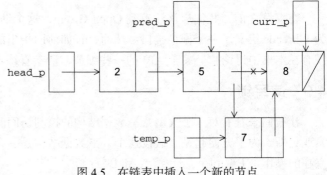

图 4.5　在链表中插入一个新的节点

```
1  int Insert(int value, struct list_node_s** head_pp) {
2     struct list_node_s* curr_p = *head_pp;
3     struct list_node_s* pred_p = NULL;
4     struct list_node_s* temp_p;
5
6     while (curr_p != NULL && curr_p->data < value) {
7        pred_p = curr_p;
8        curr_p = curr_p->next;
9     }
10
11    if (curr_p == NULL || curr_p->data > value) {
12       temp_p = malloc(sizeof(struct list_node_s));
13       temp_p->data = value;
14       temp_p->next = curr_p;
15       if (pred_p == NULL)  /* 第一个新的节点 */
16          *head_pp = temp_p;
17       else
18          pred_p->next = temp_p;
19       return 1;
20    } else { /* 已经在链表中的值 */
21       return 0;
22    }
23 }  /* Insert */
```

程序 4.10　Insert 函数

Delete 函数（程序 4.11）与插入函数类似，它在搜索要删除的节点时也需要跟踪当前节点的前身。在搜索完成后，前身节点的下一个成员可以被更新（见图 4.6）。

```
1  int Delete(int value, struct list_node_s** head_pp) {
2     struct list_node_s* curr_p = *head_pp;
3     struct list_node_s* pred_p = NULL;
4
5     while (curr_p != NULL && curr_p->data < value) {
6        pred_p = curr_p;
7        curr_p = curr_p->next;
8     }
9
10    if (curr_p != NULL && curr_p->data == value) {
11       if (pred_p == NULL) { /* 删除链表中的第一个节点 */
12          *head_pp = curr_p->next;
13          free(curr_p);
14       } else {
15          pred_p->next = curr_p->next;
16          free(curr_p);
17       }
18       return 1;
19    } else {  /* 不在链表内的值 */
20       return 0;
21    }
22 }  /* Delete */
```

程序 4.11　Delete 函数

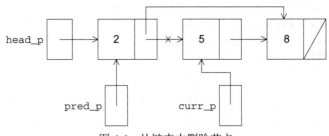

图 4.6   从链表中删除节点

4.9.2   多线程链表

现在让我们试着在 Pthreads 程序中使用这些函数。为了共享对链表的访问，我们可以将 head_p 定义为全局变量。这将简化 Member、Insert 和 Delete 的头文件，因为我们不需要传入 head_p 或指向 head_p 的指针，只需要传入感兴趣的值。现在，让多个线程同时执行这三个函数的结果是什么？

由于多个线程可以同时读取一个内存位置而不发生冲突，所以多个线程可以同时执行 Member。另一方面，Delete 和 Insert 也可以写到内存位置，所以如果我们试图在执行这些操作的同时执行另一个操作，可能会出现问题。举例来说，假设线程 0 在执行 Member (5) 的同时，线程 1 在执行 Delete (5)，而链表的当前状态如图 4.7 所示。第一个明显的问题是，如果线程 0 正在执行 Member (5)，它就会报告说 "5 在链表中"。而事实上，甚至在线程 0 返回之前，它就可能被删除了。

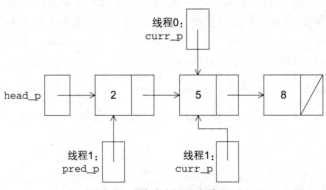

图 4.7   同时访问两个线程

第二个明显的问题是，如果线程 0 正在执行 Member (8)，线程 1 可能会在线程 0 前进到存储 8 的节点之前释放用于存储 5 的内存。尽管 free 的典型实现不会覆盖已释放的内存，但如果内存在线程 0 前进前被重新分配，就会出现严重的问题。例如，如果内存被重新分配到链表节点以外的地方，线程 0 "认为" 的下一个成员可能被设置为垃圾，在它执行如下语句，

```
curr_p = curr_p->next;
```

取消引用 curr_p 可能会导致内存段异常。

更为普遍的是，如果在执行 Insert 或 Delete 时试图同时执行另一个操作，我们就会遇到问题。多个线程同时执行 Member（即读取链表节点）是可以的，但如果至少有一个线程正在执行 Insert 或 Delete（即向链表节点写数据），那么多个线程访问链表就不安全了

（见练习 4.12）。

怎样才能处理这个问题呢？一个显而易见的解决方案是在线程试图访问链表的时候简单地锁定它。例如，对这三个函数中每一个的调用都可以用一个互斥锁来保护，所以我们可以执行

```
Pthread_mutex_lock(&list_mutex);
Member(value);
Pthread_mutex_unlock(&list_mutex);
```

而不是简单地调用 Member(value)。

这个方案的同样明显的一个问题是，我们正在序列化对链表的访问，如果绝大多数操作都是对 Member 的调用，那么将无法利用这个机会来实现并行性。另一方面，如果大部分操作都是对 Insert 和 Delete 的调用，那么这可能是最好的解决方案，因为我们需要对链表的大部分操作进行序列化访问，而且这个解决方案很容易实现。

这种方法的另一个选择是"细粒度"的锁定。我们可以不锁定整个链表，而是尝试锁定单个节点。例如，我们会在链表节点结构中添加一个互斥锁：

```
struct list_node_s {
   int data;
   struct list_node_s* next;
   pthread_mutex_t mutex;
}
```

现在，在我们每次试图访问一个节点时，必须首先锁定与该节点相关的互斥锁。请注意，这也需要我们有一个与 head_p 指针相关联的互斥锁。因此，举例来说，可以按照程序 4.12 所示实现 Member。诚然，这个实现比原来的 Member 函数要复杂得多并且也更慢，因为一般来说，每当一个节点被访问时，必须锁定和解锁一个互斥锁。它至少会给节点访问增加两个函数调用，但如果一个线程必须等待一个锁，它也会造成大量的延迟。另一个问题是，给每个节点增加一个互斥锁字段将大大增加链表所需的存储空间。另一方面，细粒度的锁可能更接近于我们想要的方法，因为我们只锁定了当前感兴趣的节点，所以多个线程可以同时访问链表的不同部分，不管它们执行的是什么操作。

```
int Member(int value) {
   struct list_node_s *temp_p, *old_temp_p;

   Pthread mutex_lock(&head_p_mutex);
   temp_p = head_p;

   /* 如果表非空，则获取与第一个节点关联的互斥锁 */
   if (temp_p != NULL)
      Pthread mutex_lock(temp_P->mutex);

   /* 不再需要head_p互斥锁 */
   Pthread mutex_unlock(&head_P_mutex);

   while (temp_P !=NULL && temp_P->data < value) {
      if (temp_P->next != NULL)
         Pthread_mutex_lock(&(temp_P->next->mutex));
```

```
        /* 进入下一个元素 */
        old_temp_P = temp_P;
        temp_P =temp_P->next;|
        /* 现在解锁前一个元素的互斥锁 */
        Pthread_mutex_unlock(&(old_temp_P->mutex));
    }

    if (temp_P == MULL || temp_P->data > value) {
        if (temp_P != MULL)
            Pthread_mutex_unlock(&temp_P->mutex);
        return 0;
    } else { /* temp_P != NULL && temp_P->data == value */
        Pthread_mutex_unlock(&temp_P->mutex);
        return 1;
    }
}   /* Member */
```

程序 4.12   实现每个链表节点有一个互斥锁的 Member 函数

4.9.3   Pthreads的读写锁

我们的任一多线程链表都没有利用正在执行 Member 的线程同时访问任何节点的可能性。第一个解决方案只允许一个线程在任何时候访问整个链表，第二个解决方案只允许一个线程在任何时候访问任何特定的节点。Pthreads 的**读写锁**提供了一个替代方案。读写锁有点像互斥锁，只是它提供了两个锁函数。第一个锁函数将读写锁锁定为读，而第二个锁函数将其锁定为写。因此，多个线程可以通过调用读锁函数同时获得该锁，而只有一个线程可以通过调用写锁函数获得该锁。因此，如果任何线程拥有读取的锁，任何想要获得写入锁的线程都会在调用写入锁函数时受阻。此外，如果任何线程拥有写锁，任何想要获得读或写锁的线程都会在各自的锁函数中被阻塞。

使用 Pthreads 读写锁，可以用下面的代码来保护链表函数（这里忽略了函数的返回值）：

```
pthread_rwlock_rdlock(&rwlock);
Member(value);
pthread_rwlock_unlock(&rwlock);
. . .
pthread_rwlock_wrlock(&rwlock);
Insert(value);
pthread_rwlock_unlock(&rwlock);
. . .
pthread_rwlock_wrlock(&rwlock);
Delete(value);
pthread_rwlock_unlock(&rwlock);
```

新的 Pthreads 函数的语法是：

```
int pthread_rwlock_rdlock(
    pthread_rwlock_t*  rwlock_p  /* in/out */);

int pthread_rwlock_wrlock(
    pthread_rwlock_t*  rwlock_p  /* in/out */);

int pthread_rwlock_unlock(
    pthread_rwlock_t*  rwlock_p  /* in/out */);
```

正如它们的名字所示，第一个函数锁定读写锁用于读取，第二个函数锁定它用于写入，最后一个函数则解锁。

与互斥锁一样，读写锁应该在使用前被初始化，在使用后被销毁。以下函数可用于初始化：

```
int pthread_rwlock_init(
        pthread_rwlock_t*               rwlock_p  /* out */,
        const pthread_rwlockattr_t*     attr_p    /* in */);

/* 静态版本: */
pthread_rwlock_t rwlock = PTHREAD_RWLOCK_INITIALIZER;
```

同样和互斥锁一样，我们不会使用第二个参数，所以我们只传递 NULL。下面这个函数可以用来销毁一个读写锁：

```
int pthread_rwlock_destroy(
    pthread_rwlock_t*  rwlock_p  /* in/out*/);
```

4.9.4　各种实现方案的性能

当然，我们确实想知道在这三种实现中哪一种是最好的，所以把我们的实现包括在一个小程序中，其中主线程首先把用户指定数量的随机生成的键插入一个空链表中。在被主线程启动后，每个线程对链表进行了用户指定数量的操作。用户还指定了每种操作（Member、Insert、Delete）的百分比。然而，哪种操作何时发生，在哪个键上发生，由随机数发生器决定。因此，例如，用户可能指定 1 000 个键应该被插入一个最初为空的链表中，并且线程总共要进行 100 000 次操作。此外，用户可能会指定 80% 的操作为 Member 操作，15% 为 Insert 操作，其余 5% 为 Delete 操作。然而，由于这些操作是随机产生的，可能会出现以下情况：线程共执行了 79 000 次对 Member 的调用，15 500 次对 Insert 的调用，以及 5 500 次对 Delete 的调用。

表 4.3 和表 4.4 显示了对一个初始化为包含 1 000 个键的链表进行 100 000 次操作的时间（以"秒"为单位）。这两组数据都是在包含四个双核处理器的系统上进行的。

表 4.3　链表次数：100 000 次 / 线程，99.9%Member，0.05%Insert，0.05%Delete

实现	线程的数量			
	1	2	4	8
读写锁	0.213	0.123	0.098	0.115
整个链表一个互斥锁	0.211	0.450	0.385	0.457
每个节点一个互斥锁	1.680	5.700	3.450	2.700

表 4.4　链表次数：100 000 次 / 线程，80%Member，10%Insert，10%Delete

实现	线程的数量			
	1	2	4	8
读写锁	2.48	4.97	4.69	4.71
整个链表一个互斥锁	2.50	5.13	5.04	5.11
每个节点一个互斥锁	12.00	29.60	17.00	12.00

表 4.3 显示了 99.9% 的操作是 Member，剩下的 0.1% 被 Insert 和 Delete 平均分配

的情况。表 4.4 显示了当 80% 的操作是 Member，10% 是 Insert，10% 是 Delete 时的时间。请注意，在这两个表中，当使用一个线程时，读写锁的运行时间和单互斥锁实现的运行时间是差不多的。这是有道理的：操作是序列化的，而且由于没有对读写锁或互斥锁的争夺，与这两种实现相关的开销应该包括在链表操作之前的函数调用和操作之后的函数调用。另一方面，每个节点使用一个互斥锁的实现要慢得多。这也是有道理的，因为每次访问一个节点，都会有两个函数调用——一个用于锁定节点的互斥锁，另一个用于解锁。因此，这个实现的开销要大得多。

当我们使用多线程时，每个节点使用一个互斥锁的实现的劣势依然存在。所有锁定和解锁的开销太大，使这个实现无法与其他两个实现竞争。

也许两个表之间最显著的区别是在使用多线程时读写锁实现和单互斥锁实现的相对表现。当有很少的 Insert 和 Delete 时，读写锁的实现要比单互斥锁的实现好得多。由于单互斥锁实现会将所有的操作序列化，这表明如果有很少的 Insert 和 Delete，读写锁在允许并发访问链表方面做得非常好。另一方面，如果有大量的 Insert 和 Delete（例如，每个 10%），读写锁的实现和单互斥锁的实现之间的性能差别很小。因此，对于链表操作来说，读写锁可以提供相当大的性能提升，但前提是 Insert 和 Delete 的数量相当小。

同时注意到，如果我们使用一个互斥锁或者每个节点使用一个互斥锁，当程序用一个线程运行时，总是一样快或者更快。此外，当 Insert 和 Delete 的数量相对较大时，读写锁程序用一个线程也会更快。这对于一个互斥锁的实现来说并不令人惊讶，因为对链表的访问实际上是串行化的。对于读写锁的实现来说，当有大量的写锁时，似乎对锁的争夺太多，整体性能会明显下降。

综上所述，读写锁的实现要优于单互斥锁和每节点一个互斥锁的实现。然而，除非 Insert 和 Delete 的数量很少，否则串行实现会更有优势。

4.9.5 实现读写锁

最初的 Pthreads 规范并不包括读写锁，所以一些描述 Pthreads 的早期文本包括读写锁的实现（例如，见 [7]）。一个典型的实现[⊖]定义了一个数据结构，它使用了两个条件变量——一个是读者，一个是写者，以及一个互斥锁。该结构还包含表示以下内容的成员：

1. 有多少读者拥有该锁，即目前正在读取；
2. 有多少读者正在等待获得该锁；
3. 是否有写者拥有该锁；
4. 有多少写者正在等待获得该锁。

互斥锁保护读写锁数据结构：每当一个线程调用其中一个函数（读锁、写锁、解锁）时，它首先锁定互斥锁，当一个线程完成其中一个调用，它就解锁互斥锁。在获得互斥锁后，线程检查适当的数据成员以决定如何继续。举例来说，如果它想获得读取权限，可以检查是否有一个写者目前拥有该锁。如果没有，它就会增加活跃的读者数量并继续进行。如果有一个写者处于活动状态，它就会增加等待的读者数量，并开始对读者条件变量进行条件等待。当被唤醒时，它减少等待的读者数量，增加活跃读者的数量，并继续进行。写锁函数的实现与读锁函数类似。

⊖ 本书的讨论遵循 Butenhof 实施的基本纲要 [7]。

在解锁函数中采取的行动取决于线程是一个读者还是一个写者。如果线程是一个读者，当前没有活跃的读者，并且有一个写者在等待，那么它可以在返回之前向写者发出信号，让其继续。另一方面，如果线程是一个写者，那么可能同时有读者和写者在等待，所以线程需要决定它是优先考虑读者还是写者。因为写者必须有独占的访问权，所以写者很可能更难获得锁。因此，许多实现给写者以优先权。编程作业 4.6 对此作了进一步探讨。

4.10　缓存、缓存一致性和伪共享[⊖]

回顾一下，多年来，计算机已经能够执行只涉及处理器的操作，其速度远远快于访问主存储器中的数据。如果一个处理器每次操作都必须从主存储器中读取数据，那么它将花费大部分时间来等待存储器中的数据到达。为了解决这个问题，芯片设计者在处理器中增加了相对较快的内存块。这种更快的内存被称为**缓存存储器**。

缓存存储器的设计考虑到了**时间和空间局部性**原则：如果一个处理器在时间 t 访问主存储器的位置 x，那么在接近 t 的时间，它很可能会访问接近 x 的主存储器位置。因此，如果一个处理器需要访问主存储器的位置 x，不仅是将 x 的内容传输到主存储器（或从主存储器读取），而是将一个包含 x 的内存块传输到处理器的缓存中（或从缓存读取）。这样的内存块被称为**高速缓存行**或**高速缓存块**。

在 2.3.5 节中，我们看到高速缓冲存储器的使用会对共享存储器产生巨大的影响。让我们回顾一下原因。首先，考虑下面的情况。假设 x 是一个值为 5 的共享变量，线程 0 和线程 1 都从内存中读取 x 到它们的（独立的）缓存中，因为它们都想执行如下语句：

```
my_y = x;
```

在这里，my_y 是一个由两个线程定义的私有变量。现在假设线程 0 执行的语句是

```
x++;
```

最后，假设线程 1 现在执行的语句是

```
my_z = x;
```

其中 my_z 是另一个私有变量。

my_z 的值是多少？是 5 吗？或者是 6？问题是，x 有（至少）三个副本：主存中的一个，线程 0 的缓存中的一个，以及线程 1 的缓存中的一个。当线程 0 执行 x++ 时，主存和线程 1 的缓存中的值发生了什么？这就是我们在第 2 章中讨论的**缓存一致性**问题。我们在第 2 章看到，大多数系统坚持让缓存意识到它们正在缓存的数据已经发生了变化。当线程 0 执行 x++ 时，线程 1 的缓存中的那一行将被标记为无效，在分配 my_z = x 之前，运行线程 1 的核心将看到它的 x 值已经过期。因此，运行线程 0 的核心将不得不更新主存中的 x 副本（现在或更早），而运行线程 1 的核心将从主存中获得带有 x 的更新值的行。更多细节参见第 2 章。

缓存一致性的使用可以对共享内存系统的性能产生巨大的影响。为了说明这一点，回顾一下 Pthreads 矩阵 – 向量乘法的例子：主线程初始化了一个 $m \times n$ 矩阵 A 和一个 n 维向量 x，每个线程负责计算积向量 $y=Ax$ 的 m/t 分量。（通常，t 是线程的数量）。代表 A、x、y、m 和 n 的数据结构都是共享的。为了便于参考，我们复制了程序 4.13 中的代码。

如果 T_{serial} 是串行程序的运行时间，T_{parallel} 是并行程序的运行时间，记得并行程序的效率

⊖　这部分内容在第 5 章也有涉及。因此，如果你已经读过那一章，可以略过本节。

E 是加速比 S 除以线程数：

$$E = \frac{S}{t} = \frac{\left(\dfrac{T_{serial}}{T_{parallel}}\right)}{t} = \frac{T_{serial}}{t \times T_{parallel}}$$

$S \leqslant t$，$E \leqslant 1$。表 4.5 显示了我们在不同的数据集和不同的线程数下的矩阵 – 向量乘法的运行时间和效率。

表 4.5　矩阵 – 向量乘法的运行时间和效率（时间单位为秒）

线程	矩阵维度					
	$8\,000\,000 \times 8$		$8\,000 \times 8\,000$		$8 \times 8\,000\,000$	
	时间	效率	时间	效率	时间	效率
1	0.393	1.000	0.345	1.000	0.441	1.000
2	0.217	0.906	0.188	0.918	0.300	0.735
4	0.139	0.707	0.115	0.750	0.388	0.290

在每种情况下，浮点加法和乘法的总数是 64 000 000。因此，只考虑算术运算的分析可以预先判断，一个单线程运行代码对所有三个输入都需要相同的时间。然而，很明显，情况并非如此。在一个线程的情况下，8 000 000×8 的系统比 8 000×8 000 的系统需要多花费约 14% 的时间，而 8×8 000 000 的系统比 8 000×8 000 的系统需要多花费 28% 的时间。这两种差异至少部分归因于缓存的性能。

```
1   void *Pth_mat_vect(void* rank) {
2      long my_rank = (long) rank;
3      int i, j;
4      int local_m = m/thread_count;
5      int my_first_row = my_rank*local_m;
6      int my_last_row = (my_rank+1)*local_m - 1;
7
8      for (i = my_first_row; i <= my_last_row; i++) {
9         y[i] = 0.0;
10        for (j = 0; j < n; j++)
11           y[i] += A[i][j]*x[j];
12     }
13
14     return NULL;
15  }  /* Pth_mat_vect */
```

程序 4.13　Pthreads 矩阵 – 向量乘法

回顾一下，当一个核心试图更新一个不在缓存中的变量并且它必须访问主存时，就会发生写缺失的情况。缓存分析器（比如 Valgrind [51]）显示，当程序在 8 000 000×8 的输入运行时，它的缓存写缺失次数远远多于其他的输入。其中大部分发生在第 9 行。因为在这种情况下，向量 y 中的元素数量要多得多（8 000 000 vs. 8 000 或 8），而且每个元素都必须被初始化，所以这一行拖慢了 8 000 000×8 输入的程序的执行速度就不足为奇了。

还记得，当一个核心试图读取一个不在缓存中的变量时，就会发生读缺失的情况，它必须访问主存。缓存分析器显示，当程序以 8 × 8 000 000 的输入方式运行时，它的缓存读缺失次数远远多于其他输入方式。这发生在第 11 行，对这个程序的进一步研究（见练习 4.16）表明，差异的主要来源是对 x 的读取。同样，这并不奇怪，因为对于这个输入，x 有 8 000 000 个元素，而其他输入只有 8 000 或 8 个。

应该指出的是，可能还有其他因素影响不同输入下的单线程程序的相对性能。例如，我们还没有考虑到虚拟内存（见 2.2.4 小节）是否影响了不同输入的程序的性能及 CPU 访问主存页表的频率是多少。

不过，我们更感兴趣的是，随着线程数的增加，效率上的巨大差异。8 × 8 000 000 输入的程序的双线程效率比 8 000 000 × 8 和 8 000 × 8 000 输入的程序的效率低近 20%。8 × 8 000 000 输入的程序的四线程效率比 8 000 000 × 8 输入的程序的效率低近 60%，比 8 000 × 8 000 输入的程序的效率低 60% 以上。当我们注意到在单线程的情况下，程序在 8 × 8 000 000 输入时的效率要慢得多时，效率的大幅下降就更加显著了。因此，效率公式：

$$并行效率 = \frac{串行运行时间}{（线程数）×（并行运行时间）}$$

将更大。那么，为什么在 8 × 8 000 000 输入的情况下，程序的多线程性能会差这么多？

在这种情况下，答案再一次与缓存有关。让我们来看看用四个线程运行该程序的情况。在 8 000 000 × 8 的输入下，y 有 8 000 000 个分量，所以每个线程被分配到 2 000 000 个分量。对于 8 000 × 8 000 的输入，每个线程被分配了 2 000 个 y 的分量，而对于 8 × 8 000 000 的输入，每个线程被分配了两个分量。在我们使用的系统上，一个高速缓存行是 64 字节。因为 y 的类型是双精度的，而一个双精度的值是 8 字节，所以一个缓存行可以存储 8 个双精度的值。

缓存一致性是在 "缓存行级别" 上执行的。也就是说，每次写入缓存行中任何数值时，如果该行也存储在另一个处理器的缓存中，那么整个行都将失效，而不仅仅是写入的数值。我们使用的系统有两个双核处理器，每个处理器都有自己的缓存。假设线程 0 和 1 被分配给其中一个处理器，线程 2 和 3 被分配给另一个。还假设对于 8 × 8 000 000 的问题，所有的 y 都存储在一个缓存行中。那么每一次对 y 的某些元素的写入都会使另一个处理器的缓存行失效。例如，线程 0 每次更新语句中的 y[0] 时

```
y[i]  +=  A[i][j]*x[j];
```

如果线程 2 或 3 在执行这段代码，它将不得不重新加载 y，每个线程将更新其每个分量 8 000 000 次。我们看到，通过这种将线程分配给处理器、将 y 的分量分配给缓存行的方式，所有线程都将不得不多次重新加载 y。尽管只有一个线程访问 y 的任何一个分量——例如，只有线程 0 访问 y[0]，这还是会发生。

每个线程将更新其分配的 y 的分量，总共 16 000 000 次。看起来，这些更新中的许多（如果不是大多数）都是在强迫线程访问主存，这就是所谓的**伪共享**。假设两个拥有独立缓存的线程访问属于同一缓存行的不同变量，进一步假设至少有一个线程更新了它的变量，那么即使两个线程都没有写入另一个线程正在使用的变量，缓存控制器也会使整个缓存行失效，并迫使线程从主存中获取变量的值。这些线程并没有共享任何东西（除了一条缓存行），但是这些线程在内存访问方面的行为与它们共享一个变量是一样的，因此被称为**伪共享**。

为什么在其他输入中，伪共享不是问题？让我们来看看 8 000 × 8 000 的输入会发生什

么。假设线程 2 被分配到其中一个处理器，线程 3 被分配到另一个处理器（我们实际上不知道哪个线程被分配到哪个处理器，但事实证明这并不重要，见练习 4.17）。线程 2 负责计算如下元素：

$y[4000]$，$y[4001]$，. . . ，$y[5999]$

线程 3 负责计算如下元素：

$y[6000]$，$y[6001]$，. . . ，$y[7999]$

如果一个缓存行包含 8 个连续的双精度数，那么唯一可能出现伪共享的情况是在它们分配的元素之间的接口上。例如，如果一个缓存行包含如下元素：

$y[5996]$，$y[5997]$，$y[5998]$，$y[5999]$，
$y[6000]$，$y[6001]$，$y[6002]$，$y[6003]$

那么可以想象，这个缓存行可能存在伪共享。然而，线程 2 将在其 **for** i 循环的末尾访问如下元素：

$y[5996]$，$y[5997]$，$y[5998]$，$y[5999]$

而线程 3 将在其 **for** i 循环的开头访问如下元素：

$y[6000]$，$y[6001]$，$y[6002]$，$y[6003]$

因此，当线程 2 访问（例如）$y[5996]$ 时，线程 3 很可能早已完成了如下的所有四个元素：

$y[6000]$，$y[6001]$，$y[6002]$，$y[6003]$

同样，当线程 3 访问例如 $y[6003]$ 时，线程 2 很可能还没有开始访问如下元素：

$y[5996]$，$y[5997]$，$y[5998]$，$y[5999]$

因此，对于 8 000×8 000 的输入来说，y 元素的伪共享不太可能成为一个重要的问题。类似的推理表明，在 8 000 000×8 的输入中，y 的伪共享也不太可能成为一个重要的问题。还需要注意的是，我们不需要担心 A 或 x 的伪共享，因为它们的值从未被矩阵 - 向量乘法代码更新过。

这就提出了一个问题：我们如何避免在矩阵 - 向量乘法程序中出现伪共享。一个可能的解决方案是用虚拟元素 "填充" y 向量，以确保一个线程的任何更新都不会影响另一个线程的缓存行。另一个办法是让每个线程在乘法循环中使用自己的私有存储，然后在完成后更新共享存储（参见练习 4.19）。

4.11　线程安全[⊖]

让我们来看看共享内存编程中出现的另一个潜在问题：线程安全。如果一个代码块能被多个线程同时执行而不产生问题，那么它就是线程安全的。

例如，假设我们想用多个线程来对一个文件进行字符串标记。我们假设该文件由普通的英文文本组成，而标记的对象只是连续的字符序列，与文本的其他部分以空格、制表符或换行分开。解决这个问题的一个简单方法是将输入文件分成几行文本，并以轮流方式将这些行分配给线程：第一行分配给线程 0，第二行分配给线程 1，…，第 t 行分配给线程 $t-1$，第 $t+1$ 行分配给线程 0，以此类推。

⊖　这部分内容在第 5 章也有涉及。因此，如果你已经读过那一章，可以略过本节。

我们可以使用信号量来序列化访问输入行。然后，在一个线程读完一行输入后，它可以对该行进行标记化。一种方法是使用 string.h 中的 strtok 函数，它的原型如下：

```
char* strtok(
    char*         string      /* in/out */,
    const char*   separators  /* in     */);
```

它的用法有点不寻常：第一次调用时，字符串参数应该是要被标记的文本，所以在我们的例子中，它应该是输入的一行。对于后续的调用，第一个参数应该是 NULL。我们的想法是，在第一次调用时，strtok 缓存了一个指向字符串的指针，在随后的调用中，它返回从缓存的副本中获取的连续的标记。分隔字符串的字符应该在分隔符中传递。我们应该传入字符串 "\t\n" 作为分隔符参数。

鉴于这些假设，我们可以写出程序 4.14 中的线程函数。主线程初始化了一个包含 *t* 个信号量的数组——每个线程包含一个信号量。线程 0 的信号量被初始化为 1，其他信号量初始化为 0。因此，第 9~11 行的代码将迫使线程按顺序访问输入行。线程 0 将立即读取第一行，但所有其他线程将在 sem_wait 中阻塞。当线程 0 执行 sem_post 时，线程 1 可以读取一行输入。在每个线程读完它的第一行输入（或文件结束）后，任何额外的输入都在第 24~26 行被读取。fgets 函数读取单行输入，第 15~22 行识别该行中的标记。当我们用单线程运行该程序时，它能正确地对输入流进行标记。第一次我们用两个线程运行它，输入的是

Pease porridge hot.
Pease porridge cold.
Pease porridge in the pot
Nine days old.

```
 1  void *Tokenize(void* rank) {
 2     long my_rank = (long) rank;
 3     int count;
 4     int next = (my_rank + 1) % thread_count;
 5     char *fg_rv;
 6     char my_line[MAX];
 7     char *my_string;
 8
 9     sem_wait(&sems[my_rank]);
10     fg_rv = fgets(my_line, MAX, stdin);
11     sem_post(&sems[next]);
12     while (fg_rv != NULL) {
13        printf("Thread %ld > my line = %s", my_rank, my_line);
14
15        count = 0;
16        my_string = strtok(my_line, " \t\n");
17        while ( my_string != NULL ) {
18           count++;
19           printf("Thread %ld > string %d = %s\n",
20                   my_rank, count, my_string);
21           my_string = strtok(NULL, " \t\n");
22        }
23
24        sem_wait(&sems[my_rank]);
```

```
25          fg_rv = fgets(my_line, MAX, stdin);
26          sem_post(&sems[next]);
27      }
28
29      return NULL;
30  }  /* Tokenize */
```

程序 4.14   多线程标记器的第一次尝试

输出也是正确的。然而，第二次我们用这个输入运行它时，我们得到了以下输出：

```
Thread 0 > my line = Pease porridge hot.
Thread 0 > string 1 = Pease
Thread 0 > string 2 = porridge
Thread 0 > string 3 = hot.
Thread 1 > my line = Pease porridge cold.
Thread 0 > my line = Pease porridge in the pot
Thread 0 > string 1 = Pease
Thread 0 > string 2 = porridge
Thread 0 > string 3 = in
Thread 0 > string 4 = the
Thread 0 > string 5 = pot
Thread 1 > string 1 = Pease
Thread 1 > my line = Nine days old.
Thread 1 > string 1 = Nine
Thread 1 > string 2 = days
Thread 1 > string 3 = old.
```

发生了什么？回想一下，strtok 对输入行进行了缓存。它是通过声明一个变量具有**静态**存储类来实现的。这导致存储在这个变量中的值从一个调用到下一个调用都持续存在。不幸的是，这个缓存的字符串是共享的，而非私有的。因此，线程 0 调用 strtok 的第三行输入显然已经覆盖了线程 1 调用的第二行的内容。

strtok 函数不是线程安全的：如果多个线程同时调用它，它产生的输出可能不正确。遗憾的是，C 语言库函数无法实现线程安全的情况并不少见。例如，stdlib.h 中的随机数发生器 rand 和 time.h 中的时间转换函数 localtime 都不能保证是线程安全的。在某些情况下，C 标准规定了一个函数的另一个线程安全的版本。事实上，strtok 就有一个线程安全的版本：

```
char* strtok_r(
    char*         string        /* in/out */,
    const char*   separators    /* in     */,
    char**        saveptr_p     /* in/out */);
```

"_r" 表示该函数是可重入的，这有时被用作线程安全的同义词$^{\ominus}$。前两个参数与

$\ominus$　然而，这种区别更细微一些：可重入意味着一个函数可以在程序控制流的不同部分被中断并再次调用（重新进入），并且仍然可以正确执行。这可能是对函数的嵌套调用或操作系统发出的陷阱／中断造成的。由于 strtok 在解析时使用一个静态指针来跟踪其状态，从程序控制流的不同部分多次调用该函数将破坏字符串，因此它不是可重入的。值得注意的是，尽管可重入的函数，如 strtok_r，也可以是线程安全的，但不能保证可重入的函数总是线程安全的，反之亦然。如果有任何疑问，请查阅相关文档。

strtok 的参数具有相同的用途。saveptr_p 参数被 strtok_r 用来跟踪函数在输入字符串中的位置：它起到 strtok 中缓存指针的作用。我们可以通过用对 strtok_r 的调用替换对 strtok 的调用来纠正原来的 Tokenize 函数。我们只需要声明一个 **char*** 变量作为第三个参数传入，并将第 16 行和第 21 行的调用改为如下调用：

```
my_string = strtok_r(my_line, " \t\n", &saveptr);
. . .
my_string = strtok_r(NULL, " \t\n", &saveptr);
```

4.11.1　不正确的程序可以产生正确的输出

请注意，最初版本的标记字符串程序显示了一种特别隐蔽的程序错误：我们第一次用两个线程运行它时，程序产生了正确的输出。直到后来的运行，我们才看到了一个错误。不幸的是，这种情况在并行程序中并不罕见。这在共享内存程序中尤其常见。因为在大多数情况下，线程是相互独立运行的，正如我们前面所指出的，执行语句的确切顺序是不确定的。例如，我们不能说线程 1 何时会第一次调用 strtok。如果它的第一次调用发生在线程 0 对其第一行进行标记之后，那么为第一行确定的标记应该是正确的。然而，如果线程 1 在线程 0 完成其第一行的标记之前调用 strtok，那么线程 0 完全有可能无法识别第一行的所有标记。因此，在开发共享内存程序时，抵制诱惑特别重要，不要认为既然一个程序产生了正确的输出，它就一定是正确的。我们总是需要对竞争条件保持警惕。

4.12　小结

像 MPI 一样，Pthreads 是一个函数库，程序员可以用它来实现并行程序。与 MPI 不同，Pthreads 是用来实现共享内存并行的。

共享内存编程中的**线程**类似于分布式内存编程中的进程。然而，一个线程通常比一个成熟的进程更轻量级。

我们看到，在 Pthreads 程序中，所有的线程都可以访问全局变量，而局部变量通常是运行该函数的线程所私有的。要使用 Pthreads，我们应该包括 pthread.h 头文件，而且，当我们编译程序时，可能需要通过在命令行中添加 -lpthread 来将我们的程序与 Pthread 库连接起来。我们可以使用函数 pthread_create 和 pthread_join，分别来启动和停止一个线程函数。

当多个线程执行时，不同线程执行语句的顺序通常是不确定的。当多个线程试图访问一个共享资源（如共享变量或共享文件）而导致非确定性时，其中至少有一个访问是更新的，而这些访问可能导致错误，我们就有了一个**竞争条件**。在编写共享内存程序时，我们最重要的任务之一是识别和纠正竞争条件。**临界区**是一个更新共享资源的代码块，该共享资源一次只能由一个线程更新，所以临界区的代码的执行，实际上应该作为串行代码来执行。因此，我们应该尽量设计尽可能少地使用临界区的程序，而且使用的临界区应该尽可能地短。

我们介绍了三种避免对临界区的冲突访问的基本方法：忙等待、互斥锁和信号量。**忙等待**可以通过一个标志变量和一个空主体的 **while** 循环来完成。它可能会非常浪费 CPU 周期。如果编译器优化开启，它也可能是不可靠的，所以一般来说，互斥锁和信号量通常更加可取。

互斥锁可以被认为是一个临界区的锁，因为互斥锁安排了对一个临界区的互斥访问。在

Pthreads 中，一个线程试图通过调用 pthread_mutex_lock 来获得一个互斥锁，并通过调用 pthread_mutex_unlock 来放弃这个互斥锁。当一个线程试图获取一个已经被使用的互斥锁时，它在调用 pthread_mutex_lock 时就会阻塞。这意味着它在对 pthread_mutex_lock 的调用中一直处于空闲状态，直到系统给它锁为止。

信号量是一个 **unsigned int**，同时有两个操作：sem_wait 和 sem_post。如果信号量是正数，那么调用 sem_wait 就会简单地减少信号量，但是如果信号量是 0，那么调用线程就会阻塞，直到信号量是正的，这时信号量会减少，线程会从调用中返回。sem_post 操作使信号量递增：信号量可以作为一个互斥锁使用，sem_wait 对应于 pthread_mutex_lock，sem_post 对应于 pthread_mutex_unlock。然而，信号量比互斥锁更强大，因为它们可以被初始化为任何非负值。此外，由于信号量没有"所有权"，任何线程都可以解锁一个锁定的信号量。我们看到信号量可以很容易地用于实现**生产者 - 消费者同步**。在生产者 - 消费者同步中，一个消费者线程在进行生产之前会等待一些由生产者线程创建的条件或数据。信号量不是 Pthreads 的一部分。要使用它们，我们需要包括 semaphore.h 头文件。

栅栏是程序中的一个点，线程在这个点上阻塞，直到所有的线程都到达这个点。我们看到了几种构建栅栏的不同方法。其中一种是使用**条件变量**。条件变量是一个特殊的 Pthreads 对象，可以用来暂停一个线程的执行，直到一个条件发生。当条件发生时，另一个线程可以用一个条件信号或条件广播来唤醒被暂停的线程。

我们看的最后一个 Pthreads 结构是一个**读写锁**。当多个线程同时读取一个数据结构是安全的，但如果一个线程需要修改或写入该数据结构，那么在修改过程中只有该线程可以访问该数据结构时，就会使用读写锁。

我们回顾了现代微处理器架构使用缓存来减少内存访问时间，因此典型架构具有特殊的硬件来确保不同芯片上的缓存是**一致**的。由于缓存一致性的单元（**高速缓存行**或**高速缓存块**）通常大于内存的单个字，这可能会产生不幸的副作用，即两个线程可能正在访问不同的内存位置，但当这两个位置属于同一个缓存行时，缓存一致性硬件就像线程访问相同的内存位置一样。因此，如果其中一个线程更新了它的内存位置，然后另一个线程尝试读取它的内存位置，它将不得不从主存中检索该值。也就是说，硬件迫使线程表现得好像它是在共享内存位置一样。因此，这称为**伪共享**，它会严重降低共享内存程序的性能。

一些 C 函数通过将变量声明为**静态**的方式在调用之间缓存数据。当多个线程调用该函数时，可能会导致错误：因为静态存储在线程之间共享，一个线程可以覆盖另一个线程的数据。这样的函数不是线程安全的，而且，不幸的是，C 库中有几个这样的函数。然而，有时也会有一个**线程安全**的变体。

当观察使用了不是线程安全的函数的程序时，我们看到一个特别隐蔽的问题：当我们用多个线程和一组固定的输入运行该程序时，它有时会产生正确的输出，尽管该程序是错误的。这意味着，即使程序在测试过程中产生了正确的输出，也不能保证它实际上是正确的——这要靠我们自己去识别可能的竞争条件。

4.13 练习

4.1 当我们讨论矩阵 - 向量乘法时，假设行数 m 和列数 n 都能被线程数 t 整除。如果情况不是这样，那么赋值公式会有什么变化？

4.2 如果我们决定将一个数据结构在线程之间进行物理划分，也就是说，如果我们决定让各种成员成为各个线程的本地成员，至少需要考虑三个问题：

a. 各个线程如何使用数据结构的成员？

b. 数据结构在哪里以及如何初始化？

c. 数据结构的成员被计算后在哪里以及如何使用？

我们简单地看一下矩阵－向量乘法函数中的第一个问题。我们看到，整个向量 x 被所有的线程使用，所以似乎很清楚，它应该被共享。然而，对于矩阵 A 和乘积向量 y 来说，只看（a）似乎表明，A 和 y 应该在线程之间分配它们的分量。让我们仔细看看这个问题。

我们要怎么做才能将 A 和 y 分配给线程呢？分割 y 并不困难——每个线程可以分配一个内存块，用来存储其分配的分量。据推测，我们可以对 A 做同样的事情——每个线程可以分配一个内存块来存储其分配的行。修改矩阵－向量乘法程序，使其分配这两种数据结构。你能安排输入和输出，使线程能读入 A 并打印 y 吗？分布 A 和 y 对矩阵－向量乘法的运行时间有什么影响？（不要在你的运行时间中包含输入或输出。）

4.3 回顾一下，编译器并不知道普通的 C 程序是多线程的，因此，它可能会进行一些优化，从而干扰忙等待。（请注意，编译器的优化不应该影响互斥锁、条件变量或信号量）。完全关闭编译器优化的另一个办法是用 C 语言的关键字 **volatile** 来标识一些共享变量。这告诉编译器，这些变量可能被多个线程更新，因此，它不应该对涉及它们的语句进行优化。举例来说，回顾一下当多个线程试图将一个私有变量添加到一个共享变量中时的竞争条件的忙等待解决方案：

```
/* x和flag是共享的，y是私有的    */
/* x和flag在主线程内初始化为0    */

y = Compute(my_rank);
while (flag != my_rank);
x = x + y;
flag++;
```

通过观察这段代码，无法看出 while 语句和 x = x + y 语句的顺序是否重要。如果这段代码是单线程的，这两个语句的顺序不会影响代码的结果。但是，如果编译器确定它可以通过改变这两条语句的顺序来提高寄存器的使用率，那么产生的代码将是错误的。

如果，我们不是如下定义

```
int flag;
int x;
```

而是如下定义

```
int volatile flag;
int volatile x;
```

那么编译器就会知道 x 和 flag 都可以被其他线程更新，所以它不应该尝试重新安排语句的顺序。

在 gcc 编译器中，默认行为是没有优化。你可以通过在命令行中加入选项 -O0 来确定这一点。试着运行使用忙等待的 π 计算程序（pth_pi_busy.c），不进行优化。多线程计算的结果与单线程计算的结果相比如何？现在试着用优化来运行它；使用

gcc，把 -O0 选项换成 -O2。如果你发现了一个错误，你用了多少个线程？在 π 计算中，哪些变量应该是 **volatile** 的？把这些变量改成 **volatile** 的，然后在优化和没有优化的情况下重新运行程序。与单线程的程序相比，其结果如何？

4.4　一旦我们将线程数量增加到超过可用的 CPU 数量，使用互斥锁的 π 计算程序的性能会保持大致不变。对于在可用的处理器上如何安排线程的问题，这说明什么呢？

4.5　修改 π 计算程序的互斥锁版本，使其临界区在 **for** 循环中。这个版本的性能与原来的忙等待版本的性能相比如何？我们可以如何解释？

4.6　修改 π 计算程序的互斥锁版本，使其使用信号量而不是互斥锁。这个版本的性能与互斥版本相比有什么不同？

4.7　修改 Pthreads hello, world 程序以启动无限数量的线程，你可以有效地忽略 thread_count，而是在一个无限循环中调用 pthread_create（例如，for (thread = 0;; thread++)）。请注意，在大多数情况下，程序不会创建无限数量的线程，你会观察到 "Hello from thread" 消息在一段时间后停止，这取决于系统的配置。在信息停止之前，有多少个线程被创建？观察一下，虽然没有打印任何东西，但程序仍在运行。要确定为什么没有新的线程被创建，请检查调用 pthread_create 的返回值（提示：使用 perror 函数来获得对问题的可读描述，或者查找错误代码）。这个错误的原因是什么？最后，修改包含 pthread_create 的 **for** 循环，用 pthread_detach 分离每个新线程。现在有多少个线程被创建？

4.8　虽然生产者 - 消费者同步很容易用信号量来实现，但也可以用互斥锁来实现。基本的想法是让生产者和消费者共享一个互斥锁。一个被主线程初始化为 false 的标志变量表示是否有东西需要消费。在两个线程中，我们会执行这样的操作：

```
while (1) {
    pthread_mutex_lock(&mutex);
    if (my_rank == 消费者) {
        if (message_available) {

            打印消息;
            pthread_mutex_unlock(&mutex);
            break;
        }
    } else { /* my_rank == 生产者 */
        生成消息;
        message_available = 1;
        pthread_mutex_unlock(&mutex);
        break;
    }
    pthread_mutex_unlock(&mutex);
}
```

因此，如果消费者先进入循环，它将看到没有消息可用，并返回对 pthread_mutex_lock 的调用。它将继续这个过程，直到生产者创建消息。编写一个 Pthreads 程序，实现这个版本的生产者 - 消费者同步的两个线程。你能不能概括一下，使其适用于 2^k 个线程——奇数序列号的线程是消费者，偶数序列号的线程是生产者？你能将其推广到每个线程都是生产者和消费者吗？例如，假设线程 q 向线程 $(q-1+t) \bmod t$ 发送一条信息，并从线程 $(q-1+t) \bmod t$ 接收一条信息？这是否使用了忙等待？

4.9 如果一个程序使用了一个以上的互斥锁，而这些互斥锁可以以不同的顺序被获取，那么这个程序就会出现**死锁**。也就是说，线程可能会永远阻塞，等待获取其中一个互斥锁。举个例子，假设一个程序有两个共享的数据结构，例如，两个数组或两个链表，每个都有一个相关的互斥锁。进一步假设每个数据结构在获得数据结构的相关互斥锁后都可以被访问（读取或修改）。

a. 假设程序由两个线程运行。进一步假设发生了以下的事件序列：

时间	线程 0	线程 1
0	pthread_mutex_lock(&mut0)	pthread_mutex_lock(&mut1)
1	pthread_mutex_lock(&mut1)	pthread_mutex_lock(&mut0)

发生了什么？

b. 如果程序使用忙等待（有两个 flag 变量）而不是互斥锁，这是否会产生问题？

c. 如果程序使用信号量而不是互斥锁，这是否会产生问题？

4.10 一些 Pthreads 的实现定义了栅栏。函数

```
int pthread_barrier_init(
    pthread_barrier_t*            barrier_p   /* out */,
    const pthread_barrierattr_t*  attr_p      /* in  */,
    unsigned                      count       /* in  */);
```

初始化了一个栅栏对象，barrier_p。像往常一样，我们将忽略第二个参数，直接传入 NULL。最后一个参数表示在继续运行前必须达到栅栏的线程数量。栅栏本身是对如下函数的调用：

```
int pthread_barrier_wait(
    pthread_barrier_t*  barrier_p   /* in/out */);
```

就像其他大多数 Pthreads 对象一样，有一个 destroy 函数

```
int pthread_barrier_destroy(
    pthread_barrier_t*  barrier_p   /* in/out */);
```

修改书中网站上的一个栅栏程序，使其使用 Pthreads 栅栏。找一个有 Pthreads 实现的系统，其中包括栅栏，用不同数量的线程运行你的程序。它的性能与其他的实现方式相比如何？

4.11 修改你在后面的编程作业中写的一个程序，使其使用 4.8 节中概述的方案来计时。要获得过去某个时间点经过的时间，你可以使用本书网站上的头文件 timer.h 中定义的宏 GET_TIME。注意，这将给出挂钟时间，而不是 CPU 时间。还要注意，由于它是一个宏，它可以直接对其参数进行操作。例如，要实现

存储当前时间到 my_start;

你将使用

```
GET_TIME(my_start);
```

而不是

```
GET_TIME(&my_start);
```

你将如何实现栅栏？你将如何实现下面的伪代码？

elapsed = my_elapsed 的最大值;

4.12 给出一个链表的例子，以及对链表的内存访问序列，其中以下几对操作有可能导致问题：

a. 同时执行两个 Delete。

b. 同时执行一个 Insert 和一个 Delete。

c. 同时执行一个 Member 和一个 Delete。

d. 同时执行两个 Insert。

e. 同时执行一个 Insert 和一个 Member。

4.13 链表的 Insert 和 Delete 操作由两个不同的"阶段"组成。在第一阶段，两个操作都在链表中搜索新节点的位置或要删除的节点的位置。如果第一阶段的结果显示，在第二阶段，新的节点被插入或现有的节点被删除。事实上，对于链表程序来说，将这些操作中的每一个分成两个函数调用是很常见的。对于这两个操作，第一阶段只涉及对链表的读访问，只有第二阶段修改了链表。在第一阶段使用读锁来锁定链表是否安全？然后在第二阶段用写锁来锁定链表？解释一下你的答案。

4.14 从网站上下载各种线程链表程序。在我们的例子中，我们运行了固定比例的搜索，并在插入和删除中分配了剩余的比例。

a. 重新运行所有搜索和插入的实验。

b. 重新运行所有搜索和删除的实验。

在整个运行时间中有什么不同吗？是插入还是删除更耗费资源呢？

4.15 回顾一下，在 C 语言中，一个接收二维数组参数的函数必须指定参数链表中列的数量。因此，对于 C 语言程序员来说，仅使用一维数组并编写显式代码将下标对转换为一维是很常见的。修改 Pthreads 的矩阵 – 向量乘法，使其使用一个一维数组作为矩阵，并调用一个矩阵 – 向量乘法函数。这个改变对运行时间有什么影响？

4.16 从本书的网站上下载源文件 pth_mat_vect_rand_split.c。找到一个可以进行缓存分析的程序（例如 Valgrind [51]），按照缓存分析器文档中的说明编译该程序。（对于 Valgrind，你需要一个符号表和完整的操作时间，例如，gcc，-g，-O2 ···）. 现在按照缓存分析器文档中的说明运行程序，使用输入 $k \times (k \cdot 10^6)$，$(k \cdot 10^3) \times (k \cdot 10^3)$，和 $(k \cdot 10^6) \times k$。选择足够大的 k，使其大到对于至少一个输入数据集，二级缓存失败的次数为 10^6 的量级。

a. 三个输入中的每一个有多少个 L1 缓存写缺失？

b. 三个输入中的每一个有多少个 L2 缓存写缺失？

c. 大多数写缺失发生在哪里？该程序对哪些输入数据有最多的写缺失？你能解释一下原因吗？

d. 三个输入中的每一个有多少个 L1 缓存读缺失？

e. 三个输入中的每一个有多少个 L2 缓存读缺失？

f. 大多数读缺失发生在哪里？该程序对哪些输入数据有最多的读缺失？你能解释一下原因吗？

g. 在不使用缓存分析器的情况下，分别运行这三个输入的程序。哪种输入方式的程序是最快的？哪一个输入是最慢的？你对缓存缺失的观察能帮助解释这些差异吗？如何解释？

4.17 回顾一下 8 000 × 8 000 输入的矩阵 – 向量乘法的例子。假设该程序由四个线程运行，线程 0 和线程 2 被分配到不同的处理器上。如果一个缓存行包含 64 字节或 8 个双精度，那么对于向量 y 的任何部分，线程 0 和 2 之间是否可能发生伪共享？为什么？如果线程 0 和线程 3 被分配到不同的处理器，那么对于 y 的任何部分，它们之间是否有可能发生伪共享？

4.18　回顾一下 $8 \times 8\,000\,000$ 矩阵的矩阵 – 向量乘法的例子。假设双精度使用 8 字节的内存，一个缓存行是 64 字节。还假设我们的系统由两个双核处理器组成。

　　a. 存储向量 y 所需的最小缓存行数是多少？

　　b. 存储向量 y 所需的最大缓存行数是多少？

　　c. 如果缓存行的边界总是与 8 字节的双精度的边界重合，那么 y 的组成部分可以以多少种不同的方式分配给缓存行？

　　d. 如果只考虑哪几对线程共享一个处理器，那么在我们的计算机中，有多少种不同的方式可以将四个线程分配给处理器？这里我们假设同一处理器上的核心共享缓存。

　　e. 在我们的例子中，是否有一种将分量分配到缓存行、将线程分配到处理器的方法，从而不会导致伪共享？换句话说，是否有可能分配给一个处理器的线程将其 y 的分量放在一个缓存行中，而分配给另一个处理器的线程将其分量放在另一个缓存行中？

　　f. 有多少个分量分配到缓存行和有多少个线程分配到处理器？

　　g. 在这些分配中，有多少不会导致伪共享？

4.19　a. 修改矩阵 – 向量乘法程序，以便在有可能出现伪共享的情况下对向量 y 进行填充。填充的方式应该是，如果线程以锁步方式执行，那么包含 y 元素的单个缓存行就不可能被两个或多个线程共享。例如，假设一个缓存行存储了 8 个双精度数，我们用四个线程来运行程序。如果我们为 y 中的至少 48 个双精度数分配了存储空间，那么，在每次通过 **for** i 循环时，不可能有两个线程同时访问同一个缓存行。

　　b. 修改矩阵 – 向量乘法，使每个线程在 **for** i 循环中为其 y 的部分使用私有存储。当一个线程完成对 y 的计算后，它应该将其私有存储复制到共享变量中。

　　c. 这两个方案的表现与原方案相比如何？它们之间的对比情况如何？

4.20　尽管 strtok_r 是线程安全的，但它有一个相当糟糕的特性，即它会随意修改输入字符串。编写一个线程安全的、不修改输入字符串的标记器。

4.14　编程作业

4.1　编写一个 Pthreads 程序，实现第 2 章的直方图程序。

4.2　假设我们向一个正方形的镖靶随机投掷飞镖，镖靶的靶心在原点，边长为 2ft。假设在正方形镖靶上有一个圆。这个圆的半径是 1ft，它的面积是 πft^2。如果被飞镖击中的点是均匀分布的（我们总是击中正方形），那么击中圆内的飞镖数量应该近似于满足如下方程：

$$\frac{\text{圆内的数量}}{\text{投掷的总数}} = \frac{\pi}{4}$$

因为圆的面积和正方形的面积之比是 $\pi/4$。

　　我们可以基于这个公式用随机数生成器来估计 π 的值：

```
number_in_circle = 0;
for (toss = 0; toss < number_of_tosses; toss++) {
    x = random double between −1 and 1;
    y = random double between −1 and 1;
    distance_squared = x*x + y*y;
    if (distance_squared <= 1)
        number_in_circle++;
}
pi_estimate = 4*number_in_circle
    / ((double) number_of_tosses);
```

这被称为"蒙特卡罗"方法，因为它使用了随机性（投掷的飞镖）。

编写一个 Pthreads 程序，使用蒙特卡罗方法来估计 π。主线程应该读出掷硬币的总数并打印出估计值。你可能想用 **long long int** 来表示圆圈中的命中率和抛掷次数，因为这两个数字可能要非常大才能得到 π 的合理估计。

4.3 编写一个实现梯形法则的 Pthreads 程序。使用一个共享变量来表示所有线程的计算之和。在临界区使用忙等待、互斥锁和信号量来执行互斥。你认为每种方法有什么优点和缺点？

4.4 写一个 Pthreads 程序，找出你的系统创建和终止一个线程所需的平均时间。线程的数量是否影响平均时间？如果是，如何影响？

4.5 编写一个 Pthreads 程序，实现一个"任务队列"。主线程开始启动用户指定数量的线程，这些线程在条件等待中立即进入睡眠状态。主线程生成由其他线程执行的任务块。每当生成一个新的任务块时，它就用一个条件信号唤醒一个线程。当一个线程完成了它的任务块的执行，它应该返回到条件等待中。当主线程完成了任务的生成，它就会设置一个全局变量，表明不会再有任务，并以条件广播的方式唤醒所有线程。为了明确起见，让你的任务用链表操作。

4.6 编写一个 Pthreads 程序，使用两个条件变量和一个互斥锁来实现一个读写锁。下载使用 Pthreads 读写锁的在线链表程序，并修改它以使用你的读写锁。比较一下读者被赋予优先权时程序的性能和写者被赋予优先权时程序的性能。你能概括一下吗？

OpenMP 共享内存编程

与 Pthreads 相似,OpenMP 是一个用于共享内存 MIMD 编程的 API。OpenMP 中的"MP"代表"多进程",该术语与共享内存 MIMD 计算同义。因此,OpenMP 是为这样的系统而设计的,该系统中每个线程或进程都有可能访问所有可用内存。当用 OpenMP 编程时,我们把系统看作一个自治的核心或 CPU 的集合,所有的这些都可以访问主存,如图 5.1 所示。

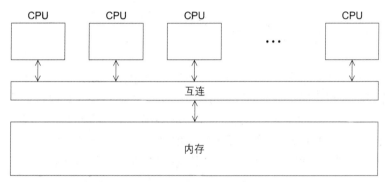

图 5.1　共享内存系统

尽管 OpenMP 和 Pthreads 都是用于共享内存编程的 API,但它们有许多根本的区别。Pthreads 要求程序员明确地指定每个线程的行为。而 OpenMP 有时允许程序员简单地申明一个代码块应该被并行执行,而精确地确定任务以及哪个线程应该执行这些任务则留给编译器和运行时系统。这进一步表明了 OpenMP 和 Pthreads 之间的区别。Pthreads(如 MPI)是一个函数库,可以链接到 C 程序中,所以只要系统有一个 Pthreads 库,任何 Pthreads 程序都可以用任何 C 编译器。而 OpenMP 需要编译器对某些操作的支持,因此,你完全有可能碰到一个不能将 OpenMP 程序编译成并行程序的 C 编译器。

这些差异也说明了为什么有两种标准的共享内存编程的 API。Pthreads 是低级别的,它为我们提供了对几乎所有可以想象到的线程行为进行编程的能力。然而,与之对应,这种能力伴随着一些代价——我们需要指定每个线程行为的每一个细节。而 OpenMP 允许编译器和运行时系统确定线程行为的一些细节,所以使用 OpenMP 对一些并行行为进行编码会更简单。其代价是,一些低级别的线程交互可能更难编程。

OpenMP 是由一群程序员和计算机科学家开发的,他们认为使用 API(如 Pthreads)编写大规模的高性能程序太难了,所以定义了 OpenMP 规范,以便可以在更高的水平上开发共享内存程序。事实上,OpenMP 被明确地设计为允许程序员逐步并行化现有的串行程序。这在 MPI 中几乎是不可能的,而在 Pthreads 中也相当困难。

在本章中,我们将学习 OpenMP 的基础知识。我们将学习如何编写一个可以使用 OpenMP 的程序,并学习如何编译和运行 OpenMP 程序。接下来,我们将学习如何利用 OpenMP 最强大的功能之一:只需对源代码做很小的修改,就能实现串行 **for** 循环的并行化。

然后，我们将学习 OpenMP 的其他一些特性：任务级并行和显式线程同步。我们还将研究共享内存编程中的一些标准问题：缓存对共享内存编程的影响，以及在共享内存程序中使用串行代码（尤其是串行库）时可能遇到的问题。

5.1   入门

OpenMP 提供了一个被称为"基于指令"的共享内存 API。在 C 和 C++ 中，这意味着有一些特殊的预处理器指令，即所谓的 pragma。pragma 通常被添加到系统中以允许执行不属于基本 C 规范的行为。不支持 pragma 的编译器可以有选择地忽略这些 pragma。这就使得使用了 pragma 的程序可以在不支持它们的平台上运行。因此，原则上，如果你有一个精心编写的 OpenMP 程序，它可以被编译并在任何有 C 语言编译器的系统上运行，不管该编译器是否支持 OpenMP。如果不支持 OpenMP，那么这些指令将被简单地忽略，且代码将按顺序执行。

pragma 在 C 和 C++ 中以如下方式开头：

`#pragma`

一般来说，我们把磅符号"#"放在第 1 列，像其他预处理器指令一样，我们把指令的其余部分移开，使其与代码的其他部分对齐。pragma（就像所有的预处理器指令一样）默认为单独一行，所以如果 pragma 不能放在单独一行中，新行需要被"转义"——也就是用反斜杠"\"预先取代。#pragma 后的细节完全取决于正在使用的扩展。

让我们来看一个非常简单的例子，一个使用 OpenMP 的"hello, world"程序（见程序 5.1）。

```c
1   #include <stdio.h>
2   #include <stdlib.h>
3   #include <omp.h>
4
5   void Hello(void);   /* 线程函数 */
6
7   int main(int argc, char* argv[]) {
8       /* 从命令行中获得线程的数量 */
9       int thread_count = strtol(argv[1], NULL, 10);
10
11  #   pragma omp parallel num_threads(thread_count)
12      Hello();
13
14      return 0;
15  }  /* main */
16
17  void Hello(void) {
18      int my_rank = omp_get_thread_num();
19      int thread_count = omp_get_num_threads();
20
21      printf("Hello from thread %d of %d\n",
22              my_rank, thread_count);
23
24  }  /* Hello */
```

程序 5.1   一个使用 OpenMP 的"hello, world"程序

5.1.1 编译和运行OpenMP程序

为了用 `gcc` 编译，我们需要加入 `-fopenmp` 选项 ⊖：

```
$ gcc -g -Wall -fopenmp -o omp_hello omp_hello.c
```

为了运行该程序，我们在命令行上指定线程的数量。例如，我们可以用四个线程来运行该程序，并输入

```
$ ./omp_hello 4
```

这样做之后的输出可能是

```
Hello from thread 0 of 4
Hello from thread 1 of 4
Hello from thread 2 of 4
Hello from thread 3 of 4
```

然而，应该注意的是，这些线程正在竞争对 `stdout` 的访问权，所以不能保证输出会以线程次序的顺序出现。例如，输出也可能是

```
Hello from thread 1 of 4
Hello from thread 2 of 4
Hello from thread 0 of 4
Hello from thread 3 of 4
```

或

```
Hello from thread 3 of 4
Hello from thread 1 of 4
Hello from thread 2 of 4
Hello from thread 0 of 4
```

或任何其他线程次序的排列。

如果我们想只用一个线程来运行程序，可以输入

```
$ ./omp_hello 1
```

而我们将得到的输出是

```
Hello from thread 0 of 1
```

5.1.2 程序

让我们看一下源代码。除了指令的集合，OpenMP 还包括一个函数和宏的库，所以我们通常需要包括一个带有原型和宏定义的头文件。OpenMP 的头文件是 `omp.h`，我们在第 3 行包含了它。

在 Pthreads 程序中，我们在命令行中指定了线程的数量，通常也会在 OpenMP 程序中这样做。因此在第 9 行，我们使用 `stdlib.h` 中的 `strtol` 函数来获得线程数。回顾一下，这个函数的语法是

```
long strtol(
    const char*    number_p    /* in  */,
    char**         end_p       /* out */,
    int            base        /* in  */);
```

⊖ 一些老版本的 `gcc` 可能不包含 OpenMP 支持。其他编译器一般会使用不同的命令行选项来指定源代码是一个 OpenMP 程序。关于我们对编译器使用的假设，详见 2.9 节。

第一个参数是一个字符串，在我们的例子中，它是命令行参数，是一个字符串；最后一个参数是表示该字符串的进制，在我们的例子中，它是十进制。我们不会使用第二个参数，所以只是传入一个 NULL 指针。返回值是命令行参数转换为 C 语言的长整型。

如果你接触过 C 语言编程，到此为止其实没有什么新东西。当我们从命令行启动程序时，操作系统会启动一个单线程的进程，这个进程会执行主函数中的代码。然而，事情在第 11 行变得有趣了。这是我们的第一个 OpenMP 指令，我们用它来指定程序应启动的线程。每个线程都应该执行 Hello 函数，当线程从对 Hello 的调用中返回时，它们应该被终止，然后进程在执行**返回**语句时应该终止。

这对我们（或代码）是一个很大的收获。如果你学过 Pthreads 一章，就会记得我们不得不写大量的代码来实现类似的东西：我们需要为每个线程分配一个特殊结构的存储空间，我们用一个 **for** 循环来启动所有线程，用另一个 **for** 循环来终止线程。由此可见，OpenMP 提供了比 Pthreads 更高级别的抽象。

我们已经看到，C 和 C++ 中的 pragma 的开头为

```
#    pragma
```

OpenMP 的 pragma 的开头总是

```
#    pragma omp
```

我们的第一个指令是 parallel 指令，正如你可能已经猜到的，它规定后面的**结构化代码块**应该由多个线程来执行。结构化代码块是一个 C 语句或复合 C 语句，并有一个入口点和一个出口点，尽管允许调用函数 exit。这个定义只是禁止代码在结构化块的中间分叉进入或退出。

回顾一下，**线程**是执行线程的简称。这个名字意在暗示一个程序执行的语句序列。线程通常由进程启动或**分叉**，它们共享启动它们的进程的大部分资源，例如，访问 stdin 和 stdout，但每个线程都有自己的栈和程序计数器。当一个线程完成执行时，它就加入了启动它的进程。这个术语可以从将线程表示为定向线的图中得知（见图 5.2）。更多细节见第 2 章和第 4 章。

图 5.2　一个进程分叉并加入两个线程

在最基本的情况下，parallel 指令是简单的，

```
#    pragma omp parallel
```

且运行以下结构化代码块的线程数量将由运行时系统决定。所用的算法相当复杂，详见 OpenMP 标准[47]。然而，如果没有其他线程启动，系统通常会在每个可用的核心上运行一个线程。

正如前面指出的，我们通常会在命令行中指定线程的数量，所以会用 num_threads 子句来修改并行指令。OpenMP 中的**子句**只是一些修改指令的文本。num_threads 子句可以被添加到 parallel 指令中。它允许程序员指定执行下面这个块的线程数：

```
#    pragma omp parallel num_threads(thread_count)
```

应该注意的是，对于一个程序可以启动的线程数量可能有系统定义的限制。OpenMP 标准并不保证实际中真的启动 thread_count 个线程。然而，目前大多数系统可以启动数百个甚

至数千个线程, 所以除非我们试图启动大量的线程, 否则几乎总是会得到所需的线程数量。

当程序运行到 parallel 指令时, 实际上发生了什么? 在 parallel 指令之前, 程序使用的是一个单线程, 即程序开始执行时启动的进程。当程序到达 parallel 指令时, 原来的线程继续执行, 而 thread_count − 1 的额外线程被启动。在 OpenMP 的术语中, 执行 parallel 块的线程的集合 (原始线程和新线程) 被称为**组**。OpenMP 的线程术语包括以下内容:

- 主线程: 第一个执行线程, 即线程 0。
- 父线程: 遇到 parallel 指令并启动一组线程的线程。在许多情况下, 父线程也是主线程。
- 子线程: 由父线程启动的每个线程都被视为子线程。

组中的每个线程都会执行指令后的块, 所以在我们的例子中, 每个线程都会调用 Hello 函数。

当代码块完成时 (在我们的例子中, 当线程从对 Hello 的调用中返回时) 有一个**隐含的栅栏**。这意味着已经完成代码块的线程将等待组中所有其他线程完成代码块, 在我们的例子中, 已经完成对 Hello 的调用的线程将等待组中其他所有线程返回。当所有的线程都完成了该块, 子线程将终止, 父线程将继续执行该块之后的代码。在我们的例子中, 父线程将执行第 14 行的**返回语句**, 然后程序就终止了。

由于每个线程都有自己的栈, 执行 Hello 函数的线程将在函数中创建自己的私有、局部变量。在我们的例子中, 当函数被调用时, 每个线程将通过调用 OpenMP 函数 mp_get_thread_num 和 mp_get_num_threads 分别获得其序列号或 ID 以及组中的线程数。线程的序列号或 ID 是一个整型, 其范围是 0, 1, ⋯, thread_count − 1。这些函数的语法是

```
int omp_get_thread_num(void);
int omp_get_num_threads(void);
```

由于 stdout 在线程之间共享, 每个线程都可以执行 printf 语句来打印它的线程序列号和线程的数量。

正如我们前面指出的, 对 stdout 的访问没有调度, 所以线程打印结果的实际顺序是不确定的。

5.1.3　错误检查

为了使代码更紧凑、更易读, 我们的程序不做任何错误检查。当然, 这是很危险的, 而且在实践中, 尝试预测错误并检查它们是一个很好的想法——甚至可以说是强制性的。在这个例子中, 我们肯定应该检查是否存在一个命令行参数, 如果有的话, 在调用 strtol 之后, 应该检查其值是否为正。我们还可以检查由并行指令实际创建的线程数是否与 thread_count 相同, 但在这个简单的例子中, 这并不重要。

潜在问题的第二个来源是编译器。如果编译器不支持 OpenMP, 它将直接忽略并行指令。然而, 试图包含 omp.h 以及调用 mp_get_thread_num 和 mp_get_num_threads 将导致错误。为了处理这些问题, 可以检查预处理程序宏 _OPENMP 是否被定义。如果定义了, 我们就可以包括 omp.h, 并对 OpenMP 函数进行调用。我们可以对如下的程序进行修改, 而不是简单地引入 omp.h。

```
#include <omp.h>
```

我们可以在尝试引入它之前检查 _OPENMP 的定义：

```
#ifdef _OPENMP
#  include <omp.h>
#endif
```

另外，我们可以先检查 _OPENMP 是否被定义，而不是直接调用 OpenMP 函数：

```
#  ifdef _OPENMP
      int my_rank = omp_get_thread_num();
      int thread_count = omp_get_num_threads();
#  else
      int my_rank = 0;
      int thread_count = 1;
#  endif
```

在这里，如果 OpenMP 不可用，我们假设 Hello 函数是单线程的。因此，单线程的序列号将是 0，而线程数将是 1。

本书网站包含这个程序的源代码，它可以进行这些检查。为了使代码尽可能清晰，我们通常略去错误检查部分。我们也会假设 OpenMP 是可用的，并且被编译器所支持。

5.2　梯形法则

我们来看一个更有用（也更复杂）的例子：用于估计曲线下面积的梯形法则。回顾 3.2 节，如果 $y=f(x)$ 是一个相当不错的函数，且 $a<b$ 是实数，那么我们可以通过将区间 $[a, b]$ 划分为 n 个子区间，用 $f(x)$ 的图形、垂直线 $x=a$ 和 $x=b$ 以及 x 轴中每个子区间的面积和来逼近梯形的面积（见图 5.3）。

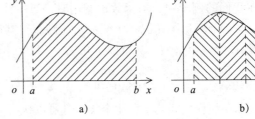

a)　　　　　　　b)

图 5.3　梯形法则

还记得，如果每个子区间有相同的长度，且如果定义 $h=(b-a)/n$，$x_i=a+ih$，$i=0, 1, \cdots, n$，那么近似值将是

$$h[f(x_0)/2+f(x_1)+f(x_2)+\cdots+f(x_{n-1})+f(x_n)/2]$$

因此，我们可以用以下代码实现串行算法：

```
/* 输入：a, b, n */
h = (b−a)/n;
approx = (f(a) + f(b))/2.0;
for (i = 1; i <= n−1; i++) {
    x_i = a + i*h;
    approx += f(x_i);
}
approx = h*approx;
```

详见 3.2.1 节。

5.2.1　第一个OpenMP版本

回顾一下，我们将 Foster 的并行程序设计方法应用于梯形法则，如下所述（见 3.2.2 节）：

1. 我们确定了两种类型的工作：

a. 计算各个梯形的面积。

b. 梯形的面积相加。

2. 第一个集合中的工作之间没有通信，但第一个集合中的每个工作都需要与工作 1b 进行通信。

3. 假设梯形比核心多得多，所以我们通过给每个线程分配一个连续的梯形块（每个核心分配一个线程）来汇集工作 ⊖。更高效的方法是，将区间 [a, b] 划分为更大的子区间，各个线程在它的子区间内只需简单地应用串行梯形法则（见图 5.4）。

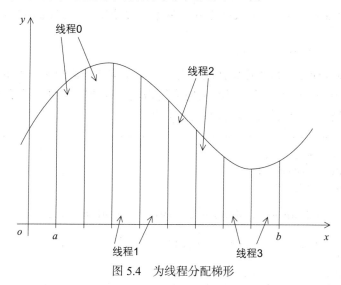

图 5.4　为线程分配梯形

然而，我们还没有完成全部任务，因为仍然需要把线程的结果累加起来。一个明显的解决方案是使用共享变量来计算所有线程的结果之和，每个线程可以将其（私有）结果添加到共享变量中。我们想让每个线程执行一个类似于

```
global_result += my_result;
```

的语句，然而，正如我们已经看到的，这可能导致 global_result 的错误值——如果两个（或更多）线程试图同时执行这个语句，结果将是不可预测的。例如，假设 global_result 被初始化为 0，线程 0 计算了 my_result=1，线程 1 计算了 my_result=2。此外，假设线程按照以下时间表执行语句 global_result += my_result。

时间	线程 0	线程 1
0	将 global_result = 0 写进寄存器	完成 my_result
1	将 my_result = 1 写进寄存器	将 global_result = 0 写进寄存器
2	将 my_result 加进 global_result	将 my_result = 2 写进寄存器
3	存储 global_result = 1	将 my_result 加进 global_result
4		存储 global_result = 2

我们看到，线程 0 计算的值（my_result = 1）被线程 1 覆盖了。

当然，实际的事件顺序可能是不同的，但除非一个线程在另一个线程开始之前完成了计

⊖　由于我们讨论的是 MPI，实际上使用了进程而不是线程。

算 global_result += my_result，否则结果将是错误的。回想一下，这是一个**竞争条件**的例子：多个线程试图访问一个共享资源，其中至少有一个访问是更新的，而且访问可能导致错误。同时，回想一下，导致竞赛条件的代码 global_result += my_result 被称为**临界区**。临界区是由多个线程同时执行更新共享资源的代码，而共享资源一次只能由一个线程更新。

因此，我们需要一些机制来确保一旦一个线程开始执行 global_result += my_result，在第一个线程完成之前，其他线程不能开始执行这个代码。在 Pthreads 中，我们使用 mutex 或 semaphore。在 OpenMP 中，我们可以使用 critical 指令：

```
#   pragma omp critical
    global_result += my_result;
```

这条指令告诉编译器，系统需要使线程对以下的结构化代码块有**互斥**的访问 ⊖。也就是说，每次只有一个线程可以执行下面的结构化代码块。这个版本的代码显示在程序 5.2 中。我们省略了错误检查，并且省略了函数 $f(x)$ 的代码。

```
1   #include <stdio.h>
2   #include <stdlib.h>
3   #include <omp.h>
4
5   void Trap(double a, double b, int n, double* global_result_p);
6
7   int main(int argc, char* argv[]) {
8      /* 把结果存进global_result中 */
9      double   global_result = 0.0;
10     double   a, b;   /* 左端点和右端点 */
11     int      n;      /* 梯形的总数      */
12     int      thread_count;
13
14     thread_count = strtol(argv[1], NULL, 10);
15     printf("Enter a, b, and n\n");
16     scanf("%lf %lf %d", &a, &b, &n);
17 #   pragma omp parallel num_threads(thread_count)
18     Trap(a, b, n, &global_result);
19
20     printf("With n = %d trapezoids, our estimate\n", n);
21     printf("of the integral from %f to %f = %.14e\n",
22        a, b, global_result);
23     return 0;
24  } /* main */
25
26  void Trap(double a, double b, int n, double* global_result_p) {
27     double   h, x, my_result;
28     double   local_a, local_b;
29     int      i, local_n;
30     int      my_rank = omp_get_thread_num();
31     int      thread_count = omp_get_num_threads();
32
33     h = (b-a)/n;
```

⊖ 你可能习惯于看到块的前面有一个控制流语句（例如，**if**，**for**，**while**，等等）。但你很快就会看到，情况不一定是这样的。如果我们想定义一个跨越两行代码的临界区，只需用大括号把它括起来。

```
34      local_n = n/thread_count;
35      local_a = a + my_rank*local_n*h;
36      local_b = local_a + local_n*h;
37      my_result = (f(local_a) + f(local_b))/2.0;
38      for (i = 1; i <= local_n-1; i++) {
39        x = local_a + i*h;
40        my_result += f(x);
41      }
42      my_result = my_result*h;
43
44  #   pragma omp critical
45      *global_result_p += my_result;
46  }   /* Trap */
```

程序 5.2　首个 OpenMP 梯形法则程序

在第 17 行之前的主函数中，代码是单线程的，它只是获得线程数和输入（a、b 和 n）。在第 17 行，parallel 指令指定 Trap 函数应该由 thread_count 个线程执行。从对 Trap 的调用返回后，任何由并行指令启动的新线程都被终止，程序恢复执行时只有一个线程。这一个线程打印出结果并终止。

在 Trap 函数中，每个线程得到它的序列号和由 parallel 指令启动的组中的线程总数。然后，每个线程确定以下内容：

1. 梯形的底的长度（第 33 行）。
2. 分配给每个线程的梯形的数量（第 34 行）。
3. 其区间的左、右端点（分别为第 35 和 36 行）。
4. 它对 global_result 的贡献（第 37～42 行）。

在第 44～45 行中，线程向 global_result 累加各自的结果。

我们对一些变量使用前缀 local_ 来强调它们的值可能与主函数中相应变量的值不同，例如，local_a 可能与 a 不同，尽管它是线程的左边端点。

注意，除非 n 能被 thread_count 整除，否则 global_result 将使用少于 n 个梯形。例如，如果 n 为 14，thread_count=4，每个线程将计算

```
local_n = n/thread count = 14/4 = 3
```

因此，每个线程将只使用 3 个梯形，而 global_result 将用 $4 \times 3 = 12$ 个梯形计算，而不是要求的 14 个。因此，在错误检查中（这里没有显示），我们通过这样的方式检查 n 是否能被 thread_count 整除：

```
if (n % thread_count != 0) {
  fprintf(stderr,
    "n must be evenly divisible by thread_count\n");
  exit(0);
}
```

由于每个线程都被分配了一个由 local_n 个梯形组成的区块，每个线程的区间长度将是 local_n*h，所以左端点将是

```
thread 0:  a + 0*local_n*h
thread 1:  a + 1*local_n*h
thread 2:  a + 2*local_h*h
  . . .
```

此外，由于每个线程的区间长度将是 local_n*h，其右端点将只是

```
local_b = local_a + local_n*h;
```

5.3 变量的作用域

在串行编程中，变量的作用域包括程序中可以使用该变量的那些部分。例如，一个在 C 语言函数开头声明的变量具有"函数范围"的作用域，也就是说，它只能在函数体中被访问。另一方面，在 .c 文件的开头，但在任何函数之外声明的变量具有"文件范围"的作用域，也就是说，在声明该变量的文件中的任何函数都可以访问该变量。在 OpenMP 中，变量的**作用域**指的是在一个并行块中可以访问该变量的线程集合。一个可以被组中所有线程访问的变量具有**共享**作用域，而一个只能被单个线程访问的变量具有**私有**作用域。

在"hello, world"程序中，每个线程使用的变量（my_rank 和 thread_count）都是在 Hello 函数中声明的，该函数在并行块中被调用。因此，每个线程使用的变量都是从线程的（私有）栈中分配的，因此所有的变量都为私有作用域。这几乎是梯形法则程序中的情况，因为并行块只是一个函数调用，每个线程在 Trap 函数中使用的所有变量都是从线程的栈中分配的。

然而，在主函数中声明的变量（a、b、n、global_result 和 thread_count）都可以被由 parallel 指令启动的组中的所有线程访问。因此，在一个并行块之前声明的变量的默认范围是共享的。事实上，我们已经隐式地利用了这一点：组中的每个线程都从对 Trap 的调用中获得了 a、b 和 n 的值。由于这个调用发生在并行块中，所以当 a、b 和 n 的值被复制到相应的形参中时，每个线程都能访问它们是至关重要的。

此外，在 Trap 函数中，虽然 global_result_p 是私有变量，但它指的是在 parallel 指令之前在 main 中声明的变量 global_result，而 global_result 的值用来存储并行块之后打印出来的结果。因此，在代码

```
*global_result_p += my_result;
```

中，*global_result_p 具有共享作用域是至关重要的。如果它对每个线程都是私有的，那么就没有必要使用 critical 指令了。此外，如果它是私有的，我们就很难在并行块完成后确定 main 中 global_result 的值。

总而言之，在 parallel 指令之前声明的变量在组中的线程之间具有共享作用域，而在块中声明的变量（例如函数中的局部变量）具有私有作用域。此外，共享变量在并行块开始时的值与块之前的值相同，而在并行块完成后，该变量的值是块结束时的值。

我们很快就会看到，变量的默认作用域可以随着其他指令而改变，而且 OpenMP 提供了修改默认作用域的子句。

5.4 归约子句

如果开发梯形法则的串行实现，我们可能会使用一个稍微不同的函数原型。而不是

```
void Trap(
    double a,
    double b,
    int n,
    double* global_result_p);
```

我们可能会定义

```
double Trap(double a, double b, int n);
```
而函数调用将是
```
global_result = Trap(a, b, n);
```
这在某种程度上更容易理解，而且除了指针的狂热拥护者外，这可能对其他所有人更有吸引力。

我们转向指针版本，因为需要加上每个线程的本地计算来获得 global_result。然而，我们可能更喜欢下面的函数原型：
```
double Local_trap(double a, double b, int n);
```
有了这个原型，Local_trap 的主体将与程序 5.2 中的 Trap 函数相同，只是没有临界区。相反，每个线程将返回其计算的部分，即 my_result 变量的最终值。如果做了这个改变，我们可以尝试修改并行块，使其看起来如下：
```
     global_result = 0.0;
#    pragma omp parallel num_threads(thread_count)
     {
#        pragma omp critical
         global_result += Local_trap(double a, double b, int n);
     }
```
你能看出这段代码的问题吗？它应该给出正确的结果。然而，由于我们已经指定其临界区是
```
global_result += Local_trap(double a, double b, int n);
```
对 Local_trap 的调用一次只能由一个线程执行，而且，实际上，我们强迫线程按顺序执行梯形法则。如果检查这个版本的运行时间，多线程的运行时间可能比单线程要慢（见练习 5.3）。

我们可以通过在并行块内声明一个私有变量并将临界区移到函数调用之后来避免这个问题：
```
     global_result = 0.0;
#    pragma omp parallel num_threads(thread_count)
     {
         double my_result = 0.0;   /* 私有的 */
         my_result += Local_trap(double a, double b, int n);
#        pragma omp critical
         global_result += my_result;
     }
```
现在对 Local_trap 的调用是在临界区之外，线程可以同时执行它们的调用。此外，由于 my_result 是在并行块中声明的，所以它是私有的，在临界区之前，每个线程都会将其计算的部分存储在 my_result 变量中。

OpenMP 提供了一个更简洁的选择，也避免了 Local_trap 的串行化执行：我们可以指定 global_result 是一个**归约变量**。**归约运算符**是一个可结合的二元运算（比如加法或乘法），而**归约**是将同一个归约运算符重复应用于一连串的操作数以得到一个结果的计算。此外，操作的所有中间结果都应该存储在同一个变量中——**归约变量**。

例如，如果 A 是一个由 n 个整型组成的数组，那么计算
```
int sum = 0;
for (i = 0; i < n; i++)
    sum += A[i];
```
是一种归约，其中的归约算子是加法。

在 OpenMP 中，有可能指定一个归约的结果是一个归约变量。要做到这一点，可以在并行指令中加入一个归约子句。在我们的例子中，可以将代码修改如下：

```
    global_result = 0.0;
#   pragma omp parallel num_threads(thread_count) \
        reduction(+: global_result)
    global_result += Local_trap(double a, double b, int n);
```

首先要注意，parallel 指令有两行长。回顾一下，C 语言预处理器指令默认只有一行，所以我们需要在换行符之前加上一个反斜杠 "\" 来 "转义"。

代码中指定的 global_result 是一个归约变量，加号 "+" 表示归约运算符是加法。实际上，OpenMP 为每个线程创建了一个私有变量，运行时系统将每个线程的结果存储在这个私有变量中。OpenMP 还创建了一个临界区，存储在私有变量中的值被累加到这个临界区。因此，对 Local_trap 的调用可以并行。

归约子句的语法是

```
reduction(<operator>: <variable list>)
```

在 C 语言中，运算符可以是 +、*、-、&、|、^、&&、|| 中的任何一个。你可能会想，使用减法是否有问题，因为减法不是可结合的或可交换的。例如，串行代码

```
result = 0;
for (i = 1; i <= 4; i++)
    result -= i;
```

在结果中存储数值 -10。然而，如果我们将迭代划分成两个线程，线程 0 减去 1 和 2，线程 1 减去 3 和 4，那么线程 0 将计算成 -3，线程 1 将计算成 -7，这导致了一个错误的计算，即 $-3-(-7)=4$。幸运的是，OpenMP 标准规定，减法归约的部分结果会加在一起形成最终值，所以归约会按计划进行。

还应注意的是，如果归约变量是单精度浮点数或双精度浮点数，在使用不同数量的线程时，结果可能略有不同。这是由于浮点运算不是可结合的。例如，如果 a、b、c 是浮点数，那么 $(a+b)+c$ 可能不完全等于 $a+(b+c)$（见练习 5.5）。

当一个变量被包含在归约子句中时，该变量本身是共享的。然而，会为组中的每个线程创建私有变量。在并行块中，每当一个线程执行涉及该变量的语句时，它就会使用该私有变量。当并行块结束时，私有变量中的值会被合并到共享变量中。因此，最新版本的代码如下：

```
    global_result = 0.0;
#   pragma omp parallel num_threads(thread_count) \
        reduction(+: global_result)
    global_result += Local_trap(double a, double b, int n);
```

它有效地执行了与之前的版本相同的代码：

```
    global_result = 0.0;
#   pragma omp parallel num_threads(thread_count)
    {
        double my_result = 0.0;   /* 私有的 */
        my_result += Local_trap(double a, double b, int n);
#       pragma omp critical
        global_result += my_result;
    }
```

最后要注意的一点是，线程的私有变量被初始化为 0。这类似于我们将 `my_result` 初始化为 0。一般来说，为归约子句创建的私有变量被初始化为运算符的恒等值。例如，如果运算符是乘法，那么私有变量将被初始化为 1。整个列表见表 5.1。

表 5.1 OpenMP 中各种归约运算符的标识值

运算符	标识值
+	0
*	1
-	0
&	~0
|	0
^	0
&&	1
||	0

5.5 `parallel`指令

作为对梯形法则显式并行化的替代方案，OpenMP 提供了 `parallel` **for** 指令。使用它，我们可以将串行梯形法则并行化：

```
h = (b-a)/n;
approx = (f(a) + f(b))/2.0;
for (i = 1; i <= n-1; i++)
    approx += f(a + i*h);
approx = h*approx;
```

只需在 **for** 循环之前放置一个指令即可：

```
    h = (b-a)/n;
    approx = (f(a) + f(b))/2.0;
#   pragma omp parallel for num_threads(thread_count) \
        reduction(+: approx)
    for (i = 1; i <= n-1; i++)
        approx += f(a + i*h);
    approx = h*approx;
```

与 `parallel` 指令一样，`parallel for` 指令分叉一组线程来执行下面的结构块。然而，在 `parallel for` 指令之后的结构化块必须是一个 **for** 循环。此外，通过 `parallel` **for** 指令，系统通过在线程之间分配循环的迭代来实现 **for** 循环的并行化。因此，`parallel for` 指令与 `parallel` 指令有很大的不同，因为在前面有 `parallel` 指令的块中，一般来说，任务必须由线程自己分配。

在一个用 `parallel for` 指令并行化的 **for** 循环中，线程间默认的迭代划分由系统决定。然而，大多数系统使用的是粗糙的块状划分，也就是说，如果有 m 个迭代，那么大致上第一个 m/thread_count 被分配给线程 0，接下来的 m/thread_count 被分配给线程 1，以此类推。

请注意，我们必须使 approx 成为一个归约变量。如果不这样做，它将是一个普通的共享变量，而循环的主体

```
approx += f(a + i*h);
```

将是一个不受保护的临界区，导致 approx 值不一致。

然而，说到范围，`parallel` 指令中所有变量的默认作用域是共享的，但在 `parallel` **for** 中，如果循环变量 i 是共享的，那么变量更新 i++ 也将是一个不受保护的临界区。因此，在一个用 `parallel` **for** 指令并行化的循环中，循环变量的默认作用域是私有的。在我们的代码中，组中的每个线程都有自己的 i 副本。

5.5.1 注意事项

这真是太妙了：只需添加一条 parallel 指令，就有可能使一个由大型 for 循环组成的串行程序并行化。通过在每个循环之前连续放置 parallel **for** 指令，可以逐步实现有许多 **for** 循环的串行程序并行化。

然而，事情可能并不像看起来那样美好。在使用 parallel **for** 指令时，有几个注意事项。OpenMP 只对 for 循环进行并行化，其不会直接对 **while** 循环或 **do-while** 循环进行并行化。这似乎不是一个太大的限制，因为任何使用 **while** 循环或 **do-while** 循环的代码都可以被等价地转换为使用 **for** 循环代码。然而，OpenMP 只对可以确定迭代次数的 **for** 循环进行并行化，迭代次数可以从如下两种情况确定：

❑ 由 **for** 语句本身确定（即 **for**(...;...;...) 的代码）。
❑ 在执行该循环之前确定。

例如，"无限循环"

```
for ( ; ; ) {
    . . .
}
```

不能被并行化。同样，循环

```
for (i = 0; i < n; i++) {
    if ( . . . ) break;
    . . .
}
```

也不能被并行化，因为不能仅从 **for** 语句中确定迭代的数量。这个 **for** 循环也不是一个结构化的块，因为 **break** 增加了另一个退出循环的点。

事实上，OpenMP 只对典型的循环进行并行化。典型的循环见程序 5.3，这个模板中的变量和表达式受到一些相当明显的限制：

❑ 变量 index 必须是整型或指针类型（例如，不能是浮点型）。
❑ 表达式 start、end 和 incr 必须有一个兼容的类型。例如，如果 index 是指针，那么 incr 必须具有整数类型。
❑ 在循环的执行过程中，表达式 start、end 和 incr 不能改变。
❑ 在循环的执行过程中，变量 index 只能被 **for** 语句中的 "增加表达式" 修改。

这些限制允许运行时系统在执行循环之前确定迭代的数量。

$$
\mathbf{for} \left(index = start \ ; \ \begin{matrix} & \\ index < end \\ index <= end \\ index >= end \\ index > end \end{matrix} \ ; \ \begin{matrix} index\texttt{++} \\ \texttt{++}index \\ index\texttt{-} \\ \texttt{-}index \\ index \mathrel{+}= incr \\ index \mathrel{-}= incr \\ index = index + incr \\ index = incr + index \\ index = index - incr \end{matrix} \right)
$$

程序 5.3　语句并行化的合法形式

运行时系统必须能够在执行前确定迭代次数，才可以使用 parallel for 指令。但这一规则的唯一例外是，如果在循环的主体中可以调用 exit，那么也不可以使用 parallel for 指令。

5.5.2 数据依赖性

如果 **for** 循环不能满足上一节所述的规则之一，编译器将直接拒绝它。例如，假设我们试图编译一个具有以下线性搜索函数的程序：

```
1    int Linear_search(int key, int A[], int n) {
2        int i;
3        /* thread_count 是全局的 */
4    #   pragma omp parallel for num_threads(thread_count)
5        for (i = 0; i < n; i++)
6            if (A[i] == key) return i;
7        return −1;  /* 没有在列表里的键 */
```

gcc 编译器报告：

```
Line 6: error: invalid exit from OpenMP structured block
```

一个更隐蔽的问题发生在循环中：其中一个迭代的计算依赖于一个或多个先前迭代的结果。举例来说，考虑以下代码，它计算前 n 个斐波那契数：

```
fibo[0] = fibo[1] = 1;
for (i = 2; i < n; i++)
    fibo[i] = fibo[i−1] + fibo[i−2];
```

虽然我们可能怀疑有些东西不太对，但试试用 parallel for 指令来并行化 **for** 循环：

```
fibo[0] = fibo[1] = 1;
#   pragma omp parallel for num_threads(thread_count)
    for (i = 2; i < n; i++)
        fibo[i] = fibo[i−1] + fibo[i−2];
```

编译器会毫无怨言地创建一个可执行文件。然而，如果我们尝试用一个以上的线程来运行它，可能会发现结果充其量是不可预测的。例如，在我们的系统上（如果尝试使用两个线程来计算前 10 个斐波那契数），有时会得到

$$1, 1, 2, 3, 5, 8, 13, 21, 34, 55$$

这是对的。然而，我们偶尔也会得到

$$1, 1, 2, 3, 5, 8, 0, 0, 0, 0$$

发生了什么？似乎运行时系统将 fibo[2]、fibo[3]、fibo[4] 和 fibo[5] 的计算分配给一个线程，而将 fibo[6]、fibo[7]、fibo[8] 和 fibo[9] 分配给另一个线程。（记住，循环从 i = 2 开始。）在程序的某些运行中，一切都很好，因为被分配到 fibo[2]、fibo[3]、fibo[4] 和 fibo[5] 的线程在另一个线程开始之前完成了计算。然而，在其他运行中，当第二个线程计算 fibo[6] 时，第一个线程显然还没有计算 fibo[4] 和 fibo[5]。看起来系统已经将 fibo 中的初始值置为 0，第二个线程正在使用 fibo[4]=0 和 fibo[5]=0 的值来计算 fibo[6]。然后，它继续使用 fibo[5]=0 和 fibo[6]=0 来计算 fibo[7]，以此类推。

我们在这里看到两个重要的观点：

1. OpenMP 编译器并不检查循环中的迭代之间的依赖关系，这些迭代是用 parallel for 指令并行化的。这就要靠程序员来识别这些依赖关系了。

2. 一般来说，如果不使用 Tasking API 等功能，一个或多个迭代的结果依赖于其他迭代的循环就不能被 OpenMP 正确并行化（参见 5.10 节）。

fibo[6] 的计算对 fibo[5] 的计算的依赖性被称为**数据依赖性**。由于 fibo[5] 的值是在一次迭代中计算出来的，而其结果是在随后的迭代中使用的，所以这种依赖关系有时被称为**循环迭代相关**。

5.5.3 寻找循环迭代相关

也许首先要观察的是，当我们试图使用一个 parallel for 指令时，只需要担心循环迭代相关，而不需要担心更一般的数据依赖。例如，在循环中，

```
1        for (i = 0; i < n; i++) {
2            x[i] = a + i*h;
3            y[i] = exp(x[i]);
4        }
```

第 2 行和第 3 行之间存在数据依赖性。然而，并行化时没有问题。

```
1  #  pragma omp parallel for num_threads(thread_count)
2        for (i = 0; i < n; i++) {
3            x[i] = a + i*h;
4            y[i] = exp(x[i]);
5        }
```

因为 x[i] 的计算和其随后的使用将总是被分配给同一个线程。

还要注意的是，至少有一条语句必须写入或更新变量才能使这些语句代表一种依赖关系，所以为了检测循环迭代相关，我们应该只关注被循环体更新的变量。也就是说，我们应该寻找那些在一个迭代中被读取或写入，而在另一个迭代中被写入的变量。让我们看以下几个例子。

5.5.4 估算 π

获得 π 的近似值的一种方法是在公式中使用如下式子[⊖]：

$$\pi = 4\left[1 - \frac{1}{3} + \frac{1}{5} - \frac{1}{7} + \cdots\right] = 4\sum_{k=0}^{\infty}\frac{(-1)^k}{2k+1}$$

我们可以在串行代码中用以下方式实现这个公式：

```
1        double factor = 1.0;
2        double sum = 0.0;
3        for (k = 0; k < n; k++) {
4            sum += factor/(2*k+1);
5            factor = -factor;
6        }
7        pi_approx = 4.0*sum;
```

（为什么 factor 是双精度浮点数而不是整型或长整型？）

⊖ 这绝不是近似 π 的最佳方法，因为需要很多项才能得到合理且准确的结果。然而，在这种情况下，大量的项将更好地证明并行的影响，我们对公式本身比实际的估算更感兴趣。

如何用 OpenMP 将其并行化？我们一开始可能会倾向于这样做：

```
1        double factor = 1.0;
2        double sum = 0.0;
3  #     pragma omp parallel for num_threads(thread_count) \
4            reduction(+:sum)
5        for (k = 0; k < n; k++) {
6            sum += factor/(2*k+1);
7            factor = -factor;
8        }
9        pi_approx = 4.0*sum;
```

然而，很明显，第 7 行在迭代 k 中对 factor 的更新以及随后第 6 行在迭代 k+1 中对总和的增加是一个循环迭代相关的实例。如果迭代 k 被分配给一个线程，迭代 k+1 被分配给另一个线程，就不能保证第 6 行的 factor 值是正确的。在这种情况下，我们可以通过检查级数来解决这个问题：

$$\sum_{k=0}^{\infty} \frac{(-1)^k}{2k+1}$$

我们看到，在迭代 k 中，factor 的值应该是 $(-1)^k$，如果 k 是偶数，结果就是 +1，如果 k 是奇数，结果就是 -1。因此，如果我们把代码

```
1        sum += factor/(2*k+1);
2        factor = -factor;
```

替换成

```
1        if (k % 2 == 0)
2            factor = 1.0;
3        else
4            factor = -1.0;
5        sum += factor/(2*k+1);
```

或者，如果你喜欢用 ?: 运算符的话，可以修改成如下的代码：

```
1        factor = (k % 2 == 0) ? 1.0 : -1.0;
2        sum += factor/(2*k+1);
```

我们将消除循环的依赖性。

然而，事情还是不大对劲。如果我们在一个只有两个线程和 n=1000 的系统上运行该程序，其结果始终是错误的。例如：

```
1        With n = 1000 terms and 2 threads,
2            Our estimate of pi = 2.97063289263385
3        With n = 1000 terms and 2 threads,
4            Our estimate of pi = 3.22392164798593
```

另一方面，如果只用一个线程来运行程序，我们总是得到

```
1        With n = 1000 terms and 1 threads,
2            Our estimate of pi = 3.14059265383979
```

这里有什么问题吗？

回顾一下，在一个被 parallel for 指令并行化的块中，默认情况下，在循环之前声明的任何变量（唯一的例外是循环变量）在线程之间共享。所以 factor 是共享的，例如，线程 0 可能会给它赋值 1，但在它能更新到 sum 中使用这个值之前，线程 1 也可以给它赋

值 −1。因此，除了消除 factor 计算中的循环迭代相关，我们需要确保每个线程都有自己的 factor 副本。也就是说，为了使代码正确，还需要确保 factor 具有私有作用域。我们可以通过在 parallel **for** 指令中添加一个 private 子句来做到这一点：

```
1          double sum = 0.0;
2    #     pragma omp parallel for num_threads(thread_count) \
3             reduction(+:sum) private(factor)
4          for (k = 0; k < n; k++) {
5             if (k % 2 == 0)
6                factor = 1.0;
7             else
8                factor = -1.0;
9             sum += factor/(2*k+1);
10         }
```

private 子句规定，对于括号内列出的每个变量，将为每个线程创建一个私有副本。因此，在我们的例子中，thread_count 个线程的每一个都有自己的变量 factor 的副本，因此一个线程对 factor 的更新不会影响另一个线程的 factor 值。

重要的是要记住，具有私有作用域的变量值在一个 parallel 块或 parallel **for** 块的开始时是未指定的。在 parallel 块或 parallel **for** 块完成后，其值也是未被指定的。因此，举例来说，下面代码中第一个 printf 语句的输出是未指定的，因为它在明确初始化私有变量 x 之前就打印了它。同样，最后一条 printf 语句的输出也是未指定的，因为它在 parallel 块完成后打印了 x。

```
1      int x = 5;
2    # pragma omp parallel num_threads(thread_count) \
3         private(x)
4      {
5         int my_rank = omp_get_thread_num();
6         printf("Thread %d > before initialization, x = %d\n",
7               my_rank, x);
8         x = 2*my_rank + 2;
9         printf("Thread %d > after initialization, x = %d\n",
10              my_rank, x);
11     }
12     printf("After parallel block, x = %d\n", x);
```

5.5.5 关于作用域的更多内容

关于变量 factor 的问题很常见。我们通常需要考虑在 parallel 块或 parallel **for** 块中每个变量的作用域。因此，一种非常好的做法是与其让 OpenMP 决定每个变量的作用域，不如让程序员指定块中每个变量的作用域。事实上，OpenMP 提供了一个子句明确要求我们这样做：default 子句。如果将子句

default(none)

加入 parallel 或 parallel **for** 指令，那么编译器就会要求我们指定在块中使用的、在块外声明的每个变量的作用域。（在块内声明的变量总是私有的，因为它们被分配在线程的栈中。）

例如，使用 **default**(none) 子句，我们对 π 的计算可以写成：

```
        double sum = 0.0;
#       pragma omp parallel for num_threads(thread_count) \
            default(none) reduction(+:sum) private(k, factor) \
            shared(n)
        for (k = 0; k < n; k++) {
            if (k % 2 == 0)
                factor = 1.0;
            else
                factor = −1.0;
            sum += factor/(2*k+1);
        }
```

在这个例子中，我们在 **for** 循环中使用了四个变量。通过 default 子句，我们需要指定每个变量的作用域。正如我们已经注意到的，sum 是一个归约变量（它具有私有和共享作用域的属性）。我们也已经注意到，factor 和循环变量 k 应该有私有作用域。在 parallel 或 parallel for 块中从不更新的变量，如本例中的 n，可以安全地共享。回顾一下，与私有变量不同，共享变量在 parallel 或 parallel for 块中的值与它们在该块之前的值相同，并且在该块之后的值与在该块中最后的值相同。因此，如果 n 在块之前被初始化为 1000，它将在 parallel for 语句中保留这个值，并且由于这个值在 for 循环中没有改变，它将在循环完成后继续保留这个值。

5.6 关于OpenMP中的循环的更多内容：排序

5.6.1 冒泡排序

回顾一下，对整数列表进行排序的串行冒泡排序算法可以按以下方式实现：

```
for (list_length = n; list_length >= 2; list_length−−)
    for (i = 0; i < list_length−1; i++)
        if (a[i] > a[i+1]) {
            tmp = a[i];
            a[i] = a[i+1];
            a[i+1] = tmp;
        }
```

这里，a 存储了 n 个整型，算法按照递增的顺序对它们进行排序。外层循环首先找到列表中最大的元素并将其存入 a[n-1]，然后找到次大的元素并将其存入 a[n-2]，以此类推。所以，实际上，第一遍是处理整个 n 个元素的列表。第二遍是处理所有的元素，除了最大的元素——它处理 n-1 个元素的列表，以此类推。

内层循环比较了当前列表中连续的一对元素。当一对元素失序时（a[i]>a[i+1]），会将它们交换。这个交换的过程将把最大的元素移到"当前"列表的最后一个位置，也就是由以下元素组成的列表：

```
a[0], a[1], · · · , a[list_length−1]
```

很明显，在外层循环中存在一个循环迭代相关：在外层循环的任何一次迭代中，当前列表的内容都取决于外层循环的前次迭代。例如，如果在算法的开始阶段 a = {3, 4, 1, 2}，那么外层循环的第二次迭代应该使用列表 {3, 1, 2}，因为 4 应该被第一次迭代移到最后的位置。但是如果前两个迭代同时执行，那么第二个迭代的有效列表就有可能包含 4。

内层循环中的循环迭代相关也是相当容易看到的。在迭代 i 中，被比较的元素取决于迭代 i−1 的结果。如果在迭代 i−1 中，a[i−1] 和 a[i] 没有被交换，那么迭代 i 应该比较 a[i] 和 a[i+1]。另一方面，如果迭代 i−1 交换了 a[i−1] 和 a[i]，那么迭代 i 应该是比较原来的 a[i−1]（现在是 a[i]）和 a[i+1]。例如，假设当前列表是 {3, 1, 2}，那么当 i=1 时，我们应该比较 3 和 2，但是如果 i=0 和 i=1 的迭代同时进行，那么 i=1 的迭代完全有可能会比较 1 和 2。

我们也不清楚如何在不完全重写算法的情况下消除这两种循环迭代相关。重要的是要记住，我们总是可以找到循环迭代相关，但要消除它们可能很困难，甚至是不可能的。parallel **for** 指令并不是解决 **for** 循环并行化问题的通用方法。

5.6.2　奇偶移项排序

奇偶移项排序是一种类似于冒泡排序的排序算法，但它有相当多的并行化机会。回顾 3.7.1 节，串行奇偶移项排序可以按以下方式实现：

```
for (phase = 0; phase < n; phase++)
    if (phase % 2 == 0)
        for (i = 1; i < n; i += 2)
            if (a[i−1] > a[i]) Swap(&a[i−1],&a[i]);
    else
        for (i = 1; i < n−1; i += 2)
            if (a[i] > a[i+1]) Swap(&a[i], &a[i+1]);
```

列表 a 存储了 n 个整数，该算法将它们按递增的顺序排序。在"偶数阶段"（phase %2 == 0），每个奇数下标的元素 a[i] 与它"左边"的元素 a[i−1] 进行比较，如果它们的顺序不对，就进行交换。在"奇数"阶段，每个奇数下标的元素与它右边的元素进行比较，如果它们的顺序不对，就进行交换。一个定理证明了经过 n 个阶段后，列表将被排好序。

作为一个简单的例子，假设 a={9，7，8，6}。那么各阶段的情况如表 5.2 所示。在这种情况下，最后一个阶段是没有必要的，但是算法在执行每个阶段之前并不会费力地检查列表是否已经被排序。

表 5.2　串行的奇偶移项排序

阶段	数组的下标						
	0		1		2		3
0	9	⇔	7		8	⇔	6
	7		9		6		8
1	7		9	⇔	6		8
	7		6		9		8
2	7	⇔	6		9	⇔	8
	6		7		8		9
3	6		7	⇔	8		9
	6		7		8		9

不难看出，外层循环有一个循环迭代相关。举例来说，假设 a={9，7，8，6}。那么在第 0 阶段，内层循环将比较（9,7）和（8,6）这两对元素，并且这两对元素都被交换了。所以对于第 1 阶段，列表应该是 {7，9，6，8}，在第 1 阶段，应该比较和交换（9,6）对

中的元素。然而，如果第 0 阶段和第 1 阶段同时执行，在第 1 阶段被检查的可能是（7，8），这是符合顺序的。此外，目前还不清楚如何消除这种循环迭代相关，所以似乎将外层 **for** 循环并行化不是一个选项。

然而，内层 **for** 循环似乎没有任何循环迭代相关。例如，在一个偶数阶段的循环中，变量 i 将是奇数，所以对于 i 的两个不同的值，例如 i=j 和 i=k，{j-1，j} 和 {k-1，k} 这两个对将是不相交的。因此，对（a[j-1]，a[j]）和（a[k-1]，a[k]）的比较和可能的交换可以同时进行。

因此，我们可以尝试用程序 5.4 中的代码来并行化奇偶移项排序，但存在几个潜在的问题。首先，尽管任何迭代，比如说，一个偶数阶段的迭代并不依赖于该阶段的任何其他迭代，但我们已经注意到，在阶段 p 和阶段 p+1 的迭代中，情况并非如此。我们需要确保在任何线程开始 p+1 阶段之前，所有线程都已经完成了 p 阶段。然而，像 parallel 指令一样，parallel **for** 指令在循环的末端有一个隐式的栅栏，所以在所有线程完成当前阶段 p 之前，没有一个线程会进入下一个阶段，即 p+1 阶段。OpenMP 的实现可能会在每次通过外层循环主体时分叉和合并 thread_count 个线程。表 5.3 的第一行显示了当输入列表包含 20 000 个元素时，在一个系统上运行 1、2、3 和 4 个线程的运行时间。

```
1      for (phase = 0; phase < n; phase++) {
2          if (phase % 2 == 0)
3  #          pragma omp parallel for num_threads(thread_count) \
4                  default(none) shared(a, n) private(i, tmp)
5              for (i = 1; i < n; i += 2) {
6                  if (a[i-1] > a[i]) {
7                      tmp = a[i-1];
8                      a[i-1] = a[i];
9                      a[i] = tmp;
10                 }
11             }
12         else
13 #          pragma omp parallel for num_threads(thread_count) \
14                 default(none) shared(a, n) private(i, tmp)
15             for (i = 1; i < n-1; i += 2) {
16                 if (a[i] > a[i+1]) {
17                     tmp = a[i+1];
18                     a[i+1] = a[i];
19                     a[i] = tmp;
20                 }
21             }
22     }
```

程序 5.4 奇偶排序的第一个 OpenMP 实现

表 5.3 带有两个并行 **for** 指令和两个 **for** 指令的奇偶排序（时间以秒为单位）

thread_count	1	2	3	4
两个并行 **for** 指令	0.770	0.453	0.358	0.305
两个 **for** 指令	0.732	0.376	0.294	0.239

这些时间并不可怕，但让我们看看是否能做得更好。我们每次执行一个内层循环时，都

会使用相同数量的线程，因此只将线程分叉一次并在每次执行内层循环时重复使用同一组线程似乎更有优势。毫不奇怪，OpenMP 提供了一些指令来支持我们这样做。我们可以在外层循环之前用并行指令分叉 thread_count 线程组，然后使用 **for** 指令告诉 OpenMP 用现有的线程组来并行化 **for** 循环，而不是在每次执行内层循环时分叉一个新的线程组。程序 5.5 显示了对原始 OpenMP 实现的这种修改。

```
1   #   pragma omp parallel num_threads(thread_count) \
2           default(none) shared(a, n) private(i, tmp, phase)
3       for (phase = 0; phase < n; phase++) {
4           if (phase % 2 == 0)
5   #           pragma omp for
6               for (i = 1; i < n; i += 2) {
7                   if (a[i-1] > a[i]) {
8                       tmp = a[i-1];
9                       a[i-1] = a[i];
10                      a[i] = tmp;
11                  }
12              }
13          else
14  #           pragma omp for
15              for (i = 1; i < n-1; i += 2) {
16                  if (a[i] > a[i+1]) {
17                      tmp = a[i+1];
18                      a[i+1] = a[i];
19                      a[i] = tmp;
20                  }
21              }
22      }
```

程序 5.5   奇偶排序的第二个 OpenMP 实现

for 指令与 parallel **for** 指令不同，并没有分叉任何线程。它使用的是已经在封闭的并行块中分叉的任何线程。在循环的末端有一个隐式的栅栏。因此，代码的结果（最终的列表）将与原始并行化代码得到的结果相同。

表 5.3 第三行是第二个版本的奇偶排序的运行时间。当我们使用两个或更多的线程时，使用两个 **for** 指令的版本比使用两个 parallel **for** 指令的版本至少快 17%，所以对于这个系统来说，做出这样的改变所涉及的轻微努力是非常值得的。

5.7   循环的调度

当我们第一次接触到 parallel **for** 指令时，可以看到循环迭代到线程的确切分配是依赖于系统的。然而，大多数 OpenMP 的实现采用了粗糙的块状划分：如果串行循环中有 n 个迭代，那么在并行循环中，第一个 n/thread_count 被分配给线程 0，接下来的 n/thread_count 被分配给线程 1，以此类推。不难想到，在某些情况下，这种将迭代分配给线程的做法并不理想。例如，假设我们想并行化如下循环：

```
sum = 0.0;
for (i = 0; i <= n; i++)
    sum += f(i);
```

并且假设调用 f 所需的时间与参数 i 的大小成正比，那么，对迭代进行块状划分时，分配给线程 thread_count-1 的工作要比分配给线程 0 的工作多得多。通过对线程之间的迭代进行循环划分，可以更好地将工作分配给线程。在**循环**划分中，迭代一次一个，以"轮流"的方式分配给线程。假设有 t=thread_count。那么循环划分将按如下方式分配迭代。

线程	迭代
0	$0, n/t, 2n/t, \cdots$
1	$1, n/t+1, 2n/t+1, \cdots$
$\vdots$	$\vdots$
$t-1$	$t-1, n/t+t-1, 2n/t+t-1, \cdots$

为了感受一下这对性能的影响有多大，我们编写了一个程序，在其中定义：

```
double f(int i) {
    int j, start = i*(i+1)/2, finish = start + i;
    double return_val = 0.0;

    for (j = start; j <= finish; j++) {
        return_val += sin(j);
    }
    return return_val;
} /* f */
```

调用函数 f(i) 会调用 sin 函数 i 次，例如，执行 f(2i) 需要的时间大约是执行 f(i) 花费时间的两倍。

当我们用 n=10 000 和一个线程运行该程序时，运行时间为 3.67s。当我们用两个线程和默认分配运行程序时（线程 0 的迭代数为 0～5 000，线程 1 的迭代数为 5 001～10 000），运行时间为 2.76s。这个加速比只有 1.33。然而，当我们用两个线程和一个循环分配运行该程序时，运行时间减少到 1.84s。相比于单线程运行，其加速比为 1.99。而相比于双线程块划分，其加速比为 1.5。

可以看到，对于线程，好的迭代分配可以对性能产生非常明显的影响。在 OpenMP 中，将迭代分配给线程被称为**调度**，schedule 子句可以用来分配 parallel **for** 指令或 **for** 指令中的迭代。

5.7.1 schedule子句

在上述例子中，我们已经知道如何获得 default 子句：只需添加一个带有归约子句的 parallel **for** 指令：

```
        sum = 0.0;
#       pragma omp parallel for num_threads(thread_count) \
            reduction(+:sum)
        for (i = 0; i <= n; i++)
            sum += f(i);
```

为了得到循环调度，我们可以在 parallel **for** 指令中加入一个 schedule 子句：

```
        sum = 0.0;
#       pragma omp parallel for num_threads(thread_count) \
            reduction(+:sum) schedule(static,1)
        for (i = 0; i <= n; i++)
            sum += f(i);
```

一般来说，schedule 子句的形式是

```
schedule(<type> [, <chunksize >])
```

type 可以是以下任何一种：

- ❑ static。迭代可以在循环执行前分配给线程。
- ❑ dynamic 或 guided。迭代是在循环执行时分配给线程的，因此在一个线程完成其当前的迭代集后，它可以向运行时系统请求更多的迭代。
- ❑ auto。编译器和 / 或运行时系统决定调度方式。
- ❑ runtime。调度是在运行时根据环境变量确定的（后面会有更多的介绍）。

块大小是一个正整数。在 OpenMP 的术语中，迭代块是在串行循环的线程块中连续执行的块，块中的迭代数就是块大小。只有 static、dynamic 和 guided 的调度可以有块大小。这决定了调度的细节，但它的确切解释取决于类型。图 5.5 展示了任务如何通过使用 static、dynamic 和 guided 类型来被调度。

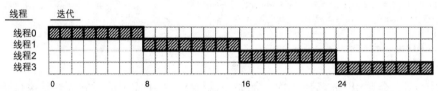

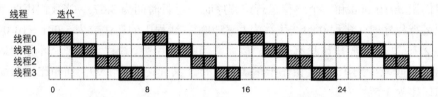

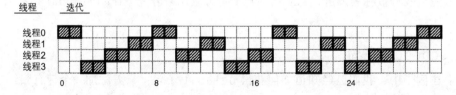

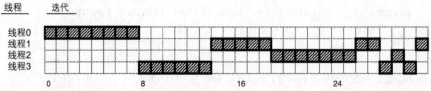

图 5.5　具有 4 个线程和 32 个迭代的 static、dynamic 和 guided 调度类型的调度可视化。第一个 static 调度使用默认的块大小，而第二个使用的块大小为 2。跨线程工作的确切分布在 dynamic 和 guided 调度类型的程序的不同执行之间会有所不同，因此这个可视化显示了许多可能的调度结果之一

5.7.2　static调度类型

对于 static 调度，系统以轮流的方式将块大小的迭代块分配给每个线程。举个例子，假设我们有 12 个迭代（0~11）和三个线程。那么如果使用 schedule(**static**, 1)，在 parallel **for** 或 **for** 指令中，我们已经看到，迭代将被分配为

线程0:　0, 3, 6, 9

线程1:　1, 4, 7, 10

线程2:　2, 5, 8, 11

如果使用 schedule(**static**, 2)，那么迭代将被分配为

线程0:　0, 1, 6, 7

线程1:　2, 3, 8, 9

线程2:　4, 5, 10, 11

如果使用 schedule(**static**, 4)，那么迭代将被分配为

线程0:　0, 1, 2, 3

线程1:　4, 5, 6, 7

线程2:　8, 9, 10, 11

default 调度是由特定的 OpenMP 实现定义的，但在大多数情况下，它等同于子句

schedule(**static**, total_iterations / thread_count)

值得注意的是，块大小也可以省略。如果省略，块大小大约是 total_iterations / thread_count。

当每个循环迭代所需的计算时间大致相同时，static 调度是一个不错的选择。它还有一个优点，即在后续循环中，具有相同迭代次数的线程将被分配到相同的范围。这可以提高内存访问的速度，特别是在 NUMA 系统上（见第 2 章）。

5.7.3　dynamic和guided调度类型

在 dynamic 调度中，迭代也被分解成块大小的顺序迭代块。每个线程执行一个块，当一个线程完成了一个块，它就向运行时系统请求另一个块，这样一直持续到所有的迭代完成。块大小可以被省略，当它被省略时，将使用 1 作为块大小。

static 和 dynamic 调度的主要区别是，dynamic 调度以先到先得的方式将一片范围分配给线程。如果循环迭代的计算时间不一致，这可能是有利的（例如，一些算法在后面的迭代中计算量更大）。然而，由于没有提前分配范围，在运行时动态分配范围会产生一些开销。增加块大小在 static 和 dynamic 调度的性能特征之间取得了平衡：有了更大的块大小，将进行更少的 dynamic 分配。

guided 调度与 dynamic 类似，每个线程也执行一个块，完成后再请求另一个块。然而，在 guided 调度中，随着块的完成，新块的大小会减少。例如，在我们的一个系统中，如果运行带有 parallel for 指令和 schedule(guided) 子句的梯形法则程序，那么当 n=10 000 和 thread_count=2 时，迭代的分配结果如表 5.4 所示。我们看到，块大小近似于剩余迭代次数除以线程数。第一个块大小为 9 999/2≈5 000，因为有 9 999 个未分配的迭代。第二个块大小是 4 999/2≈2 500，以此类推。

表 5.4   两个线程 guided 调度对梯形法则迭代 1~9 999 的赋值

线程	块	块大小	剩下的迭代
0	1~5 000	5 000	4 999
1	5 001~7 500	2 500	2 499
1	7 501~8 750	1 250	1 249
1	8 751~9 375	625	624
0	9 376~9 687	312	312
1	9 688~9 843	156	156
0	9 844~9 921	78	78
1	9 922~9 960	39	39
1	9 961~9 980	20	19
1	9 981~9 990	10	9
1	9 991~9 995	5	4
0	9 996~9 997	2	2
1	9 998~9 998	1	1
0	9 999~9 999	1	0

在一个 guided 调度中，如果没有指定块大小，块大小就会下降到 1。如果指定了块大小，它就会下降到块大小的值，但最后一个块可以小于块大小。当后期迭代的计算量比较大时，guided 调度可以改善线程之间的负载平衡。

5.7.4   runtime 调度类型

为了理解 schedule(runtime)，我们需要离题一会儿，谈谈**环境变量**。顾名思义，环境变量是可以被运行中的程序访问的命名值。也就是说，它们在程序的环境中是可用的。一些常用的环境变量是 PATH、HOME 和 SHELL。PATH 变量指定了 shell 在寻找可执行文件时应该搜索哪些目录，通常在 UNIX 和 Windows 中都有定义。HOME 变量指定了用户主目录的位置，SHELL 变量指定了用户 Shell 的可执行文件的位置。这些通常是在 UNIX 系统中定义的。在类 UNIX 系统（如 Linux 和 macOS）和 Windows 中，环境变量都可以在命令行中检查和指定。在类 UNIX 系统中，可以使用 shell 的命令行。在 Windows 系统中，可以在一个集成开发环境中使用命令行。

举个例子，如果使用 bash shell（最常见的 UNIX shell 之一），我们可以通过输入以下命令来检查环境变量的值：

```
$ echo $PATH
```

可以使用 export 命令来设置环境变量的值：

```
$ export TEST_VAR="hello"
```

这些命令也适用于 ksh、sh 和 zsh。关于如何为特定系统检查和设置环境变量的细节，请查看 shell 手册，或者咨询系统管理员或本地专家。

当 schedule(runtime) 被指定时，系统使用环境变量 OMP_SCHEDULE 来决定在运行时如何调度循环。OMP_SCHEDULE 环境变量可以采用任何可用于 static、dynamic

或 guided 调度的值。例如，假设程序中有一个 parallel **for** 指令，并且它已经被 schedule(runtime) 修改。那么，如果使用 bash shell，我们可以通过执行以下命令来获得迭代到线程的循环分配：

```
$ export OMP_SCHEDULE="static,1"
```

现在，当我们开始执行程序时，系统会对 for 循环的迭代进行调度，就像我们在 parallel **for** 指令中修改了子句 schedule(static, 1) 一样。这对于测试各种调度配置是非常有用的。

下面的 bash shell 脚本演示了如何利用这个环境变量来测试一系列的调度和分块大小。它运行了一个矩阵 – 向量乘法程序，该程序有一个带有 schedule(runtime) 子句的 parallel **for** 指令。

```bash
#!/usr/bin/env bash

declare -a schedules=("static" "dynamic" "guided")
declare -a chunk_sizes=("" 1000 100 10 1)

for schedule in "${schedules[@]}"; do
    echo "Schedule: ${schedule}"
    for chunk_size in "${chunk_sizes[@]}"; do
        echo " Chunk Size: ${chunk_size}"
        sched_param="${schedule}"

        if [[ "${chunk_size}" != "" ]]; then
            # A blank string indicates we want
            # the default chunk size
            sched_param="${schedule},${chunk_size}"
        fi

        # Run the program with OMP_SCHEDULE set:
        OMP_SCHEDULE="${sched_param}" ./omp_mat_vect 4 2500 2500
    done
    echo
done
```

5.7.5 哪种调度

如果我们有一个能够并行化的 **for** 循环，如何决定应该使用哪种类型的调度以及块大小应该是多少？正如你可能已经猜到的，使用 schedule 子句会有一些开销。此外，dynamic 调度的开销比 static 调度的开销大，而与 guided 调度相关的开销是三者中最大的。因此，如果在没有 schedule 子句的情况下也能得到令人满意的性能，我们就不应该再继续下去了。然而，如果我们猜测 default 调度的性能可以得到很大的改善，也许应该用一些不同的调度进行试验。

在本节开头的例子中，当我们从 default 调度切换到 schedule(**static**, 1) 时，双线程执行程序的加速比从 1.33 提高到 1.99。由于我们极不可能得到明显优于 1.99 的速度比——至少在只用两个线程进行 10 000 次迭代的情况下，所以我们可以在这里停止。如果我们要使用不同数量的线程和不同数量的迭代，需要做更多的实验，而且我们完全有可能发现，最佳调度取决于线程数量和迭代数量。

也有可能发生这样的情况：我们会认为 default 调度的性能不是很好，然后继续搜索一大批调度和迭代次数，最后只得出结论，我们的循环不能很好地并行化，没有任何调度会给我们带来很大的性能改善。关于这个例子，请参看编程作业 5.4。

在有些情况下，在使用其他办法之前先尝试一些调度方法是个好主意：

❑ 如果循环的每一次迭代都需要大致相同的计算量，那么很可能 default 分配会给出最佳性能。

❑ 如果迭代的成本随着循环的执行而线性地减少（或增加），那么块大小较小的 static 调度可能会提供最好的性能。

❑ 如果每次迭代的成本不能事先确定，那么尝试各种调度选项可能是有意义的。这里可以使用 schedule(runtime) 子句，并且可以通过运行环境变量 OMP_SCHEDULE 的不同赋值来尝试不同的选项。

5.8 生产者和消费者

让我们来看一个并行问题，这个问题不适合用 parallel **for** 或 **for** 指令。

5.8.1 队列

回顾一下，**队列**是列表的抽象数据类型，其中新的元素被插入队列的"后方"，而元素被从队列的"前方"移除。因此，队列可以被看作对超市中等待支付商品的顾客队伍的抽象。列表中的元素就是顾客。新顾客排在队伍的最后或"后方"，下一个结账的顾客是站在队伍"前面"的顾客。

当一个新项被添加到队列的后面时，我们有时会说该项已"入队"，而当一个项从队列的前面被移除时，我们有时会说该项已"出队"。

队列在计算机科学中经常出现。例如，如果我们有许多进程，每个进程都想在硬盘上存储一些数据，那么确保一次只有一个进程向磁盘写入的自然方法就是让这些进程形成一个队列，也就是说，第一个想写入的进程首先进入硬盘，接下来第二个进程进入硬盘，以此类推。

在许多多线程的应用中，队列也是一种常见的数据结构。例如，假设我们有几个"生产者"线程和几个"消费者"线程。生产者线程可能会从服务器上"产生"数据请求（例如，当前的股票价格），而消费者线程可能会通过寻找或生成请求的数据（如当前的股票价格）来"消费"该请求。生产者线程可以将请求的价格入队，而消费者线程可以对其进行出队。在这个例子中，直到消费者线程将请求的数据交给生产者线程，这个过程才会完成 ⊖。

5.8.2 消息传递

另一个常见的应用是在一个共享内存系统上实现消息传递。每个线程都可以有一个共享消息队列，当一个线程想"发送一个消息"给另一个线程时，它可以在目标线程的队列中将消息入队。一个线程可以通过在其消息队列的首部将消息出队来接收一个消息。

让我们来实现一个相对简单的消息传递程序，其中每个线程生成随机的整数"消息"和随机的消息目的地。在创建消息后，线程将消息入队到适当的消息队列中。发送消息后，线

⊖ 这个例子有点迷惑人，这里生产的是请求，消费的也是请求，请求的结果是数据，正是消费者线程处理请求后返回的结果。——译者注

程检查队列，看是否已经收到了一个消息。如果收到了，它就把队列中的第一条出队，并把它打印出来。每个线程在发送和尝试接收消息之间交替进行。我们将会让用户指定每个线程应该发送的消息数量。当一个线程发送完消息后，它就会接收消息，直到所有的线程都发送完，这时所有的线程都退出。每个线程的伪代码形式如下：

```
for (sent_msgs = 0; sent_msgs < send_max; sent_msgs++) {
    Send_msg();
    Try_receive();
}

while (!Done())
    Try_receive();
```

5.8.3 发送消息

请注意，访问消息队列以将消息入队可能是一个临界区。尽管我们还没有研究过消息队列的实现细节，但我们似乎很可能希望有一个变量来跟踪队尾。例如，如果我们使用一个单链列表，列表的尾部对应队尾，那么，为了有效地入队，我们希望存储一个指向队尾的指针。当我们入队一个新的消息时，需要检查并更新队尾指针。如果两个线程同时尝试这样做，我们可能会丢失一个已经被其中一个线程入队的消息。这两个操作的结果将发生冲突，因此，入队消息将形成一个临界区。

Send_msg() 函数的伪代码形式如下：

```
    mesg = random();
    dest = random() % thread_count;
#   pragma omp critical
    Enqueue(queue, dest, my_rank, mesg);
```

注意，这允许一个线程向自己发送消息。

5.8.4 接收消息

接收消息的同步问题则有些不同。只有队列的所有者（也就是目标线程）才会从一个给定的消息队列中出队。如果队列中至少有两个消息，只要我们一次出队一个消息，对 Dequeue 的调用就不可能与对 Enqueue 的任何调用相冲突。因此，如果我们跟踪队列的大小，只要有至少两个消息，就可以避免任何同步（例如，critical 指令）。

现在你可能在想，那存储队列大小的变量怎么办？如果我们只是存储队列的大小，这将会产生一个问题。然而，如果我们存储两个变量，即 enqueued 和 dequeued，那么队列中的消息数量就是

```
queue_size = enqueued − dequeued
```

而唯一会更新 dequeued 的线程是队列的所有者。请注意，在一个线程更新 enqueued 的同时，另一个线程正在使用它来计算 queue_size。为了理解这一点，让我们假设线程 q 正在计算 queue_size。它要么得到 enqueued 的旧值，要么得到新值。因此，它可能会计算出值为 0 或 1 的 queue_size，而 queue_size 实际上应该是 1 或 2，但在我们的程序中，这只会造成一个小的延迟。如果 queue_size 是 0，而它应该是 1 时，线程 q 将在稍后再次尝试；如果 queue_size 是 1，而它应该是 2 时，它将不必执行临界区的指令。

因此，我们可以按如下方式实现 Try_receive：

```
    queue_size = enqueued - dequeued;
    if (queue_size == 0) return;
    else if (queue_size == 1)
#       pragma omp critical
        Dequeue(queue, &src, &mesg);
    else
        Dequeue(queue, &src, &mesg);
    Print_message(src, mesg);
```

5.8.5 终止检测

我们还需要考虑 Done 函数的实现问题。首先要注意，下面这个"显而可得"的实现会出现问题：

```
queue_size = enqueued - dequeued;
if (queue_size == 0)
    return TRUE;
else
    return FALSE;
```

如果线程 u 执行这段代码，完全有可能在线程 u 计算出 queue_size = 0 之后，某个线程（称之为线程 v）向线程 u 发送一条消息。当然，在线程 u 计算出 queue_size = 0 之后，它将终止，线程 v 发送的消息将永远不会被收到。

然而，在我们的程序中，每个线程完成 **for** 循环后，它不会再发送任何新的消息。因此，如果我们添加一个计数器 done_sending，并且每个线程在完成其 **for** 循环后都会增加这个计数器，那么我们可以按如下方式实现 Done：

```
queue_size = enqueued - dequeued;
if (queue_size == 0 && done_sending == thread_count)
    return TRUE;
else
    return FALSE;
```

5.8.6 开始

当程序开始执行时，一个单独的线程，即主线程，将获得命令行参数并给每个线程分配一个消息队列数组。这个数组需要在各线程之间共享，因为任何线程都可以向其他任何线程发送，所以任何线程都可以在任何一个队列中将消息入队。鉴于一个消息队列将（至少）存储：

- 一个消息列表。
- 一个指向队尾的指针或索引。
- 一个指向队头的指针或索引。
- 入队的消息数。
- 出队的消息数。

将队列存储在一个结构中是有意义的，而且为了减少传递参数时的复制量，使消息队列成为指向结构的指针数组也是有意义的。因此，一旦主线程分配了队列数组，我们就可以使用 parallel 指令启动线程，而每个线程都可以为其各自的队列分配存储空间。

这里很重要的一点是，一个或多个线程可能在其他一些线程之前完成队列分配。如果发生这种情况，先完成的线程可能会开始尝试在尚未分配的队列中入队消息，导致程序崩溃。因此，我们需要确保在所有队列分配完毕之前，没有一个线程开始发送消息。回想一下，我们已经看了几条 OpenMP 指令在完成时提供了隐式的栅栏，也就是说，在组中的所有线程完成该块之前，没有线程会进行到该块的末端。但在这种情况下，我们将处于一个并行块的中间，所以不能依靠其他 OpenMP 结构的隐式栅栏，而是需要一个显式栅栏。幸运的是，OpenMP 提供了一个：

> # **pragma** omp barrier

当一个线程遇到栅栏时，它就会阻塞，直到组中的所有线程都到达栅栏。在所有的线程都到达栅栏之后，组中的所有线程都可以继续前进。

5.8.7　atomic指令

在完成发送之后，每个线程在进入最后的接收循环之前，都会增加 done_sending。显然，递增 done_sending 是一个临界区，我们可以用 critical 指令来保护它。然而，OpenMP 提供了一个潜在的更高的性能指令：atomic 指令 ⊖。

> # **pragma** omp atomic

与 critical 指令不同，它只能保护由单个 C 赋值语句组成的临界区。此外，该语句必须具有以下形式之一：

```
x <op>= <expression>;
x++;
++x;
x--;
--x;
```

这里 <op> 可以是以下二元运算符之一：

```
+, *, -, /, &, ^, |, <<, >>
```

同样重要的是要记住，<expression> 不能引用 x。

应该注意的是，只有 x 的加载和存储被确定得到保护。

例如，在以下代码中：

> #　　**pragma** omp atomic
> 　　x += y++;

一个线程对 x 的更新将在任何其他线程开始更新 x 之前完成。然而，对 y 的更新可能是不受保护的，且结果可能是不可预测的。

atomic 指令背后的想法是，许多处理器提供了一个特殊的加载 – 修改 – 存储指令，一个只做加载 – 修改 – 存储的临界区可以通过使用这个特殊指令而不是用保护一般临界区的结构来得到更有效的保护。

5.8.8　临界区和锁

为了完成对消息传递程序的讨论，我们需要更仔细地看看 OpenMP 对 critical 指令的规定。在前面的例子中，我们的程序最多只有一个临界区，而 critical 指令强制所有

⊖　OpenMP 提供了几个子句来修改原子指令的行为。我们现在描述的是默认的原子指令，它与带有 update 子句的原子指令相同。参见 [47]。

线程对该区进行互斥访问。然而，在这个程序中，临界区的使用更为复杂。如果我们简单地看一下源代码，就会看到有三个代码块前面有 critical 指令或 atomic 指令：

- done_sending++;
- Enqueue(q_p, my_rank, mesg);
- Dequeue(q_p, &src, &mesg);

然而，我们不需要在所有这三个代码块中强制执行互斥访问，甚至不需要在 Enqueue 和 Dequeue 中强制执行完全互斥的访问。例如，如果线程 0 在线程 1 的队列中入队消息的同时，线程 1 在线程 2 的队列中入队消息，那没有问题。但对于第二和第三块（受 critical 指令保护的块），这正是 OpenMP 所做的。从 OpenMP 的角度来看，我们的程序有两个不同的临界区——受 atomic 指令保护的临界区（done_sending++），以及"复合"临界区，我们在其中进行消息的入队和出队。

由于强制执行线程间的互斥，OpenMP 的这种默认行为（将所有的临界块视为一个复合临界区的一部分）可能会对程序性能造成很大的损害。OpenMP 确实提供了为 critical 指令添加名称的选项：

 # pragma omp critical(name)

当我们这样做时，两个用不同名字的 critical 指令保护的块可以同时执行。然而，这些名字是在编译期间设置的，而我们希望每个线程的队列都有不同的临界区。因此，我们需要在运行时设置名称，并且当我们想允许访问不同队列的线程同时访问同一个代码块时，命名的 critical 指令是不够的。

另一种方法是使用**锁**。锁由数据结构和函数组成，允许程序员在临界区明确地执行互斥。锁的使用可以通过下面的伪代码来粗略描述 ⊖。

```
/* 由一个线程执行 */
初始化锁的数据结构；
...
/* 由多个线程执行 */
尝试锁定或设置锁的数据结构；
临界区；
解锁或取消设置锁数据结构；
...
/* 由一个线程执行 */
销毁锁的数据结构；
```

锁的数据结构在将执行临界区的线程之间共享。其中一个线程（如主线程）将初始化该锁，当所有线程都使用完该锁后，其中一个线程应销毁该锁。

在线程进入临界区之前，它试图通过调用锁函数来设置锁。如果没有其他线程在临界区执行代码，它就会获得锁，并在调用锁函数后继续进入临界区。线程完成了临界区的代码后，它就会调用解锁函数，释放或取消锁，并允许另一个线程获得锁。

当一个线程拥有锁时，其他线程不能进入临界区。如果另一个线程试图进入临界区，它将在调用锁函数时被阻塞。如果多个线程在对锁函数的调用中被阻塞，那么当临界区的线程释放锁时，其中一个被阻塞的线程会从对锁的调用中返回，而其他线程仍然被阻塞。

⊖ 如果你学习过 Pthreads 一章并且已经了解了锁，则可以跳到 OpenMP 锁的语法部分。

OpenMP 有两种类型的锁：**简单**锁和**嵌套**锁。简单锁在解除之前只能被设置一次，而嵌套锁在解除之前可以被同一个线程设置多次。OpenMP 简单锁的类型是 mp_lock_t，我们要使用的简单锁函数如下：

```
void omp_init_lock(omp_lock_t*    lock_p    /* out */);
void omp_set_lock(omp_lock_t*     lock_p    /* in/out */);
void omp_unset_lock(omp_lock_t*   lock_p    /* in/out */);
void omp_destroy_lock(omp_lock_t* lock_p    /* in/out */);
```

这些类型和函数被定义在 omp.h 中。第一个函数初始化锁，使其解锁，也就是说，没有线程拥有这个锁。第二个函数试图设置该锁。如果它成功了，调用线程继续进行；如果它失败了，调用线程就会阻塞，直到锁变得可用。第三个函数取消了锁，因此另一个线程可以获得它。第四个函数使锁未被初始化。我们将只使用简单的锁。关于嵌套锁的信息，见 [9]、[10] 或 [47]。

5.8.9 在消息传递程序中使用锁

在先前对 critical 指令的限制的讨论中，我们看到在消息传递程序中，我们希望在每个单独的消息队列中确保互斥，而不是在特定的源代码块中。锁允许我们这样做：如果我们在队列结构中包含一个类型为 mp_lock_t 的数据成员，就可以在每次要确保对一个消息队列的互斥访问时简单地调用 mp_set_lock。

因此，代码

```
#   pragma omp critical
    /* q_p = msg_queues[dest] */
    Enqueue(q_p, my_rank, mesg);
```

可以替换为

```
/* q_p = msg_queues[dest] */
omp_set_lock(&q_p->lock);
Enqueue(q_p, my_rank, mesg);
omp_unset_lock(&q_p->lock);
```

同样，代码

```
#   pragma omp critical
    /* q_p = msg_queues[my_rank] */
    Dequeue(q_p, &src, &mesg);
```

可以替换为

```
/* q_p = msg_queues[my_rank] */
omp_set_lock(&q_p->lock);
Dequeue(q_p, &src, &mesg);
omp_unset_lock(&q_p->lock);
```

现在，当一个线程试图发送或接收消息时，它只能被试图访问同一个消息队列的线程阻断，因为不同的消息队列有不同的锁。在我们最初的实现中，每次只有一个线程可以发送，不管目的地是什么。

请注意，我们也可以把对锁函数的调用放在队列函数 Enqueue 和 Dequeue 中。然而，为了保持 Dequeue 的性能，我们还需要将决定队列大小（enqueued - dequeued）的代码移到 Dequeue。没有它，Dequeue 函数每次被 Try_receive 调用时都会锁定队列。为了保留我们已经写好的代码的结构，我们将把对 mp_set_lock 和 mp_unset_lock 的调用留在 Send 和 Try_receive 函数中。

由于现在在队列结构中包含了与队列相关的锁，我们可以将锁的初始化添加到初始化空队列的函数中。销毁锁可以由拥有队列的线程在释放队列之前完成。

5.8.10　critical指令、atomic指令或锁

现在，我们有三种机制可以在临界区执行互斥，此时，自然而然地会想知道什么时候一种方法比另一种方法更合适。一般来说，atomic 指令有可能是获得互斥的最快方法。因此，如果临界区是由具有所需形式的赋值语句组成的，那么使用 atomic 指令至少会和其他方法效果一样。然而，OpenMP 规范 [47] 允许 atomic 指令在程序中的所有 atomic 指令中执行互斥，这就是未命名的 critical 指令的作用方式。如果这可能存在问题（例如，有多个不同的临界区被 atomic 指令保护），应该使用命名的 critical 指令或锁。例如，假设我们有一个程序，其中一个线程可能会执行左边的代码，而另一个线程则执行右边的代码：

```
#   pragma omp atomic          #   pragma omp atomic
    x++;                           y++;
```

即使 x 和 y 处在不相关的内存位置，也可能存在如果一个线程正在执行 x++，那么没有线程可以同时执行 y++ 的情况。值得注意的是，标准并不要求这种行为。如果两个语句受到 atomic 指令的保护，并且这两个语句修改了不同的变量，那么有些实现会将这两个语句视为不同的临界区（见练习 5.10）。另一方面，修改同一个变量的不同语句将被视为属于同一个临界区，不管它是怎么实现的。

我们已经看到了使用 critical 指令的一些限制。然而，命名的和未命名的 critical 指令都是非常容易使用的。此外，在我们所使用的 OpenMP 的实现中，由 critical 指令保护的临界区和由锁保护的临界区在性能上似乎没有很大的区别，所以如果你不能使用 atomic 指令，那么可以尝试使用 critical 指令。因此，在需要对数据结构而不是代码块进行互斥的情况下，锁的使用可能应该保留。

5.8.11　注意事项

你应该谨慎使用前文提到的互斥技术，它们肯定会导致严重的编程问题。以下是需要注意的几个事项。

1. 不能把不同类型的互斥混在一个临界区中使用。例如，假设一个程序包含以下两段：

```
#   pragma omp atomic          #   pragma omp critical
    x += f(y);                     x = g(x);
```

右边的 x 的更新没按 atomic 指令要求的形式，所以程序员使用了 critical 指令。然而，critical 指令不会排除原子块所执行的操作，所以结果有可能是不正确的。程序员需要重写函数 g，使它在调用中能够具有 atomic 指令所要求的形式，或者用 critical 指令来保护两个块。

2. 在互斥结构中不存在**公平性**保证。这意味着一个线程有可能在等待访问一个临界区时永远被阻塞。例如，在以下代码中：

```
    while(1) {
      . . .
#       pragma omp critical
```

```
        x = g(my_rank);
        . . .
    }
```

例如，线程 1 有可能永远被阻塞，等待执行 x = g(my_rank)，而其他线程则重复执行赋值。当然，如果循环终止了，这就不成问题了。

3. 对互斥构造进行"嵌套"可能是危险的。举例来说，假设一个程序包含以下两段：

```
#    pragma omp critical
     y = f(x);
     . . .
     double f(double x) {
#        pragma omp critical
         z = g(x);  /* z是共享的 */
         . . .
     }
```

这一定会出现**死锁**。当一个线程试图进入第二个临界区时，它将永远阻塞。如果线程 *u* 正在执行第一个临界块中的代码，没有线程可以执行第二个块中的代码。特别地，线程 *u* 不能执行这段代码。然而，如果线程 *u* 被阻塞，等待进入第二个临界块，那么它将永远不会离开第一个临界块并且永远被阻塞。

在这个例子中，我们可以通过使用命名的临界区来解决这个问题。也就是说，我们可以将代码改写为

```
#    pragma omp critical(one)
     y = f(x);
     . . .
     double f(double x) {
#        pragma omp critical(two)
         z = g(x);  /* z是全局的 */
         . . .
     }
```

然而，不难想出一些命名无济于事的例子。例如，如果一个程序有两个命名的临界区（比如 1 和 2）而线程可以尝试以不同的顺序进入临界区，那么就会出现死锁。例如，假设线程 *u* 在进入 1 的同时，线程 *v* 进入 2，然后 *u* 试图进入 2，而 *v* 试图进入 1。

时间	线程 *u*	线程 *v*
0	进入关键区 1	进入关键区 2
1	试图进入关键区 2	试图进入关键区 1
2	阻塞	阻塞

那么 *u* 和 *v* 就会永远阻塞，等待进入临界区。因此，仅仅使用不同的名字来表示临界区是不够的，程序员必须确保总是以相同的顺序进入不同的临界区。

5.9 缓存、缓存一致性和伪共享[⊖]

回顾一下，若干年来，计算机已经能够执行只涉及处理器的操作，其速度远远快于访问主存中的数据。如果处理器必须为每个操作从主存中读取数据，它将花费大部分时间来等待内存中的数据到来。回顾一下，为了解决这个问题，芯片设计者给处理器增加了一些相对快

⊖ 第 4 章也涵盖了这一内容。因此，如果你已经读过那一章，可以略过这一部分。

速的内存块。这种更快的内存被称为**缓存**。

缓存的设计考虑到了**时间和空间局部性**原则：如果一个处理器在时间 t 访问主存的位置 x，那么在接近 t 的时间，它很可能会访问接近 x 的主存位置。因此，如果一个处理器需要访问主存的位置 x，而不是只把 x 的内容传输到主存或从主存传输内容，那么一个包含 x 的内存块就会从 / 到处理器的缓存中传输。这样的内存块被称为**缓存行**或**缓存块**。

在 2.3.5 节中，我们认识到缓存的使用会对共享内存产生巨大影响。让我们回顾一下原因。考虑以下情况：假设 x 是一个值为 5 的共享变量，线程 0 和线程 1 都从内存中读取 x 到它们的（单独的）缓存中，因为它们都想执行如下语句：

```
my_y = x;
```

在这里，my_y 是一个由两个线程定义的私有变量。现在假设线程 0 执行的语句是

```
x++;
```

假设线程 1 现在执行

```
my_z = x;
```

其中 my_z 是另一个私有变量。表 5.5 说明了访问的顺序。

表 5.5 内存和缓存访问

时间	内存	线程 0	线程 0 的缓存	线程 1	线程 1 的缓存
0	x = 5	加载 x	—	加载 x	—
1	x = 5	—	x = 5	—	x = 5
2	x = 5	x++	x = 5	—	x = 5
3	???	—	x = 6	my_z = x	???

my_z 的值是多少？是 5 吗？或者是 6？问题是，x 有（至少）三个副本：主存中的一个，线程 0 的缓存中的一个，以及线程 1 的缓存中的一个。当线程 0 执行 x++ 时，主存和线程 1 的缓存中的值发生了什么变化？这就是我们在第 2 章中讨论的**缓存一致性**问题。我们在那里看到，大多数系统坚持让缓存意识到它们正在缓存的数据已经发生了变化。当线程 0 执行 x++ 时，线程 1 的缓存中的那一行将被标记为无效。在分配 my_z = x 之前，运行线程 1 的核心将看到它的 x 值已经过期。因此，运行线程 0 的核心将不得不更新主存中的 x 副本（现在或更早），而运行线程 1 的核心可以从主存中获得带有更新的 x 值的行。更多细节参见第 2 章。

缓存一致性的使用对共享内存系统的性能有很大的影响。为了说明这一点，我们来看看矩阵 – 向量乘法。回顾一下，如果 $A=(a_{ij})$ 是一个 $m \times n$ 的矩阵，且 x 是一个有 n 个分量的向量，那么它们的乘积 $y=Ax$ 是一个有 m 个分量的向量（见图 5.6），其第 i 个分量 y_i 可以通

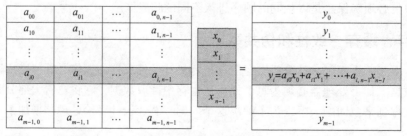

图 5.6 矩阵 – 向量乘法

过 A 的第 i 行与 x 的点积来求得：

$$y_i = a_{i0}x_0 + a_{i1}x_1 + \cdots + a_{i,n-1}x_{n-1}$$

因此，如果将 A 存储为二维数组，将 x 和 y 存储为一维数组，就可以用下面的代码实现串行矩阵 – 向量乘法：

```
for (i = 0; i < m; i++) {
    y[i] = 0.0;
    for (j = 0; j < n; j++)
        y[i] += A[i][j]*x[j];
}
```

在外层循环中没有循环迭代相关，因为 A 和 x 从未被更新，迭代 i 只更新 $y[i]$。因此，我们可以通过在线程之间划分外层循环的迭代来实现并行化：

```
#   pragma omp parallel for num_threads(thread_count)   \
        default(none) private(i, j) shared(A, x, y, m, n)
    for (i = 0; i < m; i++) {
        y[i] = 0.0;
        for (j = 0; j < n; j++)
            y[i] += A[i][j]*x[j];
    }
```

如果 T_{serial} 是串行程序的运行时间，T_{parallel} 是并行程序的运行时间，回顾一下，并行程序的效率 E 是加速比 S 除以线程数：

$$E = \frac{S}{t} = \frac{\left(\dfrac{T_{\text{serial}}}{T_{\text{parallel}}}\right)}{t} = \frac{T_{\text{serial}}}{t \times T_{\text{parallel}}}$$

其中，$S \leqslant t$，$E \leqslant 1$。表 5.6 显示了在不同的数据集和不同的线程数下的矩阵 – 向量乘法的运行时间和效率。在每种情况下，浮点加法和乘法的总数为 64 000 000。只考虑算术运算的分析会得到一个单线程运行代码，对所有三种情况都需要相同的时间。然而，很明显，情况并非如此。8 000 000 × 8 系统比 8 000 × 8 000 系统需要多花费 22% 的时间，而 8 × 8 000 000 系统比 8 000 × 8 000 系统需要多花费 26% 的时间。这两种差异至少部分归因于缓存性能。

表 5.6　矩阵 – 向量乘法的运行时间和效率（时间单位为秒）

线程	矩阵维度					
	8 000 000 × 8		8 000 × 8 000		8 × 8 000 000	
	时间	效率	时间	效率	时间	效率
1	0.322	1.000	0.264	1.000	0.333	1.000
2	0.219	0.735	0.189	0.698	0.300	0.555
4	0.141	0.571	0.119	0.555	0.303	0.275

回顾一下，当一个核心试图更新一个不在缓存中的变量时，就会发生写缺失的情况，且它必须访问主存。缓存分析器（比如 Valgrind[51]）显示，当程序运行在 8 000 000 × 8 的输入下时，它的缓存写缺失次数远远多于其他输入。其中大部分发生在第 4 行。因为在这种情况下，向量 y 中的元素数量要多得多（8 000 000 对比 8 000 或 8），而且每个元素都必须被初始化，所以这一行拖慢了 8 000 000 × 8 输入的程序的执行速度就不足为奇了。

还记得当一个核心试图读取一个不在缓存中的变量时，就会发生读缺失的情况，且它必须访问主存。缓存分析器显示，当程序以 $8 \times 8\ 000\ 000$ 的输入运行时，它的缓存读缺失次数远远多于其他输入方式。这发生在第 6 行，仔细看这个程序（见练习 5.12），差异的主要来源是对 x 的读取。再一次，这并不奇怪，因为对于这个输入，x 有 $8\ 000\ 000$ 个元素，而其他输入只有 $8\ 000$ 或 8。

应该指出的是，可能还有其他因素在影响不同输入下的单线程程序的相对性能。例如，我们还没有考虑虚拟内存（见 2.2.4 小节）是否影响了不同输入的程序性能，以及 CPU 需要访问主存中页表的频率。

不过，我们更感兴趣的是随着线程数的增加在效率上的差异。$8 \times 8\ 000\ 000$ 输入的程序的双线程效率比 $8\ 000\ 000 \times 8$ 和 $8\ 000 \times 8\ 000$ 输入的程序的效率低 20% 以上。$8 \times 8\ 000\ 000$ 输入的程序的四线程效率比 $8\ 000\ 000 \times 8$ 和 $8\ 000 \times 8\ 000$ 输入的程序效率低 50% 以上。那么，为什么在 $8 \times 8\ 000\ 000$ 输入的情况下，程序的多线程性能会差这么多？

在这种情况下，答案再一次与缓存有关。让我们来看看用四个线程运行该程序时的情况。在 $8\ 000\ 000 \times 8$ 的输入下，y 有 $8\ 000\ 000$ 个分量，所以每个线程被分配到 $2\ 000\ 000$ 个分量。对于 $8\ 000 \times 8\ 000$ 的输入，每个线程被分配了 $2\ 000$ 个 y 的分量，而对于 $8 \times 8\ 000\ 000$ 的输入，每个线程被分配了两个分量。在我们使用的系统上，一个缓存行是 64 字节。由于 y 的类型是双精度浮点数，而一个双精度浮点数是 8 字节，所以一个缓存行将存储 8 个双精度浮点数。

缓存一致性是在"缓存行级别"上执行的。也就是说，每次写入缓存行中的任何数值时，如果该行也存储在另一个内核的缓存中，整个行将失效——而不仅仅是被写入的数值。我们使用的系统有两个双核处理器，每个处理器都有自己的缓存。暂时假设线程 0 和 1 被分配给其中一个处理器，线程 2 和 3 被分配给另一个处理器。还假设对于 $8 \times 8\ 000\ 000$ 的问题，所有的 y 都存储在一个缓存行中。那么每一次对 y 的某些元素的写入都会使另一个处理器的缓存行失效。例如，每次线程 0 在语句

```
y[i] += A[i][j]*x[j];
```

中更新 y[0] 时，如果线程 2 或 3 正在执行这段代码，它将不得不重新加载 y。每个线程将更新其每个组件 $8\ 000\ 000$ 次。我们看到，在这种将线程分配给处理器，将 y 的分量分配给缓存行的情况下，所有线程将不得不多次重新加载 y。尽管只有一个线程访问 y 的任何一个分量（例如，只有线程 0 访问 y[0]），这还是会发生。

每个线程将更新其分配到的 y 分量，总共 $16\ 000\ 000$ 次。看起来，这些更新中的许多（如果不是大多数）都是在强迫线程访问主存。这就是所谓的**伪共享**。假设两个拥有独立缓存的线程访问属于同一缓存行的不同变量。进一步假设至少有一个线程更新了它的变量。那么，即使两个线程都没有写到共享变量，缓存控制器也会使整个缓存行失效，并迫使其他线程从主存中获取变量的值。这些线程并没有共享任何东西（除了一条缓存行），但是这些线程在内存访问方面表现得与它们共享一个变量的情况是一样的，因此被称为伪共享。

为什么在其他输入中，伪共享不是问题？让我们来看看 $8\ 000 \times 8\ 000$ 的输入会发生什么。假设线程 2 被分配到其中一个处理器，线程 3 被分配到另一个处理器。我们实际上不知道哪个线程被分配到哪个处理器，但事实证明（见练习 5.13）这并不重要。线程 2 负责计算如下元素：

$$y[4000], y[4001], \cdots, y[5999]$$

而线程 3 则负责计算如下元素：

$y[6000]$，$y[6001]$，$\cdots$，$y[7999]$

如果一条缓存行包含八个连续的双精度浮点数，那么唯一可能出现伪共享是在其分配的元素之间的接口。例如，如果一个缓存行包含如下 8 个元素：

$y[5996]$，$y[5997]$，$y[5998]$，$y[5999]$
$y[6000]$，$y[6001]$，$y[6002]$，$y[6003]$

那么可以想象，这个缓存行可能存在伪共享。然而，在其 **for** i 循环的末端，线程 2 将访问如下 4 个元素：

$y[5996]$，$y[5997]$，$y[5998]$，$y[5999]$

然而，在其迭代的开始，线程 3 将访问如下 4 个元素：

$y[6000]$，$y[6001]$，$y[6002]$，$y[6003]$

因此，很可能当线程 2 访问某个元素（比如，$y[5996]$）时，线程 3 将长期处理所有如下 4 个元素：

$y[6000]$，$y[6001]$，$y[6002]$，$y[6003]$

同样，当线程 3 访问某个元素（比如 $y[6003]$）时，很可能线程 2 还没有开始访问如下元素：

$y[5996]$，$y[5997]$，$y[5998]$，$y[5999]$

因此，对于 8 000×8 000 的输入来说，y 中元素的伪共享不太可能是一个重要的问题。类似的推理表明，在 8 000 000×8 的输入中，y 的伪共享也不太可能成为问题。还要注意的是，我们不需要担心 A 或 x 的伪共享，因为它们的值从未被矩阵 - 向量乘法代码更新过。

这就提出了一个问题：如何避免在矩阵 - 向量乘法程序中出现伪共享。一个可能的解决方案是用假元素"填充"y 向量，以确保一个线程的任何更新都不会影响另一个线程的缓存行。另一个办法是让每个线程在乘法循环中使用自己的私有存储，然后在完成后更新共享存储（参见练习 5.15）。

5.10 任务化

虽然许多问题都可以直接用 OpenMP 来并行化，但它们通常都有固定的或预定的并行块和循环迭代的数量，以便在参与的线程之间进行调度。当情况不是这样时，我们看到的构造（到目前为止）使得有效地将手中的问题并行化变得很困难（甚至是不可能）。例如，考虑一下 Web 服务器的并行化：HTTP 请求可能会不定时地到达，而服务器本身最好能够对潜在的无限多的请求做出响应。在概念上，这很容易用 **while** 循环来实现，但是回顾我们在 5.5.1 节中的讨论：while 和 **do while** 循环不能用 OpenMP 并行化，for 循环的迭代次数不受限制时也不能。这给动态问题带来了潜在的隐患，包括递归算法，比如图的遍历，或者生产者 - 消费者风格的程序，比如 Web 服务器。为了解决这些问题，OpenMP 3.0 引入了任务化功能 [47]。任务化已经成功地应用于许多以前难以用 OpenMP 并行化的问题 [1]。

任务化允许开发者用 task 指令指定独立的计算单元：

#pragma omp task

当线程到达一个有此指令的代码块时，OpenMP 运行时就会生成一个新的任务，该任务将被调度以执行。需要注意的是，该任务不一定会被立即执行，因为可能还有其他任务正在等待执行。任务块表现得类似于标准的并行区域，但是可以启动任意数量的任务，而不是只有 num_threads 个。事实上，任务必须从并行区域内启动，但一般只由组中的一个线程启动。因此，大多数使用任务化功能的程序都会包含一个外部区域，其形式与以下代码相似：

```
#   pragma omp parallel
#   pragma omp single
    {
        ...
#       pragma omp task
        ...
    }
```

其中并行指令创建一组线程，而 single 指令指示运行时只从单个线程启动任务。如果省略了 single 指令，后续的任务实例将被多次启动，组中的每个线程都有一个。

为了证明 OpenMP 的任务化功能，回顾我们在 5.5.2 节中对前 n 个斐波那契数的计算进行的并行讨论。由于循环迭代相关，结果是不可预测的，而更重要的是，结果经常是不正确的。然而，我们可以通过 task 指令来并行化这个算法。首先，我们来看看一个递归的串行实现，它将序列存储在叫作 fibs 的全局数组中：

```
int fib(int n) {
    int i = 0;
    int j = 0;

    if (n <= 1) {
        // fibs是一个全局变量
        // 它需要存储n+1个int
        fibs[n] = n;
        return n;
    }

    i = fib(n - 1);
    j = fib(n - 2);
    fibs[n] = i + j;
    return fibs[n];
}
```

这一连串的递归调用会很耗时，所以让我们把每一个递归调用作为一个单独的任务来执行，这些单独的任务可以并行运行。我们可以在启动 fib 的初始（非递归）调用之前添加一个 parallel 指令和一个 single 指令，并在 fib 的两个递归调用之前添加 #pragma omp task。然而，在我们做了这个改变之后，结果是不正确的——更具体地说，除了 fib[1]，整个序列都是零。这是因为任务中的变量的默认数据作用域是私有的。所以在完成每个任务

```
#   pragma omp task
    i = fib(n-1);
#   pragma omp task
    j = fib(n-2);
```

后，i 和 j 中的结果会丢失——i 和 j 保留其在函数开头初始化时的值。

```
    int i = 0;
    int j = 0;
```

换句话说，fib(n-1) 和 fib(n-2) 的结果赋值的内存位置与函数开头声明的内存位置不

相同。所以用于更新 fibs[n] 的值是函数开始时分配的零。

我们可以通过在执行递归调用的任务中声明共享变量来调整 i 和 j 的作用域。然而现在执行该程序将产生不可预测的结果，与我们最初的并行化尝试类似。这里的问题是，各种任务的执行顺序没有被指定。换句话说，我们的递归函数调用 fib(n-1) 和 fib(n-2) 最终会运行，但是执行递归调用任务的线程可以继续运行，并简单地提前返回 fib [n] 的当前值。我们需要用 taskwait 指令强迫这个任务等待其子任务的完成，该指令作为任务的一个栅栏。我们把这些都放在了程序 5.6 中。

```
1   int fib(int n) {
2       int i = 0;
3       int j = 0;
4
5       if (n <= 1) {
6           fibs[n] = n;
7           return n;
8       }
9
10  #   pragma omp task shared(i)
11      i = fib(n - 1);
12
13  #   pragma omp task shared(j)
14      j = fib(n - 2);
15
16  #   pragma omp taskwait
17      fibs[n] = i + j;
18      return fibs[n];
19  }
```

程序 5.6　使用 OpenMP 任务计算斐波那契数

我们的并行斐波那契程序现在将产生正确的结果，但你可能会注意到 n 值越大，速度越慢；事实上，很有可能该程序的串行版本执行得更快。为了更直观地了解为什么会发生这种情况，回顾一下我们对与分叉和合并线程有关的开销的讨论。同样，每个任务在创建时都需要花费时间生成自己的数据环境。我们可以使用一些选项来帮助减少任务创建的开销。第一个选项是只在 n 足够大的情况下创建任务。我们可以通过 **if** 指令来做到这一点：

#pragma omp task shared(i) **if**(n > 20)

在这种情况下，它将限制任务的创建只发生在 n 大于 20 的情况下（在这种情况下根据一些实验任意选择）。再次回顾 fib，我们可以看到，在每个递归调用中，将有一个任务执行 fib 本身，另一个执行 fib(n - 1)，还有一个执行 fib(n - 2)。这是低效的，因为执行 fib 的父任务只启动了两个子任务，然后只是等待它们的结果。我们可以通过让父线程在 taskwait 指令后、进行最终计算之前执行对 fib 的一个递归调用来消除一个任务。在我们的 64 核测试平台上，这两个变化使 n=35 的程序的执行时间减少了一半。

虽然使用任务化 API 需要更多的规划和注意点，特别是在数据作用域和限制失控任务的创建方面，但它允许更多的问题被 OpenMP 并行化。

5.11   线程安全[⊖]

让我们来看看共享内存编程中出现的另一个潜在问题：线程安全。如果一个代码块能被多个线程同时执行而不产生问题，那么它就是**线程安全**的。

举一个例子，假设我们想用多个线程来"标记"一个文件。我们假设该文件由普通的英文文本组成，而标记只是连续的字符序列，与文本的其余部分以空格、制表符或换行分开。解决这个问题的一个简单方法是将输入文件分成几行文本，并以循环的方式将这些行分配给线程：第一行分配给线程 0，第二行分配给线程 1，…，第 t 行分配给线程 t，第 $t+1$ 行分配给线程 0，以此类推。

我们将文本读入一个字符串数组，每个字符串有一行文本。然后，我们可以使用带有 schedule（**static**，1）子句的 parallel **for** 指令，在线程之间划分行。

对一行进行标记的一种方法是使用 string.h 中的 strtok 函数，它的原型如下：

```
char* strtok(
    char*         string      /* in/out */,
    const char*   separators  /* in      */);
```

它的用法有点不寻常：第一次调用时，字符串参数应该是要被标记的文本，所以在我们的例子中，它应该是输入的一行。对于后续的调用，第一个参数应该是 NULL。我们的想法是，在第一次调用时，strtok 缓存了一个指向字符串的指针，在随后的调用中，它返回从缓存的副本中获取的连续的标记。划分标记的字符应该在分隔符中传递，所以我们应该传递字符串 "\t\n" 作为分隔符参数。

鉴于这些假设，我们可以写出程序 5.7 中所示的 Tokenize 函数。主函数已经初始化了数组 lines，使其包含输入文本，line_count 是存储在 lines 中的字符串的数量。尽管对于我们来说，我们只需要 lines 参数是一个输入参数，但 strtok 函数修改了它的输入。因此，当 Tokenize 返回时，lines 将被修改。当我们用单线程运行该程序时，它能正确地对输入流进行标记。第一次我们用两个线程和以下输入运行它：

Pease porridge hot.
Pease porridge cold.
Pease porridge in the pot
Nine days old.

```
1   void Tokenize(
2         char*   lines[]        /* in/out */,
3         int     line_count     /* in     */,
4         int     thread_count   /* in     */) {
5      int my_rank, i, j;
6      char *my_token;
7
8   #   pragma omp parallel num_threads(thread_count) \
9         default(none) private(my_rank, i, j, my_token) \
10        shared(lines, line_count)
11      {
12         my_rank = omp_get_thread_num();
```

[⊖]   第 4 章也涵盖了这一内容。因此，如果你已经读过那一章，可以略过这一部分。

```
13  #       pragma omp for schedule(static, 1)
14          for (i = 0; i < line_count; i++) {
15              printf("Thread %d > line %d = %s",
16                      my_rank, i, lines[i]);
17              j = 0;
18              my_token = strtok(lines[i], " \t\n");
19              while ( my_token != NULL ) {
20                  printf("Thread %d > token %d = %s\n",
21                          my_rank, j, my_token);
22                  my_token = strtok(NULL, " \t\n");
23                  j++;
24              }
25          } /* for i */
26      }   /* omp parallel */
27
28  }   /* Tokenize */
```

程序 5.7 多线程标记器的第一次尝试

输出也是正确的。然而，第二次我们用这个输入运行它时，将得到以下输出：

```
Thread 0 > line 0 = Pease porridge hot.
Thread 1 > line 1 = Pease porridge cold.
Thread 0 > token 0 = Pease
Thread 1 > token 0 = Pease
Thread 0 > token 1 = porridge
Thread 1 > token 1 = cold.
Thread 0 > line 2 = Pease porridge in the pot
Thread 1 > line 3 = Nine days old.
Thread 0 > token 0 = Pease
Thread 1 > token 0 = Nine
Thread 0 > token 1 = days
Thread 1 > token 1 = old.
```

发生了什么？回想一下，strtok 对输入行进行了缓存。它是通过声明一个变量以拥有静态存储类来实现的。这导致存储在这个变量中的值从一个调用到下一个调用都持续存在。不幸的是，这个缓存的字符串是共享的，不是私有的。这样看来，线程 1 对 strtok 的第二行调用显然已经覆盖了线程 0 对第一行的调用的内容。更糟糕的是，线程 0 发现了一个应该在线程 1 的输出中的标记（days）。

因此，strtok 函数不是线程安全的：如果多个线程同时调用它，它产生的输出可能不正确。遗憾的是，C 语言库函数不能实现线程安全的情况并不少见。例如，stdlib.h 中的随机数发生器 rand 和 time.h 中的时间转换函数 localtime 都不能保证是线程安全的。在某些情况下，C 标准规定了一个函数的另一个线程安全版本。事实上，strtok 就有一个线程安全的版本：

```
char* strtok_r(
    char*           string          /* in/out */,
    const char*     separators      /* in     */,
    char**          saveptr_p       /* in/out */);
```

"_r" 暗示该函数是可重入的,这有时被用作线程安全的同义词[⊖]。前两个参数的作用与 strtok 的参数相同。saveptr 参数被 strtok_r 用来跟踪函数在输入字符串中的位置,它的作用与 strtok 中的缓存指针相同。我们可以通过将对 strtok 的调用替换为对 strtok_r 的调用来修正原来的 Tokenize 函数。我们只需要声明一个 **char*** 变量作为第三个参数传入,并将第 18 行和第 22 行的调用分别替换为以下调用:

```
my_token = strtok_r(lines[i], " \t\n", &saveptr);
. . .
my_token = strtok_r(NULL, " \t\n", &saveptr);
```

5.11.1 不正确的程序可以产生正确的输出

注意,最初版本的标记程序显示了一种特别隐蔽的程序错误:我们第一次用两个线程运行它时,程序产生了正确的输出。直到后来的运行,我们才看到了一个错误。不幸的是,这种情况在并行程序中并不罕见,在共享内存程序中尤其常见。因为在大多数情况下,线程都是相互独立运行的,正如我们在本章开始时指出的那样,执行语句的确切顺序是不确定的。例如,我们不能说线程 1 何时会第一次调用 strtok。如果它的第一个调用发生在线程 0 对其第一行进行标记之后,那么为第一行识别的标记应该是正确的。但是,如果线程 1 在线程 0 完成其第一行标记之前调用 strtok,那么线程 0 完全有可能无法识别第一行中的所有标记,因此在开发共享内存程序时,特别重要的是要抵制这样的思维:既然程序产生了正确的输出,那么它一定是正确的。我们总是需要对竞争条件保持警惕。

5.12 小结

OpenMP 是一个对共享内存 MIMD 系统进行编程的标准。它同时使用了特殊的函数和称为 **pragma** 的预处理器指令,所以与 Pthreads 和 MPI 不同,OpenMP 需要编译器的支持。OpenMP 最重要的特点之一是,它的设计是为了让开发者能够逐步地并行化现有的串行程序,而不是从头开始编写并行程序。

OpenMP 程序启动多个**线程**而不是多个进程。线程可以比进程轻得多:它们几乎可以共享进程的所有资源,只是每个线程必须有自己的栈和程序计数器。

为了获得 OpenMP 的函数原型和宏,我们在 OpenMP 程序中包含了 mp.h 头文件。有几个 OpenMP 指令可以启动多个线程,最通用的是 parallel 指令:

```
#  pragma omp parallel
   structured block
```

这条指令告诉运行时系统并行地执行以下结构化的代码块。它可以**分叉**或启动几个线程来执行该结构块。**结构化块**是一个具有单一入口和单一出口的代码块,尽管在结构化块中允许调用 C 库函数 exit。启动的线程数量与系统有关,但大多数系统将为每个可用的核心启动一个线程。执行代码块的线程的集合被称为**组**。组中的线程是在 parallel 指令之前

⊖ 然而,这种区别有点微妙。可重入意味着一个函数可以在程序控制流的不同部分被中断并再次被调用(重新进入),并且仍然可以正确执行。这可能是由于对函数的嵌套调用或操作系统发出的陷入/中断而发生的。由于 strtok 在解析时使用一个静态指针来跟踪其状态,从程序控制流的不同部分多次调用该函数将破坏字符串,因此它不是可重入的。值得注意的是,尽管可重入的函数(如 strtok_r)也可以是线程安全的,但不能保证可重入的函数总是线程安全的,反之亦然。如果有任何疑问,最好查阅相关文档。

正在执行代码的线程。这个线程被称为**父线程**。由 `parallel` 指令启动的其他线程被称为**子线程**。当所有的线程都完成后，子线程被终止或**合并**，而父线程则继续执行结构块以外的代码。

许多 OpenMP 指令可以通过**子句**进行修改。我们经常使用 `num_threads` 子句。当我们使用一个启动一组线程的 OpenMP 指令时，可以用 `num_threads` 子句来修改它，这样指令就会启动我们想要的线程数量。

当 OpenMP 启动一组线程时，每个线程都被分配了一个序列号或 ID，范围是 0, 1, …, thread_count−1。OpenMP 库中的函数 `mp_get_thread_num` 返回调用线程的序列号。函数 `omp_get_num_threads` 返回当前组中的线程数量。

开发共享内存程序的一个主要问题是可能出现的**竞争条件**。当多个线程试图访问一个共享资源，其中至少有一个访问是更新操作，并且这些访问可能导致错误时，就会出现竞赛条件。由多个线程执行的更新共享资源且每次只能由一个线程来更新的代码，被称为**临界区**。因此，如果多个线程试图更新一个共享变量，程序就会出现竞争条件，而更新该变量的代码就是一个临界区。OpenMP 提供了几种机制来确保临界区的**互斥**。我们研究了其中的四种机制。

1. `critical` 指令确保一次只有一个线程可以执行结构化块。如果多个线程试图执行临界区的代码，除了一个线程外，其他线程都会在临界区之前阻塞。当一个线程完成临界区时，另一个线程将解除阻塞并进入代码。

2. 命名 `critical` 指令可以用在有不同临界区的程序中，这些临界区可以被同时执行。多个线程试图在具有相同命名的临界区执行代码，其处理方式与多个线程试图执行未命名临界区相同。然而，进入不同命名的临界区的线程可以并发执行。

3. `atomic` 指令只能在临界区具有 x <op>= <expression>、x++、++x、x-- 或 --x 的形式时使用。它被设计为利用特殊的硬件指令，因此比普通的临界区快得多。

4. 简单锁是互斥的最一般的形式。它们使用函数调用来限制对临界区的访问：

```
omp_set_lock(&lock);
critical section
omp_unset_lock(&lock);
```

当多个线程调用 `mp_set_lock` 时，只有其中一个线程会进入临界区。其他线程将被阻塞，直到第一个线程调用 `mp_unset_lock`。然后，被阻塞的线程中的一个可以继续执行。

所有的互斥机制都可能导致严重的程序问题，如死锁，所以需要非常谨慎地使用它们。

for 指令可以用来将 **for** 循环中的迭代划分给线程。这条指令并不启动一组线程，它将 **for** 循环中的迭代分给现有组中的线程。如果我们也想启动一组线程，可以使用 **parallel for** 指令。对于可以并行化的 **for** 循环的形式有一些限制，基本上，运行时系统必须能够在循环开始执行之前确定通过循环体的总迭代次数（详见程序 5.3）。

然而，仅仅确保我们的 **for** 循环有一个经典的形式是不够的。它还必须不存在任何**循环迭代相关**。当一个内存位置在一个迭代中被读取或写入，并在另一个迭代中被写入时，就出现了循环迭代相关。OpenMP 不会检测循环迭代相关，而是由程序员来检测和消除它们。然而，有可能无法消除它们，在这种情况下，循环就不是并行化的候选者。

在默认情况下，大多数系统都使用**块状划分**的方式来划分并行化的 **for** 循环中的迭代。如果有 n 个迭代，这意味着大约前 n/thread_count 被分配给线程 0，下一个 n/thread_ count 被分配给线程 1，以此类推。然而，OpenMP 提供了多种调度选项。调度子句的形式是

```
schedule(<type> [,<chunksize>])
```

类型可以是 static、dynamic、guided、auto 或 runtime。在 static 调度中，可以在循环开始执行之前将迭代分配给线程。在 dynamic 和 guided 调度中，迭代是即时分配的。当一个线程完成了一个迭代块（连续的迭代块）时，它就会请求另一个迭代块。如果指定了 auto，调度由编译器或运行时系统决定；如果指定了 runtime，调度在运行时通过检查环境变量 OMP_SCHEDULE 决定。

只有 static、dynamic 和 guided 调度可以有块大小。在 static 调度中，块大小的迭代块是以循环的方式分配给线程的。在 dynamic 调度中，每个线程都被分配到块大小的迭代，当一个线程完成它的块时，就会请求另一个块。在 guided 调度中，随着迭代的进行，块大小会减少。

在 OpenMP 中，一个变量的**作用域**是该变量可以被访问的线程的集合。通常情况下，任何在 OpenMP 指令之前定义的变量在构造中都有**共享**作用域。也就是说，所有的线程都可以访问它。这其中有几个重要的例外。首先，**for** 或 **parallel for** 构造中的循环变量是**私有**的，也就是说，每个线程都有自己的变量副本。第二个例外是，在任务构造中使用的变量具有私有作用域。在 OpenMP 构造中定义的变量具有私有作用域，因为它们将从正在执行的线程的栈中分配。

一个经验法则是，明确指定变量的作用域是一个好主意。这可以通过修改带有作用域子句的 parallel 指令或 parallel **for** 指令来实现。

```
default(none)
```

这告诉系统，在 OpenMP 构造中使用的每个变量的作用域都必须明确指定。大多数情况下，这可以通过 private 或 shared 子句来完成。

我们遇到的唯一例外是**归约变量**。**归约运算符**是一个可结合的二元运算（如加法或乘法），而**归约**是一种计算，将同一个归约运算符重复应用于一连串的操作数，以得到单一的结果。此外，操作的所有中间结果都应该存储在同一个变量中：**归约变量**。例如，如果 A 是一个有 n 个元素的数组，那么代码

```
int sum = 0;
for (i = 0; i < n; i++)
    sum += A[i];
```

是一个归约。归约运算符是加法，归约变量是 sum。如果我们试图并行化这个循环，归约变量应该同时具有私有变量和共享变量的属性。最初我们希望每个线程将其数组元素添加到自己的私有 sum 中，但是当线程完成后，我们希望将私有 sum 合并为一个共享 sum。因此，OpenMP 提供了用于识别归约变量和运算符的归约子句。

栅栏指令将导致组中的线程阻塞，直到所有线程都到达该指令。我们已经看到，parallel、parallel **for** 和 **for** 指令在结构化块的末尾有隐式栅栏。

现代微处理器架构使用缓存来减少内存访问时间，所以典型的架构有特殊的硬件来确保不同芯片上的缓存是**一致的**。由于缓存一致性的单元，即**缓存行**或**缓存块**，通常大于一个字的内存，这可能会产生不幸的副作用，即两个线程可能访问不同的内存位置，但当这两个位

置属于同一缓存行时，缓存一致性硬件的作用使线程就像访问同一内存位置一样（如果其中一个线程更新其内存位置，然后另一个线程试图读取其内存位置，它将不得不从主存检索该值）。也就是说，硬件正在迫使线程表现得像它实际上是在共享内存位置一样。因此，这被称为**伪共享**，它会严重降低共享内存程序的性能。

task 指令可以用来让并行线程执行不同的指令序列。例如，如果我们的代码包含三个相互独立的函数 f1、f2 和 f3，那么串行代码

```
f1(args1);
f2(args2);
f3(args3);
```

可以通过使用以下指令来实现并行化：

```
#   pragma omp parallel numthreads(3)
#       pragma omp single
        {
#           pragma omp task
            f1(args1);

#           pragma omp task
            f2(args2);

#           pragma omp task
            f3(args3);
        }
```

parallel 指令将启动三个线程。如果我们省略 single 指令，每个函数调用将由所有三个线程执行。single 指令确保只有一个线程调用每个函数。如果每个函数都返回一个值，并且想（比如说）累加这些值，我们可以通过添加 taskwait 指令在加法前设置一个栅栏：

```
#   pragma omp parallel numthreads(3)
#       pragma omp single
        {
#           pragma omp task shared(x1)
            x1 = f1(args1);

#           pragma omp task shared(x2)
            x2 = f2(args2);

#           pragma omp task shared(x3)
            x3 = f3(args3);

#           pragma omp taskwait
            x = x1 + x2 + x3;
        }
```

一些 C 函数通过声明变量为静态，在调用之间缓存数据。当多个线程调用该函数时，这可能会导致错误：因为 static 存储在线程之间共享，一个线程可以覆盖另一个线程的数据。这样的函数不是**线程安全**的，且不幸的是，C 库中有几个这样的函数。然而，有时候，库中有不是线程安全的函数对应的线程安全变体。

在我们的程序中可以看到一个特别隐蔽的问题：当用多个线程和一组固定的输入运行程序时，即使它有错误，有时也会产生正确的输出。在测试期间产生正确的输出并不能保证程序事实上是正确的。这就需要我们去识别可能的竞争条件。

5.13 练习

5.1 如果 _OPENMP 宏被定义为一个十进制的 **int**，写一个程序来打印它的值。该值的意义是什么？

5.2 从本书网站下载 omp_trap1.c 并删除 critical 指令。现在用越来越多的线程和越来越大的 *n* 值来编译和运行程序，在结果不正确之前，需要多少线程和多少梯形？

5.3 修改 omp_trap1.c，使其满足：

(i) 使用 5.4 节的第一个代码块。

(ii) 使用 OpenMP 函数 omp_get_wtime() 对并行块使用的时间进行计时。其语法为：

```
double omp_get_wtime(void)
```

它返回从过去某个时间开始所经过的秒数。关于获取时间的细节，参见 2.6.4 节。再回顾一下，OpenMP 有一个 barrier 指令：

```
#   pragma omp barrier
```

现在，在一个至少有两个核心的系统上，对以下程序计时：

a. 一个线程和一个大的 *n* 值。

b. 两个线程和相同的 *n* 值。

会发生什么？从本书网站下载 omp_trap2a.c 或 omp_trap2b.c。它的性能如何比较？解释一下你的答案。

5.4 回顾一下，OpenMP 为归约变量创建了私有变量，这些私有变量被初始化为归约运算符的恒等值。例如，如果运算符是加法，私有变量初始化为 0，而如果运算符是乘法，私有变量初始化为 1。操作符 &&、||、&、|、^ 的恒等值是什么？

5.5 假设在 Bleeblon 计算机上，类型为 **float** 的变量可以存储三位小数。还假设 Bleeblon 的浮点寄存器可以存储四位小数，并且在任何浮点运算后，结果在存储前被四舍五入到三位小数。现在假设一段 C 程序声明了一个数组 a，如下所示：

float a[] = {2.0, 2.0, 4.0, 1000.0}:

a. 如果在 Bleeblon 上运行，下面这段代码的输出是什么？

```
int i;
float sum = 0.0;
for (i = 0; i < 4; i++)
    sum += a[i];
printf("sum = %4.1f\n", sum);
```

b. 现在考虑以下代码：

```
    int i;
    float sum = 0.0;
#   pragma omp parallel for num_threads(2) \
        reduction(+:sum)
    for (i = 0; i < 4; i++)
        sum += a[i];
    printf("sum = %4.1f\n", sum);
```

假设运行时系统将迭代 i=0，1 分配给线程 0，i=2，3 分配给线程 1。这段代码在 Bleeblon 上的输出是什么？

5.6 编写一个 OpenMP 程序，确定 parallel **for** 循环的 default 调度。它的输入应该是

迭代的数量，它的输出应该是 parallel **for** 循环的哪些迭代由哪个线程执行。例如，如果有两个线程和四个迭代，其输出可能如下：

```
Thread 0: Iterations 0 — 1
Thread 1: Iterations 2 — 3
```

5.7 在第一次尝试对估计 π 的程序进行并行化时，我们的程序是不正确的。事实上，我们用单线程运行程序的结果作为证据，证明双线程运行的程序是不正确的。解释一下为什么我们可以"相信"用一个线程运行的程序的结果。

5.8 考虑以下循环：

```
a[0] = 0;
for (i = 1; i < n; i++)
    a[i] = a[i-1] + i;
```

这显然是一个循环迭代相关，因为如果没有 a[i-1] 的值，a[i] 的值就不能被计算。你能找到一种方法来消除这种依赖性，并使这个循环并行化吗？

5.9 修改使用 parallel **for** 指令的梯形法则程序（omp_trap3.c），使 parallel **for** 被 schedule（runtime）子句修改。运行该程序，对环境变量 OMP_SCHEDULE 进行不同的赋值，并确定哪些迭代被分配给哪个线程。这可以通过分配一个 n 个整数的数组 iterations，并在 Trap 函数中把 mp_get_thread_num（）分配给 for 循环的第 i 次迭代中的 iterations[i] 来实现。在你的系统中，迭代的默认分配是什么？guided 调度是如何确定的？

5.10 回顾一下，所有被未命名 critical 指令修改的结构块构成单一临界区。如果我们有许多 atomic 指令，其中有不同的变量被修改，会发生什么？它们是否都被视为单一临界区？

可以写一个小程序来试图确定这一点。我们的想法是让所有的线程同时执行类似以下的代码：

```
    int i;
    double my_sum = 0.0;
    for (i = 0; i < n; i++)
#       pragma omp atomic
        my_sum += sin(i);
```

可以通过 parallel 指令修改代码来做到这一点：

```
#   pragma omp parallel num_threads(thread_count)
    {
        int i;
        double my_sum = 0.0;
        for (i = 0; i < n; i++)
#           pragma omp atomic
            my_sum += sin(i);
    }
```

注意，由于 my_sum 和 i 是在并行块中声明的，每个线程都有自己的私有拷贝。现在，如果我们在 thread_count 为 1 时对这段代码进行计时，并且在 thread_count>1 时也进行计时，那么只要 thread_count 小于可用核心数，如果不同线程对 my_sum += sin(i) 的执行被视为不同的临界区，则单一线程运行的时间应该与多线程运行的时间大致相同。另一方面，如果 my_sum += sin(i) 的不同执行都被视为单一临界区，多线程运行应该比单线程运行慢得多。写一个实现这个测试的 OpenMP 程序。当更新受到 atomic 指令的保护时，你的 OpenMP 实现允许对不同的变量同时执行更新吗？

5.11 回顾一下，在 C 语言中，一个接收二维数组参数的函数必须指定参数列表中的列数，所以 C 语言程序员只使用一维数组是很常见的，并且要写出明确的代码将成对的下标转换为一维（参见练习 3.14）。修改 OpenMP 的矩阵 - 向量乘法，使其使用一维数组来表示矩阵。

5.12 从本书网站下载源文件 omp_mat_vect_rand_split.c。找到一个可以进行缓存分析的程序（例如 Valgrind[51]），然后根据缓存分析器文档中的说明编译该程序。（例如，使用 Valgrind，你需要符号表和全优化。在 gcc 中，使用 gcc -g -O2。）现在按照缓存分析器文档中的指令，使用输入 $k \times (k \cdot 10^6)$、$(k \cdot 10^3) \times (k \cdot 10^3)$ 和 $(k \cdot 10^6) \times k$。选择足够大的 k，使得至少有一组输入数据的 L2 缓存缺失次数为 10^6 次。

　　a. 三个输入分别发生了多少次 L1 缓存的写缺失？

　　b. 三个输入分别发生了多少次 L2 缓存的写缺失？

　　c. 大部分的写缺失发生在哪里？该程序对哪些输入数据有最多的写缺失现象？你能解释一下原因吗？

　　d. 三个输入分别发生了多少次 L1 缓存的读缺失？

　　e. 三个输入分别发生了多少次 L2 缓存的读缺失？

　　f. 大多数的读缺失发生在哪里？该程序对哪些输入数据有最多的读缺失现象？你能解释一下原因吗？

　　g. 在不使用缓存分析器的情况下，用三个输入分别运行该程序。哪种输入方式的程序是最快的？哪种输入方式的程序最慢？你对缓存缺失的观察能帮助解释这些差异吗？如何解释？

5.13 回顾一下 8 000×8 000 输入的矩阵 - 向量乘法的例子。假设线程 0 和线程 2 被分配到不同的处理器上。如果一个缓存行包含 64 字节或 8 个双精度浮点数，那么对于向量 y 的任何部分，线程 0 和 2 之间是否可能发生伪共享？为什么？如果线程 0 和线程 3 被分配到不同的处理器，那么对于 y 的任何部分，它们之间是否有可能发生伪共享？

5.14 回顾矩阵 - 向量乘法的例子，有一个 8×8 000 000 的矩阵。假设双精度浮点数使用 8 字节的内存，一个缓存行是 64 字节。还假设我们的系统由两个双核处理器组成。

　　a. 存储向量 y 所需的最小缓存行数是多少？

　　b. 存储向量 y 所需的最大缓存行数是多少？

　　c. 如果缓存行的边界总是与 8 字节的双精度浮点数的边界重合，那么 y 的分量可以以多少种不同的方式分配给高速缓存行？

　　d. 如果只考虑哪几对线程共享一个处理器，那么在我们的计算机中，有多少种不同的方式可以将四个线程分配给处理器？这里我们假设同一处理器上的核心共享缓存。

　　e. 在我们的例子中，是否有一种将分量分配到缓存行、将线程分配到处理器的方法，可以使其没有伪共享？换句话说，是否有可能分配给一个处理器的线程将其 y 的分量放在一个缓存行中，而分配给另一个处理器的线程将其分量放在另一个缓存行中？

f. 有多少种分量到缓存线和线程到处理器的分配?

g. 在这些分配中,有多少会致使没有伪共享?

5.15 a. 修改矩阵 – 向量乘法程序,使其在存在伪共享的可能性时填充向量 y。填充应该是这样做的:如果线程以锁步方式执行,那么包含 y 元素的单个缓存行就不可能被两个或多个线程共享。例如,假设一个缓存行存储了 8 个双精度浮点数,我们用四个线程运行程序。如果我们为 y 中的至少 48 个双精度浮点数分配了存储空间,那么,在每次通过 **for** i 循环时,不可能有两个线程同时访问同一个缓存行。

b. 修改矩阵 – 向量乘法程序,使每个线程在 **for** i 循环中为其 y 部分使用私有存储。当一个线程完成对 y 部分的计算后,它应该将其私有存储复制到共享变量中。

c. 这两个方案的表现与原方案相比如何? 它们之间的对比如何?

5.16 下面的代码可以作为实现归并排序的基础:

```
/* 将链表中的元素从[lo]到list[hi]排序 */
void Mergesort(int list[], int lo, int hi) {
    if (lo < hi) {
        int mid = (lo + hi)/2;
        Mergesort(list, lo, mid);
        Mergesort(list, mid+1, hi);
        Merge(list, lo, mid, hi);
    }
}   /* Mergesort */
```

Mergesort 函数可以从以下主函数中调用:

```
int main(int argc, char* argv[])
    int *list, n;

    Get_args(argc, argv, &n);
    list = malloc(n*sizeof(int));
    Get_list(list, n);
    Mergesort(list, 0, n−1);
    Print_list(list, n);
    free(list);
    return 0;
}   /* main */
```

使用 task 指令 (以及任何其他 OpenMP 指令) 来实现一个并行的归并排序程序。

5.17 尽管 strtok_r 是线程安全的,但它有一个相当糟糕的特性,即它无偿地修改了输入字符串。请编写一个线程安全的、不修改输入字符串的标记程序。

5.14 编程作业

5.1 使用 OpenMP 来实现第 2 章中讨论的并行直方图程序。

5.2 假设我们向一个正方形的镖靶随机投掷飞镖,这个镖靶的靶眼在原点,边长为 2ft。假设在正方形飞镖盘上有一个圆。这个圆的半径是 1ft,它的面积是 πft^2。如果被飞镖击中的点是均匀分布的 (而且我们总是击中正方形),那么击中圆内的飞镖数量应该近似地满足方程

$$\frac{圆内的数量}{投掷的总数} = \frac{\pi}{4}$$

因为圆的面积与正方形的面积之比为 π/4。我们可以利用这个公式，用随机数生成器来估计 π 的值：

```
number_in_circle = 0;
for (toss = 0; toss < number_of_tosses; toss++) {
    x = random double between −1 and 1;
    y = random double between −1 and 1;
    distance_squared = x*x + y*y;
    if (distance_squared <= 1) number_in_circle++;
}

pi_estimate
    = 4*number_in_circle / ((double) number_of_tosses);
```

这被称为"蒙特卡罗"方法，因为它使用了随机性（投掷飞镖）。编写一个 OpenMP 程序，使用蒙特卡罗方法来估计 π。在分叉任何线程之前，读入总的投掷次数。使用归约子句来找到投掷在圆圈内的飞镖的总数量。在合并所有的线程后打印结果。你可能想用 **long long int** 来表示圈内击中的数量和投掷的数量，因为这两个数字可能要非常大才能得到 π 的合理估计。

5.3 计数排序是一种简单的串行排序算法，可以按以下方式实现：

```
void Count_sort(int a[], int n) {
    int i, j, count;
    int* temp = malloc(n*sizeof(int));

    for (i = 0; i < n; i++) {
        count = 0;
        for (j = 0; j < n; j++)
            if (a[j] < a[i])
                count++;
            else if (a[j] == a[i] && j < i)
                count++;
        temp[count] = a[i];
    }

    memcpy(a, temp, n*sizeof(int));
    free(temp);
}  /* Count_sort */
```

其基本思路是：对于列表 a 中的每个元素 a[i]，我们计算列表中小于 a[i] 的元素数量。然后使用由计数决定的下标将 a[i] 插入一个临时列表中。当列表中包含相等的元素时，这种方法有一个小问题，因为它们可能被分配到临时列表中的同一个位置。代码通过在下标的基础上增加相等元素的计数来处理这个问题。如果 a[i] == a[j] 并且 j < i，那么我们将 a[j] 算作"小于" a[i]。

算法完成后，我们使用字符串库函数 memcpy 将原数组用临时数组覆盖。

a. 如果我们试图将 **for** i 循环（外层循环）并行化，哪些变量应该是私有的，哪些应该是共享的？

b. 如果使用你在前面部分指定的作用域来并行化 **for** i 循环，是否有任何循环迭代相关？解释一下你的答案。

c. 能不能把对 memcpy 的调用并行化？能不能修改代码，使这部分函数可以并行化？

d. 写一个 C 程序，其中包括 Count_sort 的并行实现。

e. 与串行 Count_sort 相比，并行化 Count_sort 的性能如何？它与串行 qsort 库函数相比如何？

5.4 回顾一下，当我们求解一个大的线性系统时，经常使用高斯消元法和反向替代法。高斯消元法通过使用如下的"行运算"将一个 $n \times n$ 的线性系统转换为上三角线性系统：

❏ 将一个行的倍数添加到另一个行中；

❏ 调换两行；

❏ 一行乘以一个非零常数。

在上三角系统中，从左上角延伸到右下角的"对角线"的下方为零。例如，线性系统

$$
\begin{aligned}
2x_0 &- 3x_1 & &= 3 \\
4x_0 &- 5x_1 &+ x_2 &= 7 \\
2x_0 &- x_1 &- 3x_2 &= 5
\end{aligned}
$$

可以简化为以下上三角形式：

$$
\begin{aligned}
2x_0 &- 3x_1 & &= 3 \\
&x_1 &+ x_2 &= 1 \\
& &- 5x_2 &= 0
\end{aligned}
$$

这个系统可以很容易地求解，首先用最后一个方程求取 x_2，然后用第二个方程求取 x_1，最后用第一个方程求取 x_0。

我们可以设计几个串行算法来进行反向代换。"面向行"的版本是：

```
for (row = n−1; row >= 0; row−−) {
    x[row] = b[row];
    for (col = row+1; col < n; col++)
        x[row] −= A[row][col]*x[col];
    x[row] /= A[row][row];
}
```

这里，系统的"右手边"存储在数组 b 中，二维的系数数组存储在数组 A 中，而解存储在数组 x 中。另一种选择是下面的"面向列"的算法：

```
for (row = 0; row < n; row++)
    x[row] = b[row];

for (col = n−1; col >= 0; col−−) {
    x[col] /= A[col][col];
    for (row = 0; row < col; row++)
        x[row] −= A[row][col]*x[col];
}
```

a. 确定面向行的算法的外层循环是否可以被并行化。

b. 确定面向行的算法的内层循环是否可以被并行化。

c. 确定面向列的算法的（第二个）外层循环是否可以被并行化。

d. 确定面向列的算法的内层循环是否可以被并行化。

e. 为每个确定可以并行化的循环写一个 OpenMP 程序。你可能会发现 single 指令很有用——当一个代码块被并行执行时，一个子块应该只由一个线程执行，这个子块可以通过 **#pragma** omp single 指令来修改。执行组中的线程将在指令的末尾阻

塞，直到所有的线程都完成它。

　　f. 用 schedule(runtime) 子句修改你的并行循环，并用各种调度来测试程序。如果
　　你的上三角系统有 10 000 个变量，哪个调度能提供最佳性能？

5.5　使用 OpenMP 来实现一个高斯消元法的程序。你可以假设输入系统不需要任何行交换。

5.6　使用 OpenMP 来实现一个生产者 - 消费者程序，其中一些线程是生产者，另一些是消
　　费者。每个生产者从一个文件集合中读取一个文本并将文本行插入单一共享队列中。
　　消费者接收这些文本行并对其进行标记。标记是由空白分隔的"单词"。当消费者找到
　　一个标记时，就把它写到 stdout。

5.7　使用练习 5.16 的答案来实现一个并行的归并排序程序。从命令行中获取线程的数量。
　　你可以从 stdin 中获取输入列表，或者使用 C 库中的随机函数来生成列表。并行程序
　　的性能与串行归并排序相比如何？

用 CUDA 进行 GPU 编程

6.1 GPU和GPGPU

20 世纪 90 年代末和 21 世纪初，计算机行业通过开发极其强大的**图形处理单元**（GPU）来回应人们对高度真实的计算机视频游戏和视频动画的需求。这些处理器，正如其名，是为了提高和渲染许多具有丰富细节的图像的程序性能。

这种计算能力的存在对那些不专攻计算机图形的程序员来说是一种诱惑。到 21 世纪初，他们试图用 GPU 解决一般的计算问题，如搜索和排序问题，而不是图形计算。这被称为**图形处理单元通用计算**（GPGPU）。

GPGPU 的早期开发者面临的最大困难之一是，当时的 GPU 只能使用计算机图形 API 进行编程，如 Direct3D 和 OpenGL。因此，程序员需要重新制定一般计算问题的算法来使用图形概念，如顶点、三角形和像素。这大大增加了早期 GPGPU 程序开发的复杂性，不久之后，几个小组开始开发语言和编译器，使程序员能够用更接近于传统高级 CPU 语言的 API 来实现 GPU 上的一般算法。

这些努力促使几个用于在 GPU 上进行通用编程的 API 的开发。目前最常用的 API 是 CUDA 和 OpenCL。CUDA 是为在 NVIDIA 的 GPU 上使用而开发的，而 OpenCL 被设计成高度可移植的。它被设计用于任意的 GPU 和其他处理器，如现场可编程门阵列（FPGA）和数字信号处理器（DSP）。为了确保这种可移植性，一个 OpenCL 程序必须包括大量的代码，说明它可以在哪些系统上运行，以及它应该如何运行。由于 CUDA 是为在 NVIDIA GPU 上运行而开发的，它需要的设置相对较少，因此，我们将使用 CUDA 而不是 OpenCL。

6.2 GPU架构

正如之前所述（见第 2 章），CPU 架构可以非常复杂。然而，我们通常认为传统的 CPU 是 Flynn 分类法中的单指令流单数据流（SISD）设备（见 2.3 节）：处理器从内存中获取指令并在少量数据项上执行指令。指令是单指令流的一个元素——SISD 中的"SI"，数据项是单数据流的元素——SISD 中的"SD"。然而，GPU 由 SIMD（单指令流多数据流）处理器组成。因此，为了理解如何对它们进行编程，我们需要首先看一下它们的架构。

回顾一下（2.3 节），我们可以认为 SIMD 处理器是由一个控制单元和多个数据通路组成的。控制单元从内存中获取指令并将其广播给数据通路。每条数据通路要么在其数据上执行指令，要么处于空闲状态。

例如，假设有 n 个数据通路共享一个 n 元素的数组 x，又假设第 i 个数据通路将对 x[i] 进行处理。现在假设我们想给 x 的非负元素加 1，给 x 的负元素减 2，可以用下面的代码实现：

```
/* 数据通路i执行以下代码 */
if (x[i] >= 0)
    x[i] += 1;
else
    x[i] -= 2;
```

在典型的 SIMD 系统中，每个数据通路执行测试 x[i] >= 0。然后测试为真的数据通路执行 x[i]+=1，而 x[i] < 0 的数据通路空闲。然后数据通路的角色互换：x[i] >= 0 的那些是空闲的，而其他数据通路执行 x[i]-= 2（见表 6.1）。

表 6.1   在 SIMD 系统中的分支执行

时间	x[i]>=0 的数据通路	x[i]<0 的数据通路
1	测试 x[i]>=0	测试 x[i]>=0
2	x[i]+=1	空闲
3	空闲	x[i]-=2

一个典型的 GPU 可以被认为是由一个或多个 SIMD 处理器组成。NVIDIA GPU 由**流式多处理器**（SM）组成 ⊖。一个 SM 可以有多个控制单元和更多数据通路。因此，可以将 SM 视为由一个或多个 SIMD 处理器组成。然而，SM 是异步操作的：如果 **if-else** 的一个分支在一个 SM 上执行，而另一个分支在另一个 SM 上执行，则不会受到惩罚。因此，在我们前面的示例中，如果 x[i] >= 0 的所有线程都在一个 SM 上执行，x[i] < 0 的所有线程都在另一个 SM 上执行，那么执行 **if-else** 示例只需要两个阶段（见表 6.2）。

表 6.2   在多个 SM 系统上的分支执行

时间	x[i]>=0 的数据通路（在 SM A 上）	x[i]<0 的数据通路（在 SM B 上）
1	测试 x[i]>=0	测试 x[i]>=0
2	x[i]+=1	x[i]-=2

在 NVIDIA 的说法中，数据通路被称为核心或**流处理器**（SP）。目前，最强大的 NVIDIA 处理器之一有 82 个 SM，每个 SM 中 128 个 SP，总共 10 496 个 SP ⊖。由于我们在讨论 MIMD 架构时使用术语 "核心" 来表示其他含义，因此这里将使用 SP 来表示 NVIDIA 数据通路。另请注意，NVIDIA 使用术语 SIMT 而不是 SIMD。SIMT 代表单指令多线程，使用该术语是因为 SM 上执行相同指令的线程可能不会同时执行：为了隐藏内存访问延迟，当访问内存时，一些线程可能会阻塞，而其他已经获得数据的线程可以继续执行。

每个 SM 都有一个相对较小的内存块，在其 SP 之间共享。正如我们所见，SP 可以非常快速地访问此内存。单个芯片上的所有 SM 还可以访问更大的内存块，该内存块在所有 SP 之间共享。访问此内存相对较慢（见图 6.1）。

GPU 及其关联的内存通常与 CPU 及其关联的内存在物理上是分开的。在 NVIDIA 文档中，CPU 及其相关内存通常称为**主机**，GPU 及其内存称为**设备**。在早期的系统中，主机和设备内存的物理分离要求数据通常在 CPU 内存和 GPU 内存之间显式传输。也就是说，调用一个函数，将数据块从主机内存传输到设备内存，反之亦然。因此，例如，CPU 从文件中

⊖　NVIDIA 对流式多处理器的缩写取决于特定的 GPU 微体系结构。例如，Tesla 和 Fermi 多核处理器中写为 SM，Kepler 多核处理器中写为 SMX，Maxwell 多核处理器中写为 SMM。更近的 GPU 中写为 SM。我们将使用 SM，不管是什么微架构。

⊖　2021 年春季。

读取的数据或 GPU 生成的输出数据必须通过显式函数调用在主机和设备之间传输。然而，在最近的 NVIDIA 系统（计算能力 ≥ 3.0 的系统）中，源代码中的显式传输不是正确性所必需的，尽管它们可能能够提高整体性能（见图 6.2）。

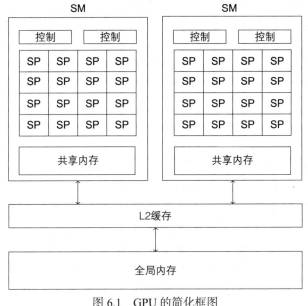

图 6.1　GPU 的简化框图

6.3　异构计算

到目前为止，我们已经隐含地假设并行程序将在各个处理器都具有相同架构的系统上运行。编写在 GPU 上运行的程序是**异构**计算的一个例子。原因是这些程序同时使用了主机处理器（传统 CPU）和设备处理器（GPU），而且正如我们刚刚看到的，这两个处理器具有不同的架构。

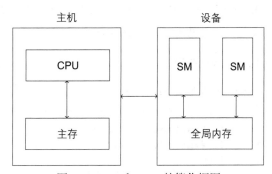

图 6.2　CPU 和 GPU 的简化框图

我们仍将编写单个程序（使用 SPMD 方法——参见 2.4.1 节），但现在将为传统 CPU 和 GPU 分别编写函数。所以，实际上，我们将编写两个程序。

近年来，异构计算变得越来越重要。回顾第 1 章，大约从 1986 年到 2003 年，传统 CPU 的单线程性能平均每年增长 50% 以上，但从 2003 年开始，单线程性能的提升速度减缓，从 2015 年到 2017 年，每年的增长速度小于 4%[28]。因此，程序员们不遗余力地寻找提高性能的方法，其中一种可能性是使用 CPU 以外的其他类型的处理器。我们内容的重点是 GPU，但其他可能性也包括**现场可编程门阵列**（FPGA），以及**数字信号处理器**（DSP）。FPGA 包含可编程逻辑块和可以在程序执行之前进行配置的互连。DSP 包含用于处理（例如，压缩、过滤）信号的特殊电路，尤其是"真实世界"的模拟信号。

6.4　CUDA hello

现在开始讨论 CUDA API，我们将使用该 API 对异构 CPU-GPU 系统编程。

CUDA 是一个软件平台，可用于为配备 NVIDIA 的 GPU 的异构系统编写通用图形处理器程序。CUDA 最初是 Compute Unified Device Architecture 的首字母缩写，意在表明它为 CPU 和 GPU 编程提供了单一接口。然而最近，NVIDIA 表示 CUDA 不是首字母缩略词，它只是一个图形处理器通用计算编程时的一个 API 的名称。

有几种不同语言中的 CUDA API：例如，有用于 C、C++、FORTRAN、Python 和 Java 语言的 CUDA API。我们将使用 C 语言中的 CUDA，但需要注意，有时我们需要使用一些 C++ 结构。这是因为 C 语言中的 CUDA 编译器可以编译 C 和 C++ 程序，因为它是经过修改的 C++ 编译器。因此，在 C 和 C++ 的规范不同时，CUDA 编译器有时会使用 C++。例如，由于 C 语言库函数 malloc 返回一个无类型指针，因此 C 程序不需要在指令中进行类型转换：

float ∗x = malloc(n∗**sizeof**(**float**));

但是，在 C++ 中需要类型转换：

float ∗x = (**float**∗) malloc(n∗**sizeof**(**float**));

像往常一样，我们将从实现 "hello,world" 程序的一个版本开始。我们将编写一个 CUDA 的 C 程序，其中每个 CUDA 线程打印一个问候语 ⊖。由于程序是异构的，我们将有效地编写两个程序：一个主机（CPU）程序和一个设备（GPU）程序。

请注意，即使我们的程序是用 CUDA C 语言编写的，CUDA 程序也不能用普通的 C 编译器编译。因此，与 MPI 和 Pthreads 不同，CUDA 不仅仅是一个可以链接到普通 C 程序的库：CUDA 需要一个特殊的编译器。例如，普通的 C 编译器（如 gcc）为单个 CPU（例如 x86 处理器）生成机器语言可执行文件，但 CUDA 编译器必须为两种不同的处理器生成机器语言：主机处理器和设备处理器。

6.4.1　源代码

CUDA 程序的源代码从 GPU 上的每个线程打印问候语，如程序 6.1 所示。

```
1   #include <stdio.h>
2   #include <cuda.h>      /* CUDA 的头文件 */
3
4   /* 设备代码: 运行在GPU上 */
5   __global__ void Hello(void) {
6
7       printf("Hello from thread %d!\n", threadIdx.x);
8   } /* Hello */
9
10
11  /* 主机代码: 运行在CPU上 */
12  int main(int argc, char* argv[]) {
13      int thread_count;        /* GPU上运行的线程数 */
14
15      thread_count = strtol(argv[1], NULL, 10);
16                              /* 从命令行获取thread_count */
17
18      Hello <<<1, thread_count >>>();
19                              /* 在GPU上启动thread_count线程 */
```

⊖　这个程序需要一个计算能力 ≥ 2.0 的 NVIDIA GPU。

```
20
21      cudaDeviceSynchronize();          /* 等待GPU完成 */
22
23      return 0;
24 }    /* main */
```

程序 6.1   在线程中打印问候语的 CUDA 程序

正如你可能猜到的，我们在第 2 行中包含了 CUDA 程序的头文件。

Hello 函数紧随 include 语句，从第 5 行开始。该函数由 GPU 上的每个线程运行。用 CUDA 的说法，它被称为**核函数**，一个由主机启动但在设备上运行的函数。CUDA 核函数由关键字 __global__ 标识，并且它们始终具有返回类型 **void**。

main 函数跟在核函数之后，在第 12 行。和普通的 C 程序一样，CUDA C 程序在 main 中开始执行，而 main 函数运行在主机上。该函数首先从命令行获取线程数。然后它在第 18 行启动所需数量的核函数副本。对 cudaDeviceSynchronize 的调用将导致主程序等待，直到所有线程都执行完核函数，当这种情况发生时，程序像往常一样终止并返回 0。

6.4.2 编译与运行程序

包含主机代码和设备代码的 CUDA 程序文件应存储在带有 ".cu" 扩展名的文件中。例如，我们的 hello 程序位于名为 cuda_hello.cu 的文件中。我们可以使用 CUDA 编译器 nvcc 来编译它。该命令形式如下 ⊖：

```
$ nvcc -o cuda_hello cuda_hello.cu
```

如果我们想在 GPU 上运行一个线程，我们可以输入

```
$ ./cuda_hello 1
```

输出将是

```
Hello from thread 0!
```

如果我们想在 GPU 上运行 10 个线程，我们可以输入

```
$ ./cuda_hello 10
```

输出将是

```
Hello from thread 0!
Hello from thread 1!
Hello from thread 2!
Hello from thread 3!
Hello from thread 4!
Hello from thread 5!
Hello from thread 6!
Hello from thread 7!
Hello from thread 8!
Hello from thread 9!
```

6.5   深入了解

那么，当我们运行 cuda_hello 时到底会发生什么？让我们仔细观察一下。

⊖   回想一下，美元符号（$）表示 shell 提示符，它不应被键入。

正如我们前面所指出的，执行从在主机上的 main 函数开始。它通过调用 C 语言库中的 strtol 函数从命令行获得线程数。

在第 18 行对核函数的调用中，事情将变得很有趣。在这里，我们通过把

```
1, thread_count
```

用三个尖括号括起来告诉系统要在 GPU 上启动多少个线程。如果 Hello 函数有任何参数，我们会把它们放在后面的圆括号中。

核函数规定了每个线程将执行的代码。因此，我们的每个线程都会打印一条信息：

```
"Hello from thread %d\n"
```

十进制的 **int** 格式说明（%d）指的是变量 threadIdx.x。结构 threadIdx 是 CUDA 在启动核函数时定义的几个变量之一。在我们的例子中，字段 x 给出了正在执行的线程的相对索引或序列号。所以我们用它来打印一个包含线程序列号的消息。

在一个线程打印完它的信息后，核函数就终止执行。

注意，我们的核函数代码使用了单程序多数据（SPMD）范式：每个线程在自己的数据上运行相同代码的副本。在这种情况下，唯一标识线程的数据是存储在 threadIdx.x 中的线程序列号。

普通 C 函数的执行和 CUDA 核函数的执行有一个非常重要的区别，就是核函数的执行是**异步**的。这意味着，在主机通知系统应该开始运行核函数后，主机调用的核函数会立刻给出返回值，即使 main 中的调用已经给出返回值，执行核函数的线程可能还没有执行完毕。第 21 行中对 cudaDeviceSynchronize 的调用迫使 main 函数等待，直到所有执行核函数的线程都完成。如果我们省略了对 cudaDeviceSynchronize 的调用，我们的程序可能会在线程产生任何输出之前终止，就像核函数从未被调用过。

当主机从对 cudaDeviceSynchronize 的调用中返回时，主函数会像往常一样以返回 0 的方式终止。

总结一下，就是：

❑ 执行从 main 函数开始，它在主机上运行。
❑ 线程的数量来自命令行。
❑ 对 Hello 函数的调用启动了核函数。
❑ 调用中的 <<<1,thread_count>>> 参数，指定了在设备上启动 thread_count 个核函数副本。
❑ 当核函数启动时，系统会初始化 threadIdx 结构体，在我们的例子中，字段 threadIdx.x 包含线程的索引或序列号。
❑ 每个线程打印其信息并终止。
❑ main 函数中对 cudaDeviceSynchronize 的调用迫使主机等待，直到所有的线程都完成了核函数的执行，然后主机再继续后续指令及结束执行。

6.6 线程、线程块和线程网格

你可能想知道为什么我们在调用 Hello 函数时在尖括号中加上 "1"：

```
Hello <<<1, thread_count >>>();
```

回想一下，NVIDIA GPU 由一组 SM 组成，每个 SM 由一组 SP 组成。当 CUDA 核函数运行

时，每个单独的线程将在 SP 上执行其代码。将 "1" 作为尖括号中的第一个值，核函数调用启动的所有线程都将在单个 SM 上运行。如果我们的 GPU 有两个 SM，可以尝试用以下代码在核函数调用中同时使用它们：

```
Hello <<<2, thread_count/2>>>();
```

如果 thread_count 是偶数，这个核函数调用会启动一共 thread_count 个线程，线程会在两个 SM 之间分配：thread_count/2 个线程会在每个 SM 上运行。（如果 thread_count 是奇数会发生什么？）

CUDA 将线程组织成块和网格。**线程块**（如果上下文明确，简称**块**）是在单个 SM 上运行的线程集合。在核函数调用中，尖括号中的第一个值指定线程块的数量，第二个值是每个线程块中的线程数。所以当用以下语句启动核函数时，

```
Hello <<<1, thread_count>>>();
```

我们使用了一个线程块，其中有 thread_count 个线程，因此，我们只使用了一个 SM。

我们可以修改问候程序，使其由用户指定线程块数量，每个块由用户指定数量的线程组成（参见程序 6.2）。在这个程序中，我们从命令行获取线程块的数量和每个块中的线程数量。现在核函数调用启动 blk_ct 个线程块，每个线程块都包含 th_per_blk 个线程。

```
 1  #include <stdio.h>
 2  #include <cuda.h>      /* CUDA 的头文件 */
 3
 4  /* 设备代码: 运行在GPU上 */
 5  __global__ void Hello(void) {
 6
 7     printf("Hello from thread %d in block %d\n",
 8           threadIdx.x, blockIdx.x);
 9  }  /* Hello */
10
11
12  /* 主机代码: 运行在CPU上 */
13  int main(int argc, char* argv[]) {
14     int blk_ct;                  /* 线程块的数量 */
15     int th_per_blk;      /* 每个块中的线程数 */
16
17     blk_ct = strtol(argv[1], NULL, 10);
18                  /* 从命令行获取线程块的数量 */
19     th_per_blk = strtol(argv[2], NULL, 10);
20        /* 从命令行获取每个块中的线程数 */
21
22     Hello <<<blk_ct, th_per_blk>>>();
23           /* 在GPU上启动blk_ct*th_per_blk线程, */
24
25     cudaDeviceSynchronize();         /* 等待GPU完成 */
26
27     return 0;
28  }  /* main */
```

程序 6.2　多个块上的线程打印问候信息的 CUDA 程序

当核函数启动时，每个块都分配给一个 SM，块中的线程在该 SM 上运行。输出与原始

程序类似，只是现在我们使用两个系统定义变量：threadIdx.x 和 blockIdx.x。你可能已经猜到了，threadIdx.x 给出了线程在其块中的序列号或索引，而 blockIdx.x 给出了块在网格中的序列号。

网格只是由核函数启动的线程块的集合。所以一个线程块是由线程组成的，一个网格是由线程块组成的。

线程可以使用几个内置变量来获取有关核函数启动的网格的信息。以下四个变量是核函数开始执行时在每个线程的内存中初始化的结构：

- □ threadIdx：线程在其线程块中的序列号或索引。
- □ blockDim：线程块的维度、形状或大小。
- □ blockIdx：块在网格中的序 列号或索引。
- □ gridDim：网格的维度、形状或大小。

所有这些结构都具有三个字段，x、y 和 z[⊖]，并且这些字段都具有无符号整数类型，且通常便于应用。例如，使用图形的应用程序将线程分配给二维或三维空间中的点更为方便，threadIdx 中的字段可用于指示点的位置。广泛使用矩阵的应用程序将线程分配给矩阵的元素会更方便，threadIdx 中的字段可用于指示元素的列和行。

当我们用如下语句调用核函数时，

```
int blk_ct, th_per_blk;
...
Hello <<<blk_ct, th_per_blk>>>();
```

通过将尖括号中的值分配给 x 字段来初始化三元结构 gridDim 和 blockDim。因此，我们有效地进行了以下分配：

```
gridDim.x = blk_ct;
blockDim.x = th_per_blk;
```

y 和 z 字段被初始化为 1。如果想在 y 和 z 字段使用 1 以外的值，我们应该声明两个 dim3 类型的变量，并将它们传递给调用的核函数。例如：

```
dim3 grid_dims, block_dims;
grid_dims.x = 2;
grid_dims.y = 3;
grid_dims.z = 1;
block_dims.x = 4;
block_dims.y = 4;
block_dims.z = 4;
...
Kernel <<<grid_dims, block_dims>>> (...);
```

这应该启动一个有 $2 \times 3 \times 1 = 6$ 个块的网格，每个块有 $4^3 = 64$ 个线程。

请注意，所有块必须具有相同的维数，更重要的是，CUDA 要求线程块是独立的。因此，一个线程块必须能够完成其执行，而不管其他线程块的状态：线程块可以以任何顺序依次执行，也可以并行执行。这确保 GPU 可以仅根据该块的状态来调度块执行：它不需要检查任何其他块的状态[⊖]。

⊖ 计算能力 < 2 的 NVIDIA 设备（参见 6.7 节）仅允许网格中的 x 和 y 维度。

⊖ 随着 CUDA 9 和 Pascal 处理器的引入，可能可以同步多个块中的线程。（见 7.1.13 小节和练习 7.6。）

6.7　NVIDIA计算能力和设备架构[⊖]

线程数和块数是有限制的。这些限制取决于 NVIDIA 所定义的 GPU 的**计算能力**。计算能力是一个具有 "*a.b*" 形式的数字。目前，*a* 值（或主要修订号）可以是 1、2、3、5、6、7、8。（没有 "4" 这个主要修订号。）可能的 *b* 值（或小型修订号）取决于主要修订号的值，取值范围为 0~7。CUDA 不再支持计算能力 <3 的设备。

对于计算能力 >1 的设备，每个块的最大线程数为 1 024。对于计算能力为 2.*b* 的设备，可分配给单个 SM 的最大线程数为 1 536，对于计算能力 >2 的设备，目前最大为 2 048。块和网格的维度大小也是有限制的。例如，对于计算能力 >1 的设备，x 或 y 维度的最大值为 1 024，z 维度的最大值为 64。更多有关信息，请参阅 CUDA C++ 编程指南 [11] 中有关计算能力的附录。

NVIDIA 还为其 GPU 的微架构命名。表 6.3 显示了当前的架构列表及一些相应的计算能力。令人困惑的是，NVIDIA 还使用 Tesla 作为其通用图形处理器产品的名称。

表 6.3　GPU 架构和计算能力

名字	Ampere	Tesla	Fermi	Kepler	Maxwell	Pascal	Volta	Turing
计算能力	8.0	1.*b*	2.*b*	3.*b*	5.*b*	6.*b*	7.0	7.5

我们应该注意到，NVIDIA 有许多 "产品系列"：从基于 NVIDIA 的显卡，到 "片上系统" 都可以在一个系列中。它包括系统的主要硬件组件，例如单个集成电路的手机。

最后，请注意，CUDA API 有多个版本，它们并不对应不同 GPU 的计算能力。

6.8　向量加法

GPU 和 CUDA 在运行数据并行程序时特别有效。让我们编写一个非常简单的数据并行 CUDA 程序，该程序具有易并行性：一个两个向量或数组求和的程序。我们将定义三个 *n*-元素的数组 x、y 和 z，并在主机上初始化 x 和 y。那么一个核函数至少可以启动 *n* 个线程，第 *i* 个线程会作如下运算：

```
z[i] = x[i] + y[i];
```

由于 GPU 的 32 位浮点单元数往往多于 64 位浮点单元数，因此，我们使用单精度浮点数组而不是双精度浮点数组：

```
float *x, *y, *z;
```

分配和初始化数组后，我们将调用核函数，核函数执行完毕后，程序将会检查结果，释放内存并退出。程序 6.3 显示了核函数和 main 函数。

```
1   __global__ void Vec_add(
2       const float   x[]  /* in  */,
3       const float   y[]  /* in  */,
4       float         z[]  /* out */,
5       const int     n    /* in  */) {
6     int my_elt = blockDim.x * blockIdx.x + threadIdx.x;
```

⊖　本节中采用的值是截至 2021 年春季的最新值，其中一些值可能会在 NVIDIA 发布新 GPU 和新版本 CUDA 时发生变化。

```
7
8       /* 总线程 = blk _c t* th _per_blk可能>n */
9       if (my_elt < n)
10          z[my_elt] = x[my_elt] + y[my_elt];
11  }   /* Vec_add */
12
13  int main(int argc, char* argv[]) {
14      int n, th_per_blk, blk_ct;
15      char i_g;    /* x和y是用户输入的还是随机的? */
16      float *x, *y, *z, *cz;
17      double diff_norm;
18
19      /* 获取命令行参数, 并设置向量 */
20      Get_args(argc, argv, &n, &blk_ct, &th_per_blk, &i_g);
21      Allocate_vectors(&x, &y, &z, &cz, n);
22      Init_vectors(x, y, n, i_g);
23
24      /* 调用核函数并等待它完成 */
25      Vec_add <<<blk_ct, th_per_blk>>>(x, y, z, n);
26      cudaDeviceSynchronize();
27
28      /* 检查正确性 */
29      Serial_vec_add(x, y, cz, n);
30      diff_norm = Two_norm_diff(z, cz, n);
31      printf("Two-norm of difference between host and ");
32      printf("device = %e\n", diff_norm);
33
34      /* 释放存储并退出 */
35      Free_vectors(x, y, z, cz);
36      return 0;
37  }   /* main */
```

程序 6.3　两向量求和 CUDA 程序的核函数和 main 函数

6.8.1　核函数

在核函数中 (第 1～11 行), 我们首先确定线程应该计算 z 的哪个元素。我们让该索引与线程的全局序列号或索引相同。因为我们只使用了 blockDim 和 threadIdx 结构的 x 字段, 所以总共有

```
gridDim.x * blockDim.x
```

个线程。因此, 我们可以使用如下公式

```
rank = blockDim.x * blockIdx.x + threadIdx.x
```

为每个线程分配一个唯一的 "全局" 序列号或索引。

例如, 如果我们有 4 个块, 每个块中有 5 个线程, 那么全局序列号或索引如表 6.4 所示。在核函数中, 我们将此全局序列号赋给 my_elt, 并将其用作访问每个线程中数组 x、y 和 z 中的元素的下标。

请注意, 我们已经考虑到线程总数可能与向量的元素数不完全相同的可能性。所以在进行加法之前,

```
z[my_elt] = x[my_elt] + y[my_elt];
```

我们首先检查是否满足条件 my_elt < n。例如，如果我们有 n=997，并且我们想要至少两个块，每个块至少有两个线程，那么，由于 997 是素数，我们不可能正好有 997 个线程。由于这个核函数至少需要 n 个线程执行，所以我们必须启动多于 997 个的线程。例如，我们可以使用 4 个块，每个块中有 256 个线程，最后一个块中的最后 27 个线程将跳过该行

```
z[my_elt] = x[my_elt] + y[my_elt];
```

请注意，如果需要在不支持 CUDA 的系统上运行我们的程序，可以用串行向量加法函数替换核函数（参见程序 6.4）。因此我们可以将 CUDA 核函数视为采用串行 for 循环，每次迭代分配给不同的线程。当我们想要并行化 CUDA 的串行代码时，通常这样开始设计过程：将循环的迭代分配给各个线程。

表 6.4　一个有 4 个块，每个块中有 5 个线程的网格的全局线程序列号

blockIdx.x	threadIdx.x				
	0	1	2	3	4
0	0	1	2	3	4
1	5	6	7	8	9
2	10	11	12	13	14
3	15	16	17	18	19

```
1  void Serial_vec_add(
2        const float   x[]    /* in  */,
3        const float   y[]    /* in  */,
4        float         cz[]   /* out */,
5        const int     n      /* in  */) {
6
7     for (int i = 0; i < n; i++)
8        cz[i] = x[i] + y[i];
9  }  /* Serial_vec_add */
```

程序 6.4　串行向量加法函数

还要注意，如果我们应用 Foster 方法来并行化串行向量和，任务是向量中每个分量的相加，那么我们在通信和聚合阶段无须做任何事情，映射阶段只是简单地把每个加法分配给一个线程。

6.8.2 Get_args 函数

声明变量后，主函数调用 Get_args 函数，该函数返回数组中元素的数量 n，线程块的数量 blk_ct，以及每个块中的线程数 th_per_blk。它从命令行获取这些，并且返回一个字符 i_g。这告诉程序是用户输入 x 和 y，还是应该使用随机数生成器生成它们。如果用户没有输入正确数量的命令行参数，该函数将打印使用摘要并终止执行。此外，如果 n 大于线程总数，它会打印一条消息并终止（参见程序 6.5）。请注意，Get_args 函数是用标准 C 语言编写的，它完全在主机上运行。

```
 1   void Get_args(
 2        const int   argc              /* in  */,
 3        char*       argv[]            /* in  */,
 4        int*        n_p               /* out */,
 5        int*        blk_ct_p          /* out */,
 6        int*        th_per_blk_p      /* out */,
 7        char*       i_g               /* out */) {
 8      if (argc != 5) {
 9         /* 打印错误消息并退出 */
10         ...
11      }
12
13      *n_p = strtol(argv[1], NULL, 10);
14      *blk_ct_p = strtol(argv[2], NULL, 10);
15      *th_per_blk_p = strtol(argv[3], NULL, 10);
16      *i_g = argv[4][0];
17
18      /* 是否n > 线程的总数= blk_ct*th_per_blk */
19      if (*n_p > (*blk_ct_p)*(*th_per_blk_p)) {
20         /* 打印错误消息并退出 */
21         ...
22      }
23   } /* Get_args */
```

程序 6.5　两向量求和 CUDA 程序中的 Get_args 函数

6.8.3　Allocate_vectors 函数和托管内存

获取命令行参数后，主函数调用 Allocate_vectors，它为四个 **float** 型的 $n-$ 元素的数组分配存储空间：

x, y, z, cz

前三个数组可同时用于主机和设备。第四个数组 cz 仅在主机上使用：我们使用 cz，用主机的一个核心来计算向量和。这样做是为了检查设备上计算的结果（见程序 6.6）。

```
 1   void Allocate_vectors(
 2        float** x_p      /* out */,
 3        float** y_p      /* out */,
 4        float** z_p      /* out */,
 5        float** cz_p     /* out */,
 6        int     n        /* in */) {
 7
 8      /* x, y和z在主机和设备上使用 */
 9      cudaMallocManaged(x_p, n*sizeof(float));
10      cudaMallocManaged(y_p, n*sizeof(float));
11      cudaMallocManaged(z_p, n*sizeof(float));
12
13      /* cz只在主机上使用 */
14      *cz_p = (float*) malloc(n*sizeof(float));
15   } /* Allocate_vectors */
```

程序 6.6　两向量求和 CUDA 程序的数组分配函数

首先请注意，由于 cz 仅在主机上使用，我们使用标准 C 语言库函数 malloc 分配其存储空间。对于其他三个数组，我们在第 9～11 行使用 CUDA 函数分配存储空间：

```
__host__ cudaError_t cudaMallocManaged (
                void**    devPtr    /* out */,
                size_t    size      /* in  */,
                unsigned  flags     /* in  */);
```

__host__ 限定符是 CUDA 在 C 语言基础上的附加，它表示该函数应该在主机上调用和运行。这是 CUDA 程序中函数的默认设置，因此在我们编写自己的函数时可以省略它，它们只会在主机上运行。

返回值的类型为 cudaError_t，允许函数返回一个错误。大多数 CUDA 函数都会返回一个 cudaError_t 类型的值，如果你的代码有问题，最好检查一下。然而，经常检查它会使代码变得混乱，这会分散我们在程序主要目的上的注意力。所以在我们讨论的代码中，通常会忽略 cudaError_t 类型的返回值。

第一个参数是指向指针的指针：它指向正在被分配的指针。第二个参数指定应该分配的字节数。flags 参数控制哪些核函数可以访问分配的内存。它默认为 cudaMemAttachGlobal 并且可以省略。

函数 cudaMallocManaged 是几个 CUDA 内存分配函数之一。它分配的内存将由"统一内存系统"自动管理。这是 CUDA 的一个相对较新的补充 ⊖，它允许程序员编写 CUDA 程序，就好像主机和设备共享一个内存一样：指向使用 cudaMallocManaged 分配的内存的指针可以在设备和主机上使用，即使当主机和设备具有分离的物理内存。这大大简化了编程，但也有以下几点注意事项：

1. 统一内存需要计算能力 ≥ 3.0 的设备，以及 64 位的主机操作系统。

2. 在计算能力 <6.0 的设备上，由 cudaMallocManaged 分配的内存不能同时被设备和主机访问。当核函数正在执行时，它对使用 cudaMallocManaged 分配的内存具有独占访问权。

3. 使用统一内存的核函数可能比将设备内存与主机内存分开处理的核函数要慢。
最后一个注意事项与主机和设备之间的数据传输有关。当程序使用统一内存时，由系统决定何时从主机传输到设备，或由设备传输到主机。在显式传输数据的程序中，由程序员决定是否包含实现传输的代码，并且能够利用他对代码的了解来实行降低传输成本的措施，例如省略一些传输或将计算与数据传输重叠进行。

在本节的最后，我们将简要讨论显式处理主机和设备之间的传输所需的修改。

6.8.4　main 函数调用的其他函数

除了 Free_vectors 函数，我们在 main 函数中调用的其他主机函数只是标准 C 代码。

函数 Init_vectors 要么使用 scanf 标准输入读取 x 和 y，要么使用 C 库函数 random 生成它们。它使用最后一个命令行参数 i_g 来决定应该做什么。

Serial_vec_add 函数（程序 6.4）只是使用 **for** 循环在主机上对 x 和 y 求和。它将结果存储在主机数组 cz 中。

Two_norm_diff 函数计算由核函数计算的向量 z 和由 Serial_vec_add 计算的向量

⊖　它首先在 CUDA 6.0 中可用。

cz 之间的"距离"。所以它取 z 和 cz 的对应分量的差，求平方并累加，然后取平方根（见程序 6.7）：

$$\sqrt{\left(z[0]-cz[0]\right)^2+\left(z[1]-cz[1]\right)^2+\cdots+\left(z[n-1]-cz[n-1]\right)^2}$$

```
1   double Two_norm_diff(
2       const float   z[]    /* in */,
3       const float   cz[]   /* in */,
4       const int     n      /* in */) {
5      double diff, sum = 0.0;
6
7      for (int i = 0; i < n; i++) {
8         diff = z[i] − cz[i];
9         sum += diff*diff;
10     }
11     return sqrt(sum);
12  } /* Two_norm_diff */
```

程序 6.7　求两向量之间距离的 C 函数

Free_vectors 函数只是释放由 Allocate_vectors 分配的数组。数组 cz 是使用 C 库函数 free 释放的，但由于其他数组是使用 cudaMallocManaged 分配的，因此必须通过调用 cudaFree 来释放它们：

　　__host__ __device__ cudaError_t cudaFree (**void**∗ ptr)

限定符 __device__ 是 CUDA 在 C 语言基础上的附加，表示可以由设备调用该函数。因此可以从主机或设备调用 cudaFree。但是，如果指针是在设备上分配的，则无法在主机上释放它，反之亦然。

需要注意的是，除非设备上分配的内存被程序显式释放，否则在程序终止之前它不会被释放。因此，如果一个 CUDA 程序调用了两个（或更多）核函数，并且第一个核函数使用的内存在调用第二个核函数之前没有被显式释放，它将保持已分配状态，而不管第二个核函数是否使用它（见程序 6.8）。

```
1   void Free_vectors(
2       float∗ x    /* in/out */,
3       float∗ y    /* in/out */,
4       float∗ z    /* in/out */,
5       float∗ cz   /* in/out */) {
6
7      /* 由 cudaMallocManaged 分配 */
8      cudaFree(x);
9      cudaFree(y);
10     cudaFree(z);
11
12     /* 由 malloc 分配 */
13     free(cz);
14  } /* Free_vectors */
```

程序 6.8　释放四个数组的 CUDA 函数

6.8.5　显式内存传输⊖

让我们看看如何为不提供统一内存的系统修改向量加法程序。程序 6.9 显示了修改后的程序的核函数和 main 函数。

```
1   __global__  void Vec_add(
2       const float   x[]  /* in  */,
3       const float   y[]  /* in  */,
4       float         z[]  /* out */,
5       const int     n    /* in  */) {
6     int my_elt = blockDim.x * blockIdx.x + threadIdx.x;
7
8     if (my_elt < n)
9        z[my_elt] = x[my_elt] + y[my_elt];
10  }  /* Vec_add */
11
12  int main(int argc, char* argv[]) {
13     int n, th_per_blk, blk_ct;
14     char i_g;   /* x和y是用户输入的还是随机的? */
15     float *hx, *hy, *hz, *cz; /* 主机数组 */
16     float *dx, *dy, *dz;       /* 设备数组 */
17     double diff_norm;
18
19     Get_args(argc, argv, &n, &blk_ct, &th_per_blk, &i_g);
20     Allocate_vectors(&hx, &hy, &hz, &cz, &dx, &dy, &dz, n);
21     Init_vectors(hx, hy, n, i_g);
22
23     /* 将向量x和y从主机复制到设备 */
24     cudaMemcpy(dx, hx, n*sizeof(float), cudaMemcpyHostToDevice);
25     cudaMemcpy(dy, hy, n*sizeof(float), cudaMemcpyHostToDevice);
26
27
28     Vec_add <<<blk_ct, th_per_blk>>>(dx, dy, dz, n);
29
30     /* 等待内核完成并将结果复制到主机 */
31     cudaMemcpy(hz, dz, n*sizeof(float), cudaMemcpyDeviceToHost);
32
33     Serial_vec_add(hx, hy, cz, n);
34     diff_norm = Two_norm_diff(hz, cz, n);
35     printf("Two-norm of difference between host and ");
36     printf("device = %e\n", diff_norm);
37
38     Free_vectors(hx, hy, hz, cz, dx, dy, dz);
39
40     return 0;
41  }  /* main */
```

程序 6.9　没有统一内存的向量加法实现的部分 CUDA 程序

首先要注意的是核函数没有改变：参数是 x、y、z 和 n。它求出线程的全局索引 my_elt，如果它小于 n，则将 x 和 y 的元素相加得到对应的 z 中元素。

⊖　如果你的设备计算能力 ≥ 3.0，则可以跳过本节。

main 函数的基本结构几乎相同。然而，由于我们假设统一内存不可用，主机上的指针在设备上无效，反之亦然：主机上的地址在设备上可能是非法的，或者更糟糕的是，它可能指向设备用于其他目的的内存。如果我们尝试在主机上使用设备地址，也会出现类似的问题。因此，我们不声明和分配在主机和设备上都有效的三个数组的存储空间，而是分别为在主机上有效的三个数组 hx、hy 和 hz，和在设备上有效的三个数组 dx、dy 和 dz，声明和分配存储。声明在第 15～16 行，分配在第 20 行调用的 Allocate_vectors 函数中。（该函数在程序 6.10 中。）由于统一内存不可用，对于主机数组，我们不使用 cudaMallocManaged，而使用 C 库函数 malloc，对于设备数组，我们使用 CUDA 函数 cudaMalloc：

```
__host__ __device__ cudaError_t cudaMalloc (
          void** dev_p    /* out */,
          size_t size     /* in */);
```

第一个参数是在设备上使用的指针的引用。第二个参数指定要在设备上分配的字节数。

```
1   void Allocate_vectors(
2         float** hx_p    /* out */,
3         float** hy_p    /* out */,
4         float** hz_p    /* out */,
5         float** cz_p    /* out */,
6         float** dx_p    /* out */,
7         float** dy_p    /* out */,
8         float** dz_p    /* out */,
9         int      n      /* in */) {
10
11      /* 设备上使用dx、dy、dz */
12      cudaMalloc(dx_p, n*sizeof(float));
13      cudaMalloc(dy_p, n*sizeof(float));
14      cudaMalloc(dz_p, n*sizeof(float));
15
16      /* 主机上使用hx、hy、hz、cz */
17      *hx_p = (float*) malloc(n*sizeof(float));
18      *hy_p = (float*) malloc(n*sizeof(float));
19      *hz_p = (float*) malloc(n*sizeof(float));
20      *cz_p = (float*) malloc(n*sizeof(float));
21   }  /* Allocate_vectors */
```

程序 6.10　不使用统一内存的 CUDA 向量加法程序的 Allocate_vectors 函数

在主机上初始化 hx 和 hy 后，我们将它们的内容复制到设备上，将传输的内容分别存储在分配给 dx 和 dy 的内存中。复制是在第 24～25 行使用 CUDA 函数 cudaMemcpy 来完成的：

```
__host__ cudaError_t cudaMemcpy (
          void*          dest     /* out */,
          const void*    source   /* in */,
          size_t         count    /* in */,
          cudaMemcpyKind kind     /* in */);
```

这将从 source 指向的内存复制 count 字节到 dest 指向的内存中。kind 参数的类型——cudaMemcpyKind，是由 CUDA 定义的枚举类型，它指定源和目标指针的位置。就我们的目的而言，我们感兴趣的两个值是 cudaMemcpyHostToDevice 和 cudaMemcpyDeviceToHost。第一个表示我们正在从主机复制到设备，第二个表示我们正在从设备复制到主机。

第 28 行对核函数的调用使用指针 dx、dy 和 dz，因为这些地址在设备上是有效的。

在调用核函数之后，我们再次使用 cudaMemcpy 将在第 31 行向量加法的结果从设备复制到主机。对 cudaMemcpy 的调用是同步的，因此它在执行传输之前等待核函数完成执行。所以在这个版本的向量加法中，我们不需要在继续向下执行之前使用 cudaDeviceSynchronize 来确保核函数已经执行完毕。

当结果从设备复制回主机后，程序将检查结果，释放分配在主机和设备上的内存，然后终止。所以对于这部分程序，与原始程序的唯一区别是我们释放了 7 个指针而不是 4 个。和以前一样，Free_vectors 函数使用 C 库函数 free 释放在主机上分配的存储空间。它使用 cudaFree 来释放设备上分配的存储空间。

6.9 从 CUDA 核函数返回结果

关于 CUDA 核函数，应该注意几件事。首先，它们总是有返回类型 **void**，所以它们不能用于返回值。它们也不能通过标准的 C 语言的引用传递给主机返回任何东西。这是由于在大多数系统中，主机上的地址在设备上无效，反之亦然。例如，假设我们尝试以下代码：

```
__global__ void Add(int x, int y, int* sum_p) {
    *sum_p = x + y;
}  /* Add */

int main(void) {
    int sum = -5;
    Add <<<1, 1>>> (2, 3, &sum);
    cudaDeviceSynchronize();
    printf("The sum is %d\n", sum);

    return 0;
}
```

主机可能会打印 -5 或发生设备阻塞，这是由于 sum 的地址在设备上可能无效。因此，以下的间接引用

```
*sum_p = x + y;
```

试图将 x+y 分配给无效的内存位置。

有几种可能的方法可以将结果从核函数"返回"给主机。一种是声明指针变量并分配单一内存位置。在支持统一内存的系统上，计算值将自动复制回主机内存：

```
__global__ void Add(int x, int y, int* sum_p) {
    *sum_p = x + y;
}  /* Add */

int main(void) {
    int* sum_p;
    cudaMallocManaged(&sum_p, sizeof(int));
    *sum_p = -5;
    Add <<<1, 1>>> (2, 3, sum_p);
    cudaDeviceSynchronize();
    printf("The sum is %d\n", *sum_p);
```

```
        cudaFree(sum_p);

        return 0;
    }
```

如果你的系统不支持统一内存，同样的方法也可以实现，但结果必须从设备显式复制到主机：

```
    __global__ void Add(int x, int y, int *sum_p) {
        *sum_p = x + y;
    }  /* Add */

    int main(void) {
        int *hsum_p, *dsum_p;
        hsum_p = (int*) malloc(sizeof(int));
        cudaMalloc(&dsum_p, sizeof(int));
        *hsum_p = -5;
        Add <<<1, 1>>> (2, 3, dsum_p);
        cudaMemcpy(hsum_p, dsum_p, sizeof(int),
            cudaMemcpyDeviceToHost);
        printf("The sum is %d\n", *hsum_p);
        free(hsum_p);
        cudaFree(dsum_p);

        return 0;
    }
```

请注意，在统一和非统一内存设置中，我们都只将单个值从设备返回到主机。

如果统一内存可用，另一种选择是使用全局托管变量来求和：

```
    __managed__ int sum;

    __global__ void Add(int x, int y) {
        sum = x + y;
    }  /* Add */

    int main(void) {
        sum = -5;
        Add <<<1, 1>>> (2, 3);
        cudaDeviceSynchronize();
        printf("After kernel:  The sum is %d\n", sum);

        return 0;
    }
```

限定符 __managed__ 将 sum 声明为一个托管的 **int**，所有函数都可以访问，无论它们是在主机上还是在设备上运行。由于它是托管的，对它的限制与用 cudaMallocManaged 分配的托管变量的限制是相同的。所以这个选项在计算能力 <3.0 的系统上是不可用的，而对于计算能力 <6.0 的系统，在核函数运行时，主机上不能访问 sum。因此，在 Add 调用开始后，主机无法访问 sum，直到对 cudaDeviceSynchronize 的调用完成。

由于最后一种方法使用的是全局变量，因此它通常存在与全局变量相关的模块性降低的问题。

6.10 CUDA梯形法则I

6.10.1 梯形法则

让我们尝试实现一个梯形法则的 CUDA 版本。回想一下（参见 3.2.1 节），梯形法则通过把区间划分为子区间，用梯形的面积去近似每个子区间和图像之间的面积，从而估计 x 轴上一个区间和一个函数图像之间围成的面积（见图 3.3）。所以如果区间是 $[a,b]$ 并且有 n 个梯形，我们将 $[a,b]$ 分成 n 个相等的子区间，则每个子区间的长度为

$$h=(b-a)/n$$

那么如果 x_i 是第 i 个子区间的左端点，

$$x_i=a+ih$$

$i=0,1,2,\cdots,n-1$。为了简化符号，我们还用 b 表示区间的右端点，如下所示：

$$b=x_n=a+nh$$

回想一下，如果梯形的高 h 和底长为 c 和 d，那么它的面积是：

$$\frac{h}{2}(c+d)$$

因此，如果我们将子区间 $[x_i,x_{i+1}]$ 的长度视为第 i 个梯形的高，将 $f(x_i)$ 和 $f(x_{i+1})$ 视为两个底边长度（见图 3.4），那么，第 i 个梯形的面积是

$$\frac{h}{2}\big[f(x_i)+f(x_{i+1})\big]$$

那么图像和 x 轴之间区域的面积的总近似值是

$$\frac{h}{2}\big[f(x_0)+f(x_1)\big]+\frac{h}{2}\big[f(x_1)+f(x_2)\big]+\cdots+\frac{h}{2}\big[f(x_{n-1})+f(x_n)\big]$$

可以将其重写为

$$h\left[\frac{1}{2}\big(f(a)+f(b)\big)+\big(f(x_1)+f(x_2)+\cdots+f(x_{n-1})\big)\right]$$

我们可以使用程序 6.11 中所示的串行函数来实现这一点。

```
 1   float Serial_trap(
 2         const float  a  /* in */,
 3         const float  b  /* in */,
 4         const int    n  /* in */) {
 5      float x, h = (b-a)/n;
 6      float trap = 0.5*(f(a) + f(b));
 7
 8      for (int i = 1; i <= n-1; i++) {
 9         x = a + i*h;
10         trap += f(x);
11      }
12      trap = trap*h;
13
14      return trap;
15   } /* Serial_trap */
```

程序 6.11 单 CPU 上实现梯形法则的串行函数

6.10.2　一种CUDA实现

如果 n 很大，串行实现中的绝大多数工作都是由 **for** 循环完成的。因此，当我们将 Foster 方法应用于梯形法则时，我们主要对两类任务感兴趣：第一个是函数 f 在 x_i 处的求值，第二个是将 $f(x_i)$ 添加到 trap 变量中。这里 $i=1,\cdots,n-1$。第二种类型的任务取决于第一种，所以我们可以把这两个任务聚合起来。

这表明 CUDA 实现中的每个线程都可能执行一个串行 **for** 循环中的迭代。我们可以为每个线程分配一个唯一的整数序列号，就像在向量加法程序中所做的那样。然后我们可以计算一个 x 值，即函数值，并将函数值累加到"运行总和"中。

```
/* h和trap是核函数的形式参数 */
int my_i = blockDim.x * blockIdx.x + threadIdx.x;
float my_x = a + my_i*h;
float my_trap = f(my_x);
float trap += my_trap;
```

然而，很明显这里有几个问题：

1. 我们还没有初始化 h 或者 trap。

2. my_i 的值可能太大，也可能太小：串行循环的范围从 1 到 $n-1$，包括 $n-1$。my_i 的最小值为 0，最大值为线程总数减 1。

3. 变量 trap 必须在线程间共享。所以把 my_trap 的值加到 trap 中时就形成了一种竞争条件：当多个线程几乎同时尝试更新 trap 时，一个线程可以覆盖另一个线程的结果，并且 trap 中的最终值可能是错误的。（有关竞争条件的讨论，请参阅 2.4.3 节。）

4. 串行代码中的变量 trap 由函数返回，正如我们所见，核函数的返回类型必须是 **void**。

5. 从串行代码中可以看到，在所有线程都将它们的结果加到 trap 中之后，我们需要将 trap 中总和的值乘以 h。

程序 6.12 展示了我们如何处理这些问题。在接下来的部分中，我们将继续分析做出各种选择的原因。

```
1   __global__ void Dev_trap(
2         const float    a          /* in      */,
3         const float    b          /* in      */,
4         const float    h          /* in      */,
5         const int      n          /* in      */,
6         float*         trap_p     /* in/out  */) {
7      int my_i = blockDim.x * blockIdx.x + threadIdx.x;
8
9      /* f(x_0)和 f(x_n) 在主机上计算         */
10     /* 所以计算f(x_1),f(x_2), …, f(x_(n-1)) */
11     if (0 < my_i && my_i < n) {
12        float my_x = a + my_i*h;
13        float my_trap = f(my_x);
14        atomicAdd(trap_p, my_trap);
15     }
16  }  /* Dev_trap */
17
18  /* 主机代码 */
19  void Trap_wrapper(
```

```
20          const float      a              /* in  */,
21          const float      b              /* in  */,
22          const int        n              /* in  */,
23          float*           trap_p         /* out */,
24          const int        blk_ct         /* in  */,
25          const int        th_per_blk     /* in  */) {
26
27          /* 用cudaMallocManaged在main中分配trap_p存储 */
28
29          *trap_p = 0.5*(f(a) + f(b));
30          float h = (b-a)/n;
31
32          Dev_trap<<<blk_ct, th_per_blk>>>(a, b, h, n, trap_p);
33          cudaDeviceSynchronize();
34
35          *trap_p = h*(*trap_p);
36      }  /* Trap_wrapper */
```

程序 6.12　实现梯形法则的 CUDA 核函数和包装函数

6.10.3　初始化、返回值和最后更新

为了处理初始化和最终更新（第 1 项和第 5 项），我们可以尝试选择一个线程（例如，块 0 中的线程 0）来执行操作。

```
int my_i = blockDim.x * blockIdx.x + threadIdx.x;
if (my_i == 0) {
    h = (b-a)/n;
    trap = 0.5*(f(a) + f(b));
}
...
if (my_i == 0)
    trap = trap*h;
```

这些选项有（至少）几个问题：函数的形式参数对于正在执行的线程和**线程同步**是私有的。

核函数和函数参数对执行中的线程是私有的

就像在 Pthreads 和 OpenMP 中启动的线程一样，每个 CUDA 线程都有自己的堆栈，并且由于形参是在线程的堆栈上分配的，因此每个线程都有自己的私有变量 h 和 trap。因此，一个线程对这些变量之一所做的任何更改对其他线程都是不可见的。我们可以让每个线程初始化 h，也可以只在主机中进行一次初始化。如果我们在调用核函数之前这样做，每个线程都会得到一个 h 值的副本。

对于变量 trap，事情就复杂多了。由于它是由多个线程更新的，因此必须在线程之间共享。我们可以通过在调用核函数之前为一个内存位置分配存储来达到共享 trap 的效果。这个分配的内存位置将对应于 trap。现在我们可以将指向内存位置的指针传递给核函数。也就是说，我们可以按以下代码做。

```
/* 主机代码 */
float* trap_p;
cudaMallocManaged(&trap_p, sizeof(float));
...
```

```
*trap_p = 0.5*(f(a) + f(b));

/* 调用核函数 */
...

/* 从核函数返回之后 */
*trap_p = h*(*trap_p);
```

当我们这样做时，每个线程都会得到它自己的 `trap_p` 副本，但是所有的 `trap_p` 副本都将指向同一个内存位置。所以 `*trap_p` 将被共享。

注意使用指针代替简单的浮点数也解决了第 4 项中 `trap` 返回值的问题。

包装函数

如果查看程序 6.12 中的代码，你会发现我们已经将调用核函数之前和之后使用的大部分代码放在了一个**包装函数** `Trap_wrapper` 中。包装函数是一个函数，它的主要目的是调用另一个函数。它可以执行调用所需的任何准备工作，还可以执行调用后所需的任何其他工作。

6.10.4 使用正确的线程

我们假设线程的数量 `blk_ct*th_per_blk` 至少与梯形的个数一样多。由于串行 **for** 循环从 1 迭代到 n-1，线程 0 和 my_i>n-1 的任何线程不应执行串行 **for** 循环体中的代码。所以我们应该在核函数代码的主要部分之前包含一个测试（见程序 6.12 第 11 行）。

```
if (0 < my_i && my_i < n) {
    /* 计算x，f(x)，并加到* trap_p中 */
    ...
}
```

6.10.5 更新返回值和 `atomicAdd` 函数

以上操作产生了更新 `*trap_p` 的问题（前文提到的几个问题中的第 3 项）。由于内存位置是共享的，因此如下的更新

```
*trap_p += my_trap;
```

形成了竞争条件，最终存储在 `*trap_p` 中的实际值将是不可预测的。我们通过使用一个特殊的 CUDA 库函数 `atomicAdd` 来解决这个问题。

如果一个线程执行的操作在所有其他线程看来是"不可分割的"，那么它就是**原子**的。因此，如果另一个线程试图访问操作的结果或操作中使用的操作数，则访问将发生在操作开始之前或操作完成之后。那么，实际上，该操作似乎由一个单一的、不可分割的机器指令组成。

正如我们之前看到的（参见 2.4.3 节），加法通常不是原子操作：它由几条机器指令组成。因此，如果一个线程正在执行加法，则另一个线程可能会在加法进行时访问操作数和结果。因此，CUDA 库定义了几个原子加法函数。我们使用的语法如下。

```
__device__ float atomicAdd(
    float* float_p   /* in/out */,
    float  val       /* in     */);
```

这以原子方式将 `val` 的内容加到 `float_p` 指向的内存内容中，并将结果存储在 `float_p` 指向的内存中。它返回调用开始时 `float_p` 引用的内存值（见程序 6.12 第 14 行）。

6.10.6 CUDA梯形法则的性能

我们可以通过查找 `Trap_wrapper` 函数的执行时间来查找梯形法则的运行时间。该函数的执行包括由串行梯形法则执行的所有计算，包括 `*trap_p`（第29行）和 h（第30行）的初始化，以及对 `*trap_p` 的最终更新（第35行）。它还包括 `Dev_trap` 核函数中串行 **for** 循环体中的所有计算。所以我们可以通过对主机函数进行计时来有效地确定 CUDA 梯形法则的运行时间，而我们只需要在调用 `Trap_wrapper` 之前和之后插入对我们计时函数的调用即可。我们使用本书网站上 `timer.h` 头文件中定义的 GET_TIME 宏：

```
double start, finish;
...
GET_TIME(start);
Trap_wrapper(a, b, n, trap_p, blk_ct, th_per_blk);
GET_TIME(finish);
printf("Elapsed time for cuda = %e seconds\n",
    finish-start);
```

可以使用相同的方法对串行梯形法则进行计时：

```
GET_TIME(start)
trap = Serial_trap(a, b, n);
GET_TIME(finish);
printf("Elapsed time for cpu = %e seconds\n",
    finish-start);
```

回想一下关于计时的部分（2.6.4 节），我们采用了许多计时，并且通常报告最短的时长。但是，如果绝大多数时间要长得多（例如，多于 1% 或 0.1%），那么最小时间可能无法复现。因此，运行该程序的其他用户可能会获得比我们久得多的时间。发生这种情况时，我们会报告时长的平均值或中位数。

现在，当我们在硬件上运行这个程序时，有很多次运行时长都在最小值的 1% 的限度以内。然而，我们将把这个程序的运行时间与运行时间在最小值的 1% 的限度以内的程序的运行时间进行比较。因此，对于使用 CUDA 实现梯形法则的讨论（6.10～6.13 节），我们将使用平均运行时间，并且该平均时间是在至少 50 次执行的基础上获得的。

当多次运行串行和 CUDA 的梯形法则函数并取经过时间的平均值时，我们得到的结果如表 6.5 所示。测试中使用 $n = 2^{20} = 1\,048\,576$ 个梯形，$f(x) = x^2+1$，a=-3，b=3。GPU 使用 1 024 个块，每个块有 1 024 个线程，总共 1 048 576 个线程。GK20A 的 192 个 SP 显然比相当慢的传统处理器 ARM Cortex-A15 快得多，但英特尔酷睿 i7 的一个单核比 GK20A 快得多。Titan X 上的 3 072 个 SP 比 Intel 的单核快 45%，但似乎用 3 072 个 SP，我们应该可以做得更好。

表 6.5 串行和 CUDA 梯形法则的平均运行时间（单位：ms）

系统	ARM Cortex-A15	NVIDIA GK20A	Intel Core i7	NVIDIA GeForce GTX Titan X
时钟	2.3GHz	852MHz	3.5GHz	1.08GHz
SM 的数量，SP 的数量		1 192		243 072
运行时间	33.6	20.7	4.48	3.08

6.11　CUDA梯形法则II：提升性能

如果阅读过 Pthreads 或 OpenMP 章节，你可能会很容易地猜测如何使 CUDA 程序运行得更快。一个线程对 atomicAdd 的调用实际上是原子的，因为没有其他线程可以在调用过程中更新 *trap_p。换句话说，对 *trap_p 的更新不能同时发生，这一点上我们的程序可能不会有很好的并行性。

提高性能的一种方法是执行树形结构全局和，类似于我们在 MPI 章节（3.4.1 节）中介绍的树形结构全局求和。但是，由于 GPU 架构和分布式内存 CPU 架构之间存在差异，细节会有所不同。

6.11.1　树形通信

我们可以将我们在 CUDA 梯形法则中实现的"全局和"的执行可视化为线程的随机线性排序。例如，假设我们只有 8 个线程和 1 个线程块，那么我们的线程是 0，1，…，7，其中一个线程将会第一个成功调用 atomicAdd（假设是线程 5）。然后另一个线程将成功调用（假设它是线程 2）。这样继续下去，我们可以得到一系列 atomicAdds，每个线程一个。表 6.6 显示了随着时间的推移这可能会如何进行。在这里，我们试图保持简单地计算：假设 $f(x)=2x+1$、$a=0$ 和 $b=8$。所以 $h=(8-0)/8=1$，由 trap_p 指向的全局和的初始值为

$$0.5\times(f(a)+f(b))=0.5\times(1+17)=9$$

重要的是这种方法会串行化线程。因此计算过程中可能需要 8 个计算序列。图 6.3 说明了一种可能的计算。

表 6.6　8 个线程的基本全局和

时间	线程	my_trap	*trap_p
Start	—	—	9
t_0	5	11	20
t_1	2	5	25
t_2	3	7	32
t_3	7	15	47
t_4	4	9	56
t_5	6	13	69
t_6	0	1	70
t_7	1	3	73

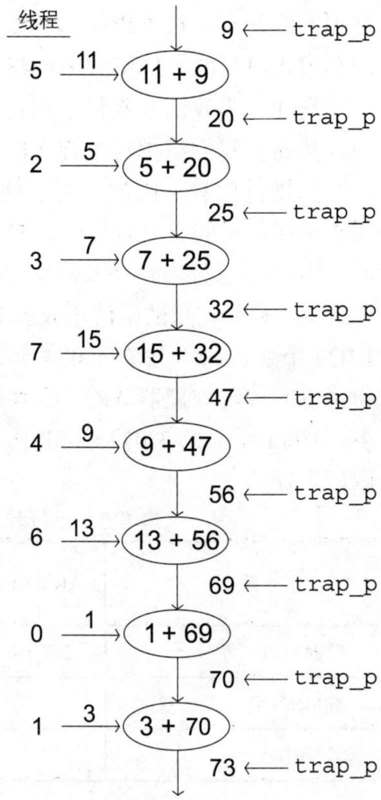

因此，与其让每个线程轮流等待对 *trap_p 进行加法运算，不如我们可以将线程进行配对，以便一半的"活动"线程将它们的部分总和添加到其伙伴的部分总和中。这给我们提供了一个类似于树（或者，也许更好的说法是灌木）的结构（参见图 6.4）。

如图中所示，我们已经从需要连续进行 8 次加法变为只需要 4 次。更一般地，如果将线程和值的数量加倍（例如，从 8 增加到 16），使用基本方法，我们将使加法序列的长度加倍，而我们使用第二种树形方法则仅多了

图 6.3　基本的求和

一次。例如，如果我们将线程和值的数量从 8 个增加到 16 个，第一种方法需要 16 次连续加法，但树形方法只需要 5 次。实际上，如果有 t 个线程和 t 个值，则第一种方法需要 t 次连续的加法，而树结构方法需要 $\lceil \log_2(t) \rceil + 1$ 次加法。例如，如果我们有 1 000 个线程和数值，使用基本方法，将进行 1 000 次通信和求和，而使用树形方法将减少到 11 次，如果我们有 1 000 000 个线程和数值，那么加法数量将从 1 000 000 次减少为 21 次。

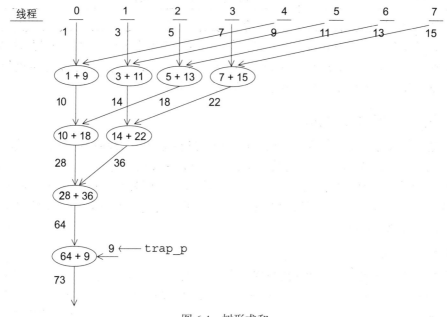

图 6.4　树形求和

CUDA 中有两种标准的树结构求和的实现。一种实现使用共享内存，在计算能力 <3 的设备中，这是最好的实现。但是，在计算能力 ≥ 3 的设备中，有几个称为**线程束洗牌**的函数，它允许一个束中的一组线程读取该束中其他线程存储的变量。

6.11.2　局部变量、寄存器、共享和全局内存

在解释线程束洗牌工作的细节之前，让我们暂时离题，谈谈 CUDA 中的内存。在 6.2 节中，我们提到 NVIDIA 处理器中的 SM 可以访问两个内存位置集合：每个 SM 都可以访问自己的"共享"内存，该内存只能由属于该 SM 的 SP 访问。更准确地说，分配给线程块的共享内存只能由该块中的线程访问。另一方面，所有 SP 和所有线程都可以访问"全局"内存。共享内存位置的数量相对较少，但速度相当快，而全局内存位置的数量相对较大，但速度相对较慢。因此，我们可以将 GPU 内存视为具有三个"级别"的层次结构。在底部，是最慢、最大的一层：全局内存。中间是更快、更小的一层：共享内存。顶部是最快、最小的一层：寄存器。例如，表 6.7 给出了一些关于相对大小的信息。访问时间也急剧增加。将一个 4 字节的整数从一个寄存器复制到另一个寄存器大约需要 1 个周期。根据系统的不同，从共享内存的一个位置复制到另一个位置可能需要多花一个数量级的时间，从全局内存的一个位置复制到另一个位置可能需要多花两到三个数量级的时间。

这里有一个明显的问题：局部变量呢？有多少存储空间可供它们使用？有多快？这取决于总可用内存和程序内存使用情况。如果有足够的存储空间，则局部变量将存储在寄存器

中。但是，如果没有足够的寄存器存储空间，局部变量会"溢出"到线程私有的全局内存区域，即只有拥有这些局部变量的线程才能访问它们。

表 6.7 一些 NVIDIA GPU 的内存统计

GPU	计算能力	寄存器：字节每线程	共享内存：字节每块	全局内存：字节每 GPU
Quadro 600	2.1	504	48K	1G
GK20A (Jetson TK1)	3.2	504	48K	2G
GeForce GTX Titan X	5.2	504	48K	12G

因此，只要有足够的寄存器存储空间，我们增加对寄存器的使用并减少对共享和 / 或全局内存的使用，就可以期望核函数的性能会有所提高。当然，问题是寄存器中可用的存储空间，与共享内存和全局内存中的可用存储空间相比非常小。

6.11.3 线程束和线程束洗牌

特别地，如果可以在寄存器中实现全局求和，我们期望它的性能会优于使用共享或全局内存的实现，而 CUDA 3.0 中引入的**线程束洗牌**函数允许我们做到这一点。

在 CUDA 中，一个**线程束**是一组线程，它们属于一个线程块，具有连续序列号。目前，一个线程束中的线程数为 32，尽管 NVIDIA 在声明中表示这可能会改变。系统初始化了一个变量，用于存储线程束的大小：

`int warpSize`

一个线程束中的线程以单指令流多数据流方式运行。所以不同线程束中的线程可以执行不同的语句而不会产生不利后果，而同一个线程束中的线程必须执行相同的语句。当一个线程束中的线程试图执行不同的语句时，例如，它们在 **if-else** 语句中采用不同的分支，这些线程被称为**分歧**了。当分歧线程完成不同语句的执行，并开始执行相同的语句时，就称它们已经**收敛**。线程束中线程的序列号称为线程的通道（lane），可以使用以下公式计算：

`lane = threadIdx.x % warpSize;`

线程束洗牌函数允许线程束中的一个线程从同一个线程束中的另一个线程使用的寄存器中读取。让我们看一下将用来实现对线程束中的线程存储的值进行树形求和的函数[⊖]：

```
__device__ float __shfl_down_sync(
        unsigned    mask            /* in */,
        float       var             /* in */,
        unsigned    diff            /* in */,
        int         width = warpSize /* in */);
```

掩码（mask）参数指示哪些线程正在参与调用。必须为每个参与线程设置一个表示线程通道的位，以确保调用中的所有线程在开始执行 `shfl_down_sync` 调用前都已收敛（即到达调用处）。我们通常会使用线程束中的所有线程，所以我们定义

`mask = 0xffffffff;`

回想一下，0x 表示一个十六进制（以 16 为基数）的值，而 0xf 是 $15_1 0$，即 1111_2[⊖]。所以这个掩码的值是二进制的 32 个 1，它表示线程束中的每个线程都参与了对 __shfl_

⊖ 请注意，在 CUDA 9.0 中，线程束洗牌函数的语法已更改。因此，你可能会遇到使用旧语法的 CUDA 程序。
⊖ 下标表示基数。

down_sync 的调用。如果具有通道 *l* 的线程调用 __shfl_down_sync，那么通道号为 *l*+diff 的线程上存储在 var 中的值被返回给线程 *l*：

$$\text{lane}=l+\text{diff}$$

因为 diff 的类型是无符号的，所以它满足 ≥ 0。所以返回的值来自更高序列号的线程。因此得名"向下洗牌"。

我们只使用 width=warpSize，因为它的默认值是 warpSize，我们将在调用中省略它。

这里存在几个可能的问题：

- 如果线程 *l* 调用 __shfl_down_sync，但线程 *l*+diff 没有调用会发生什么？在这种情况下，线程 *l* 调用返回的值是未定义的。
- 如果线程 *l* 调用 __shfl_down_sync 但 *l*+diff ≥ warpSize 会发生什么？在这种情况下，调用将返回已经存储在线程 *l* 上的 var 中的值。
- 如果线程 *l* 调用 __shfl_down_sync，并且 *l*+diff<warpSize，但 *l*+diff>线程束中的最大通道数，会发生什么情况。换句话说，因为线程块大小不是 warpSize 的倍数，所以块中最后一个线程束中的线程数少于 warpSize。假设最后一个线程束中有 *ω* 个线程，其中 0<*ω*<warpSize。那么如果

$$l+\text{diff} \geqslant \omega$$

调用返回的值也是未定义的。

所以为了避免不明确的结果，最好满足以下条件：

- 线程束中的所有线程调用 __shfl_down_sync，并且
- 所有的线程束都有 warpSize 个线程，或者，等效地，线程块大小（blockDim.x）是 warpSize 的倍数。

6.11.4 使用线程束洗牌实现树形全局求和

所以我们可以使用下面的代码来实现一个树形全局求和：

```
__device__ float Warp_sum(float var) {
   unsigned mask = 0xffffffff;

   for (int diff = warpSize/2; diff > 0; diff = diff/2)
      var += __shfl_down_sync(mask, var, diff);
   return var;
}  /* Warp_sum */
```

图 6.5 显示了如果 warpSize 为 8，该函数将如何运行。（如果我们把 warpSize 设为 32，该图将难以辨认。）

也许 shfl_down_sync 的行为中最令人困惑的一点是，当通道 ID

$$l+ \text{diff} \geqslant \text{warpSize}$$

时，该调用会返回调用者 var 中的值。在图中，这部分由只有一个箭头进入带有总和的椭圆来表示，椭圆用求和线程刚刚计算出的值来标记。在 diff=4 对应的行（和的第一行）中，通道 ID 为 *l*=4、5、6 和 7 的线程都有 *l*+4 ≥ 8。所以对 __shfl_down_sync 的调用会分别返回它们当前的 var 值 9、11、13 和 15，并且这些值加倍，因为调用的返回值被加到了引起调用线程的变量 var 中。类似的行为发生在对应于 diff=2，通道 ID*l*=6 和 7 求和的地

方，以及在最后一行中，diff=1，通道 IDl=7 的线程处。

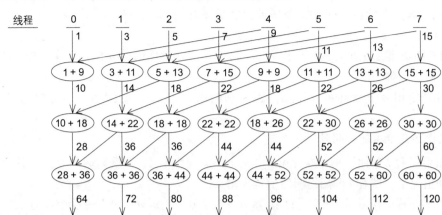

图 6.5   使用线程束洗牌的树形求和

从实际的角度来看，重要的是要记住，这个实现只会在通道 ID 为 0 的线程上返回正确的总和。如果所有线程都需要结果，我们可以使用另一个线程束洗牌函数，__shfl_xor（见练习 6.6）。

6.11.5   共享内存和线程束洗牌的替代方案

如果你的 GPU 的计算能力 <3.0，你将无法在代码中使用线程束洗牌函数，并且一个线程将无法直接访问其他线程的寄存器。但是，你的代码可以使用共享内存，并且同一线程块中的线程都可以访问相同的共享内存位置。事实上，虽然共享内存访问比寄存器访问慢，但我们会看到共享内存实现可以与线程束洗牌实现一样快。

由于属于单个线程束的线程是同步运行的，我们可以使用共享内存而不是寄存器来实现非常类似于线程束洗牌的方案：

```
__device__ float Shared_mem_sum(float shared_vals[]) {
    int my_lane = threadIdx.x % warpSize;

    for (int diff = warpSize/2; diff > 0; diff = diff/2) {
        /* 确保0<= source <线程束大小 */
        int source = (my_lane + diff) % warpSize;
        shared_vals[my_lane] += shared_vals[source];
    }
    return shared_vals[my_lane];
}
```

这应该由线程束中的所有线程调用，并且数组 shared_vals 应该存储在运行线程束的 SM 的共享内存中。由于线程束中的线程以 SIMD 方式运行，它们有效地以锁步方式执行函数的代码。所以在对 shared_vals 的更新中没有竞争情况：在任意一个线程更新 shared_vals[my_lane] 中的值之前，所有线程都会读取 shared_vals[source] 中的值。

从技术上讲，这不是一个树形总和。它有时被称为**传播总和**或**传播归约**。图 6.6 说明了发生的复制和累加。与前面的图不同，该图没有显示线程对其总和的直接贡献：包括这些行会使该图难以阅读。另请注意，每个线程在每次通过 for 语句时都从另一个线程读取一个值。加上所有这些值之后，每个线程都有正确的总和——不仅仅是线程 0。虽然我们计算梯形法则时不需要这个，但这在其他应用程序中很有用。此外，线程束中的线程工作的任何周期中，每个线程要么执行当前指令，要么处于空闲状态。因此，让每个线程执行相同指令的成本不应高于让一些线程执行一条指令而其他线程空闲的成本。

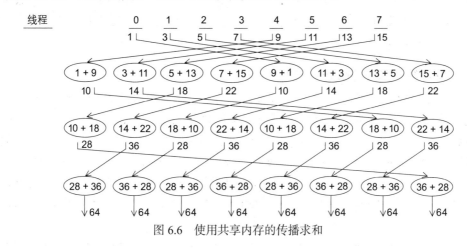

图 6.6　使用共享内存的传播求和

这里一个明显的问题是：Shared_mem_sum 如何利用 NVIDIA 的共享内存？答案是不需要使用共享内存。函数的参数：数组 shared_vals 可以驻留在全局内存或共享内存中。在任何一种情况下，该函数都会返回 shared_vals 中元素的总和。

但是，为了获得最佳性能，应将参数 shared_vals 定义为在核函数中共享（__shared__）。例如，如果我们知道 shared_vals 最多需要在每个线程块中存储 32 个浮点数，可以将这个定义添加到我们的核函数中：

```
__shared__ float shared_vals[32];
```

对于每个线程块，这将会在被分配给该块的 SM 的共享内存中留出 32 个单精度浮点数的存储空间。

或者，如果在编译时不知道需要多少共享内存，则可以将其声明为

```
extern __shared__ float shared_vals[];
```

当核函数被调用时，第三个参数可以包含在三个尖括号中，指定共享内存块大小（以字节为单位）。例如，如果我们在梯形法则的程序中使用 Shared_mem_sum，可能会这样调用核函数 Dev_trap：

```
Dev_trap <<<blk_ct, th_per_blk, th_per_blk*sizeof(float)>>>
        (... args to Dev_trap ...);
```

这将为每个线程块的 shared_vals 数组中分配 th_per_blk 个单精度浮点数的存储空间。

6.12　用warpSize个线程块实现梯形法则

让我们把学到的关于更有效的求和、线程束、线程束洗牌和共享内存的知识放在一起，来创建梯形法则的几个新实现。

对于这两个版本，假设线程块由 warpSize 个线程组成，并且使用"树形"求和之一来将线程束中线程的结果加起来。在计算出函数值并将一个线程束中的结果加起来之后，线程束中通道 ID 为 0 的线程将使用 atomicAdd 将线程束的总和累加到总数中。

6.12.1 主机代码

对于线程束洗牌和共享内存的版本，主机代码实际上与我们的第一个 CUDA 版本的代码相同。唯一的实质性区别是新版本中没有 th_per_blk 变量，因为我们假设每个线程块都有 warpSize 个线程。

6.12.2 使用线程束洗牌的核函数

我们的核函数如程序 6.13 所示。my_trap 的初始化与我们最初的实现（程序 6.12）中的相同。然而，不是将每个线程的计算值直接加到 *trap_p 中，而是每个线程束（或者，在这种情况下，线程块）调用 Warp_sum 函数（图 6.5）来把线程束中的线程计算的值加起来。然后，当线程束返回时，线程（或通道）0 将其所在线程块（result）的线程束总和加到全局总数中。由于一般来说，这个版本将使用多个线程块，将有多个线程束的总和值需要累加到 *trap_p 中，因此，如果我们不使用 atomicAdd，将 result 累加到 *trap_p 将形成竞争。

```
1   __global__ void Dev_trap(
2         const float    a          /*  in    */,
3         const float    b          /*  in    */,
4         const float    h          /*  in    */,
5         const int      n          /*  in    */,
6         float*         trap_p     /* in/out */) {
7      int my_i = blockDim.x * blockIdx.x + threadIdx.x;
8
9      float my_trap = 0.0f;
10     if (0 < my_i && my_i < n) {
11        float my_x = a + my_i*h;
12        my_trap = f(my_x);
13     }
14
15     float result = Warp_sum(my_trap);
16
17     /* 只有在线程0上的结果是正确的 */
18     if (threadIdx.x == 0) atomicAdd(trap_p, result);
19  } /* Dev_trap */
```

程序 6.13　使用 Warp_sum 的实现梯形法则的 CUDA 核函数

6.12.3 使用共享内存的核函数

使用共享内存的核函数如程序 6.14 所示，它几乎与使用线程束洗牌的版本相同。主要区别在于它在第 7 行声明了一个共享内存数组；它在第 11 行和第 14 行初始化这个数组；调用 Shared_mem_sum 时传递了这个数组为参数而不是一个标量寄存器。

因为我们在编译时就知道 shared_vals 中需要多少存储空间，所以可以通过简单地在普通 C 定义之前加上 CUDA 限定符 __shared__ 来定义这个数组：

```
__shared__ float shared_vals[WARPSZ];
```

请注意，CUDA 定义的变量 warpSize 未在编译时定义。所以我们的程序定义了一个预处理宏：

```
#define WARPSZ 32
```

```
1   __global__ void Dev_trap(
2       const float    a          /* in  */,
3       const float    b          /* in  */,
4       const float    h          /* in  */,
5       const int      n          /* in  */,
6       float*         trap_p     /* out */) {
7       __shared__ float shared_vals[WARPSZ];
8       int my_i = blockDim.x * blockIdx.x + threadIdx.x;
9       int my_lane = threadIdx.x % warpSize;
10
11      shared_vals[my_lane] = 0.0f;
12      if (0 < my_i && my_i < n) {
13          float my_x = a + my_i*h;
14          shared_vals[my_lane] = f(my_x);
15      }
16
17      float result = Shared_mem_sum(shared_vals);
18
19      /* 在一个块中的所有线程上，结果是相同的 */
20      if (threadIdx.x == 0) atomicAdd(trap_p, result);
21  } /* Dev_trap */
```

程序 6.14　使用共享内存实现梯形法则的 CUDA 核函数

6.12.4　性能

当然，我们想看看各种实现是如何执行的（参见表 6.8）。这个问题与我们之前运行的问题（参见表 6.5）相同：我们在区间 $[-3,3]$ 上积分 $f(x)=x^2+1$，并且有 $2^{20}=1\,048\,576$ 个梯形。但是，由于线程块大小为 32，因此我们使用了 32 768 个线程块（$32 \times 32\,768=1\,048\,576$）。

表 6.8　使用 32 个线程块的梯形法则的平均运行时间

系统	ARM Cortex-A15	NVIDIA GK20A	Intel Core i7	NVIDIA GeForce GTX Titan X
时钟	2.3　GHz	852 MHz	3.5　GHz	1.08　GHz
SM 的数量，SP 的数量		1, 192		24, 3 072
原始的	33.6	20.7	4.48	3.08
线程束洗牌		14.4		0.210
共享内存		15.0		0.206

我们看到，在这两个系统及两种求和的实现中，新程序的性能都明显优于原来的程序。对于 GK20A，线程束洗牌版本的运行时间大约是原来的 70%，共享内存版本的运行时间大约是原来的 72%。对于 Titan X，改进的效果更显著：两个版本的运行时间不到原始版本的 7%。也许最引人注目的事实是，在 Titan X 上，线程束洗牌的平均速度比共享内存版本稍慢。

6.13　CUDA 梯形法则III：使用具有多个线程束的线程块

将我们限制在只有 32 个线程的线程块中会降低 CUDA 程序的能力和灵活性。例如，在

具有计算能力 ≥ 2.0 的设备上，一个线程块可以拥有多达 1 024 个线程或 32 个线程束，而 CUDA 提供了一个快速栅栏，可用于同步块中的所有线程。因此，如果我们将自己限制在一个只有 32 个线程的块中，将不会用到 CUDA 最有用的特性之一：高效同步大量线程的能力。

那么，如果我们允许自己使用有多达 1 024 个线程的块，那么"块"求和会是什么样子呢？我们可以使用现有的线程束求和法之一来累加由每个线程束中的线程计算的值。然后我们将有多达 1 024/32=32 个线程束总和，可以在线程块中使用一个线程束来累加线程束求和的结果。

由于如果两个线程在块中的序列号除以 warpSize 时具有相同的商，则它们属于同一个线程束，因此为将每个线程束的和相加，我们可以使用线程束 0，即线程块中序列号为 0，1，…，31 的线程。

6.13.1 __syncthreads 函数

我们可能会尝试使用以下伪代码来查找块中所有线程计算的值的总和：

每个线程计算它的贡献；
每一个线程束都会添加其线程的贡献；
块中的线程 0 增加线程束和；

但是，这里有一个竞争情况。当线程束 0 试图对块中的每个线程束的和值求和时，它不知道块中的所有线程束是否都完成了它们自身的求和。例如，假设我们有两个线程束，线程束 0 和线程束 1，每个线程束有 32 个线程。回想一下，线程束中的线程以 SIMD 方式运行：线程束中的任何线程都不会继续执行新指令，直到该线程束中的所有线程都完成（或跳过）当前指令。但是线程束 0 中的线程可以独立于线程束 1 中的线程运行。因此，如果线程束 0 在线程束 1 求和完毕之前就求和完毕，则线程束 0 会尝试在线程束 1 完成之前就将线程束 1 的和累加到结果中，并且，在这种情况下，块的总和可能不正确。

因此，我们必须确保在块中的所有线程束都完成之前，线程束 0 不会开始将线程束求和结果累加。我们可以通过使用 CUDA 的快速栅栏来做到这一点：

__device__ **void** __syncthreads(**void**);

这将导致线程块中的线程在调用中等待，直到所有线程都开始执行调用。使用 __syncthreads，可以修改我们的伪代码以避免竞争情况：

每个线程计算它的贡献；
每一个线程束都会添加其线程的贡献；
__syncthreads();
块中的线程束 0 增加线程束和；

现在，在块中的每个线程束完成其求和之前，线程束 0 将无法累加每个线程束求和的结果。

当我们使用 __syncthreads 时，有几个重要的警告。首先，块中的所有线程都执行调用是至关重要的。例如，如果块包含至少两个线程，并且我们的代码包含如下内容：

```
int my_x = threadIdx.x;
if (my_x < blockDim.x/2)
    __syncthreads();
my_x++;
```

那么块中只有一半的线程会调用 __syncthreads，并且这些线程不能继续，直到块中的所有线程都调用了 __syncthreads。所以它们将永远等待其他线程调用 __syncthreads。

第二个警告是 `__syncthreads` 只同步一个块中的线程。如果一个网格至少包含两个块，并且如果网格中的所有线程都调用 `__syncthreads`，那么不同块中的线程将继续相互独立地运行。所以我们不能用 `__syncthreads` 来同步普通网格中的线程[⊖]。

6.13.2　关于共享内存的更多内容

如果尝试在 CUDA 中实现伪代码，我们将看到伪代码没有显示的一个重要细节：在调用 `__syncthreads` 之后，线程束 0 如何访问其他线程束计算的总和？它不能使用线程束洗牌和寄存器：线程束洗牌只允许线程读取另一个属于同一个线程束的线程的寄存器。并且，对于最终的线程束总和，我们希望线程束 0 中的线程读取属于其他线程束中的线程的寄存器。

你可能已经猜到解决方案是使用共享内存。如果使用线程束洗牌来计算线程束的总和，我们可以声明一个共享数组，该数组可以存储多达 32 个单精度浮点数，并且在线程束 ω 中具有通道号为 0 的线程可以将其线程束的和存储在数组的元素 ω 中：

```
__shared__ float warp_sum_arr[WARPSZ];
int my_warp = threadIdx.x / warpSize;
int my_lane = threadIdx.x % warpSize;
// 线程计算它们的贡献;
...
float my_result = Warp_sum(my_trap);
if (my_lane == 0) warp_sum_arr[my_warp] = my_result;
__syncthreads();
// 线程束0在warp_sum_arr中添加求和
...
```

6.13.3　使用共享内存的线程束求和

如果使用共享内存而不是线程束洗牌来计算线程束和，我们将需要为线程块中的每个线程束提供足够的共享内存。由于共享变量由线程块中的所有线程共享，我们需要一个足够大的数组来保存所有线程对总和的贡献。所以我们可以声明一个包含 1 024 个元素的数组——最大可能的块大小，并将它划分到线程束中：

```
// 使最大线程块大小在编译时可用
#define MAX_BLKSZ 1024
...
___shared__ float thread_calcs[MAX_BLKSZ];
```

现在每个线程束都将其线程的计算存储在 `thread_calcs` 的子数组中：

```
float* shared_vals = thread_calcs + my_warp*warpSize;
```

这样，线程将其贡献值存储在 `shared_vals` 指向的子数组中：

```
shared_vals[my_lane] = f(my_x);
```

现在，每个线程束都可以通过使用我们的共享内存实现来计算其中线程贡献值的总和，该实现使用具有 32 个线程的块：

```
float my_result = Shared_mem_sum(shared_vals);
```

⊖　CUDA 9 包含一个 API，它允许程序在比线程块更一般的线程集合中定义栅栏，但在多个线程块之间定义栅栏需要硬件支持，而计算能力 < 6 的处理器则不具备这种支持。

为了继续，我们需要将各线程束的总和存储在块中线程束 0 中的线程可以访问的位置，并且尝试使 thread_calcs 的子数组执行"双重任务"。例如，我们可能会尝试将前 32 个元素用于存储线程束 0 中各个线程的贡献值，以及块中的各线程束求得的和。因此，如果我们有一个块，块中有 32 个线程束，一个线程束中有 32 个线程，线程束 ω 可能会将其总和存储在 thread_calcs[w] 中，其中 ω=0，1，2，…，31。

这种方法产生的问题是，我们会得到另一个竞争的情况。其他的线程束何时可以安全地覆盖线程束 0 所在的块中的元素？在一个线程束完成对 Shared_mem_sum 的调用后，它需要等到线程束 0 完成对 Shared_mem_sum 的调用，然后再写入 thread_calcs：

```
float my_result = Shared_mem_sum(shared_vals);
__syncthreads();
if (my_lane == 0) thread_calcs[my_warp] = my_result.
```

这很好地解决了竞争问题，但是线程束 0 仍然无法继续去调用最后一次 Shared_mem_sum：它必须等到所有线程束都写入 thread_calcs。因此，在线程束 0 继续向下执行之前，我们需要第二次调用 syncthreads：

```
if (my_lane == 0) thread_calcs[my_warp] = my_result.
__syncthreads();
// 线程束0可以安全地继续
if (my_warp == 0)
    my_result = Shared_mem_sum(thread_calcs);
```

对 __syncthreads 的调用很快，但它们是有代价的：线程块中的每个线程都必须等待，直到块中的所有线程都调用了 __syncthreads。所以这可能导致代价高昂。例如，如果块中的线程比 SM 中的 SP 个数要多，则块中的线程将无法同时执行。所以一些线程会被延迟第二次调用 __syncthreads，这样块中的所有线程都会被延迟，直到最后一个线程能够调用 __syncthreads。所以我们应该只在必要时调用 __syncthreads()。

或者，每个线程束可以将其线程束总和存储在其子数组的"第一个"元素中：

```
float my_result = Shared_mem_sum(shared_vals);
if (my_lane == 0) shared_vals[0] = my_result;
__syncthreads();
...
```

乍一看，通道号为 0 的线程尝试更新 shared_vals 时，可能会导致竞争情况，但这个更新运行正常。你能解释一下为什么吗？

6.13.4 共享内存库

但是，这种实现可能不会尽可能快。原因与共享内存的设计细节有关：NVIDIA 将 SM 上的共享内存划分为 32 个"库"（计算能力 <2.0 的 GPU 划分为 16 个）。这样做是为了线程束中的 32 个线程可以同时访问共享内存：线程束中的线程可以同时访问共享内存，每个线程访问不同的库。

表 6.9 说明了 thread_calcs 的组织结构。表中，列为内存库，行为 thread_calcs 的连续元素的下标。因此，线程束中的 32 个线程可以同时访问任何一行中的 32 个元素，或者更一般地说，每个线程访问不同的列。

表 6.9　共享内存库：列是内存库，表格中的项展示了 thread_calcs 中元素的下标

	内存库					
	0	1	2	...	30	31
下标	0	1	2	...	30	31
	32	33	34	...	62	63
	64	65	66	...	94	95
	96	97	98	...	126	127
	⋮	⋮	⋮	⋮	⋮	⋮
	992	993	994	...	1022	1023

当两个或多个线程访问单个库（或表中的列）中的不同元素时，必须对这些访问进行串行化。因此，我们将线程束和保存在元素 0，32，64，…，992 中的方法的问题在于，它们都在同一个库中。因此，当我们尝试执行它们时，GPU 将串行化访问，例如，先写入元素 0，然后是元素 32，然后是元素 64，等等。因此，写入时间可能是将 32 个元素存储在不同库中时（比如，表中的一行）的 32 倍。

库访问的细节有点复杂，有些细节取决于计算能力，但要点是：

❑ 如果线程束中的每个线程访问不同的库，则访问可以同时发生。

❑ 如果多个线程访问单个库中的不同内存位置，则必须对访问进行串行化。

❑ 如果多个线程读取单个库中的相同内存位置，则读取的值将被广播到各读取线程，并且读取是同时进行的。

CUDA 编程指南 [11] 提供了完整的细节。

因此，如果我们将结果存储在共享内存的连续子数组中，就可以更充分的利用共享内存库。由于每个线程块可以使用至少 16KB 的共享内存，而我们对 shared_vals 的"当前"定义最多只使用 1 024 个单精度浮点数或 4KB 的共享内存，因此有足够的共享内存可用于存储 32 个以上的单精度浮点数。

因此，如果我们使用共享内存线程束求和，一个简单的解决方案是声明两个共享内存数组：一个用于存储每个线程计算的结果，另一个用于存储线程束和。

```
__shared__ float thread_calcs[MAX_BLKSZ];
__shared__ float warp_sum_arr[WARPSZ];
float* shared_vals = thread_calcs + my_warp*warpSize;
...
float my_result = Shared_mem_sum(shared_vals);
if (my_lane == 0) warp_sum_arr[my_warp] = my_result;
__syncthreads();
...
```

6.13.5　收尾工作

线程束求和的核函数的其余代码和共享内存求和的核函数非常相似。首先线程束 0 计算 warp_sum_arr 中元素的总和。然后块中的线程 0 使用 atomicAdd 函数将块的总和加到网格中所有线程的总和中。这是共享内存总和的代码：

```
    if (my_warp == 0) {
        if (threadIdx.x >= blockDim.x/warpSize)
            warp_sum_arr[threadIdx.x] = 0.0;
        blk_result = Shared_mem_sum(warp_sum_arr);
    }

    if (threadIdx.x == 0) atomicAdd(trap_p, blk_result);
```

在测试 $threadIdx.x > blockDim.x/warpSize$ 中我们正在检查块中的线程束个数是否少于 32 个。如果是这样,那么 warp_sum_arr 中最后的元素将不会被初始化。例如,如果块中有 256 个线程,那么

```
blockDim.x/warpSize = 256/32 = 8
```

所以一个块中只有 8 个线程束,我们只会初始化 warp_sum_arr 的元素 0,1,…,7。但是线程束求和的函数需要 32 个值。所以对于 $threadIdx.x \geq 8$ 的线程,我们为其分配

```
warp_sum_arr[threadIdx.x] = 0.0;
```

为了完整起见,程序 6.15 显示了使用共享内存的核函数。该核函数与使用线程束洗牌的核函数之间的主要区别在于,在线程束洗牌版本中不需要声明第一个共享数组,当然,线程束洗牌的版本调用的函数是 Warp_sum 而不是 Shared_mem_sum。

```
 1  __global__ void Dev_trap(
 2      const float   a        /* in  */,
 3      const float   b        /* in  */,
 4      const float   h        /* in  */,
 5      const int     n        /* in  */,
 6      float*        trap_p   /* out */) {
 7      __shared__ float thread_calcs[MAX_BLKSZ];
 8      __shared__ float warp_sum_arr[WARPSZ];
 9      int my_i = blockDim.x * blockIdx.x + threadIdx.x;
10      int my_warp = threadIdx.x / warpSize;
11      int my_lane = threadIdx.x % warpSize;
12      float* shared_vals = thread_calcs + my_warp*warpSize;
13      float blk_result = 0.0;
14
15      shared_vals[my_lane] = 0.0f;
16      if (0 < my_i && my_i < n) {
17          float my_x = a + my_i*h;
18          shared_vals[my_lane] = f(my_x);
19      }
20
21      float my_result = Shared_mem_sum(shared_vals);
22      if (my_lane == 0) warp_sum_arr[my_warp] = my_result;
23      __syncthreads();
24
25      if (my_warp == 0) {
26          if (threadIdx.x >= blockDim.x/warpSize)
27              warp_sum_arr[threadIdx.x] = 0.0;
28          blk_result = Shared_mem_sum(warp_sum_arr);
29      }
30
31      if (threadIdx.x == 0) atomicAdd(trap_p, blk_result);
32  } /* Dev_trap */
```

程序 6.15   利用共享内存实现的 CUDA 梯形法则核函数,这个版本可以用很大的线程块

6.13.6　性能

在继续之前，让我们最后看一下梯形法则的各种版本的运行时间（见表 6.10）。问题是一样的：使用 2^{20}=1 048 576 个梯形找到 $y=x^2+1$ 图像与 $x=-3$、$x=3$ 围成的面积。然而，这个版本没有使用有 32 个线程的块，而是用有 1 024 个线程的块。块越大在 GK20A 上提供的优势越显著：线程束洗牌的版本比每个块使用 32 个线程的版本快 10% 以上，共享内存版本快约 5%。在 Titan X 上，性能提升是显著的：线程束洗牌版本快 30% 以上，共享内存版本快 25% 以上。因此，在更快的 GPU 上，通过编程来减少调用 atomicAdd 的线程数量是值得的。

表 6.10　使用随机块大小的梯形法则的运行时间

系统	ARM Cortex-A15	NVIDIA GK20A	Intel Core i7	NVIDIA GeForce GTX Titan X
时钟 SM 的数量，SP 的数量	2.3　GHz	852 MHz 1, 192	3.5　GHz	1.08　GHz 24, 3 072
原始的	33.6	20.7	4.48	3.08
线程束洗牌，32 ths/blk 共享内存，32 ths/blk		14.4 15.0		0.210 0.206
线程束洗牌 共享内存		12.8 14.3		0.141 0.150

6.14　双调排序

双调排序是一种不寻常的排序算法，但它的优点是可以容易地并行化。更好的是，它可以被并行化，这样线程就可以为明确定义的代码段相互独立地操作。不利的一面是，它不是一个非常直观的排序算法，我们的实现需要频繁使用栅栏。尽管如此，利用 CUDA 的并行化比 CPU 上的单核实现快得多。

该算法通过构建形成双调序列的键的子序列来进行。双调序列是先增后减的序列 $^{\ominus}$。蝶式交换结构（参见 3.4.4 节）是双调排序的核心。然而，现在我们不是通过进程对之间的通信来定义结构，而是通过使用比较交换操作来定义它。

6.14.1　串行双调排序

要了解它是如何工作的，假设 n 是一个 2 的幂的正整数，并且我们有一个包含 n 个整数键的列表。任何一对连续元素都可以通过比较交换转换为递增或递减序列：这些是 2 元素蝶式交换。如果我们有一个 4 元素列表，可以通过几次比较交换或 2 元素蝶式交换创建一个双调序列。然后我们使用一个 4 元素蝶式交换来创建一个排序列表。

例如，假设我们的输入列表是 {40,20,10,30}。然后前两个元素可以通过比较交换转换为递增序列：

```
if (list[0] > list[1]) Swap(&list[0], &list[1]);
```

$\ominus$　技术上来讲，双调序列可以是一个先增再减的序列，也可以是一个能通过一次或多次循环移位而变成先增再减序列的序列。比如，3,5,4,2,1 是一个双调序列，因为它先增后减，但是 5,4,2,1,3 也是一个双调序列，因为它可以通过循环移位变成第一个序列。

为了得到一个双调序列，我们希望最后两个元素形成一个递减序列：

`if (list[2] < list[3]) Swap(&list[2], &list[3]);`

这给了我们一个双调序列的列表：{20,40,30,10}。这两个比较交换可以被认为是两个 2 元素蝶形操作（参见图 6.7）。"蝶式交换"一词源于该图类似于两个蝴蝶结或蝴蝶的事实。

现在双调序列可以通过一个 4 元素蝶式交换操作变成一个有序的、递增的列表（参见图 6.8）。4 元素蝶式交换操作以两个"链接"比较交换开始：第一个和第三个元素以及第二个和第四个元素。第一对比较交换将列表中较小的元素移动到前半部分，将较大的元素移动到后半部分。

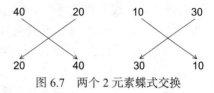

图 6.7　两个 2 元素蝶式交换

在第一对比较交换之后，我们执行另一对比较交换：一个在列表的前半部分，另一个在后半部分。每次比较交换都确保这两半中的每一半按升序排序。表 6.11 显示了从两个 2 元素蝶式交换到 4 元素蝶式交换的配对细节。

下面进行总结。为了对一个 4 元素列表进行排序，我们首先执行两个 2 元素蝶式交换操作：一个对前两个元素进行操作，一个对后两个元素进行操作。然后我们在整个列表上执行一个 4 元素蝶式交换。前两个 2 元素蝶式交换的目的是建立一个双调序列（一个先增加然后减少的序列）。4 元素蝶式交换从双调序列构建一个递增（有序）序列。

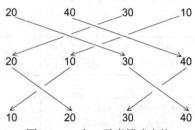

图 6.8　一个 4 元素蝶式交换

表 6.11　4 元素序列的双调排序：首先是两个 2 元素蝶式交换，然后是一个 4 元素蝶式交换

	下标			
	0	1	2	3
开始时的列表	40	20	10	30
期望的两个元素顺序	递增		递减	
2 元素蝶式配对 比较交换后的列表	1 20	0 40	3 30	2 10
期望的四个元素顺序	递增			
4 元素蝶式：阶段 A 配对 阶段 A：比较交换后的列表	2 20	3 10	0 30	1 40
阶段 B 配对 阶段 B：比较交换后的列表	1 10	0 20	3 30	2 40

同样的想法可以扩展到一个 8 元素列表。现在我们需要执行以下操作：

1. 四个 2 元素蝶式交换。这将由前四个元素构建一个双调序列，并由后四个元素构建另一个双调序列。

2. 两个 4 元素蝶式交换。这将构建一个 8 元素双调序列：前四个元素递增，后四个元素递减。

3. 一个 8 元素蝶式交换。这会将 8 元素双调序列变成一个递增序列。

图 6.9 显示了对列表 {15, 77, 83, 86, 35, 85, 92, 93} 进行排序的示例。元素配对的详细信息如表 6.12 所示。

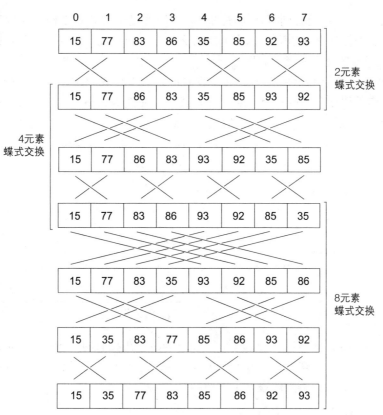

图 6.9　用双调排序为 8 元素列表排序

表 6.12　8 元素列表的双调排序

	下标							
	0	1	2	3	4	5	6	7
开始时的列表	15	77	83	86	35	85	92	93
期望的两个元素顺序	递增		递减		递增		递减	
2 元素配对 比较交换后的列表	1 15	0 77	3 86	2 83	5 35	4 85	7 93	6 92
期望的四个元素顺序	递增				递减			
4 元素：阶段 A 配对 阶段 A：比较交换后的列表	2 15	3 77	0 86	1 83	6 93	7 92	4 35	5 85
4 元素：阶段 B 配对 阶段 B：比较交换后的列表	0 15	1 77	3 83	2 86	5 93	4 92	7 85	6 35
期望的八个元素顺序	递增							
8 元素：阶段 A 配对 阶段 A：比较交换后的列表	4 15	5 77	6 83	7 35	0 93	1 92	2 85	3 86
8 元素：阶段 B 配对 阶段 B：比较交换后的列表	2 15	3 35	0 83	1 77	6 85	7 86	4 93	5 92
8 元素：阶段 C 配对 阶段 C：比较交换后的列表	1 15	0 35	3 77	2 83	5 85	4 86	7 92	6 93

从这些示例中，我们看到双调排序的串行算法通过使用蝶式结构为比较交换选择"配对"。我们还看到算法在递增和递减序列之间交替，直到完成最终的 n 元素蝶式交换。这个最终的蝶式交换导致一个递增的有序序列。

使用这些观察结果和示例作为指导，我们可以为串行双调排序编写高级伪代码（参见程序 6.16）。最外层循环中 **for** bf_sz 正在迭代蝶式交换的大小。在 8 元素示例中，我们从 bf_sz=2 开始，然后是 bf_sz=4，最后是 bf_sz=8。

```
1   for (bf_sz = 2; bf_sz <= n; bf_sz = 2*bf_sz)
2      for (stage = bf_sz/2; stage > 0; stage = stage/2)
3         for (th = 0; th < n/2; th++) {
4            Get_pair(th, stage, &my_elt1, &my_elt2);
5            if (Increasing_seq(my_elt1, bf_sz))
6               Compare_swap(list, my_elt1, my_elt2, INC);
7            else
8               Compare_swap(list, my_elt1, my_elt2, DEC);
9         }
```

程序 6.16   串行双调排序的伪代码

大小为 m 的蝶式交换需要 $\log_2(m)$ 个阶段来排序。在我们的示例中，2 元素蝶式交换有 $1=\log_2(2)$ 个阶段；4 元素蝶式交换有 $2=\log_2(4)$ 个阶段；8 元素蝶式交换有 $3=\log_2(8)$ 个阶段。原因显而易见，用整数来辨别阶段是很方便的。

bf_sz/2, bf_sz/4, ···, 4, 2, 1.

最里面的循环是顺序迭代正被比较和可能交换的元素对：如果列表中有 n 个元素，我们将产生 $n/2$ 对。正如我们将看到的，在并行实现中，$n/2$ 对中的每一对将由单个线程负责，所以我们选择调用最里面的循环变量 th。

Get_pair 函数确定"线程"负责哪一对元素，Increating_seq 函数确定列表中的一对元素应该按升序还是降序排列。

6.14.2   蝶式交换和二进制表示

如果我们查看所涉及值的二进制表示，通常更容易理解蝶式交换的结构。在我们的例子中，这些值是元素下标、线程序列号（或循环变量 th）以及循环变量 bf_sz 和 stage。图 6.10 显示了一个 8 元素示例。这显示了 8 元素蝶式交换中的三个阶段：stage 4=100_2, stage 2=010_2, 以及 stage1=001_2[⊖]。

每个阶段还显示哪些元素是配对的。由于有八个元素，因此有 8/2=4 个线程，我们看到可以通过查看阶段、元素下标和线程序列号的二进制表示来确定哪些元素被分配给线程（参见表 6.13）。表中的示例表明，线程负责的元素可以通过在线程序列号中插入一个附加位来确定。例如，当 stage 为 1 时，通过在线程序列号中最右边的位（位 0）的右边添加一位来获得元素。当 stage 为 2 时，通过在最低有效位（位 0）和左边的下一位（位 1）之间添加一位来获得元素。当 stage 为 4 时，在位 1 和位 2 之间添加位。附加位的位置由图 6.10 中的向上小箭头指示。

⊖   下标 2 表示该值是以 2 为底或二进制的。

如果我们引入一个表示 $\log_2(\text{stage})$ 的变量 which_bit，则附加位会立即插入位 which_bit 的右侧，因此我们添加一个函数 Insert_zero，它将向线程序列号的二进制表示中添加一个零位。另一个元素的下标可以通过将 0 位转换为 1 来获得，这可以使用按位异或（exclusive or）来完成。

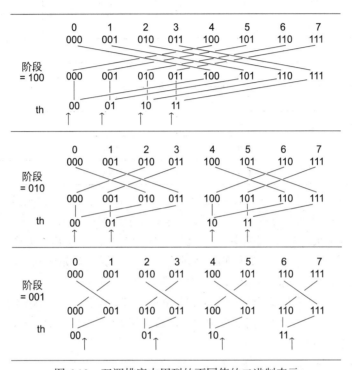

图 6.10　双调排序中用到的不同值的二进制表示

表 6.13　双调排序中线程和元素的映射

阶段	线程	第一个元素	第二个元素
100 = 4	00 = 0	000 = 0	100 = 4
	01 = 1	001 = 1	101 = 5
	10 = 2	010 = 2	110 = 6
	11 = 3	011 = 3	111 = 7
010 = 2	00 = 0	000 = 0	010 = 2
	01 = 1	001 = 1	011 = 3
	10 = 2	100 = 4	110 = 6
	11 = 3	101 = 5	111 = 7
001 = 1	00 = 0	000 = 0	001 = 1
	01 = 1	010 = 2	011 = 3
	10 = 2	100 = 4	101 = 5
	11 = 3	110 = 6	111 = 7

表 6.14   元素是递增（Inc）序列中的一部分还是递减（Dec）序列中的一部分

元素	bf_sz		
	0010 = 2	0100 = 4	1000 = 8
0000 = 0	Inc	Inc	Inc
0001 = 1	Inc	Inc	Inc
0010 = 2	Dec	Inc	Inc
0011 = 3	Dec	Inc	Inc
0100 = 4	Inc	Dec	Inc
0101 = 5	Inc	Dec	Inc
0110 = 6	Dec	Dec	Inc
0111 = 7	Dec	Dec	Inc

最后可以观察到，在任何一组蝶式交换中，列表中的元素将始终是递增或递减序列的一部分。也就是说，一对元素是否应该交换以使这对元素递增或递减仅取决于元素和蝶式交换的大小。例如，在 4 元素蝶式交换中，list[3] 应始终交换，使其成为递增序列的一部分，而 list[4] 应始终交换，使其成为递减序列的一部分。要了解如何确定序列是增加还是减少，查看 bf_sz 和元素下标的二进制表示会有所帮助（参见表 6.14）。如果我们查看元素下标和 bf_sz 的按位和，我们会看到当按位和为 0 时（例如，2 & 4 = 0010 & 0100 = 0000），那么元素应该是一个递增序列，而如果按位和非零（例如，5 & 4 = 0101 & 0100 = 0100 = 4），则该元素应该是递减序列的一部分。

我们可以使用这些观察结果来编写更详细的伪代码（见程序 6.17）。在这里，我们用一个调用替换了原始伪代码中对 Compare_swap 的两个调用，这将检查 my_elt1 和 bf_sz 的按位和的结果以确定该对应该递增还是递减。

我们把编写 Which_bit、Insert_zero 和 Compare_swap 函数的任务留到练习中。

```
1   for (bf_sz = 2; bf_sz <= n; bf_sz = 2*bf_sz)
2      for (stage = bf_sz/2; stage > 0; stage = stage/2) {
3         which_bit = Which_bit(stage);
4         for (th = 0; th < n/2; th++) {
5            my_elt1 = Insert_zero(th, which_bit);
6            my_elt2 = my_elt1 ^ stage;
7            Compare_swap(list, my_elt1, my_elt2, my_elt1 & bf_sz);
8         }
9      }
```

程序 6.17   第二个双调排序的串行实现的伪代码

6.14.3   并行双调排序 I

我们设计串行实现的想法是，通过将程序 6.17 中的最内层循环用 $n/2$ 个线程实现并行化，将其转换为多线程实现。因此，聚合任务是选择一对元素并将它们按正确的顺序排列。但是，当线程从一个阶段进入下一个阶段时，就会出现竞争情况。

```
for (bf_sz = 2; bf_sz <= n; bf_sz = 2*bf_sz) {
    for (stage = bf_sz/2; stage > 0; stage = stage/2,
        which_bit++) {
        which_bit = Which_bit(stage);
        my_elt1 = Insert_zero(th, which_bit);
        my_elt2 = my_elt1 ^ stage;
        Compare_swap(list, my_elt1, my_elt2, my_elt1 & bf_sz);
    }
}
```

例如，假设 *n*=4，我们已经完成了 2 元素蝶式交换。因此，假设我们在列表 {20, 40, 30, 10} 上执行一个 4 元素蝶式交换，并假设发生了表 6.15 中的事件序列。还假设目前线程 0 和 1 处于不同的线程束中，因此它们不会自动同步。我们看到线程 0 的第二个 Compare_swap 应该发生在线程 1 的第一个 Compare_swap 之后，并且因为它们的执行顺序被颠倒了，所以最终的列表不是有序的。

表 6.15　4 元素蝶式交换的事件序列

时间	线程 0		线程 1		阶段后的列表
	阶段	执行	阶段	执行	
0	—	—		—	20, 40, 30, 10
1	2	Compare_swap(elt 0, elt 2)	—	Idle	20, 40, 30, 10
2	1	Compare_swap(elt 0, elt 1)		Idle	20, 40, 30, 10
3	—	空闲	2	Compare_swap(elt 1, elt 3)	20, 10, 30, 40
4	—	空闲	1	Compare_swap(elt 2, elt 3)	20, 10, 30, 40

当然，在大多数感兴趣的情况下，线程 0 和 1 将属于同一个线程束，并且在线程束中的所有线程都完成第一个 Compare_swap 之后，第二个 Compare_swap 才会执行。但是，不难看出，如果我们有多个线程束，就会产生这个问题。例如，假设我们在列表中有 128 个元素、64 个线程和两个有 32 个线程的线程束。然后（例如）线程 0 和 32 可能会发生同样的情况。当 bf_sz=128，stage=64 时，线程 32 将交换元素 32 和 96；当 stage=32 时，线程 0 将交换元素 0 和 32。因此，如果线程 0 在线程 32 完成元素 32 和 96 的比较交换之前就进入 stage=32，线程 0 就交换了错误的元素：它将旧的元素 32 与元素 0 交换。

所以我们应该确保在所有线程都完成当前阶段之前，没有一个线程会进入下一个阶段。正如我们已经看到的，单个线程块中的线程可以通过调用 __syncthreads 来完成此操作。

所以对于第一个并行实现，让我们只使用一个线程块，并在内部 for 循环体的末尾调用 __syncthreads。这给了我们程序 6.18 中所示的代码。与程序 6.17 中所示的串行双调排序函数相比，我们看到有两个不同之处。首先，消除了串行程序 **for** th 的最内层循环，因为并行程序使用一个线程执行串行代码中的一次迭代。其次，在并行程序中，我们在每次对于 stage 的 **for** 循环迭代结束时调用 __syncthreads，这样做是为了消除刚刚讨论的竞争情况的发生。

```
1    unsigned th = threadIdx.x;
2
3    for (bf_sz = 2; bf_sz <= n; bf_sz = 2*bf_sz) {
4        for (stage = bf_sz/2; stage > 0;  stage = stage/2) {
```

```
 5              which_bit = Which_bit(stage);
 6              my_elt1 = Insert_zero(th, which_bit);
 7              my_elt2 = my_elt1 ^ stage;
 8              Compare_swap(list, my_elt1, my_elt2, my_elt1 & bf_sz);
 9              __syncthreads();
10          }
11      }
```

程序 6.18   使用单个线程块的 CUDA 双调排序核函数

6.14.4   并行双调排序Ⅱ

我们在实现串行双调排序方面的工作确实得到了回报：只需要对串行代码进行两个相对简单的更改即可将其并行化。但是，这种并行实现可以解决的问题的规模非常有限。由于现阶段的 CUDA 线程块最多可以包含 1 024 个线程，并且我们的实现要求元素的数量是线程数量的两倍，因此可以排序的最大列表将包含 2 048 个元素。

为了增加可以排序的列表的大小，我们可以考虑（至少）几个选项。一种是增加每个线程完成的工作量：我们可以尝试给每个线程分配 $2m$ 个元素（m 是大于 1 的整数），而不是将列表中的 2 个元素分配给每个线程。例如，我们可能会合并列表的两个有 m 个元素的子列表，而不是比较和交换两个元素列表中的元素。如果算法正在处理递增的子列表，我们会将合并的有 $2m$ 个元素的子列表的下半部分分配给序列号较小的线程，将上半部分分配给序列号较大的线程。当算法处理递减子列表时，我们可以相反地分配（参见编程作业 6.4）。

现在将看到的替代方案使用用于单个线程块的相同基本算法，除了我们将通过从执行核函数返回并调用相同的或另一个核函数来同步多个线程块[⊖]。

所以假设我们有一个网格，其中至少有两个线程块，并且

$$n = 2 \times blk\_ct \times th\_per\_blk$$

还假设 blk_ct 和 th_per_blk 是 2 的幂。（所以 n 也是 2 的幂。）我们可以首先使用双调排序将每个长度为 $2 \times th\_per\_blk$ 的子列表排序为递增或递减列表，当我们取排序的连续子列表对时，将得到长度为 $4 \times th\_per\_blk$ 的双调序列。此初始排序将在单个核函数中进行。

现在继续进行双调排序，需要让几组线程块合作形成排序子列表，长度为 $4 \times th\_per\_blk$，然后是 $8 \times th\_per\_blk$ 等。我们可以分两步完成：在单个核函数中执行当前蝶式交换的一个阶段，通过从核函数返回然后再次调用核函数进行下一阶段来同步不同块中的线程。请注意，在核函数调用之间我们不需要调用 cudaDeviceSynchronize：第二个核函数调用将等待第一个核函数调用完成，然后再开始在设备上执行。

在重复执行"单阶段"核函数之后，我们最终将"子蝶式交换"应用于长度 $\leqslant 2 \times th\_per\_blk$ 的子列表，线程块可以彼此独立工作。因此，我们可以回到通过调用 __syncthreads 来简单地在每个线程块之间进行同步。

这给了我们程序 6.19 中所示的主机函数。

这里需要注意的一点是，在我们的实现中，"子列表"和"阶段"之间存在差异。阶段（stage）是一个循环变量。在 n 元素列表上的蝶式交换中，第一阶段（stage）是 $n/2$，后

⊖   如前所述，运行在计算能力 ≥ 6 的处理器上的 CUDA 9 支持同步网格中的所有线程。

续阶段是 $n/4$、$n/8$ 等。n 元素蝶式交换中的第一个子列表是整个列表，后续子列表的大小为 $n/2$、$n/4$ 等。

```
 1   /* 对包含2* th_per_blk元素的子列表进行排序 */
 2   Pbitonic_start <<<blk_ct, th_per_blk>>> (list, n);
 3
 4   for (bf_sz = 4*th_per_blk; bf_sz <= n; bf_sz = bf_sz/2) {
 5      for (stage = bf_sz/2; stage >= 2*th_per_blk;
 6           stage = stage/2) {
 7         /* 完成蝶式的单个阶段 */
 8         Pbutterfly_one_stage <<<blk_ct, th_per_blk>>> (list, n,
 9              bf_sz, stage);
10      }
11      /* 通过使用"短"子列表来完成当前的蝶式 */
12
13      Pbutterfly_finish <<<blk_ct, th_per_blk>>> (list, n,
14           bf_sz);
15   }
```

程序 6.19   实现通用 CUDA 双调排序的主机函数

让我们看看如果有 8 个线程块，其中每个线程块由 1 024 个线程组成，这段代码将如何工作。我们可以对有 $2 \times 8 \times 1\,024 = 16\,384$ 个元素的列表进行排序。然后在 Pbitonic_start 函数中，每个线程块将对大小为 2，4，…，2 048 的蝶式交换进行迭代。所以，Pbitonic_start 函数完成迭代后，由表 6.16 所示的元素组成的子序列会被排好序。然后我们继续执行主机的 **for** 循环，对 bf_sz 值为 4 096，8 192，16 384 时进行迭代。对于每个 bf_sz 值，我们在内层按表 6.17 所示的阶段进行迭代。当然，在执行完内层循环时，我们没有完成一次"蝶式交换"，并且还需要完成阶段 1 024，512，…，4，2，1 的蝶式交换，通过调用 Pbutterfly_finish 来完成在外层循环的每一次迭代。

表 6.16   调用 Pbitonic_start 后已排好序的子列表中的元素

块	被排序元素			
0	0	1	…	2 047
1	2 048	2 049	…	4 095
⋮	⋮	⋮	⋮	⋮
8	14 436	14 437	…	16 383

表 6.17   由 Pbutterfly_one_stage 执行的阶段

bf_sz	阶段		
4 096	2 048		
8 192	4 096	2 048	
16 384	8 192	4 096	2 048

6.14.5   CUDA双调排序的性能

在继续之前，让我们看一下双调排序的 CUDA 实现的性能。它们在具有 Pascal GPU（计算能力 6.1）和 Intel Xeon 主机的系统上运行。表 6.18 显示了主机上的串行双调排序、主机上 C 库中快速排序函数（qsort），以及我们第一个双调排序的并行实现的运行时间，其中双调排序的并行实现中使用一个有 1 024 个线程的线程块。所有三个运行时间都是通过对包含 2 048 个元素的列表进行排序来获取的。毫不奇怪，对于这样小的列表，快速排序库函数（qsort）比使用一个线程块的并行双调排序要快得多。

表 6.18   含有 2 048 个整数的列表的不同排序平均运行时间（ms）

系统	Intel Xeon 4116	Intel Xeon 4116	Nvidia Quadro P5000
时钟 SM 的数量，SP 的数量	2.1GHz	2.1GHz	1.73 GHz 20，1 280
排序种类 块数，线程数 运行时间	qsort 0.116	双调排序 1.19	并行双调排序 1，1 024 0.128

表 6.19 显示了在相同系统上对具有 2 097 152（2^{21}）个元素的列表进行排序的时间，但在这种情况下，并行排序是使用具有 1 024 个块，每个块中有 1 024 个线程的双调排序来实现。现在并行双调排序比串行的快速排序（qsort）快 40 多倍。

表 6.19   含有 2 097 152 个整数的列表上不同排序的平均运行时间

系统	Intel Xeon 4116	Intel Xeon 4116	NVIDIA Quadro P5000
时钟 SM 的数量，SP 的数量	2.1GHz	2.1GHz	1.73GHz 20，1 280
排序种类 块数，线程数 运行时间	qsort 539	双调排序 3 710	并行双调排序 1 024，1 024 13.1

6.15   小结

在本世纪初，程序员试图充分利用**图形处理单元**（GPU）的计算能力进行通用计算。这被称为**图形处理单元通用计算**（GPGPU），如今 GPGPU 是最重要的并行计算类型之一。

就我们的目的而言，最基本的 GPU 是**单指令流多数据流**（SIMD）处理器。所以一系列数据通路都将执行相同的指令，但集合中的每个数据通路都可以有自己的数据。在 NVIDIA GPU 中，数据通路称为**流处理器**（SP），SP 被分组，组成**流式多处理器**（SM）。在 NVIDIA 系统中，SP 和 SM 在软件上的类比分别是**线程**和**线程块**。然而，这个类比并不准确：虽然一个线程块将在单个 SM 上运行，多个独立的线程块也可以在一个 SM 上运行。此外，线程块中的线程不限于锁步执行：**线程束**是线程块中以锁步执行的线程的子集。目前，NVIDIA 的线程束由 32 个连续的线程组成。

我们研究了 NVIDIA GPU 中的两种主要内存类型：每个 SM 都有一小块快速**共享内存**，由线程块中的线程共享。还有一块较大的，速度较慢的**全局内存**在所有线程之间共享。

我们用于图形处理单元通用计算编程的 API 称为 CUDA，它是 C/C++ 的扩展。它假设系统同时具有 CPU 和 GPU：主函数运行在 CPU 上，**核函数**是由主机调用但运行在 GPU 或**设备**上的 CUDA 函数。所以一个 CUDA 程序通常同时运行在 CPU 和 GPU 上，并且由于它们具有不同的架构，编写一个 CUDA 程序有时被称为**异构编程**。

CUDA 核函数的代码由特殊标识符 __global__ 标识。核函数具有返回类型 **void**，但它可以接收任何类型的参数。对核函数的调用必须指定线程块的数量和每个块中的线程数。例如，假设核函数 My_kernel 具有原型

```
__global__ void My_kernel(float x[], float y[], int n);
```

然后如果我们想用四个线程块启动 My_kernel，每个线程块有 256 个线程，我们可以这样调用

```
My_kernel <<< 4, 256 >>> (x, y, n);
```

由核函数启动的线程块集合称为**网格**。当调用核函数时，线程可以通过检查几个结构的字段来获取网格信息：

- ❏ threadIdx
- ❏ blockIdx
- ❏ blockDim
- ❏ gridDim

所有这些都有三个字段：x、y 和 z，但我们只使用了 x 字段。当核函数 My_kernel 由上一段中的调用启动时

gridDim.x = **4** and blockDim.x = **256**

（y 和 z 字段设置为 1），blockIdx.x 将给出线程所属块的序列号，threadIdx.x 将给出其线程序列号。（y 和 z 字段设置为 0。）

从主机的角度来看，核函数调用通常是**异步**的：核函数在设备上启动后，设备和主机可以同时执行。如果主机想要使用设备的结果，它可以调用

```
__host__ cudaError_t cudaDeviceSynchronize(void);
```

主机将在该调用中阻塞，直到设备执行完成。__host__ 标识符表示该函数在主机上运行，cudaError_t 是 CUDA 定义的类型，用于指明错误的情况。

请注意，默认情况下，设备上一次只运行一个核函数，如果主机先启动 Kernel_a，然后再启动 Kernel_b，则默认情况下，在 Kernel_a 完成之前，Kernel_b 不会开始执行。

CUDA 源文件通常有“.cu”后缀；例如，hello.cu。由于 CUDA 是 C/C++ 的扩展，它有自己的编译器 nvcc，我们可以使用 shell 命令编译程序，比如

```
$ nvcc -arch=sm_52 -o hello hello.cu
```

有很多命令行选项。有些与 gcc 的选项相同。例如，-g 将为主机代码创建一个符号表。还有许多 gcc 中没有的选项。例如，命令行选项 -arch=... 经常使用，因为它可以告诉 nvcc 目标 GPU 是什么。在我们的示例中，sm_52 表示目标是一个 maxwell 处理器。

与 MPI、Pthreads 和 OpenMP 不同，CUDA 不是由标准组织指定的——NVIDIA 负责开发和维护它。这样做的结果是，它往往比作为标准的 API 更频繁地被更改。这有（至少）两个原因。当 NVIDIA 引入新的硬件功能时，它希望确保程序员可以轻松访问该功能，并且随着 NVIDIA 的开发人员发现或创造新的软件上的实现，NVIDIA 希望让程序员可以使用这些新功能。这样做的一个缺点是，NVIDIA 可能会比标准组织更早地停止对旧硬件和软件的支持。

为保证 CUDA 程序按需要运行，可能需要同时考虑 GPU 的计算能力和 CUDA 软件的版本。例如，CUDA 9 包括可以跨任何线程集合实现栅栏的软件。但是，除非 GPU 的计算能力 ≥ 6，否则栅栏只能跨属于单个线程块的线程集合使用。

在大多数 NVIDIA 系统中，主机内存和设备内存在物理上是分开的，在运行 CUDA 的旧系统中，必须将数据从主机显式地复制到设备，反之亦然。不过，自从推出 Kepler 处理

器后，NVIDIA 就提供了**统一内存**。这是在主机和设备上自动复制的内存。例如，当核函数启动时，主机上所有已更新的统一内存位置都将复制到设备中，当核函数执行完成时，将设备上已更新的统一内存位置复制到主机上。分配统一内存最常用的方法是调用

```
__host__ cudaError_t cudaMallocManaged ( void** ptr,
    size_t size );
```

这将分配 size 字节的统一内存，当它返回时，指针 *ptr 将指向分配的内存。*ptr 中存储的地址在主机和设备上都有效。所以这个地址可以作为参数从主机传递给设备，如果它所指向的内存被核函数更新，则主机上指向该内存的指针也将指向更新后的内存。

由 cudaMallocManaged 分配的统一内存应由调用

```
__host__ cudaError_t cudaFree ( void* ptr );
```

来释放。

请注意，如果指针指向主机上堆栈中的内存位置，那么我们不能将指针传递给核函数：地址将无效。因此，我们不能通过简单地传递主机堆栈变量的地址来模拟对核函数的引用传递。实现引用传递效果最简单的方法就是在主机上声明一个指针，使用 cudaMallocManaged 使指针指向统一内存中的一个内存位置。

回想一下，**线程束**是线程块中线程的子集，线程束中的线程以 SIMD 方式执行。因此，当一个线程束中的所有线程都在执行相同的语句时，线程将有效地锁步执行。如果所有线程都在执行

```
statement 1;
statement 2;
```

那么在线程束中的所有线程都执行完语句 1 之前，线程束中的任何线程都不会开始执行语句 2。但是，如果一些线程正在执行一条语句，而其他线程正在执行另一条语句，那么将发生**线程分歧**。例如，假设我们有以下代码：

```
if (threadIdx.x % warpSize < 16)
    statement 1;
else
    statement 2;
```

然后，线程束前半部分中的所有线程都将执行语句 1，线程束后半部分中的所有线程都将执行语句 2。但是，线程束中的线程以 SIMD 方式执行。因此，当线程束前半部分的线程执行语句 1 时，后半部分的线程处于空闲状态。当前半部分的线程执行完语句 1 后，线程束前半部分的线程将处于空闲状态，而后半部分的线程执行语句 2。因此线程分歧会导致性能大幅下降。

回想一下，**栅栏**是一个可由线程集合调用的函数，在集合中的所有线程都开始调用之前，没有线程会从调用中返回。由于线程束中的线程以锁步方式执行，因此在每对连续语句之间实际上存在一个栅栏，该栅栏由线程束中的所有线程执行。CUDA 还为线程块中的线程提供了快速栅栏：

```
__device__ void __syncthreads(void);
```

__device__ 标识符表示该函数应该在设备（而不是主机）上调用。这个特定的函数必须被线程块中的所有线程调用。最近（CUDA 9）NVIDIA 添加了可以在用户定义的线程集合中定义的栅栏。但是，不同块中线程之间的栅栏需要 Pascal 或更新的处理器。对于较旧的处理

器，程序员可以通过从核函数返回并启动另一个（或相同的）核函数来对网格中的所有线程构建栅栏。这不需要对 cudaDeviceSynchronize 的干预调用。

回想一下，如果一个操作被一个线程执行时，它看起来对其他线程是不可分割的，那么它就是**原子**的。CUDA 提供了许多可以被任何线程安全使用的原子操作。我们使用：

```
__device__ float atomicAdd(float* x_p, float y);
```

这会将 y 添加到 x_p 指向的内存位置。它返回存储在 x_p 指向的内存中的原始值。

在前几章中，我们已经看到使用树结构的线程（或进程）配对可以大大降低诸如全局求和的操作成本。CUDA 提供了两种实现快速树结构操作的替代方法：线程束洗牌和共享内存。线程束洗牌允许线程读取属于同一线程束中另一个线程的寄存器。当线程束中的每个线程都存储一个单精度浮点数 my_val 时，我们使用 __shfl_down_sync 来实现树形求和：

```
unsigned mask = 0xffffffff;
float result = my_val;
for (unsigned diff = warpSize/2; diff > 0; diff = diff/2)
    result += __shfl_down_sync(mask, result, diff);
```

这假设线程束中的所有线程都在执行代码。下列函数返回线程束中的序列号（或**通道**）为 (caller lane)+diff 的线程上的结果（result）中的值。

```
__device__ float __shfl_down_sync(unsigned mask,
        float result, unsigned diff,
        int width=warpSize);
```

当该值 ≥ 32 时，函数返回存储在调用者结果变量（result）中的值。因此，具有通道 0 的线程将是唯一具有正确结果的线程。请注意，代码中没有竞争情况，因为在所有线程都从对 shfl_down_sync 的调用中返回之前，没有线程会更新其结果（result）。参数 mask 指定线程束中的哪些线程正在参与调用：如果通道号为 l 的线程正在参与，则位 l 应该为 1。因此将 mask 设置为 0xffffffff 将确保每个线程都参与其中。width 参数指定线程的数量，它是可选的；因为我们使用了所有 32 个线程，所以省略了它。

共享内存提供了线程束洗牌的替代方法。定义共享内存块的最简单方法是在核函数中声明共享内存块时静态指定其大小。例如：

```
__global__ void My_kernel(...) {
    ...
    // 元素的数量必须在编译时可用
    __shared__ float sum_arr[32];
    ...
    // 初始化sum_arr [my_lane]
    int my_lane = ...;
    ...
    for (unsigned diff = 16; diff > 0; diff >>= 1) {
        int source = (my_lane + diff) % warpSize;
        sum_arr[my_lane] += sum_arr[source];
    }
    ...
}
```

从技术上讲，这不是一个树形结构的总和：它有时被称为**传播**总和。现在，由于计算 source 时的余数 (%)，线程束中的所有线程在每个阶段都得到正确的加数。所以这个版本的优点是线程束中的所有线程都会有正确的结果。另请注意，此功能由线程束中的线程执行，因此向 sum_arr[my_lane] 做加法时没有竞争情况，因为 sum_arr[source] 的加载将在加法之前发生。

最后要注意的一点是共享内存被划分为**库**。这样做是为了让一个线程束中的所有线程可以同时执行载入或存储，前提是每个线程访问不同的库。通常连续的 4 字节的字存储在连续的库中 $^\ominus$。例如，在上一段的共享内存求和中，sum_arr[my_lane] 中的共享内存访问是对连续的 4 字节字的访问。此外，在 sum_arr[my_lane] 的访问中，每个线程都在访问 32 个数组元素中不同的 4 字节字。因此，这两种访问都不会导致库冲突。

6.16　练习

6.1　在不调用 cudaDeviceSynchronize 的情况下运行 cuda_hello 程序（程序 6.1），会发生什么？

6.2　当我们用 10 个线程运行 cuda_hello（程序 6.1）时，输出按线程的序列号排序：线程 0 的输出在前，然后是线程 1 的输出，然后是线程 2 的输出，依此类推。总是这样吗？如果不是，不按线程序列号的顺序输出时，可以启动的最小线程数是多少？你能解释一下为什么吗？

6.3　当运行 cuda_hello 程序（程序 6.1）时，你能启动的最大线程数是多少？如果超过这个数字会发生什么？

6.4　修改梯形法则的第一个实现（程序 6.12），使其可以在不支持统一内存的系统上使用。

6.5　__shfl_sync 函数

```
__device__ float __shfl_sync(
            unsigned  mask                    /* in */,
            float     var                     /* in */,
            int       srcLane                 /* in */,
            int       width = warpSize        /* in */);
```

从线程通道 ID 为 srclane 的调用线程上返回 var 中的值。与 __shfl_down_sync 不同，如果 srcLane < 0 或 srcLane > warpSize，则返回值取自当前线程束中余数为 srcLane % warpSize 的线程。

使用 __shfl_sync 函数来实现线程束中的广播，即线程束中的每个线程都获得一个存储在线程束指定线程中的值。编写一个调用广播函数的驱动程序核函数，以及一个初始化数据结构、调用核函数并打印结果的驱动程序主程序。

6.6　Warp_sum 函数（6.11.4 节）实现了存储在线程束中线程上的值的树形总和，它只在通道 ID 为 0 的线程上返回正确的总和。如果线程束中的所有线程需要正确的总和，另一种方法是使用**蝶式交换**（参见图 3.9）。在 CUDA 中，用另一个线程束洗牌 __shfl_xor_sync 实现它是最容易的。

```
__device__ float __shfl_xor_sync(
            unsigned  mask                    /* in */,
            float     var                     /* in */,
            int       lanemask                /* in */,
            int       width = warpSize        /* in */);
```

此函数通过将调用者的通道 ID 与 lanemask 按位异或来计算源的通道 ID。

$\ominus$　可以用 cudaDeviceSetSharedMemConfig() 编程 8 字节字。详细信息请参阅 CUDA 编程指南 [11]。

例如，如果线程束由 8 个线程组成，lanemask 将从 $4_{10}=100_2$ 开始，并迭代 $2_{10}=010_2$ 和 $1_{10}=001_2$。下表显示了对于每个线程和 lanemask 值，源线程 ID 的值。

调用方 通道 ID	源通道 ID= lanemask XOR 调用方通道 ID		
	lanemask 100_2	lanemask 010_2	lanemask 001_2
$0 = 000_2$	$4 = 100_2$	$2 = 010_2$	$1 = 001_2$
$1 = 001_2$	$5 = 101_2$	$3 = 011_2$	$0 = 000_2$
$2 = 010_2$	$6 = 110_2$	$0 = 000_2$	$3 = 011_2$
$3 = 011_2$	$7 = 111_2$	$1 = 001_2$	$2 = 010_2$
$4 = 100_2$	$0 = 000_2$	$6 = 110_2$	$5 = 101_2$
$5 = 101_2$	$1 = 001_2$	$7 = 111_2$	$4 = 100_2$
$6 = 110_2$	$2 = 010_2$	$4 = 100_2$	$7 = 111_2$
$7 = 111_2$	$3 = 011_2$	$5 = 101_2$	$6 = 110_2$

对于一个 32 个通道的线程束，位掩码应从 16 开始并接着取 8、4、2 和 1。使用 __shfl_xor_sync 实现蝶式结构线程束求和。编写一个调用你的函数的核函数，以及一个初始化数据结构、调用核函数并打印结果的主函数。

6.7 对于有大量梯形的梯形法则，一个替代实现可以反复减少求和时所涉及的线程数。例如，对于 2^{30} 个梯形，我们可以从 2^{20} 个有 2^{10} 个线程的块开始。每个块都可以使用两阶段过程来计算其线程值的总和。那么有 2^{20} 个和，可以在 1 024 个块中划分，其中每个块有 1 024 个线程，我们可以使用两阶段的过程来找到每个块的和值的总和。最后，我们将有一个包含 1 024 个总和的块，可以使用两阶段的过程来找到一个总和。使用两阶段求和作为程序的核心，该程序求得多达 $1\ 024 \times (2^{31}-1)$ 个梯形的总和。

6.8 当我们用含有多于 32 个线程的线程块和共享内存实现梯形法则时（6.13.3 节），建议使用以下代码：

```
...
float result = Shared_mem_sum(shared_vals +
    warpSize*my_warp);
if (my_lane == 0) shared_vals[warpSize*my_warp] =
    result;
__syncthreads();
...
```

解释为什么分配

```
shared_vals[warpSize*my_warp] = result;
```

不会导致竞争情况。

6.9 我们可以使用几种技术来尝试提高梯形法则程序中线程束求和函数的性能：

a. 在 **for** 循环中

```
for (int diff = warpSize/2; diff > 0; diff = diff/2)
```

标识符 warpSize 是一个变量，编译器不知道它的值。因此，在运行时，系统可能按照写出来的形式执行循环。如果我们用宏替换 warpSize/2，例如，

```
#define WARPSZ_DIV_2 16
...
for (int diff = WARPSZ_DIV_2; diff > 0; diff = diff/2)
```

编译器可以确定 diff 的值，并且可以优化循环的执行。尝试对程序的线程束求和的共享内存版本进行此更改，程序的性能有多少改进（如果有的话）？

b. 与右移相比，整数除法（如 diff=diff/2）是一项开销很大的操作。如果你将 diff 设为无符号并将 diff=diff/2 替换为右移，那么程序的性能有多大的改进（如果有的话）？

c. 程序员确切地知道 **for** 语句的主体将被执行多少次。所以我们可以尝试"展开" **for** 语句，当 diff = 16、diff = 8、diff = 4、diff = 2、diff = 1 时将其替换为循环体。若这样做，程序的性能有多大的改善？

6.10   本题涉及程序 6.17 中伪代码的实现。

a. 实现 Which_bit 函数。

b. 使用位运算符实现串行双调排序中的 Insert_zero 函数。

请注意，从技术上讲，C 语言右移在有符号整数上是未定义的，因为移位空出的位可以用 0 或符号位（0 或 1）填充。无符号整数没有歧义：因为没有符号位，所以空出的位总是用 0 填充。因此，当使用按位运算时，有时使用 **unsigned int** 是个好主意。

c. 实现程序 6.17 的串行双调排序伪代码中的 Compare_swap 函数。

6.11   编写实现以下伪代码的串行双调排序：

```
for (bf_sz = 2; bf_sz <= n; bf_sz *= 2) {
    order = INC;   /* INC = 0, DEC = 1 */
    for (start = 0; start < n; start += bf_sz) {
        if (order = INC)
            Bitonic_incr(bf_sz, list+start);
        else
            Bitonic_decr(bf_sz, list+start);
        /* REVERSE按顺序"翻转"位 */
        order = REVERSE(order);
    }

    ...

    void Bitonic_incr(int bf_sz, int sublist[]) {
        halfway = bf_sz/2;
        for (i = 0; i < half_way; i++)
            if (sublist[i] > sublist[halfway + i])
                Swap(sublist[i], sublist[halfway+1]);
        if (bf_sz > 2) {
            Bitonic_incr(bf_sz/2, sublist);
            Bitonic_incr(bf_sz/2, sublist+halfway);
        }
    }
```

6.12   回想一下，在 **for** 循环中，例如

```
int incr = ...;
for (int i = 0; i < n; i += incr)
    Do_stuff();
```

incr 中的值有时称为循环的步长。我们可以修改双调排序的单块实现（程序 6.18），以便内部循环的主体（对 stage 的 **for** 循环）包含在**网格跨步循环**中。

网格跨步循环是步长等于网格中线程数的循环。当我们需要比可用线程数更多的迭代

时，网格跨步循环非常有用（参见 [26]）。在我们的第一个双调排序中，网格只是一个单线程块，所以网格步长只是块中的线程数。

修改程序 6.18，使其使用网格跨步循环。如果列表中的元素个数没有限制，那么必须对列表中的元素个数 n 施加什么限制？相对于列表中的元素个数以及单个块中线程数的限制，必须对线程数进行哪些限制？

6.17 编程作业

6.1 在梯形法则程序中，我们总是为每个线程分配最多一个梯形。如果总共有 t 个线程和 n 个梯形，并且 n 可以被 t 整除，则另一种方法是为每个线程分配 n/t 个梯形。修改我们编写的各种梯形法则程序，使其在梯形数为线程数的倍数时正确实现梯形法则。修改后的程序的性能与原始程序的性能相比如何？

6.2 计算点积是另一种类型的全局和：

```
int n = ...;
float x[n], y[n];
/* 初始化x和y */
...
float dot = 0.0;
for (int i = 0; i < n; i++)
    dot += x[i]*y[i];
```

然而，点积和梯形法则之间可能的重要区别是点积可能需要使用大量内存。

阅读 CUDA 编程指南[11]中有关访问全局内存的材料。如果 CUDA 点积程序中有 t 个线程（总共），那么以下哪个点积实现会提供最佳性能？

```
int my_rank = blockIdx.x*blockDim.x + threadIdx.x;
int my_n = n/t;

/* "块"分区(与"线程块"无关) */
int my_first = my_rank*my_n;
int my_last = my_first + my_n;
float my_dot = 0;
for (int i = my_first; i < my_last; i++)
    my_dot += x[i]*y[i];

/* "循环分区" */
float my_dot = 0;
for (int i = my_rank; i < n; i += t)
    my_dot + = x[i]*y[i];

/* "块循环"分区(与"线程块"无关) */
/* my_n= b*k对于一些无符号整数b和k */
float my_dot = 0;
for (int i = my_rank*b; i < n; i += t*b)
    for (j = i; j < i+b; j++)
        my_dot += x[j]*y[j];

/* 完成所有的实现 */
atomicAdd(dot_p, my_dot);
```

编写一个具有三个核函数的 CUDA 程序：一个实现 x 和 y 的块分区，一个实现循环分区，一个实现块循环分区。实际程序的表现是否证实了你的预测？

你可以通过使用线程束求和或共享内存来提高分区的性能吗?

6.3 修改梯形法则程序的第二个线程束求和的实现和第二个双调排序的实现,使它们可以在不同大小的输入和不同网格和线程块的配置上运行。你能否归纳一下如何预测可以优化其性能的输入值?

6.4 实现双调排序,其中每个线程负责两"块"元素而不是两个元素。如果数组有 n 个元素,并且有 blk_ct 个线程块,每个块中有 th_per_blk 个线程,假设线程总数是 2 的幂,并且 n 可以被线程数整除。

所以

$$chunk\_sz = \frac{n}{blk\_ct \times th\_per\_blk}$$

是一个整数。现在基本程序使用与我们在本章中编写的双调排序相同的结构,不同之处在于基本操作是"合并拆分"而不是比较交换。

所以每个线程负责一个连续的包含 chunk_sz 个元素的子列表,并且每个线程最初都会按升序对其子列表进行排序。然后,如果线程 t 和 u 配对进行合并拆分,$t<u$,并且 t 和 u 正在处理递增序列,它们会将其子列表合并为递增序列,其中 t 中存储的是较小的部分,u 存储的是较大的部分。如果它们正在处理递减序列,则 t 将存储较大的部分,而 u 将存储较小的部分。所以在每次合并拆分之后,每个线程都会有一个递增的子列表。首先使用单线程块实现双调排序。然后修改程序,使其可以处理任意数量的线程块。

并行程序开发

在前面的四章中，我们不仅学习了并行相关的 API，还开发了许多小型并行程序，并且每个程序都涉及并行算法的实现。在本章中，我们将着眼于几个更大的例子，其中一个例子解决了 n-body 问题，另一个例子实现了一种称为样本排序的排序算法。对于每个例子，我们都将从查看串行解决方案并对其修改开始。当应用 Foster 设计方法时，我们会发现开发共享内存、分布式内存和 CUDA 程序之间存在惊人的相似之处。我们还将看到在并行编程中，需要解决一些没有串行解决方案的问题。在这种情况下，作为并行开发的程序员必须"从头开始"。

7.1 两种n-body问题的解决方案

在 n-body 问题中，我们需要计算一组相互作用的粒子在一段时间内的位置和速度信息。例如，天体物理学家想知道一组恒星的位置和速度关系，而化学家可能想知道一组分子或原子的位置和速度信息。n-body 问题的解决方案是一个程序，其通过模拟粒子的行为来解决 n-body 问题。这一问题的输入是在模拟开始时给出的每个粒子的质量、位置和速度数据，而输出通常是用户指定的时间序列中每个粒子的位置和速度信息，或者只输出用户指定的时间段结束时每个粒子的位置和速度信息。

我们首先提出一个串行 n-body 解决方案，然后通过共享内存系统、分布式内存系统以及 GPU 对其并行化。

7.1.1 问题描述

为了清楚起见，我们会编写一个模拟行星或恒星运动的 n-body 问题求解方案，并通过牛顿第二定律和万有引力定律来计算行星的位置和速度。因此，如果在时间 t 时粒子 q 的位置为 $s_q(t)$，粒子 k 的位置为 $s_k(t)$，那么粒子 k 施加给粒子 q 的力由下式给出：

$$f_{qk}(t) = -\frac{Gm_q m_k}{\left|s_q(t) - s_k(t)\right|^3}[s_q(t) - s_k(t)] \tag{7.1}$$

这里，G 是引力常数（$6.673 \times 10^{-11} \text{m}^3/(\text{kg} \times \text{s}^2)$），$m_q$ 和 m_k 分别代表粒子 q 和 k 的质量。此外，符号 $|s_q(t) - s_k(t)|$ 表示粒子 k 与粒子 q 之间的距离。请注意，通常位置、速度、加速度和力都是向量，因此我们使用粗斜体来表示这些变量，而时间 t 和引力常数 G 都是标量，因此我们使用普通斜体来表示这些变量。

我们可以使用公式（7.1）累加每一个粒子的作用力来计算作用在任意粒子上的合力。如果 n 个粒子编号分别为 0，1，2，$\cdots$，$n-1$，那么粒子 q 受到的合力由下式给出：

$$F_q(t) = \sum_{\substack{k=0 \\ k \neq q}}^{n-1} f_{qk} = -Gm_q \sum_{\substack{k=0 \\ k \neq q}}^{n-1} \frac{m_k}{\left|s_q(t) - s_k(t)\right|^3}[s_q(t) - s_k(t)] \tag{7.2}$$

回想一下，物体的加速度是由其位移的二阶导数给出的，牛顿第二定律指出，物体受到的力等于它的质量乘以加速度。假如粒子 q 的加速度是 $\boldsymbol{a}_q(t)$，则 $\boldsymbol{F}_q(t)=m_q \times \boldsymbol{a}_q(t)=m_q \times \boldsymbol{s}_q''(t)$，其中 $\boldsymbol{s}_q''(t)$ 是 $\boldsymbol{s}_q(t)$ 的二阶导数。因此，我们可以使用公式（7.3）来计算粒子 q 的加速度：

$$\boldsymbol{s}_q''(t)=-G\sum_{\substack{j=0\\j\neq q}}^{n-1}\frac{m_j}{\left|\boldsymbol{s}_q(t)-\boldsymbol{s}_j(t)\right|^3}[\boldsymbol{s}_q(t)-\boldsymbol{s}_j(t)] \tag{7.3}$$

因此，牛顿定律为我们提供了一个涉及导数的微分方程，而我们的工作就是在每个用户感兴趣的时刻 t 计算 $\boldsymbol{s}_q(t)$ 和 $\boldsymbol{v}_q(t)$ 的大小。

我们假设要在以下时刻计算粒子的位置和速度：

$$t=0,\Delta t,2\Delta t,\cdots,T\Delta t$$

或者，更常见的是，只计算最后时刻 $T\Delta t$ 粒子的位置和速度信息。这里的参数 t 和 T 由用户指定，因此程序的输入将包含粒子数 n、Δt、T 以及每个粒子的质量、初始位置和初始速度。在完全通用的求解方案中，位置和速度参数将是三维向量，但为了简单起见，在这里我们假设粒子在平面内移动，这些参数将使用二维向量来代替。

程序的输出将是 n 个粒子在时间步长 0，Δt，$2\Delta t$，$\cdots$，$T\Delta t$ 时的位置和速度，或者只输出所有粒子在 $T\Delta t$ 时的位置和速度。我们可以添加一个输入选项，让用户选择是否只需要粒子的最终位置和速度信息。

7.1.2　两种串行方案

概括地说，串行的 n-body 问题的求解方案可以通过以下伪代码来实现：

```
1       得到输入数据;
2       for 每个时间步{
3           if (时间步)
4               打印粒子的位置和速度;
5           for 每个粒子q计算作用在q上的合力;
6           for 每个粒子q
7               计算q的位置和速度;
8       }
9       打印粒子的位置和速度;
```

我们可以通过计算粒子所受合力的公式（式（7.2））来完善第 5～6 行中计算粒子所受合力的伪代码：

```
for 每个粒子q {
    for each particle k != q {
        x_diff = pos[q][X] - pos[k][X];
        y_diff = pos[q][Y] - pos[k][Y];
        dist = sqrt(x_diff*x_diff + y_diff*y_diff);
        dist_cubed = dist*dist*dist;
        forces[q][X]
            -= G*masses[q]*masses[k]/dist_cubed * x_diff;
        forces[q][Y]
            -= G*masses[q]*masses[k]/dist_cubed * y_diff;
    }
}
```

在这里我们将粒子所受的合力及其位置分别存储在二维数组中，数组名分别为 forces 和

pos。假设我们定义了常数 X=0，Y=1，则粒子 q 所受合力的 x 轴分量为 forces[q][X]，y 轴分量为 forces[q][Y]。同样，粒子位置在 x 轴和 y 轴的分量分别为 pos[q][X] 和 pos[q][Y]（我们接下来会详细说明这些数据结构）。

　　根据牛顿第三定律，力的作用是相互的，每一个动作都会受到一个大小相等、方向相反的作用力，使我们需要计算的力的总量减半。如果粒子 q 受到来自粒子 k 的力为 $\boldsymbol{f}_{qk}$，那么粒子 k 受到来自粒子 q 的力同样是 $\boldsymbol{f}_{qk}$。利用这一简化性质，我们可以修改计算粒子所受合力的代码，如程序 7.1 中所示。为了更好地理解该伪代码，我们可以想象一下粒子所受各个力的情况。

```
for 每个粒子 q
    forces[q] = 0;
for 每个粒子q {
    for each particle k > q {
        x_diff = pos[q][X] − pos[k][X];
        y_diff = pos[q][Y] − pos[k][Y];
        dist = sqrt(x_diff*x_diff + y_diff*y_diff);
        dist_cubed = dist*dist*dist;
        force_qk[X] = −G*masses[q]*masses[k]/dist_cubed * x_diff;
        force_qk[Y] = −G*masses[q]*masses[k]/dist_cubed * y_diff

        forces[q][X] += force_qk[X];
        forces[q][Y] += force_qk[Y];
        forces[k][X] −= force_qk[X];
        forces[k][Y] −= force_qk[Y];
    }
}
```

程序 7.1　一种计算 n-body 问题的简化算法

最终二维数组 forces 的计算结果如下：

$$
\begin{bmatrix}
0 & \boldsymbol{f}_{01} & \boldsymbol{f}_{02} & \cdots & \boldsymbol{f}_{0,n-1} \\
-\boldsymbol{f}_{01} & 0 & \boldsymbol{f}_{12} & \cdots & \boldsymbol{f}_{1,n-1} \\
-\boldsymbol{f}_{02} & -\boldsymbol{f}_{12} & 0 & \cdots & \boldsymbol{f}_{2,n-1} \\
\vdots & \vdots & \vdots & & \vdots \\
-\boldsymbol{f}_{0,n-1} & -\boldsymbol{f}_{1,n-1} & -\boldsymbol{f}_{2,n-1} & \cdots & 0
\end{bmatrix}
$$

为什么对角线上的元素均为 0？最初的求解方案只是将第 q 行的所有数值加起来，得到 forces[q]。在修改后的求解方案中，当 $q=0$ 时，每个粒子 q 对应的循环主体将把第 0 行的元素加入 forces[0] 中。并且将第 0 列中的第 k 个条目添加到 forces[k] 中，其中 $k=1,2,\cdots,n-1$。一般地，第 q 次循环迭代将把第 q 行对角线右侧的元素（也就是数值 0 的右侧）加入 forces[q] 中，而将第 q 列中对角线下面的元素加入 force 数组对应的位置中。也就是说，第 k 列中的元素将被加入 forces[k] 中。

　　请注意，在修改后的求解方案中，首先要在一个单独的循环中初始化 forces 数组，这是因为在计算粒子所受合力的第 q 次循环迭代中不仅会修改 forces[q] 的值，还会将计算结果加入 forces[k] 中，其中 $k=q+1, q+2,\cdots,n-1$。

为了区分这两种算法，我们将第一种通过原始的方法计算粒子所受合力的 n-body 求解方案称为基本算法，而将第二种减少计算次数的求解方案称为简化算法。

位置和速度信息尚未被计算。我们已经知道，粒子 q 的加速度由以下公式给出：

$$a_q(t) = s_q''(t) = F_q(t) / m_q$$

其中 $s_q''(t)$ 是位置函数 $s_q(t)$ 的二阶导数，$F_q(t)$ 是粒子 q 受到的合力。我们还知道，速度 $v_q(t)$ 是位置函数 $s_q(t)$ 的一阶导数，所以我们可以通过计算粒子的加速度来得到其速度，再通过粒子的速度来计算其位置。

我们最初可能认为，可以简单地通过找到公式（7.3）中函数的反导数来得到粒子的速度公式。然而，仔细观察就会发现这种方法存在问题：在公式右侧存在未知的函数 $s_q(t)$ 和 $s_k(t)$，而不是只包含自变量 t。所以我们要用一种数学方法来估算粒子的位置和速度大小。这意味着，我们不再试图得到通用的计算公式，而只是在感兴趣的时间节点上估算粒子的位置和速度大小。相关的数学方法有很多种，但在本章中将使用最简单的一种——欧拉方法。它是以著名的瑞士数学家 Leonhard Euler（1707—1783）的名字来命名的。在欧拉方法中，我们使用切线来逼近函数曲线。其基本思想是，假设我们知道一个函数 $g(t)$ 在时间 t_0 的函数值，也知道其在时间 t_0 的导数值 $g'(t_0)$，那么可以通过函数在 $g(t_0)$ 处的切线来估算 $t_0 + \Delta t$ 处的函数值。这一例子的说明详见图 7.1。现在，假设我们知道直线上的一个点 $(t_0, g(t_0))$，并且知道这条直线的斜率为 $g'(t_0)$，那么这条直线的方程为：

$$y = g(t_0) + g'(t_0)(t - t_0)$$

因为我们对时间 $t = t0 + \Delta t$ 感兴趣，所以可以得到：

$$g(t + \Delta t) \approx g(t_0) + g'(t_0)(t + \Delta t - t) = g(t_0) + \Delta t g'(t_0)$$

请注意，即使 $g(t)$ 和 y 均为向量，这个公式也依然适用：在这种情况下，$g'(t_0)$ 也是一个向量，向量乘以标量 Δt 依然为向量，所以这个公式只是将两个向量相加，结果依然为向量。

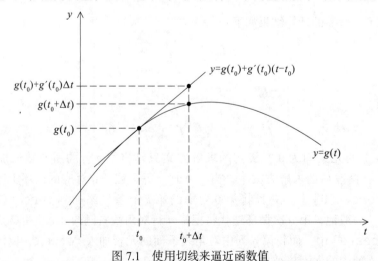

图 7.1　使用切线来逼近函数值

现在我们知道了在 $t=0$ 时 $s_q(t)$ 和 $s'_q(t)$ 的值，所以可以利用切线方程和加速度公式来计算 $s_q(\Delta t)$ 和 $v_q(\Delta t)$：

$$s_q(\Delta t) \approx s_q(0) + \Delta t s'_q(0) = s_q(0) + \Delta t v_q(0)$$

$$\boldsymbol{v}_q(\Delta t) \approx \boldsymbol{v}_q(0) + \Delta t \boldsymbol{v}'_q(0) = \boldsymbol{v}_q(0) + \Delta t \boldsymbol{a}_q(0) = \boldsymbol{v}_q(0) + \Delta t \frac{1}{m_q} \boldsymbol{F}_q(0)$$

当我们试图将这种方法扩展到计算 $s_q(2\Delta t)$ 和 $s'_q(2\Delta t)$ 时，会发现事情有点不同，因为我们并不知道 $s_q(\Delta t)$ 和 $s'_q(\Delta t)$ 的精确值。然而，如果能够正确估算出 $s_q(\Delta t)$ 和 $s'_q(\Delta t)$ 的近似值，那么我们就能够用同样的思路估算 $s_q(2\Delta t)$ 和 $s'_q(2\Delta t)$ 合理的近似值，这就是欧拉方法的应用（见图 7.2）。

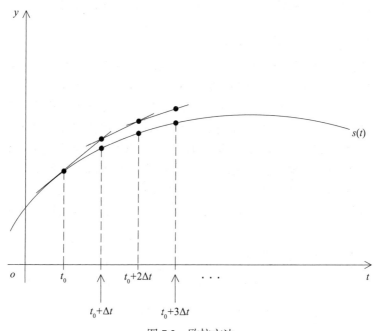

图 7.2 欧拉方法

现在我们就可以通过添加计算位置和速度的代码来完善这两种 *n*-body 求解方案：

```
pos[q][X] += delta_t*vel[q][X];
pos[q][Y] += delta_t*vel[q][Y];
vel[q][X] += delta_t/masses[q]*forces[q][X];
vel[q][Y] += delta_t/masses[q]*forces[q][Y];
```

在这段代码中，我们分别使用 pos[q]、vel[q] 和 forces[q] 来存储粒子 *q* 的位置、速度和所受合力信息。

在继续并行化串行程序之前，让我们花点时间来查看一下用到的数据结构。在程序中我们一直通过数组类型来存储向量：

#define DIM 2

typedef double vect_t[DIM];

使用结构体存储向量也是一种选择。然而，如果我们使用数组进行存储，当需要修改程序使其能够解决三维问题时，原则上我们只需要改变宏中定义的 DIM 的值即可。但是如果我们使用结构体来做这件事，就需要重写访问向量各个组成部分的代码。

对于每个粒子，我们需要知道以下信息：

❑ 粒子的质量；

❏ 粒子的位置；

❏ 粒子的速度；

❏ 粒子的加速度；

❏ 作用在粒子上的合力。

由于我们使用牛顿物理学相关定律，每个粒子的质量是恒定的，但是粒子的其他属性一般来说会随着程序的进行而发生改变。如果查看代码就会发现，当程序计算出粒子某个属性在当前时间的新值时，旧的属性值就不再需要被存储了。例如，我们不需要执行以下计算：

```
new_pos_q = f(old_pos_q);
new_vel_q = g(old_pos_q, new_pos_q);
```

此外，加速度只用于计算粒子的速度，它的值可以通过一次算术运算从粒子所受合力计算出来，所以我们只需要通过一个局部的临时变量存储粒子的加速度即可。

对于每个粒子来说，只需存储其质量、位置、速度和所受合力的瞬时值即可。我们可以将这四个变量存储到一个结构体中，并使用结构体数组来存储所有粒子的相关数据。当然，我们也可以不将所有与粒子相关的变量都存储在一个结构体中，而是通过多种不同的方式将其分割成不同的数组进行存储。在此我们将粒子的质量、位置和速度信息存入结构体中，而将粒子所受合力存储在一个单独的数组中。由于粒子所受合力被存储在连续的内存单元中，所以我们可以使用执行速度较快的函数，例如 memset，在每次迭代开始时快速地将所有的数组元素置零。

```
#include <string.h>   /* 使用memset */
. . .
vect_t* forces = malloc(n*sizeof(vect_t));
. . .
for (step = 1; step <= n_steps; step++) {
    . . .
    /* 将forces数组的每个元素赋值为0 */
    forces = memset(forces, 0, n*sizeof(vect_t));
    for (part = 0; part < n−1; part++)
        Compute_force(part, forces, . . .)
    . . .
}
```

如果将每个粒子所受合力也封装在结构体中，那么其在结构体数组中将不再占据连续的内存单元，此时就必须使用相对缓慢的 **for** 循环将每个元素置零。

7.1.3 并行化n-body求解方案

接下来我们尝试将 Foster 方法应用于 n-body 求解方案。由于最初我们要处理的任务量很大，因此可以将任务划分为每个时间步长的粒子位置、速度和所受合力的计算。首先，在基本算法中，每个粒子所受合力是直接由公式（7.2）计算出来的，粒子 q 在时间 t 时刻受到的合力 $F_q(t)$ 的计算需要每个粒子的位置信息 $s_r(t)$，r 代表任意粒子。其次，粒子瞬时速度 $v_q(t+\Delta t)$ 的计算需要前一个时间步长粒子的速度 $v_q(t)$ 和所受合力 $F_q(t)$。最后，粒子位置 $s_q(t+\Delta t)$ 的计算需要前一个时间步长粒子的位置 $s_q(t)$ 和速度 $v_q(t)$。这些任务之间的通信如图 7.3 所示。该图表明，大部分通信发生在单个粒子相关的计算任务之间，因此如果我们将 $s_q(t)$、$v_q(t)$ 和 $F_q(t)$ 的计算聚集在一起，那么任务之间的通信量将会大大减少（见图 7.4）。聚集的任务与粒子相对应，在图中，我们对正在通信的数据标记了通信。例如，从时间点 t

的粒子 q 到时间点 t 的粒子 r 之间的箭头被标记为 s_q，代表粒子 q 的位置。

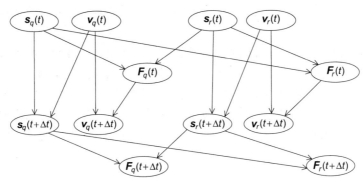

图 7.3　基础 n-body 解决方案中任务之间的通信关系

　　即使对于简化算法，"粒子内"的通信也是相同的。也就是说，为了计算 $s_q(t+\Delta t)$，我们依然需要 $s_q(t)$ 和 $v_q(t)$，而为了计算 $v_q(t+\Delta t)$，也依然需要 $v_q(t)$ 和 $F_q(t)$。因此，再次将与单个粒子相关的计算任务聚集到一个任务中是有意义的。

　　回顾一下，在简化算法中我们利用了作用力与反作用力之间的关系：$f_{rq}=-f_{qr}$。因此，如果 $q<r$，那么在计算 $F_q(t)$ 时，从任务 r 到任务 q 的通信与基本算法相同，进程 / 粒子 q 依然需要进程 / 粒子 r 的位置 $s_r(t)$。然而，从任务 q 到任务 r 的通信将不再是 $s_q(t)$，而是粒子 r 对粒子 q 的作用力，即 $f_{qr}(t)$（见图 7.5）[一]。

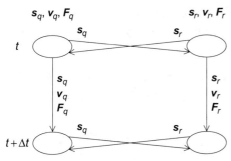

图 7.4　基础 n-body 解决方案中聚集任务
　　　　 之间的通信关系

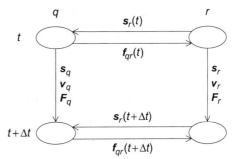

图 7.5　简化 n-body 解决方案中聚集任务
　　　　 之间的通信关系（$q<r$）

　　Foster 方法论的最后阶段是任务映射。如果程序要处理 n 个粒子和 T 个时间步长，那么基本算法和简化算法均包含 $n \times T$ 个任务。天体物理学中的 n-body 问题通常涉及数千个甚至数百万个粒子，因此粒子数 n 可能比核函数数量大几个数量级。T 也可能比可用的核心数量要大得多。那么原则上，当我们将任务映射到核函数时，有两个"维度"可以使用。然而如果我们考虑欧拉方法的性质，就会发现在不同的时间步长将与一个粒子相关的任务分配给不同的核函数，效果不会太好。这是因为在估算 $s_q(t+\Delta t)$ 和 $v_q(t+\Delta t)$ 之前，欧拉方法必须"已知" $s_q(t)$、$v_q(t)$ 和 $a_q(t)$ 的值。如果我们在时间 t 将粒子 q 分配给核心 c_0，在时间 $t+\Delta t$ 将粒子 q 分配给核心 c_1，那么我们就必须将 $s_q(t)$、$v_q(t)$ 和 $F_q(t)$ 的值从 c_0 传到 c_1。当然，如果我们将时间 t 和时间 $t+\Delta t$ 有关粒子 q 的计算任务映射到同一个核心中，就不再需要进行上述通信过程。所以一旦我们将第一个时间步长有关粒子 q 的计算任务映射到核心 c_0，那么就可

　　[一]　这是因为作用力与反作用力之间大小相等、方向相反，无须利用公式重新计算 $F_r(t)$。——译者注

以将粒子 q 的后续计算任务同样映射到核心 c_0 中。因为我们不可能同时执行在两个不同时间步长上有关粒子 q 的计算。因此，将任务映射到核心的过程，实际上就是将粒子分配到不同的核心中。

乍一看，似乎在任何将粒子分配到核心的算法中，每个核心处理的粒子数量大致均为 $n/$thread_count，从而很好地平衡了各核心的工作量，对于基本算法来说，情况确实如此。因为在基本算法中，计算粒子位置、速度和所受合力所需的工作对每个粒子来说都是一样的。然而，在简化算法中，在计算粒子所受合力的循环中，开始迭代所执行的计算量比后续迭代所执行的计算量大得多。要理解这一点，我们可以回顾一下在简化算法中计算粒子 q 所受合力的伪代码：

```
for 每个粒子k > q {
    x_diff = pos[q][X] - pos[k][X];
    y_diff = pos[q][Y] - pos[k][Y];
    dist = sqrt(x_diff*x_diff + y_diff*y_diff);
    dist_cubed = dist*dist*dist;
    force_qk[X] =-G*masses[q]*masses[k]/dist_cubed * x_diff;
    force_qk[Y] =-G*masses[q]*masses[k]/dist_cubed * y_diff;

    forces[q][X] += force_qk[X];
    forces[q][Y] += force_qk[Y];
    forces[k][X] -= force_qk[X];
    forces[k][Y] -= force_qk[Y];
}
```

例如，当 $q=0$ 时，我们将在所有满足 $k>q$ 的粒子对应循环中执行 $n-1$ 次计算，而当 $q=n-1$ 时，所有粒子对应循环将不再执行任何计算。因此，对于简化算法来说，我们认为粒子的循环分区方案比块状分区更好地将计算量平均分配给每个核函数。

然而，在共享内存环境中，粒子在核函数中采用循环分区几乎肯定比块状分区的缓存命中率低，而在分布式内存环境中，采用循环分区时粒子数据的通信开销可能也比块状分布数据的通信开销更大（见练习 7.8 和练习 7.10）。

因此，在整个模拟过程中，聚集后的任务由与单个粒子相关的所有计算组成，因此我们可以得出以下结论：

1. 块状分区将为基本的 n-body 求解方案提供最佳性能。

2. 对于简化的 n-body 求解方案，循环分区平衡每个核心的工作负载的效果最佳。然而，这种性能的提高可能会被共享内存环境下缓存性能的降低和分布式内存环境下额外的通信开销所抵消。

为了最终确定任务与核函数的最佳映射关系，我们需要做一些实验。

7.1.4 关于I/O的说明

你可能已经注意到，我们对并行化 n-body 求解方案的讨论并没有触及 I/O 层面，尽管 I/O 在两个串行算法中都有突出的表现。我们在前面的章节中已经多次讨论过 I/O 层面的问题。回顾一下，不同的并行系统在其 I/O 性能方面有着很大的不同，而且通常使用基本的 I/O 方法来获得很高的性能是非常困难的。这种基本的 I/O 方法是为单进程、单线程程序设计的，当多个进程或多个线程试图访问 I/O 缓冲区时，系统不会特意去安排它们的访问顺序。例如，如果多个线程试图同时执行以下代码，那么程序的输出出现的顺序将是不可预测的。更糟糕的是，一个线程的输出甚至可能不会显示在一行，而被显示为多个段，并且各个段被其他线程的输出分隔开。

```
printf("Hello from thread %d of %d\n", my_rank, thread_count);
```

因此，正如我们前面所指出的，除了调试输出以外，我们通常使一个进程或线程完成所有的 I/O 操作。当我们为程序计时时，将使用选项只打印最后一个时间段的输出，除此之外，我们不会在程序运行期间打印输出。

当然，即使我们忽略了 I/O 的成本，也不能忽视它的存在。在讨论算法并行实现的细节时，我们将简要地讨论 I/O 功能的实现。

7.1.5　使用OpenMP并行化基本求解方案

在基本 *n*-body 求解方案中，我们应当如何使用 OpenMP 将任务 / 粒子映射到核函数中？让我们首先来看一下串行程序的伪代码：

```
for  每个时间步{
    if  (时间步输出)
        打印粒子的位置和速度;
    for  每个粒子q
        计算作用在q上的合力;
    for  每个粒子q
        计算q的位置和速度;
}
```

由于在两个内部循环中均对粒子进行迭代，因此原则上要将两个内部 **for** 循环并行化，并将任务 / 粒子映射到核心上，我们可以尝试以下做法：

```
    for  每个时间步{
        if  (时间步输出)
            打印粒子的位置和速度;
#       pragma omp parallel for
        for  每个粒子q
            计算作用在q上的合力;
#       pragma omp parallel for
        for  每个粒子q
            计算q的位置和速度;
    }
```

我们可能并不喜欢这一事实，即这段代码会进行大量的线程分割和连接操作。但在处理这一问题之前，我们首先要查看循环本身，确认循环带来的依赖是否会导致线程之间存在竞争关系。

在基本算法中，第一个 **for** 循环可以写成以下形式：

```
#   pragma omp parallel for
    for  每个粒子 q {
        forces[q][X] = forces[q][Y] = 0;
        for  每个粒子 k != q {
            x_diff = pos[q][X] - pos[k][X];
            y_diff = pos[q][Y] - pos[k][Y];
            dist = sqrt(x_diff*x_diff + y_diff*y_diff);
            dist_cubed = dist*dist*dist;
            forces[q][X]
                -= G*masses[q]*masses[k]/dist_cubed*x_diff;
            forces[q][Y]
                -= G*masses[q]*masses[k]/dist_cubed*y_diff;
        }
    }
```

由于每个粒子 q 的循环迭代过程被划分为不同的线程，所以对于任意粒子 q 来说，只有一个线程会访问 forces[q]，而会有多个线程访问 pos[q] 和 masses[q]。然而，这两个数组元素只在循环中被读取，而不会被修改。其余的变量在循环的单次迭代中用于临时存储数据，并且它们是私有的。因此，基本算法中第一个 **for** 循环的并行化不会引入任何线程间的竞争关系。

第二个 **for** 循环可以写成以下形式：

```
#   pragma omp parallel for
    for 每个粒子 q {
        pos[q][X] += delta_t*vel[q][X];
        pos[q][Y] += delta_t*vel[q][Y];
        vel[q][X] += delta_t/masses[q]*forces[q][X];
        vel[q][Y] += delta_t/masses[q]*forces[q][Y];
    }
```

在这个 **for** 循环中，对于任意粒子 q 来说，只有一个线程会访问 pos[q]、vel[q]、masses[q] 和 forces[q]，其余的标量只会被读取，所以第二个 **for** 循环的并行化也不会引入任何线程间的竞争关系。

让我们回到线程分发和整合的问题上，伪代码如下：

```
    for 每个时间步{
        if (时间步输出)
            打印粒子的位置和速度;
#       pragma omp parallel for
        for 每个粒子q
            计算作用在q上的合力;
#       pragma omp parallel for
        for 每个粒子q
            计算q的位置和速度;
    }
```

我们在并行化奇偶移项排序时也遇到了类似的问题（详见 5.6.2 节）。我们在最外层循环之前放置了一个并行指令，并通过 OpenMP 指令对内部循环并行化。类似的策略在这里会奏效吗？

```
#   pragma omp parallel
    for 每个时间步{
        if (时间步输出)
            打印粒子的位置和速度;
#       pragma omp for
        for 每个粒子q
            计算作用在q上的合力;
#       pragma omp for
        for 每个粒子q
            计算q的位置和速度;
    }
```

这种做法会对每个粒子的两个循环产生预期的效果：同一组线程将被用于两个循环和外循环的每一次迭代。然而，我们在输出语句上发现了一个明显的问题。就目前而言，每个线程都会打印粒子的位置和速度信息，而我们只想让一个线程来完成 I/O 操作。然而，OpenMP 为这种情况提供了 single 指令：一组线程在执行一个代码块，但其中一部分代码只能由其中一个线程执行。在添加单一指令后，我们就可以得到以下伪代码：

```
#      pragma omp parallel
       for 每个时间步{
           if (时间步输出){
#              pragma omp single
                   打印粒子的位置和速度;
           }
#          pragma omp for
           for 每个粒子q
                   计算作用在q上的合力;
#          pragma omp for
           for 每个粒子q
                   计算q的位置和速度;
       }
```

在上述伪代码中存在一个重要问题有待解决：当程序从一个语句过渡到另一个语句时可能会引入线程之间的竞争关系。例如，假设线程 0 在线程 1 之前完成了每个粒子对应的第一个 **for** 循环，然后线程在第二个 **for** 循环中更新其包含的粒子的位置和速度信息。显然，这可能会导致线程 1 在第一个 **for** 循环中读取已经被修改的位置数据。回顾一下，在每个结构化代码块的末尾都有一个隐含的栅栏，并且这一栅栏已经通过 **for** 指令并行化。因此，如果线程 0 在线程 1 之前完成了第一个 **for** 循环，它将被阻塞直到线程 1 以及其他任一线程完成第一个 **for** 循环，并且在所有线程完成第一个 **for** 循环之前不会启动第二个 **for** 循环。这也将防止一个线程在第二个 **for** 循环完成之前就匆忙打印位置和速度信息。

在 single 指令之后应该再设置一个隐含的栅栏，尽管在这个程序中这不是必需的，因为输出语句不会更改任何内存数据，所以某些线程可以在所有输出完成之前就开始执行下一次迭代。此外，在下一个迭代中的第一个 **for** 循环只会修改 force 数组，所以它不会导致执行输出语句的线程打印出错误的数值，而且由于第一个 **for** 循环结束时设置的栅栏，没有线程可以在输出完成之前开始执行第二个 **for** 循环中粒子位置和速度的更新操作。因此，我们可以通过 nowait 子句来修改 single 指令。如果 OpenMP 支持它，那么就不必在 single 子句之后设置隐式栅栏了。该子句也可以与 **for**、parallel **for** 和 parallel 指令一起使用。请注意，在这种情况下，添加 nowait 子句不会对性能产生很大的影响，因为两个 **for** 循环之间存在隐式栅栏，这将阻止任何一个线程抢先其他线程执行第二个 **for** 循环。

最后，我们希望在每个 **for** 循环中添加一个 schedule 子句，以确保每个迭代都有一个块分区。

```
#      pragma omp for schedule(static, n/thread_count)
```

7.1.6 使用OpenMP并行化简化求解方案

简化求解方案包含一个额外的内层 **for** 循环，用于将 force 数组置 0。如果我们试图通过同样的方法对其并行化，那么依然可以使用 OpenMP 的 **for** 指令。如果这样做会发生什么？也就是说，如果尝试用下面的伪代码来并行化该求解方案会发生什么？

```
#      pragma omp parallel
       for 每个时间步{
           if (时间步输出){
#              pragma omp single
                   打印粒子的位置和速度;
```

```
    }
#       pragma omp for
        for 每个粒子q
            forces[q] = 0.0;
#       pragma omp for
        for 每个粒子q
            计算作用在q上的合力;
#       pragma omp for
        for 每个粒子q
            计算q的位置和速度;
    }
```

force 数组置零处的并行化没有问题，因为相邻迭代之间不存在依赖关系，并且位置和速度信息的更新在基本求解方案和简化求解方案中是相同的，所以只要粒子所受合力的计算是正确的，那么这种并行方案就是可行的。

并行化是否会影响粒子所受合力计算的正确性？回顾一下，在简化解决方案中，该 **for** 循环可以写成以下形式：

```
#    pragma omp for
    for each particle q {
        force_qk[X] = force_qk[Y] = 0;
        for each particle k > q {
            x_diff = pos[q][X] - pos[k][X];
            y_diff = pos[q][Y] - pos[k][Y];
            dist = sqrt(x_diff*x_diff + y_diff*y_diff);
            dist_cubed = dist*dist*dist;
            force_qk[X]
                = - G*masses[q]*masses[k]/dist_cubed * x_diff;
            force_qk[Y]
                = - G*masses[q]*masses[k]/dist_cubed * y_diff;

            forces[q][X] += force_qk[X];
            forces[q][Y] += force_qk[Y];
            forces[k][X] -= force_qk[X];
            forces[k][Y] -= force_qk[Y];
        }
    }
```

与之前一样，我们感兴趣的变量是粒子的位置、质量和所受合力，其余变量的值只在迭代中使用一次，因此可以设置为私有变量。另外，和以前一样，位置和质量数组的元素只会被读取，而不会被更新。因此，我们只需要查看 force 数组的数值是否正确即可。在简化版本中，与基础解决方案不同，一个线程可以修改 force 数组中的所有元素，而不仅限于该线程包含的粒子对应的元素。例如，假设有两个线程和四个粒子，并且对粒子进行块状分区，那么粒子 3 所受合力可以由以下公式给出：

$$F_3 = -f_{03} - f_{13} - f_{23}$$

此外，线程 0 将计算 f_{03} 和 f_{13}，而线程 1 将计算 f_{23}。因此，两个线程对 forces[3] 的更新确实产生了竞争条件。一般来说，对 force 数组元素的更新会在代码中引入竞争条件。

这个问题的一个看似明显的解决方案是使用临界指令来限制对 force 数组元素的访问。有多种方法可以做到这一点，最简单的方法是在所有对 force 数组的更新之前添加一个临界指令：

```
#   pragma omp critical
    {
        forces[q][X] += force_qk[X];
        forces[q][Y] += force_qk[Y];
        forces[k][X] -= force_qk[X];
        forces[k][Y] -= force_qk[Y];
    }
```

然而，通过这种方法，对 force 数组元素的访问将被序列化，一次只能更新一个元素，线程之间竞争对 force 数组元素的访问实际上可能会严重降低程序的性能（详见练习 7.3）。

另一种方法是为每个粒子设置一个临界区。然而，正如我们所看到的，OpenMP 并不支持多个临界区的设置，所以我们需要为每个粒子设置一个锁来代替，代码的更新如下：

```
omp_set_lock(&locks[q]);
forces[q][X] += force_qk[X];
forces[q][Y] += force_qk[Y];
omp_unset_lock(&locks[q]);

omp_set_lock(&locks[k]);
forces[k][X] -= force_qk[X];
forces[k][Y] -= force_qk[Y];
omp_unset_lock(&locks[k]);
```

假设主线程创建一个共享的锁数组，并为每个粒子分配一个。当我们更新 force 数组中的某个元素时，首先要设置与该粒子对应的锁。

尽管这种方法比单一的临界区表现要好得多，但它仍然无法与串行代码竞争（详见练习 7.4）。另一个可能的解决方案是分两个阶段进行粒子所受合力的计算。在第一阶段，每个线程进行的计算与它在错误的并行化中进行的计算完全相同。然而，现在计算的结果将被存储在线程对应的数组中。然后，在第二阶段，处理粒子 q 的线程将把不同线程所计算的结果累加在一起。在上面的例子中，线程 0 将计算 f_{03} 和 f_{13}，而线程 1 将计算 f_{23}。在每个线程计算完某些粒子对其他粒子的贡献后，处理粒子 3 的线程 1，将通过累加这两个值来计算粒子 3 所受合力。

让我们看一个更复杂的例子。假设有三个线程和六个粒子，并且我们对粒子进行块状分区，那么第一阶段的计算结果如表 7.1 所示。表中的最后三列显示了每个线程对粒子所受合力计算的贡献。在第二阶段的计算中，表中第一列指定的线程将累加其对应的每一行的内容，即其包含的粒子所受的合力。

表 7.1 块划分简化算法的第一阶段计算

线程	粒子	线程		
		0	1	2
0	0	$f_{01}+f_{02}+f_{03}+f_{04}+f_{05}$	0	0
	1	$-f_{01}+f_{12}+f_{13}+f_{14}+f_{15}$	0	0
1	2	$-f_{02}-f_{12}$	$f_{23}+f_{24}+f_{25}$	0
	3	$-f_{03}-f_{13}$	$-f_{23}+f_{34}+f_{35}$	0
2	4	$-f_{04}-f_{14}$	$-f_{24}-f_{34}$	f_{45}
	5	$-f_{05}-f_{15}$	$-f_{25}-f_{35}$	$-f_{45}$

请注意，对粒子进行块状分区并没有什么特别之处。表 7.2 显示了对粒子进行循环分区

时执行相同计算的结果。请注意，如果我们将此表与块状分区的表 7.1 进行比较，很明显，循环分区在平衡负载方面做得更好。

表 7.2 循环分区简化算法的第一阶段计算

线程	粒子	线程		
		0	1	2
0	0	$f_{01}+f_{02}+f_{03}+f_{04}+f_{05}$	0	0
1	1	$-f_{01}$	$f_{12}+f_{13}+f_{14}+f_{15}$	0
2	2	$-f_{02}$	$-f_{12}$	$f_{23}+f_{24}+f_{25}$
0	3	$-f_{03}+f_{34}+f_{35}$	$-f_{13}$	$-f_{23}$
1	4	$-f_{04}-f_{34}$	$-f_{14}+f_{45}$	$-f_{24}$
2	5	$-f_{05}-f_{35}$	$-f_{15}-f_{45}$	$-f_{25}$

为了实现这一点，在第一阶段，我们修改后的算法与之前基本一样，只是每个线程将其计算的结果加入自己的 loc_forces 子数组中。

```
#   pragma omp for
    for 每个粒子 q {
        force_qk[X] = force_qk[Y] = 0;
        for 每个粒子 k > q {
            x_diff = pos[q][X] - pos[k][X];
            y_diff = pos[q][Y] - pos[k][Y];
            dist = sqrt(x_diff*x_diff + y_diff*y_diff);
            dist_cubed = dist*dist*dist;
            force_qk[X]
                = -G*masses[q]*masses[k]/dist_cubed * x_diff;
            force_qk[Y]
                = -G*masses[q]*masses[k]/dist_cubed * y_diff;

            loc_forces[my_rank][q][X] += force_qk[X];
            loc_forces[my_rank][q][Y] += force_qk[Y];
            loc_forces[my_rank][k][X] -= force_qk[X];
            loc_forces[my_rank][k][Y] -= force_qk[Y];
        }
    }
```

在第二阶段，每个线程累加其他线程计算出的有关其处理的粒子所受的合力：

```
#   pragma omp for
    for (q = 0; q < n; q++) {
        forces[q][X] = forces[q][Y] = 0;
        for (thread = 0; thread < thread_count; thread++) {
            forces[q][X] += loc_forces[thread][q][X];
            forces[q][Y] += loc_forces[thread][q][Y];
        }
    }
```

在继续之前，应该确保我们没有在无意中引入任何新的竞争关系。在第一阶段，由于每个线程都向自己对应的子数组写入数据，所以在更新 loc_forces 的过程中不存在竞争关系。此外，在第二阶段，只有粒子 q 的"所有者"向 forces[q] 写入数据，所以也不存在竞争关系。最后，由于在每个并行的 **for** 循环之后都有一个隐含的栅栏，所以我们不需要担心某个线程会超前使用一个没有被正确初始化的变量，或者某个计算较慢的线程会使用一个被其他线程修改了数值的变量。

7.1.7　评估OpenMP代码

在比较基本方案和简化方案之前，首先要决定如何调度并行化的 **for** 循环。对于基本代码，我们已经看到，任何在线程之间平均分配迭代的调度都能很好地平衡计算负载（与往常一样，假设每个核函数处理不超过一个线程）。并且我们还观察到，对迭代进行块状分区比循环分区更容易命中缓冲区。因此，我们认为块状分区是基本方案的最佳选择。

在简化方案中，在计算粒子所受合力的第一阶段所做的工作量随着 **for** 循环的进行而减少。我们已经看到，采用循环分区能够更好地将工作量分配给每个线程。在其余的并行 **for** 循环中也是如此。例如，**loc_forces** 数组的初始化，计算粒子所受合力的第二阶段，粒子位置和速度的更新等，要执行的工作在这些迭代中基本相同。因此我们可以断言，在这些循环中的每一个都可以通过采用块状分区获得更好的性能。然而，一个循环分区执行的 **for** 循环会影响到其他循环的性能（见练习 7.11），因此，为一个 **for** 循环选择循环分区而为其他循环选择块状分区可能会降低程序执行的性能。

通过这些选择，表 7.3 显示了 n-body 求解方案在一个没有 I/O 的系统上运行的结果。该求解方案在 1 000 个时间步长中使用了 400 个粒子。第三列给出了所有 **for** 循环使用默认分区时 OpenMP 简化求解方案的执行时间，在本系统中采用的是块状分区。第四列给出了当粒子所受合力计算的第一阶段采用循环分区，而其他 **for** 循环采用块状分区时的执行时间。第五列给出了所有 **for** 循环均使用循环分区的执行时间。串行求解方案与单线程求解方案的运行时间相差不到 1%，所以我们在表中略去了它们。

表 7.3　OpenMP 并行化的 n-body 求解方案的运行时间（以秒为单位）

线程	基本求解方案	简化求解方案，默认分区	简化求解方案，仅合力计算采用循环分区	简化求解方案，循环分区
1	7.71	3.90	3.90	3.90
2	3.87	2.94	1.98	2.01
4	1.95	1.73	1.01	1.08
8	0.99	0.95	0.54	0.61

请注意，在多线程的情况下，所有 **for** 循环均采用块状分区的简化求解方案比使用循环分区的简化求解方案要多花 50%～75% 的时间。在这种情况下，使用循环分区显然优于使用块状分区，并且因缓存问题造成的时间损失可以被改进的负载平衡带来的性能提升所弥补。

对于只有两个线程的例子来说，只有第一个 **for** 循环采用循环分区的简化求解方案和所有 **for** 循环均采用循环分区的求解方案性能差别很小。然而，当我们增加线程的数量时，所有 **for** 循环均采用循环分区的简化求解方案的性能就开始下降了。在这种情况下，当系统要使用更多的线程时，似乎改变分区方案所涉及的开销比错误共享产生的开销要小。

最后，注意到基本求解方案所花费的时间是采用循环分区的简化求解方案的两倍。因此，如果系统的内存足够，采用简化求解方案显然更有优势。然而，简化求解方案使存储粒子所受合力的数组增加了一个因子 thread-count，用于存储线程编号。所以在粒子数非常多的情况下，可能无法采用简化求解方案。

7.1.8 使用Pthreads并行化求解方案

采用 Pthreads 对两种 *n*-body 求解方案并行化，与使用 OpenMP 对其进行并行化非常相似，区别仅仅在于实现的细节。在下文我们将指出 Pthreads 和 OpenMP 在实现上的一些主要区别，而不会进行重复讨论。在这个过程中我们也会注意到两种实现方法的一些重要的相似之处。

- □ 默认情况下，Pthreads 中的局部变量是私有的，所以在 Pthreads 版本中所有的共享变量均为全局变量。
- □ Pthreads 方案的主要数据结构与 OpenMP 相同：每个向量都是 **double** 类型的二维数组，单个粒子的质量、位置和速度信息存储在一个结构体中，而粒子所受合力被存储在一个二维数组中。
- □ Pthreads 方案的启动与 OpenMP 的启动基本相同：通过主线程获取命令行参数，将粒子分配给线程并初始化主要的数据结构。
- □ Pthreads 和 OpenMP 实现之间的主要区别在于 **for** 循环并行化的细节。由于 Pthreads 没有类似于 pragma omp **for** 的指令，所以必须确定哪些循环变量对应于线程的计算。为了方便起见，我们编写了一个函数 Loop_schedule，它决定了：
  - 循环变量的初始值；
  - 循环变量的最终值；
  - 循环变量的增量。

该函数的输入包括：

  - 调用的线程序列号；
  - 分配的线程数量；
  - 迭代次数；
  - 一个指定采用块状分区还是循环分区的参数。

Pthreads 和 OpenMP 方案的另一个区别与栅栏有关。回顾一下，OpenMP 的并行指令末端有一个隐式的栅栏，正如我们所看到的，这是十分重要的。例如，我们不希望某个线程在所有粒子所受合力被计算出来之前开始更新粒子的位置信息，因为该线程可能使用错误的合力数据，而另一个线程可能使用错误的位置信息。如果我们简单地在 Pthreads 方案中对线程进行划分和迭代，那么在内部 **for** 循环的末端就不会有栅栏，这样会产生线程间的竞争关系。因此，我们需要在竞争关系可能出现时在 **for** 循环之后添加一个显式的栅栏。然而，有些系统并没有实现它，所以我们定义了一个函数，其使用 Pthreads 的条件变量实现了一个栅栏，详见 4.8.3 节。

7.1.9 使用MPI并行化求解方案

由于复合任务与各个粒子相对应，所以使用 MPI 来并行化基本算法是相当简单的。任务之间的唯一通信发生在计算粒子所受合力的时候，并且为了计算每个粒子所受的合力，每个任务／粒子都需要其他粒子的位置和质量信息。MPI_Allgather 是专门为这种情况设计的，其在每个线程上收集来自其他线程的信息。我们已经注意到，基本算法中块状分区可能会有更好的性能，所以我们在粒子与线程之间采用块状映射。

在共享内存的 MIMD 实现中，我们将与单个粒子相关的大部分数据（质量、位置和速度）收集到一个结构体中。然而，如果我们在 MPI 实现中使用这种数据结构，就需要在调用 MPI_Allgather 时使用派生数据类型，而与派生数据类型的通信往往比与基本 MPI 类型的通信要慢。因此，质量、位置和速度等数据使用单独的数组存储可能会更好。除此之外，我们还需要一个数组来存储所有粒子的位置信息。如果每个进程都有足够的内存，那么这些数据都可以通过单独的数组存储。事实上，如果系统内存足够大，每个进程都可以存储所有粒子的质量信息，因为这些数据永远不会被更新，它们的值只需要在程序开始时进行通信即可。

另一方面，如果系统的内存不足，MPI 还提供了一个"in place"选项，可以用于 MPI 集合通信。对于我们的问题，假设数组 pos 可以存储所有 n 个粒子的位置信息，而 vect_mpi_t 是一个 MPI 数据类型，可以存储两个连续的 **double** 类型的数据，并且 n 能够被 comm_sz 整除，即 loc_n=n/comm_sz。那么如果我们将本地的位置信息存储在一个单独的数组 loc_pos 中，就可以通过下面的函数调用来收集进程中所有粒子的位置信息：

```
MPI_Allgather(loc_pos, loc_n, vect_mpi_t,
        pos, loc_n, vect_mpi_t, comm);
```

如果系统不能为 loc_pos 数组提供足够的存储空间，那么可以让每个进程 q 在 pos 数组的第 q 个元素中存储其本地位置。也就是说，每个进程 p 的本地位置应该被存储在每个进程 pos 数组对应的单元中。

```
P0: pos[0], pos[1], ... , pos[loc_n−1]
P1: pos[loc_n], pos[loc_n+1], ... , pos[loc_n + loc_n−1]
    ...
Pq: pos[q*loc_n], pos[q*loc_n+1], ... , pos[q*loc_n + loc_n−1]
    ...
```

在每个进程上均通过这种方式初始化 pos 数组，接下来可以使用下面的代码实现对 MPI_Allgather 的调用：

```
MPI_Allgather(MPI_IN_PLACE, loc_n, vect_mpi_t,
    pos, loc_n, vect_mpi_t, comm);
```

在这个调用中，loc_n 和 vect_mpi_t 两个参数可以被忽略。然而，将参数的值与即将使用的值相对应并不是一个坏主意，这样做可以增加程序的可读性。

在我们编写的程序中，在数据结构方面做了如下选择：

❑ 每个进程存储包含所有粒子质量的全局数组。

❑ 每个进程使用包含 n 个元素的数组来存储粒子位置。

❑ 每个进程使用一个指针 loc_pos，指向其对应的 pos 数组的起始位置。因此，在进程 0 中 local_pos=pos，在进程 1 中 local_pos=pos+loc_n，以此类推。

基于这些选择，我们可以通过程序 7.2 所示的伪代码来实现基本算法。与之前一样，进程 0 将负责读取和广播命令行参数，并负责读取输入数据和打印结果。

```
1    得到输入数据;
2    for 每个时间步{
3        if  (时间步输出)
4            打印粒子的位置和速度;
5        for  每个局部粒子loc_q
6            计算loc_q上的合力;
7        for  每个局部粒子loc_q
8            计算loc_q的位置和速度;
9        收集局部位置到全局位置数组;
10   }
11   打印粒子的位置和速度;
```

程序 7.2   MPI 版本的基本 *n*-body 求解方案的伪代码

在第 1 行中需要分发输入数据, 因此, 获取输入数据部分的代码可以通过以下方式实现:

```
if (my_rank == 0) {
    for 每个粒子
        Read masses[particle], pos[particle], vel[particle];
}
MPI_Bcast(masses, n, MPI_DOUBLE, 0, comm);
MPI_Bcast(pos, n, vect_mpi_t, 0, comm);
MPI_Scatter(vel, loc_n, vect_mpi_t,
    loc_vel, loc_n, vect_mpi_t,
    0, comm);
```

所以进程 0 将所有的初始数据读入三个包含 n 个元素的数组中。由于要在每个进程中存储所有粒子的质量信息, 所以我们将所有粒子的质量数据进行广播。另外, 由于每个进程都需要获取全局的位置数组来进行粒子所受合力第一阶段的计算, 所以我们需要广播 pos 数组。最后, 因为粒子的速度信息只在本地用于粒子位置和速度的更新, 所以我们将其分发给对应的进程。

注意, 我们在第 9 行收集了更新后粒子的位置信息, 其位于程序 7.2 中外层 for 循环的末端。这确保了在第 4 行和第 11 行都可以输出粒子的位置信息。如果程序需要打印每个时间段的结果, 那么这样做可以使我们少执行一次昂贵的集合通信调用。如果我们只是要在输出前将粒子的位置信息收集到进程 0 中, 那么就必须在计算粒子所受合力之前调用 MPI_Allgather。有了外层 **for** 循环主体的这种组织方式, 我们可以通过下面的伪代码实现结果的输出:

```
将速度收集到进程0;
if (my_rank == 0) {
    打印时间步;
    for 每个粒子打印pos[粒子]和vel[粒子]
}
```

7.1.10   使用MPI并行化简化求解方案

简化算法的直观实现方案可能是极其复杂的。在计算粒子所受合力之前, 每个进程都需要收集一个包含粒子位置的子集, 在计算完粒子所受合力之后, 每个进程还需要分发它计算的其他粒子所受合力的分量, 并累加其处理的粒子所受合力的分量。图 7.6 显示了如果有三个进程、六个粒子, 并在各进程之间采用粒子的块状分区方案, 将会发生的通信情况。当我们使用循环分区时，通信会变得更加复杂（详见练习 7.14）。虽然实现这些通信是可能的，但是除非我们的实现非常注重细节，否则程序执行起来可能会非常缓慢。

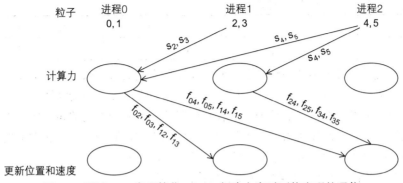

图 7.6   通过 MPI 实现简化 *n*-body 解决方案时可能出现的通信

    幸运的是，有一种更简单的替代方案，其使用一种名为环形通道的通信结构。在环形通道中，我们可以将进程想象成在一个环中相互连接（见图 7.7），进程 0 可以直接与进程 1 和进程 comm_sz-1 通信，进程 1 可以与进程 0 和进程 2 通信，以此类推。环形通道中的通信是分阶段进行的，在每个阶段中，每个进程都可以向其"等级较低"的邻居发送数据，并从其"等级较高"的邻居处接收数据。因此，进程 0 将向进程 comm_sz-1 发送数据，并从进程 1 处接收数据。进程 1 将向 0 发送数据，并从进程 2 处接收数据，以此类推。一般来说，进程 q 将向进程（q-1+comm_sz）%comm_sz 发送数据，并从进程（q+1）%comm_sz 处接收数据。

    通过使用这种环形通道反复发送和接收数据，我们可以使每个进程访问所有粒子的位置信息。在第一阶段，每个进程将把分配给它的粒子的位置信息发送给"等级较低"的邻居，并接收"等级较高"的邻居发送来的粒子位置信息。在下一阶段，每个进程将转发它在第一阶段收到的所有粒子的位置信息。假设进程总数为 comm_sz，那么这个过程会执行 comm_sz-1 次，直到每个进程均收到所有粒子的位置信息。图 7.8 显示了如果有四个进程和八个粒子，在循环分区下三个阶段通信的具体情况。

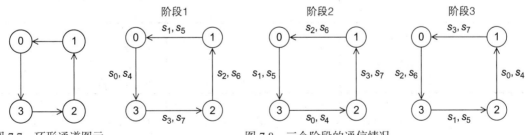

图 7.7   环形通道图示   图 7.8   三个阶段的通信情况

    当然，简化算法的优点是不需要计算任意两个粒子之间的作用力，因为对任意两个粒子 q 和 k 来说，均满足 $f_{qk}=f_{kq}$。为了了解如何利用这一点，首先观察到，使用简化算法可以把粒子间的力分为加上的作用力和从粒子上的合力中减去的作用力。例如，如果我们有六个粒子，那么简化算法将计算出粒子 3 所受合力为：

$$F_3=-f_{03}-f_{13}-f_{23}+f_{34}+f_{35}$$

理解粒子所受合力如何通过环形通道传递的关键是理解被减去的粒子间作用力是由另一个进程的任务 / 粒子计算的，而被加上的力是由自身进程包含的任务 / 粒子计算的。因此，粒子 3 所受合力的计算任务被分配如下。

力	f_{03}	f_{13}	f_{23}	f_{34}	f_{35}
任务 / 粒子	0	1	2	3	3

因此，假设对于环形通道来说，我们每次不是简单地传递 loc_n=n/comm_sz 个位置信息，而是同时传递 loc_n 个粒子间作用力。那么在每个阶段，一个进程可以：

1. 计算由它分发位置信息的粒子和它收到位置信息的粒子之间的相互作用力。

2. 一旦计算出粒子间作用力，该进程会将该作用力添加到与该粒子相对应的本地作用力数组中，并从接收的作用力数组中减去相应的粒子间作用力。

可参考 [17,37] 了解进一步的实现细节和替代方案。

让我们看看当有四个粒子和两个进程，并且在粒子和进程之间采用循环分区时，计算将如何进行（见表 7.4）。我们将存储局部位置和局部作用力的数组分别命名为 loc_pos 和 loc_forces。这些数组并不在进程之间进行数据交换。在进程间进行数据交换的数组是 tmp_pos 和 tmp_forces。

表 7.4　环形通道受力计算

时间	变量	进程 0	进程 1
开始	loc_pos loc_forces tmp_pos tmp_forces	s_0, s_2 0, 0 s_0, s_2 0, 0	s_1, s_3 0, 0 s_1, s_3 0, 0
在计算力后	loc_pos loc_forces tmp_pos tmp_forces	s_0, s_2 f_{02}, 0 s_0, s_2 0, $-f_{02}$	s_1, s_3 f_{13}, 0 s_1, s_3 0, $-f_{13}$
在第一次交换后	loc_pos loc_forces tmp_pos tmp_forces	s_0, s_2 f_{02}, 0 s_1, s_3 0, $-f_{13}$	s_1, s_3 f_{13}, 0 s_0, s_2 0, $-f_{02}$
在计算力后	loc_pos loc_forces tmp_pos tmp_forces	s_0, s_2 $f_{01}+f_{02}+f_{03}$, f_{23} s_1, s_3 $-f_{01}$, $-f_{03}-f_{13}-f_{23}$	s_1, s_3 $f_{12}+f_{13}$, 0 s_0, s_2 0, $-f_{02}-f_{12}$
在第二次交换后	loc_pos loc_forces tmp_pos tmp_forces	s_0, s_2 $f_{01}+f_{02}+f_{03}$, f_{23} s_0, s_2 0, $-f_{02}-f_{12}$	s_1, s_3 $f_{12}+f_{13}$, 0 s_1, s_3 $-f_{01}$, $-f_{03}-f_{13}-f_{23}$
在计算力后	loc_pos loc_forces tmp_pos tmp_forces	s_0, s_2 $f_{01}+f_{02}+f_{03}$, $-f_{02}-f_{12}+f_{23}$ s_0, s_2 0, $-f_{02}-f_{12}$	s_1, s_3 $-f_{01}+f_{12}+f_{13}$, $-f_{03}-f_{13}-f_{23}$ s_1, s_3 $-f_{01}$, $-f_{03}-f_{13}-f_{23}$

在环形通道开始传递数据之前，存储位置的两个数组会基于本地粒子的位置信息进行初始化，而存储粒子间作用力的数组会被置 0。在环形通道开始传递数据之前，每个进程还会

计算其包含的粒子之间的相互作用力。例如，进程 0 会计算 f_{02}，进程 1 会计算 f_{13}。这些值会被添加到数组 loc_forces 的适当位置中，并从 tmp_forces 数组中的适当位置减去这些作用力。

接下来，两个进程交换 tmp_pos 和 tmp_forces 数组，并计算其包含的粒子和接收到的粒子之间的相互作用力。在简化算法中，序列号较低的进程 / 粒子负责计算。例如，进程 0 负责计算 f_{01}、f_{03} 和 f_{23}，而进程 1 负责计算 f_{12}。与以前一样，新计算的作用力被添加到 loc_forces 的适当位置，并在 tmp_forces 的适当位置减去这些作用力。

在完成算法之前，我们需要最后一次交换 tmp 数组 ⊖。一旦每个进程均收到更新后的 tmp_forces 数组，就可以进行简单的向量求和，得到其包含的粒子所受合力以完成算法。

```
loc_forces += tmp_forces
```

因此，我们可以通过程序 7.3 所示的伪代码，使用环形通道来实现简化算法中粒子间作用力的计算。

```
1   source = (my_rank + 1) % comm_sz;
2   dest = (my_rank − 1 + comm_sz) % comm_sz;
3   Copy loc_pos into tmp_pos;
4   loc_forces = tmp_forces = 0;
5
6   计算局部粒子间作用力;
7   for (phase = 1; phase < comm_sz; phase++) {
8      Send current tmp_pos and tmp_forces to dest;
9      Receive new tmp_pos and tmp_forces from source;
10     /* 我们接收到的位置和作用力的宿主 */
11     owner = (my_rank + phase) % comm_sz;
12     计算由于我的粒子和宿主粒子间的相互作用而引起的作用力
13
14  }
15  Send current tmp_pos and tmp_forces to dest;
16  Receive new tmp_pos and tmp_forces from source;
```

程序 7.3　简化 *n*-body 求解方案的 MPI 实现的伪代码

回顾一下，在第 8~9 行和第 15~16 行中通过 MPI_Send 和 MPI_Recv 来实现发送和接收在 MPI 中是不安全的，因为如果系统没有提供足够的缓冲区，它们会被挂起。在这种情况下，我们可以通过 MPI_Sendrecv 和 MPI_Sendrecv_replace 来实现数据的发送和接收。并且由于发送和接收的数据都使用相同的内存数据，所以我们可以使用 MPI_Sendrecv_replace 语句来实现。

启动一个消息所需的时间是相当长的。我们可以通过一个数组来存储 tmp_pos 和 tmp_forces，以此来减少通信的成本。例如，我们可以创建一个数组 tmp_data 并为其分配存储空间，它可以存储 $2 \times$ loc_n 个 vect_t 对象，其中前 loc_n 个数组元素用来存储 tmp_pos，后 loc_n 个数组元素用来存储 tmp_forces。我们依然可以继续使用 tmp_pos 和 tmp_forces，只需要将两个数组的指针分别指向 tmp_data[0] 和 tmp_data[loc_n] 即可。

实现第 12~13 行中粒子间作用力计算的主要困难在于确定当前进程是否应该计算其包

⊖　实际上，我们只需要在最后的通信中交换 tmp_forces 即可。

含的粒子 q 和它收到位置的粒子 r 之间的相互作用力。回顾程序 7.1 描述的简化算法，不难看出，当且仅当 $q<r$ 时，任务 / 粒子 q 才负责计算 f_{qr}。然而，数组 loc_pos 和 tmp_pos（或包含 tmp_pos 和 tmp_forces 的更大数组 tmp_data）使用局部下标，而不是全局下标。也就是说，当我们访问（比如）loc_pos 中的一个元素时，我们使用的下标将处于 0，1，…，loc_n-1 的范围内，而不是 0，1，…，n-1。所以，如果我们试图用下面的伪代码实现粒子间作用力相关数据之间的交互，将遇到（至少）以下几个问题。

```
for (loc_part1 = 0; loc_part1 < loc_n-1; loc_part1++) {
    for (loc_part2 = loc_part1+1;

        loc_part2 < loc_n;
        loc_part2++) {
    Compute_force(loc_pos[loc_part1], masses[loc_part1],
            tmp_pos[loc_part2], masses[loc_part2],
            loc_forces[loc_part1], tmp_forces[loc_part2]);
    }
}
```

第一个最明显的问题：masses 是一个全局数组，我们不能通过局部下标来访问数组元素。第二个问题：loc_part1 和 loc_part2 的相对大小并不能告诉我们是否应该计算它们之间的作用力，需要通过全局下标来确定这一点。例如，如果我们有四个粒子和两个进程，并且上述代码是由进程 0 执行的，那么当 loc_part1=0 时，内层 for 循环将跳过 loc_part2=0，而从 loc_part2=1 开始执行。然而，如果我们采用循环分布，loc_part1=0 对应于全局粒子 0，loc_part2=0 对应于全局粒子 1，我们则应该计算这两个粒子之间的作用力。

显然，问题出在不应该使用局部粒子索引，而应该使用全局粒子索引。因此，如果对粒子进行循环分区，那么就需要修改代码，使各级 **for** 循环也通过全局粒子索引来进行迭代：

```
for (loc_part1 = 0, glb_part1 = my_rank;
    loc_part1 < loc_n-1;
    loc_part1++, glb_part1 += comm_sz) {
    for (glb_part2
        = First_index(glb_part1, my_rank, owner, comm_sz),
        loc_part2 = Global_to_local(glb_part2, owner, loc_n);
        loc_part2 < loc_n;
        loc_part2++, glb_part2 += comm_sz) {
        Compute_force(loc_pos[loc_part1], masses[glb_part1],
                tmp_pos[loc_part2], masses[glb_part2],
                loc_forces[loc_part1], tmp_forces[loc_part2]);
    }
}
```

函数 First_index 负责确定满足以下条件的全局索引 glb_part2：

1. 粒子 glb_part2 被分配给序列号为 owner 的进程。

2. glb_part1<glb_part2<glb_part1+comm_sz。

函数 Global_to_local 负责将全局粒子的索引转换成局部粒子的索引，而函数 Compute_force 负责计算两个粒子之间的相互作用力。现在我们已经知道如何实现函数

Compute_force，其他两个函数的实现过程见练习 7.16 和练习 7.17。

7.1.11　MPI简化求解的性能

表 7.5 显示了两个 n-body 求解方案在集群上使用 800 个粒子运行 1 000 个时间步所需的时间。表中统计的时间都是在每个集群节点只包含一个进程的情况下进行的。

表 7.5　MPI n-body 求解方案的性能（时间单位为秒）

进程	基本求解方案	简化求解方案
1	17.30	8.68
2	8.65	4.45
4	4.35	2.30
8	2.20	1.26
16	1.13	0.78

串行求解方案的运行时间与单进程 MPI 求解方案的运行时间相差不到 1%，所以在表格中没有列举它们。

很明显，尽管基本求解方案的效率已经很高了，但是简化求解方案的性能要比基本求解方案的性能好很多。例如，基本求解方案在 16 个节点上花费的时间约为 0.95s，而简化求解方案在 16 个节点上花费的时间仅为 0.70s。

需要强调的一点是，简化的 MPI 求解方案比基本的 MPI 求解方案更能有效地利用存储空间。基本的求解方案必须为每个进程分配空间来存储 n 个粒子的位置信息，而简化求解方案只需要分别分配 n/comm_sz 个空间来存储粒子的位置和作用力信息即可。因此，基本求解方案在每个过程中所需要的额外存储空间几乎均为简化求解方案的 comm_sz/2 倍以上。当 n 和 comm_sz 非常大的时候，这一因素很容易导致只用进程的主存储器和使用二级存储之间的性能差异。

由于负责计时的集群节点有四个核心，所以我们可以比较 OpenMP 与 MPI 在实现上的性能差异（见表 7.6）。很容易看出，基本的 OpenMP 求解方案比基本的 MPI 求解方案快很多。这并不令人惊讶，因为 MPI_Allgather 是一个代价非常昂贵的操作。但是值得注意的是，简化的 MPI 求解方案与简化的 OpenMP 求解方案相比，依然具有很强的竞争力。

表 7.6　OpenMP 和 MPI n-body 求解方案的运行时间（时间单位为秒）

进程 / 线程	OpenMP		MPI	
	基本求解方案	简化求解方案	基本求解方案	简化求解方案
1	15.13	8.77	17.30	8.68
2	7.62	4.42	8.65	4.45
4	3.85	2.26	4.35	2.30

让我们简单看一下 MPI 和 OpenMP 实现简化求解方案所需要的内存大小。假设有 n 个粒子和 p 个进程，那么每个求解方案将为局部的粒子速度和位置信息分配相同大小的存储空间。MPI 求解方案为每个进程分配 n 个 **double** 类型的空间用于存储粒子质量，还为 tmp_pos 和 tmp_forces 两个数组分配了 4n/p 个 **double** 类型的空间，因此除了本地的粒子速度

和位置信息之外，MPI 求解方案中每个进程需要额外存储 **double** 类型的空间大小为：

$$n+4n/p$$

OpenMP 求解方案为存储粒子间作用力分配 $2pn+2n$ 个 **double** 类型的空间，为存储粒子质量分配 n 个 **double** 类型的空间，因此除了局部的粒子速度和位置信息之外，OpenMP 求解方案中每个线程需要额外存储 **double** 类型的空间大小为：

$$3n/p+2n$$

因此，以 **double** 类型为基本单位，OpenMP 与 MPI 两种实现方案所需的本地存储空间差异为：

$$n-n/p$$

换句话说，如果 n 远大于 p，那么 MPI 求解方案所需的存储空间将远少于 OpenMP 求解方案。因此，当系统分配的进程或线程数不变时，应当使用 MPI 求解方案来应对粒子数较多的模拟场景。当然，出于硬件方面的考虑，在 MPI 求解方案中我们可能会使用更多的 MPI 进程，所以极限情况下 MPI 模拟的大小应该比 OpenMP 模拟的大小大得多。基于 MPI 的简化求解方案比其他任何版本的求解方案更具可扩展性，而且环形通道的设计为解决 n-body 问题提供了真正意义上的突破。

7.1.12 使用CUDA并行化基本求解方案

当我们应用 Foster 方法来通过 GPU 并行化 n-body 求解方案时，前三个步骤均与 7.1.3 小节中的并行化步骤相同。因此，我们的复合任务应针对模拟中的单个粒子，与之前一样，这样做可以大大减少任务间的通信量。

然而，在映射阶段有些不同，在 n-body 求解方案的 MIMD 实现中，我们期望任务或粒子的数量远远大于可用的核函数数量，而对于数量庞大的问题，GPU 求解方案也是如此。然而回顾一下，对于 GPU 来说，通常需要比 SIMD 的核函数（或数据通路）多得多的线程，这样我们就可以忽略加载和存储等慢速操作的延迟。因此，当我们通过 CUDA 求解方案实现映射阶段时，每个线程只分配一个粒子可能是有意义的。让我们来看看如何实现这种方法，使得每个线程只分配一个粒子。我们将在编程作业中给出每个线程分配多个粒子的例子（详见编程作业 7.5）。

有了这个假设，每个线程的计算过程如下：

```
for  每个时间步t {
    计算粒子受到的合力;
    计算粒子的位置和速度;
}
```

然而，在上述伪代码中存在一些线程间的竞争条件。假设线程 A 和 B 在同一时间段内执行 **for** 循环，并且假设线程 A 在线程 B 开始计算其包含的粒子间作用力之前就更新了某个粒子的位置信息，那么线程 B 在计算其包含的粒子受到的作用力时就会使用错误的粒子位置信息，从而导致数据计算出错。因此，在任何时间步中，没有线程应该继续更新其粒子的位置和速度，直到所有线程都完成了粒子受到的作用力的更新。

现在假设线程 A 已经完成了第 t 个时间步的计算，并且已经开始计算第 $t+1$ 个时间步的粒子间作用力。再假设线程 B 仍在执行第 t 个时间步的计算，并且还没有更新其包含的粒子的位置。那么线程 A 在计算其包含的粒子间作用力时，就会使用线程 B 还未更新的粒子位置信息。因此，在所有线程都完成第 t 个时间步的计算之前，不应该有线程开始执行第 $t+1$ 个时间步的计算。

　　以上两种线程之间的竞争关系都可以通过设置栅栏来防止。如果我们在计算粒子所受作用力之后对所有的线程设置一个栅栏，那么第一种线程间的竞争关系就不会发生，因为线程 A 将无法继续更新其包含粒子的位置和速度信息，直到所有的线程（包括线程 B）都完成了对其包含的粒子作用力的计算。同样，如果我们在粒子位置和速度的更新之后设置一个栅栏，那么在所有线程完成对粒子位置和速度的更新之前，将没有线程可以开始执行第 $t+1$ 个时间步的计算。在第 6 章中我们看到，可以通过从一个核函数返回并启动另一个核函数来实现为所有线程设置栅栏的目的。例如，假设我们希望在以下代码中的函数 Function_x 和函数 Function_y 的调用之间设置一个栅栏：

```
/* 原型 */
__device__ void Function_x (...);
__device__ void Function_y (...);
__global__ void My_kernel (...);
...
/* 主机代码 */
...
My_kernel <<<blk_ct, th_per_blk>>> (...);

/* 设备代码 */
__global__ void My_kernel (...) {
   Function_x (...);
   /* 想要在这里有一个栅栏 */

   Function_y (...);

   return;
}
```

然后我们可以重写代码，使函数 Function_x 和 Function_y 均为核函数：

```
/* 原型 */
__global__ void Function_x (...);
__global__ void Function_y (...);
...

/* 主机代码 */
...
Function_x <<<blk_ct, th_per_blk>>> (...);
Function_y <<<blk_ct, th_per_blk>>> (...);
...

/* 设备代码 */
__global__ void Function_x (...) {
   ...
}

__global__ void Function_y (...) {
   ...
}
```

在第二段程序中，默认情况下，在所有执行 Function_x 的线程都返回之前，不允许某个线程率先开始执行函数 Function_y。

当然，在一般情况下，函数 My_kernel 中可能还存在其他代码。在我们的例子中，线程间具有竞赛关系的核函数可能如下：

```
__global__ void Nbody_sim(vect_t forces[],
        struct particle_s curr[],
        double delta_t, int n, int n_steps) {
    int step;
    int my_particle = blkIdx.x*blkDim.x + threadIdx.x;

    for (step = 1; step <= n_steps; step++) {
        Compute_force(my_particle, forces, curr, n);
        Update_pos_vel(my_particle, forces, curr, n, delta_t);
    }
}
```

在该核函数中唯一需要使用多线程的地方是对 Compute_force 和 Update_pos_vel 函数的调用。所以我们可以将核函数的其他部分代码放在一个主机函数中 ⊖：

```
__host__ void Nbody_sim(vect_t forces[],
        struct particle_s curr[],
        double delta_t, int n, int n_steps,
        int blk_ct, int th_per_blk) {
    int step;

    for (step = 1; step <= n_steps; step++) {
        Compute_force <<<blk_ct, th_per_blk>>> (
                forces, curr, n);
        Update_pos_vel <<<blk_ct, th_per_blk>>> (
                forces, curr, n, delta_t);
    }
    cudaDeviceSynchronize();
}
```

现在，Compute_force 和 Update_pos_vel 不再是 device 函数，而是核函数，系统将不在 Nbody_sim 中计算粒子的索引，而是在新的核函数中计算它们。

在这段代码中，每次调用 Update_pos_vel 函数之前都会有一个隐式的栅栏。在所有执行 Compute_force 函数的线程都返回之前，该函数不会被某个线程抢先执行。此外，每次在对 Compute_force 函数进行调用（除了第一次）之前都会等待前一次迭代中执行 Update_pos_vel 函数的线程全部返回。

对 cudaDeviceSynchronize 函数的调用并不是必需的，在此使用是为了防止某个线程抢先执行依赖 Update_pos_vel 函数的主机代码。回顾一下，在默认情况下，主机代码不会等待核函数执行完成。

7.1.13 关于CUDA协同组的说明

随着 CUDA 9 和 NVIDIA Pascal 处理器的引入，可以在不启动新核函数的情况下同步多个线程块。CUDA 使用一种类似 MPI 通信器的结构实现该功能。在 CUDA 中，这种新结构被称为**协同组**。协同组由一组线程组成，这些线程可以对核函数或设备函数中的一个函数调用进行同步。

⊖ 在 CUDA 中，主机函数的名称是默认值。所以我们可以在这个函数中省略它。

要使用协同组，需要使用 CUDA SDK 9 或更高版本。如果要使用由多个线程块组成的协同组，那么还必须使用 Pascal 处理器或更高版本。

编程作业 7.6 概述了我们应该如何配置 CUDA，以使其能够使用协同组。

7.1.14　基本CUDA n-body求解方案的性能

让我们来看一下通过 CUDA 实现的基本 n-body 求解方案的性能。CUDA 程序运行在 NVIDIA Pascal 系统（算力为 6.1）上，该系统包含 20 个 SM，每个 SM 包含 128 个 SP，时钟频率为 1.73GHz。表 7.7 给出了该程序的运行时间。每次运行时，每个线程块均包含 1 024 个线程，并且相关的数据结构使用 **float** 作为其数据类型。串行时间是在主机上统计的，主机配有英特尔 Xeon Silver 处理器，时钟频率为 2.1GHz。显然，CUDA 的实现方案比串行的实现方案快得多。事实上，CUDA 的实现至少要比串行实现快一个数量级，甚至可以快三个数量级以上。值得注意的是，CUDA 实现方案的可扩展性也比串行实现方案要好得多。当问题规模变大时，CUDA 实现方案所需的运行时间通常比串行实现所需的运行时间增加得更缓慢。

表 7.7　基本的 CUDA n-body 求解方案的运行时间（时间单位为秒）

块	粒子	串行	CUDA
1	1 024	7.01e-2	1.93e-3
2	2 048	2.82e-1	2.89e-3
32	32 768	5.07e+1	7.34e-2
64	65 536	2.02e+2	2.94e-1
256	262 144	3.23e+3	2.24e+0
1 024	1 048 576	5.20e+4	4.81e+1

7.1.15　提高CUDA n-body求解方案性能的方法

虽然基本的 CUDA n-body 求解方案已经比串行求解方案快很多，并且可扩展性也更好，但是其运行时间依然会随着粒子数的增加而急剧增加。例如，模拟 1 048 576 个粒子所需的时间是模拟 1 024 个粒子所需时间的近 25 000 倍。所以我们希望能够进一步提升其性能。

如果你记得 OpenMP 以及 Pthreads 的实现方案，那么很容易发现，对于这些实现，可以通过临时存储来计算分配给特定线程的粒子所受的作用力。这使得我们能够将每个线程的计算量减半来提升系统的整体性能。然而，这种实现方案需要额外分配的 **float** 类型的存储空间大小为：

$$2 \times \mathtt{thread\_count} \times n$$

如果我们使用 n 个线程，这将需要 $2n^2$ 个 **float** 类型的存储空间。因此，如果我们要模拟 100 万个粒子，这将需要额外存储 2 万亿个浮点类型数据。如果我们使用 **float** 类型数据，这将浪费 8 万亿字节的存储空间，而如果我们使用 **double** 类型的数据，这将浪费 16 万亿字节的存储空间。通过观察可以发现，并不需要为每个粒子都分配空间来存储全部 n 个数值（见表 7.1 和表 7.2），这样做可以有效地减少临时存储的数据量。但是这一改动所减少的临时存储的数据量不到原来的一半（见练习 7.9）。在写本书的时候（2020 年 1 月），最强大的

NVIDIA 处理器有大约 25 千兆字节的全局存储空间。因此，我们需要的存储空间依然要比现在可用的总量大 40 倍左右。

面对这一问题，另一种可能的解决方案是使用共享内存。

7.1.16 在 *n*-body 求解方案中使用共享内存技术

回顾一下，在 CUDA 中，全局变量可以被所有的 SM 或线程访问，但是与对寄存器中的数据进行操作相比，加载全局变量或将数据存储到全局内存所需的时间相当长（例如算术运算）。为了计算粒子 q 受到的作用力，基本求解方案必须获取所有粒子的位置和质量信息。在最坏的情况下，这将要求我们访问所有 n 个粒子对应的全局变量。NVIDIA 处理器有一个在所有 SM 之间共享的 L2 缓存和每个 SM 独有的 L1 缓存，因此，其中一些数据将不需要从全局内存中加载，我们可以对其进行进一步优化。

回顾一下，每个 SM 均有一个片上内存块，我们称之为共享内存。共享内存存储的数据对所有运行在该 SM 上的线程块包含的线程共享。由于共享内存与 SM 在同一芯片上，所以它的容量相对较小，但同样因为这一点，所以在其上的读取速度比全局内存快得多。因此，如果我们能够尽可能从共享内存中读取数据，而不在全局内存中读取数据，那么可能能够显著提升系统的性能。

由于共享内存比全局内存的容量小得多，所以几乎不可能通过共享内存存储所有数据的副本。但是还有另一种方法，我们可以将需要存储的全局数据分割成多个"分片"，每个分片小到足以存入共享内存，接下来，每个线程块可以通过这些分片进行迭代。在第一个分片被加载到共享内存中后，线程块开始执行所有使用第一个分片中的数据的计算。然后当第二个分片被加载到共享内存中时，线程块开始执行所有使用第二个分片中的数据的计算，以此类推。该过程的伪代码如下：

```
1       for  每个分片{
2            加载到共享内存;
3            跨越线程块的栅栏;

4            每个线程都利用这个分片中的数据进行计算;
5            跨越线程块的栅栏;
6
7       }
```

实际上，分片与缓存行类似，只是对它们的访问是由我们的程序而不是由硬件管理的。第一个栅栏的设置确保在所有的数据都被加载到分片之前，第 4~5 行代码不会被执行。第二个栅栏的设置确保在所有线程都使用完当前分片中的数据之前，程序不会覆盖当前分片中的数据。

为了将该伪代码应用于 *n*-body 问题，我们在第 2 行加载 m 个粒子的质量和位置信息，然后在第 4~5 行通过线程块计算其分配的粒子与该块刚刚加载的 m 个粒子之间的作用力。所以接下来我们需要确定 m 的大小。

如果每个线程负责读取单个粒子的位置和质量信息，那么可以在没有线程竞争关系的情况下完成数据的加载。此外，CUDA 目前规定一个线程块中的线程数不能超过 1 024。如果我们每次加载 1 024 个粒子的位置和质量信息，那么每个线程将加载三个浮点数据或二进制数据，因此，最多需要共享内存存储的数据量为：

$$3 \times 8 \times 1\ 024 = 24KB$$

由于当前的 NVIDIA 处理器至少包含 48KB 大小的共享内存，所以我们可以很容易地将 m=th_per_blk 个粒子的位置和质量信息从全局内存加载到共享内存中。除此之外，一个分片中存储的粒子应当具有连续的索引。因此，假设一个线程组包含的线程数为 th_per_blk，并且划分的分片总数为 blk_ct，那么在每个分片中应当存储的数据为：

❑ 分片 0：粒子 0 至粒子 th_per_blk-1 的位置和质量信息。

❑ 分片 1：粒子 th_per_blk 至粒子（2×th_per_blk-1）的位置和质量信息。

❑ ……

❑ 分片 k：粒子（k×th_per_blk）至粒子（（k+1）×th_per_blk-1）的位置和质量信息。

❑ ……

❑ 分片（blk_ct-1）：粒子（（blk_ct-1）×th_per_blk）至粒子（blk_ct×th_per_blk-1）的位置和质量信息。

换句话说，我们在分片中存储粒子位置和质量数据的块状分区。

该过程的伪代码如下：

```
1    // 线程q计算粒子q所受的合力
2    加载位置和粒子q的质量
3    F_q = 0;/*粒子q上的合力*/
4    for   每个分片t= 0,1,…, blk_ct-1 {
5        // my_loc_rk =线程块中的线程次序
6        加载位置和粒子质量t*tile_sz + my_loc_rk到共享内存;
7
8        __syncthreads ();
9
10       // 分片t中粒子的所有位置和质量已经加载到共享内存中
11
12       for    分片t中的每个粒子k(粒子q除外){
13           从共享内存中加载k的位置和质量;
14           计算粒子k对粒子g的力f_qk;
15           F_9 += f_qk;
16       }
17       // 不要开始从下一个分片读取数据，直到这个块中的所有线程都完成了当前分片的操作
18
19       __Syncthreads ();
20   }
21   存储F_q;
```

每个分片循环之外的代码与初始的基本求解方案中每个粒子循环之外的代码相同：在循环开始执行之前加载粒子的位置和质量信息，在循环之后存储该粒子受到的作用力。循环的外侧是对分片的迭代，由于每个分片包含 th_per_blk 个粒子数据，因此每个线程只需要加载粒子的位置和质量数据即可。

在计算粒子所受作用力之前，我们需要调用 __syncthreads() 函数。回顾一下，这是为单一线程块中的线程设置的栅栏。因此在任何一个线程块中，如果当前分片没有读取完全部数据，所有线程均不能提前开始计算当前分片中其余粒子受到的作用力。

一旦当前分片读取完粒子数据，每个线程均可以通过内层 **for** 循环来计算其包含的粒子与分片中的粒子之间的作用力。值得注意的是，如果有足够的寄存器来存储局部变量，那

么所有这些计算将使用寄存器或共享内存中的数据。

在每个线程都计算了其包含的粒子与分片中的粒子之间的作用力之后，程序将再次调用 __syncthreads() 函数。这样做可以阻止其他线程继续进行下一次循环迭代，直到线程块中的所有线程都完成了当前迭代对应的计算为止。这将确保在当前线程块中所有线程都完成第 t 个分片中相关数据的计算之前，第 t 个分片中的粒子数据不会被第 $t+1$ 个分片中的粒子数据覆盖。

现在让我们来看看初始的 CUDA 求解方案和使用共享内存的 CUDA 求解方案在一个时间段内的作用力计算中分别加载和存储的数据量。两种求解方案都从每个线程加载单个粒子的位置和质量信息开始，并且都通过存储每个粒子受到的作用力来完成计算。因此，如果有 n 个粒子，两种求解方案首先将加载 $3n$ 个字的数据：每个粒子的位置信息占两个字的空间，每个粒子的质量信息占一个字的空间。最后它们将存储 $2n$ 个字的数据：每个粒子受到的作用力占两个字的空间。

由于上述加载和存储的数据量对于两个求解方案是一样的，所以我们可以直接比较两个求解方案在主循环中加载和存储的数据量。

在基本求解方案中，每个线程将遍历除了自己包含的粒子之外所有的粒子数据。因此，每个线程将读取 $3(n-1)$ 个字的数据，假设有 n 个线程，那么所有线程将读取总计 $3n(n-1)$ 个字的数据。

在共享内存求解方案中，共有 blk_ct 个分片，并且每个分片存储了 th_per_blk 个粒子的数据。因此，每个线程块中的线程将在第 6～7 行中读取 3 个字的数据。所以线程块中的所有线程在第一次执行这段代码时将读取 $3n$ 个字的数据。由于有 blk_ct 个分片，所以在外层 **for** 循环中以字为单位读取的数据总量为：

$$3n \times \text{blk\_ct}$$

内层 **for** 循环需要读取来自共享内存的数据。所以这一步的时间成本比从全局内存中读取数据要小得多。可以看到，在基本求解方案和共享内存求解方案中，从全局内存读取数据的比例为：

$$\frac{3n(n-1)}{3n \times \text{blk\_ct}} \approx \frac{n}{\text{blk\_ct}} = \text{th\_per\_blk}$$

因此，举例来说，如果每个线程块包含 512 个线程，那么相比于共享内存解决方案，基本求解方案将从全局内存中读取大约 512 倍的数据。

基本求解方案和共享内存求解方案的实际性能差异如表 7.8 所示。两种求解方案均在 NVIDIA Pascal 系统（算力为 6.1）中运行，系统包含 20 个 SM，每个 SM 包含 128 个 SP，时钟频率为 1.73GHz。此外，与基本求解方案相同，每个线程块包含 1 024 个线程。总体来看，共享内存求解方案总是比基本求解方案快很多，平均来说，共享内存求解方案的执行速度提高了约 1.43 倍。

表 7.8　CUDA 基本求解方案和 CUDA 共享内存求解方案的运行时间（时间单位为秒）

块	粒子	基本求解方案	共享内存求解方案	加速比
1	1 024	1.93e−3	1.59e−3	1.21
2	2 048	2.89e−3	2.17e−3	1.33
32	32 768	7.34e−2	4.17e−2	1.76

（续）

块	粒子	基本求解方案	共享内存求解方案	加速比
64	65 536	2.94e−1	1.98e−1	1.48
256	262 144	2.24e+0	1.96e+0	1.14
1 024	1 048 576	4.81e+1	2.91e+1	1.65

7.2　样本排序

7.2.1　样本排序和桶排序

样本排序是对桶排序算法的推广。在桶排序中，给定两个值 $c<d$，并且假设键值在区间 $[c, d)$ 中均匀分布。这意味着，如果取两个相同长度的子区间 $[p,q)$ 和 $[r,s)$，那么 $[p,q)$ 中元素的数量近似等于 $[r,s)$ 中元素的数量。因此，假设我们有 n 个键值（通常是浮点数据或者整型数据），并将 $[c, d)$ 分为 b 个长度相同的"桶"或者"仓"，我们称之为"桶"。最后假设 $h=(d-c)/b$。那么每个桶里应该有大约 n/b 个元素：

$$[c,c+h),[c+h,c+2h),\cdots,[c+(b-1)h,b)$$

在桶排序中，我们首先将每个键值分配给对应的桶，然后再对每个桶中的键值进行排序。例如，假设 $c=1$，$d=10$，键值分别为：

$$9,8,2,1,4,6,3,7,2$$

如果我们使用 3 个桶。即 $h=(10-1)/3=3$，那么每个桶对应的子区间分别为：

$$[1,4),[4,7),[7,10)$$

因此，在三个桶中应当装填的内容分别为：

$$\{2,1,3,2\},\{4,6\},\{9,8,7\}$$

在样本排序中，我们不知道键值的分布情况。因此，我们选取一个"样本"，用这个样本来估计键值的分布情况。接下来，该算法采用与桶排序相同的方式进行。例如，假设有 b 个桶，并从 n 个键值中选取 s 个键值作为样本，$b \leqslant s \leqslant n$。假设对样本进行排序后，其键值分别为：

$$a_0 \leqslant a_1 \leqslant \cdots \leqslant a_{s-1}$$

接下来选择 $b-1$ 个"分隔器"将样本数据分隔开，相邻分隔器之间的元素个数为 s/b。如果分隔器数值分别为：

$$e_1, e_2, \cdots, e_{b-1}$$

那么我们可以将 b 个桶对应的子区间分别设置为 [⊖]：

$$[\min, e_1), [e_1, e_2), \cdots, [e_{b-1}, \max)$$

这里的 min 小于等于所有键值中的最小值，而 max 大于所有键值中的最大值。

例如，假设经过排序后，我们的样本由以下 12 个键值组成：

$$2,10,23,25,29,38,40,49,53,60,62,67$$

另外，假设我们想要 $b=4$ 个桶。那么，样本中的前三个键值应该存入第一个桶中，以此类推。所以我们可以将三个"分隔器"的数值分别设置为：

⊖　如果列表中有许多重复的元素，我们可能会将桶设置为闭区间。如果重复的元素与分隔器数值相等，我们可以将重复的元素划分到一对连续的桶中。在之后开发的程序中，我们不再考虑这种可能性。

$$e_1=(23+25)/2=24, e_2=(38+40)/2=39, e_3=(53+60)/2=57$$

请注意，在样本排序中使用的惯例是，如果计算出的分隔器数值不是一个整数，则应该进行四舍五入。

在确定了分隔器数值之后，我们将列表中的每个键值分配给对应的桶：

$$[\min,24),[24,39),[39,57),[57,\max)$$

因此，我们可以使用程序 7.4 中的伪代码作为实现串行样本排序的基础。值得注意的是，我们需要区分输入列表中的"子列表"和排序后的"桶"的概念。子列表将输入列表划分为 b 个子列表，每个子列表包含 n/b 个元素。桶将列表划分为 b 个元素子集，其特征是一个桶中的所有键值都在两个连续的分隔器数值之间。因此，在每个桶被排序后，我们可以将它们串联起来，得到一个完整的排序列表。

```
 1   /*  输入:
 2    *    list [n]:输入列表
 3    *          n: list中的元素个数
 4    *              (可被s和b整除)
 5    *          s:样本中元素个数
 6    *              (可被b整除)
 7    *          b:桶数
 8    *  输出:
 9    *      list[n]:输入的原始数据按顺序排序
10    */
11
12      /*  举个例子  */
13      Gen_sample(list, n, s, b, sample);
14
15      Sort(sample, s);
16
17      Find_splitters(sample, s, splitters, b);
18
19      /*  将每个子列表的每个元素分配到映射的目标桶中,
20       *   一个可以存储所有n个元素的数据结构
21       *
22       */
23      Map(list, n, splitters, b, mapping);
24
25      /*  对每个桶进行排序,并将其复制回原始列表  */
26      Sort_buckets(mapping, n, b, list);
```

程序 7.4　串行样本排序的伪代码

显然，要把这个伪代码转换成真正的程序代码，我们必须实现样本生成函数和映射函数，以及其他相关的数据结构。有许多实现的方法，让我们看一下其中的一些实现方案。

7.2.2　选择样本数据

一个典型的样本生成方法是使用随机数生成器。例如：

```
// 为随机数生成器添加种子
srandom(...);
chosen = EMPTY_SET;  //  所选元素的下标
for (i = 0; i < s; i++) {
```

```
// 获取0到n之间的随机数
sub = random() % n;
// 不两次选择相同的下标
while (Is_an_element(sub, chosen))

    sub = random() % n;

// 为所选元素添加sub
Add(chosen, sub);
sample[i] = list[sub]
}
```

在这里我们采用集合这种抽象数据类型来存储已添加到样本中的元素下标。**while** 循环被用来确保我们不会选择两次相同的下标。例如，假设在 $i=2$ 和 $i=4$ 时 random() % n 随机出的数据均为 5，那么如果没有 **while** 循环，集合中将包含 list[5] 两次。检查随机出的数据 sub 是否出现过的代价是很昂贵的，但是如果样本大小 s 相对于输入列表大小 n 是很小的，那么就不太可能两次选择相同的下标，这样的话我们就只需要为每个随机出的样本下标检查一次即可。

另一种方案是采用"确定性"的样本数据，例如：

```
for 列表 {
    sort( 子列表, n/b);
    从排序的子列表中选择 s/b 等间距的元素，并将这些元素添加到样本中;
}
```

例如，假设经过排序后的子列表由元素 {21，27，49，62，86，92} 组成，并且我们要从每个子列表中选择两个元素作为样本数据。那么可以从该子列表中选择元素 49 和 92。即使样本数量很大，这个方法的主要成本也只是对排序函数的调用。因此，如果采用大量相对较小的子列表，那么这种方法的效果最好。

7.2.3　Map函数的简单实现

Map 函数最简单的实现方案就是分配 b 个数组，每个数组至少能存储 n/b 个元素。例如为每个数组分配 $2n/b$ 个元素空间。这是在程序 7.4 伪代码中采用的数据结构。这里的每个数组将作为一个桶，在为每个桶分配数据之后，我们可以简单的遍历列表中的元素，确定每个元素应该被映射到哪个桶中，并将该元素复制到其对应的桶中。

```
分配存储空间 for b 个桶;
for x 的 bucket{
    搜索分隔器 for x 的桶;
    if ( 桶是满的 )
        为桶 b 分配额外的存储空间;
    将 x 追加到桶 b;
}
```

这里存在的问题是：在一般情况下，一个桶可能需要存储比初始容量多很多的元素，因此需要增加桶的容量。我们可以使用 C 语言库中的 realloc 函数来实现这一目的：

```
void* realloc(void* ptr, size_t size);
```

对于我们的程序来说，ptr 作为其中的一个桶，而 size 代表调整后桶的容量，单位为字节。如果在初始分配的内存之后无法开辟足够的空间，那么 realloc 函数将尝试寻找另一个足够大的内存空间，并将原始数据复制到新的内存块中。在这种情况下，新的内存块的指针会被调用返回。否则的话 realloc 函数会返回旧的内存指针。如果在堆中没有足够的内存用于空间分配，函数将返回 NULL。值得注意的是，在调用 realloc 之前由 ptr 开辟的空间必须已经在堆上分配过。

最后我们应当注意，realloc 可能是一个代价昂贵的调用。因此，一般来说，我们不会只为一个额外的元素重新分配空间，因为很有可能我们需要为同一个桶分配多次空间。当然，在这种情况下，我们并不知道最终需要多少内存。如果在一个特定类型的数据上采用样本排序，在使用该排序方法的应用程序中对数据进行一些测试可能是有用的。然而，对于一个完全通用的排序来说，这种方法就行不通了，所以我们可以尝试在一个桶被装满的时候额外分配 n/b 个元素空间。

7.2.4　Map 的另一种实现方案

Map 的另一种实现方案是开辟一个包含 n 个元素的 temp 数组来表示桶，但是需要建立一些额外的数据结构来提供关于桶的信息。这些数据结构需要存储以下信息：

1.from_to_cts：存储有多少个元素从每个子列表移到每个桶中。

2.bkt_starts_in_slists：存储每个子列表移到每个桶中第一个元素的下标。

3.slist_starts_in_bkts：存储每个子列表移到每个桶中的第一个元素的下标，以及每个桶中的元素总数。

4.bkt_starts：存储每个桶中的第一个元素在 temp 数组中的位置。

前两个数据结构是 $b \times b$ 大小的数组，行下标对应于子列表的编号，列下标对应于桶的编号。第三个数据结构是 $(b+1) \times b$ 大小的数组，第 0, 1, $\cdots$, $b-1$ 行对应子列表的编号，列下标对应桶的编号，最后一行存储每个桶中的元素总数。第四个数据结构是包含 b 个元素的数组。

请注意，可能并不需要使用所有的数据结构。例如，在串行实现中，我们只需要使用数组 slist_starts_in_bkts 的前 b 行来计算最后一行的数据。所以我们可以将数组 from_to_cts 的每一列相加来计算最后一行的数据，并将其存储在一维数组中。

我们可以使用下面的伪代码来构建这些数据结构：

```
每个子列表排序；
for 每个子列表
    for 每一个桶
        计数子列表中移到桶中的元素并存储在 from_to_cts[ 子列表, 桶 ];
for 每个子列表
    通过构造 from_to_cts 的行子列表的排他前缀和构建 bkt_starts_in_slists；
for 每一个桶
    构造 from_to_cts 的列桶的排他前缀和构建 sublist_starts_in_bkts 通过；
通过形成 sublist_starts_in_bkts 最后一行的排他前缀和构建 bkt_starts；
```

尽管这段代码看着很复杂，但它其实只使用了 **for** 循环和以下三种基本算法：

1. 对子列表进行排序。

2. 计算一个子列表中哪些元素处于分隔器的范围内。

3. 计算二维数组行或列的前缀和（见下一节的"前缀和"部分）。

对于排序而言，我们可能应该选择一种开销相对较小的排序算法，这样其在短列表上执行速度就会非常快。因此，让我们来看看第二种和第三种算法的一些实现细节。

为了说明第二种算法，我们需要指定分隔器数组具体的构造细节。假设分隔器数组总共包含 $b+1$ 个元素，那么它们的存储方式如表 7.9 所示。我们选择了常数 MINUS_INFTY 和 INFTY，使它们分别小于等于和大于输入列表中的任何元素。

表 7.9　样本排序中的分隔器

桶	元素	
0	MINUS_INFTY =	splitters[0] ≤ key < splitters[1]
1		splitters[1] ≤ key < splitters[2]
⋮		⋮
I		splitters[i] ≤ key < splitters[i+1]
⋮		⋮
b−1		splitters[b−1] ≤ key < splitters[b] = INFTY

由于子列表已经被排好序，所以我们可以通过依次迭代子列表来实现第二种算法：

```
int curr_row[b]; /* from_to_cts 的列 */
dest_bkt = 0;       /* 分隔器的下标      */

Assign(curr_row, 0);  /* 将元素置为0 */
for (j = 0; j < n/b; j++) {
    while (sublist[j] >= splitters[dest_bkt+1])
        dest_bkt++;
    curr_row[dest_bkt]++;
}
```

程序在 **for** 循环中遍历当前子列表中的元素，并且对于每一个元素，遍历所有剩余的分隔器，直到找到一个严格大于当前元素的分隔器。

例如，假设 $n=24$，$b=4$，分隔器数值分别为 $\{-\infty,45,75,91,\infty\}$。现在假设其中一个子列表包含元素 $\{21, 27, 49, 62, 86, 92\}$。那么 21 和 27 都小于 45，它们应该进入 0 号桶。49 和 62 都小于 75（并且大于 45），所以它们应该进入 1 号桶。接下来，86>75，但小于 91，所以它应该进入 2 号桶。最后，92>91，但小于 ∞，所以它应该进入 3 号桶。这样就有两个元素进入 0 号桶，两个元素进入 1 号桶，一个元素进入 2 号桶，一个元素进入 3 号桶。

请注意，由于分隔器数组是经过排序的，所以 **while** 循环中的线性搜索可以被二进制搜索代替。此外，由于子列表也是排好序的，所以同样可以通过二进制搜索来寻找子列表中每个分隔器对应的位置（见练习 7.20）。

前缀和

前缀和 是一种应用于包含 n 个元素数组的算法，其输出同样是一个包含 n 个元素的数组，该算法通过将当前元素"前面"的元素累加来得到当前位置的数值。例如，假设我们的数组包含以下元素：

$$5,1,6,2,4$$

那么计算完包含自身前缀和后输出的数组应该为：

$$5,6,12,14,18$$

对于 i=0，有：

```
incl_pref_sum[0] = array[0];
```

对于 i>0，有：

```
incl_pref_sum[i] = array[i] + incl_pref_sum[i−1];
```

该数组除去自身元素对应的前缀和为：

$$0,5,6,12,14$$

所以在除去自身元素对应的前缀和数组中，第一个元素为 0，其他元素是通过将数组中的前一个元素与前缀和数组中最近计算的元素相加得到的：

```
excl_pref_sum[0] = 0;
```

对于 i>0，有：

```
excl_pref_sum[i] = array[i−1] + excl_pref_sum[i−1];
```

请注意，由于子列表已经被排好序，所以 from_to_cts 数组行的前缀和表示出，子列表中的哪个元素是每个桶的第一个元素。在前面的例子中，我们有 b=4 个桶，那么对于子列表 {21, 27, 49, 62, 86, 92}，from_to_cts 数组的该行数据应该为：

$$2,2,1,1$$

该数组在除去自身元素后的前缀和为：

$$0,2,4,5$$

因此，子列表中第一个进入四个桶中的元素如下表所示：

桶	第一个进入四个桶中的元素下标	第一个进入四个桶中的元素
0	0	21
1	2	49
2	4	86
3	5	92

事实上，其余每个数据结构的元素都可以通过这种去除自身的前缀和算法来计算。举个例子，假设 n=24，b=4，s=8，并且子列表数据如下：

子列表 0：15, 35, 77, 83, 86, 93
子列表 1：21, 27, 49, 62, 86, 92
子列表 2：26, 26, 40, 59, 63, 90
子列表 3：11, 29, 36, 67, 68, 72

与之前一样，分隔器为 {$-\infty$, 45, 75, 91, ∞}。利用这些信息，可以计算出四种数据结构分别为：

from_to_cts					bkt_starts_in_slists				
子列表	桶				子列表	桶			
	0	1	2	3	0	0	2	2	5
0	2	0	3	1	1	0	2	4	5
1	2	2	1	1	2	0	3	5	6
2	3	2	1	0	3	0	3	6	6
3	3	3	0	0					

slist_starts_in_bkts				
子列表	桶			
0	0	0	0	0
1	2	0	3	1
2	4	2	4	2
3	7	4	5	2
桶大小	10	7	5	2

bkt_starts				
桶	0	1	2	3
第一个元素	0	10	17	22

注意，slist_starts_in_bkts 数组的最后一行是每个桶中的元素个数，它是通过对 from_to_cts 数组的所有列执行前缀和得到的。除此之外，bkt_starts 数组是对 slist_starts_in_bkts 数组最后一行执行前缀和得到的，表示每个桶中的第一个元素在数组 temp 中的位置。所以对于这组数据，我们既不需要对空间进行重新分配，也没有浪费空间。

收尾工作

现在我们可以将子列表中的元素分配给 temp 数组，该数组将被用来存储桶中的数据，由于 bkt_starts 数组告诉我们每个桶的第一个元素在 temp 数组中的位置（例如，桶 1 的第一个元素应该在 temp[10]），因此我们可以通过迭代子列表并在每个子列表中迭代桶来为 temp 数组赋值：

```
1    for 每个子列表的列表 {
2        Sublist = 指向列表中n/b个元素的下一个块开始的指针；
3
4        for temp 中的每个桶 {
5            Bucket = 在 temp 中桶开始的指针；
6            dest = 0；
7
8            /* 现在迭代子列表的元素 */
9            first_src_sub = bkt_starts_in_slist[slist, bkt];
10           if (bkt < b)
11               Last_src_sub = bkt_starts_in_slist[slist, bkt+1];
12           else
13               last_src_sub = n / b;
14           for (src = first_src_sub;src < last_src_sub;src++)
15               bucket [dest++] = subblist [Src];
16       }
17   }
```

代码中的第 2 行和第 4 行中的赋值操作只是定义了指向当前子列表和桶开头的指针。内层 **for** 循环负责遍历当前子列表中的元素。一般来说，该循环的迭代次数可以从 bkt_starts_in_slist 数组中得到。然而，由于这个数组中只有 b 列，最后一个元素必须作为一个特殊情况来处理，所以程序通过 **else** 子句解决了这一问题。

7.2.5 并行化样本排序

串行样本排序算法可以分为以下几个明确定义的阶段：

1. 从输入列表中选取样本数据。
2. 根据样本数据选取分隔器。

3. 根据子列表和分隔器建立所需的数据结构。

4. 将子列表中的数据映射到桶中。

5. 对桶进行排序。

除此之外，还可能有其他的阶段，例如，在算法的不同阶段对数据进行排序，并且正如我们所看到的，每个阶段都有各种可能的实现方案。

通过为进程/线程分配子列表和桶，串行样本排序算法可以自然地在 MIMD 系统中被并行化。例如，如果为每个进程/线程分配一个子列表，那么步骤 1 和步骤 2 可以很容易地被并行化。首先，每个进程/线程从其子列表中选择一个"子样本"，然后再由每个进程从其子样本中选取分隔器。

由于 CUDA 的线程块可以相互独立运行，所以在 CUDA 中，可以很自然地将子列表和桶分配给线程块，而不是单个线程。

接下来我们将详细介绍各种 API，并且假设每个 MIMD 进程/线程负责处理一个子列表和一个桶。对于 CUDA 的实现方案，有两种不同的分配方式。第一种基本实现方案使每个线程处理一个桶和一个子列表。而第二种实现方案将使用一种更自然但也更复杂的方法：系统会将桶和子列表分配给线程块。

还要注意的是，在串行实现中，我们多次使用了通用的排序函数。所以对于 MIMD 的并行实现来说，假设排序程序是单线程的，或者使用在相对较小的列表上表现良好的并行排序函数。对于基本的 CUDA 实现方案，我们将在主机和每个线程上使用单线程进行排序。对于第二种实现方案，假设有一个并行的排序函数，该函数在单线程块实现时表现良好，并且在相对较小的列表上使用多线程块表现更好。

最后，对于"通用"并行化方案，我们将专注于 MIMD 的 API 实现，并在 7.2.9 节讨论 CUDA 实现的具体细节。

第一种实现方案

第一种实现方案借鉴了我们第一个串行实现方案中的许多思想：

1. 使用随机数生成器从输入数据中选取样本数据。

2. 对样本数据进行排序。

3. 根据样本数据选取分隔器数值。

4. 根据分隔器数值将数据存储到桶中。

5. 对桶进行排序。

正如我们前面所指出的，如果为每个 MIMD 进程/线程分配一个子列表，那么步骤 1 可以很容易地被并行化。而对于步骤 2，我们可以通过一个进程/线程对样本数据进行排序，或者采用在短列表上相当有效的并行排序算法（例如，并行奇偶移项排序）。

如果样本分布在各个进程/线程之间，那么步骤 3 可以通过让每个进程/线程选择一个分隔器数值来实现。因此，如果我们在步骤 2 中使用单进程/线程算法，那么就可以首先在进程/线程中分配样本数据。最后，为了确定列表中的元素应该归入哪个桶，每个进程/线程都需要访问所有的分隔器。因此，在共享内存系统中，分隔器数值应该在线程之间共享，而在分布式内存系统中，分隔器数值应该被采集到每个进程中。

对于步骤 4，第一个任务是确定列表中的元素应该被映射到哪个桶中。第二个任务是将元素分配到其对应的桶中。显然，这两个任务可以合并，因为在第一个任务完成之前，第二个任务不能进行。在这里存在的明显问题是，我们需要对处理相同桶的任务进行同步。例如，在一个共享内存系统中，我们可以使用一个临时数组来记录每个元素对应的桶编号。然后，通过一个进程/线程遍历这一列表，当它发现一个元素要存储到它对应的桶时，就可以将这个元素复制到它对应的桶中。这将需要一个额外的数组来存储每个元素对应的桶编号，如果列表长度不是很大，这种方案是可行的。

对于分布式内存系统来说，这种方法的代价可能非常大：系统可能会为所有进程同时收集原始数据列表和目标桶列表。一个成本较低的替代方法是构建第二种串行实现中概述的数据结构，并将这些数据结构与 MPI_Alltoallv 包含的 MPI 集合通信一同使用，将列表中的元素从每个进程重新分配到其对应的桶中。我们将在 MPI 部分（7.2.8 节）对该方法进行详细介绍，其思想是每个进程都有一个元素块可以传输给其他进程。例如，进程 q 有一些元素可以传输给进程 0，还有一些元素可以传输给进程 1 等，每个进程均是如此。因此，我们希望每个进程将其包含的原始元素分配到正确的进程中，并且每个进程能够从其他进程中收集属于它的"最终"元素。

在共享内存或分布式内存系统中，我们可以通过让每个进程/线程使用串行排序来对其包含的元素进行排序。

第二种实现方案

正如我们已经猜到的那样，第二种实现方案借鉴了第二种串行实现的许多思想：

1. 对每个子列表包含的元素进行排序。
2. 像我们之前在串行实现讨论的那样，选择一个随机的或"确定的"样本数据。
3. 对样本数据进行分类。
4. 根据样本数据等间隔的选择分隔器。
5. 根据输入列表和分隔器数据来建立将元素分配到桶中所需的数据结构。
6. 将列表中的元素分配到对应的桶中。
7. 对每个桶进行排序。

与第一种实现方案一样，我们将为每个线程/进程分配一个子列表和一个桶。

正如我们在本节开始时指出的，对于步骤 1、3 和 7，假设每个排序都是由一个线程/进程完成的，或者采用在短列表上相当有效的并行排序算法。

步骤 2 对于随机样本和确定性样本都可以很轻松的并行化。对于确定性样本，进程的任务是选择数据作为样本数据，由于是进行等距采样，所以一个线程/进程可以轻松地从一个子列表中选择一个子集作为样本数据。

步骤 4 的实现过程与第一种并行实现方案中选择分隔器的方法相同。

对于步骤 5，有两个基本任务要完成。首先，我们需要计算每个子列表要分配到每个桶中的元素数量。所以和之前一样，第一个任务是确定列表中的元素应该分配到哪个桶中。第二个任务是建立所需的数据结构。很明显，这两个任务可以被合并起来。由于进程/线程的数量与桶的数量相同，所以可以将子列表中元素的合并工作交给单个进程/线程来执行。

步骤 5 的第二个基本任务是计算一个或多个数组的前缀和。由于进程/线程的数量与桶的数量相同，所以每个计算数组前缀和的任务可以交给一个进程/线程来执行，具体的实现方法见下文或样例 [27]。

在步骤 6 中，需要完成的任务是将子列表中的元素分配到其对应的桶中。我们可以将这些任务聚集起来，使一个进程 / 线程负责一个子列表或一个桶的全部工作。因此，一个进程 / 线程需要将其子列表中包含的数据复制到这些元素对应的桶中。或者，由于一个进程 / 线程负责一个桶，也可以从原始列表中选择出所有要复制到这个桶中的数据。

7.2.6 使用OpenMP实现样本排序

在我们的示例排序程序中，基于 OpenMP 的实现方案将所有要排序的列表作为连续数组存储在内存中。当排序完成后，所有元素将被移动到数组中的对应位置。并且，列表包含的元素数量 n 和样本大小 s 必须能被线程数 thread_count（由 OMP_NUM_THREADS 指定）整除。

第一种实现方案

在最初的实现方案中，主线程将负责计算相关的数据结构，并在排序开始前执行串行步骤。这包括对输入列表进行采样、对样本数据进行排序以及计算分隔器数值。在此我们采用 7.2.2 节中描述的第一种方法，通过选择一组与样本的索引相对应的唯一随机数来确定从列表中采样的数据。一旦选取了样本数据，我们将通过 C 语言库中的 qsort 函数对其进行排序，因为该函数处理较小的列表是相当有效的。在对样本数据进行排序后，我们将确定 thread_count+1 个分隔器的数值，并使用它们来确定每个线程对应的桶的取值范围。这些桶按照顺序分配给各个线程，线程 0 负责管理第一个区间（MINUS_INFTY 到第一个分隔器数值），而最后一个线程则负责管理最后一个区间（最后一个分隔器数值到 INFTY）。当这些步骤完成时，算法的其余部分将在 OpenMP 中的并行区域执行。

每个线程对应的桶被表示为包含分隔器范围内元素的数组，并且通过一个全局桶计数数组来记录每个桶的大小。我们可以通过 7.2.3 节中概述的改进的简单方法来填充每个桶。下面是它的伪代码：

```
1        for 列表中的每个元素x {
2            if (x在桶的范围内) {
3                if (桶是满的) {
4                    重新调整桶的大小;
5                }
6
7                将x追加到桶中;
8                增加全局桶数;
9            }
10       }
```

由于调整一个桶的大小需要调用代价昂贵的 realloc 函数，因此每个桶最初会分配 n/thread_count 个元素的空间。如果需要调整某个桶的大小，那么桶的大小会增加一倍。这有助于减少 relloc 函数的调用次数，但代价是可能导致更高的整体内存消耗。

一旦桶被填满，线程就会通过 C 语言库中的 qsort 函数对桶进行排序。由于每个线程对应的桶大小不同，所以在执行最后一步之前，系统会设置一个栅栏来确保桶中的元素数量已经全部计算完毕，并将每个线程对应的桶复制到原始列表中的适当位置。由于列表是在所有线程之间共享的，所以最后这一步的操作可以并行进行。下面是该算法多线程部分的完整伪代码：

```
1   #   pragma omp parallel
2       {
3           bucket_counts[rank] = 0;
```

```
4              my_bucket_size = n / thread_count;
5              my_bucket = malloc(my_bucket_size * sizeof(int));
6
7              // 从全局分隔器列表中获取桶的范围
8              bucket_low, bucket_high = Calc_splitter_range(rank);
9
10             for each element x of list {
11                if (x >= bucket_low && x < bucket_high) {
12                   if (bucket is full) {
13                      my_bucket_size = my_bucket_size * 2;
14                      my_bucket = realloc(
15                          my_bucket, my_bucket_size);
16                   }
17
18                   // 将x添加到桶中，然后增加全局桶计数
19
20                   my_bucket[bucket_counts[rank]++] = x;
21                }
22             }
23
24             // 0 = 第一个元素的下标
25             Sort(my_bucket, 0, my_bucket_size);
26
27             // 等待所有线程排序
28  #          pragma omp barrier
29
30             // 使用全局桶计数确定桶的位置
31
32             list_position = Calc_list_position(
33                 rank, bucket_counts[rank])
34
35             // 将已排序的子列表从桶中复制回全局列表
36
37             Copy(list + list_position, my_bucket, my_bucket_size)
38          }
```

表 7.10 显示了在双 AMD EPYC 7281 16核处理器的系统上初始实现方案的运行时间（以秒为单位）。输入列表包含 2^{24}=16 777 216 个整型数据，而样本包含 65 536 个整型数据。该表还提供了 C 语言库中 qsort 函数的运行时间作比较。该程序在编译时启用了编译器优化（gcc-O3），并且每个测试配置运行了 1 000 次试验，并给出了最小的运行时间。

虽然表 7.10 中报告的运行时间表明其与串行版本的实现方案相比有所改进，但这种实现方案效率依然有一些低，并且显然不能进行扩展。这种方法最重要的问题之一是，每个线程都要遍历整个输

表7.10　样本排序的第一个 OpenMP 实现的运行时间（以秒为单位）

线程	运行时间
1	3.54
2	2.29
4	1.69
8	1.34
16	1.40
32	1.36
64	1.33
qsort	2.59

入列表，从而导致执行大量的重复工作。正如前面 7.2.4 节所述，我们可以通过修改 Map 函数的实现来避免这种开销。此外，我们的抽样方法仅限于单线程，由于在"选择的"元素列

表中进行重复迭代,导致在较大的抽样规模下可能效率不高(见 7.2.2 节)。

第二种实现方案

为了提升第一种实现方案的性能,在本实现方案中采取了额外的准备步骤来计算 7.2.4 节中描述的数据结构。这样做将减少由线程执行的重复工作,并且不需要再为桶重新分配空间。在第一种实现方案中,每个线程根据其对应的分隔器从全局列表中找出相关的元素添加到桶中,而本实现方案则是将每个桶中的值存储到全局列表中的对应位置。因此,该方案执行速度应该更快,而且两种方法之间的性能差异也将随着列表大小的增加而增加。

我们的首要任务是将全局列表平均分配给各个线程,然后将处于其范围内的元素排序。我们可以按以下方式确定每个子列表的索引:

```
my_sublist_size = n / thread_count;
my_first = my_rank * my_sublist_size;
my_last  = my_first + my_sublist_size;
```

接下来采用并行算法对编号在 `my_first` 至 `my_last` 范围内的元素进行排序。

为了加速采样过程,我们使用 7.2.2 节中描述的"确定性"采样算法,首先为每个线程计算其"子样本"的范围:

```
subsample_size = s / thread_count;
subsample_idx = subsample_size * my_rank;
```

每个线程通过固定的时间间隔来确定性地选择元素,并从原始列表中进行采样。系统通过设置栅栏来保证所有的线程都生成了对应的样本,然后第一个线程负责对样本进行分隔并确定分隔器的数值。请注意,这个过程是第二种实现方案中唯一由单个线程完成的部分。

```
// 使用确定性采样方法
Choose_sample(
        my_first, my_last, subsample_idx, subsample_size);

#   pragma omp barrier

    if (my_rank == 0) {
        Sort(sample, 0, s);
        splitters = Choose_splitters(sample, s, thread_count);
    }

#   pragma omp barrier
```

一旦子列表被排序并确定了分隔器的数值,那么每个线程可以确定其对应的桶中属于其他每个线程的元素数量(基于其对应的分隔器数值)。这些数据将被存储在一个全局的 $n \times n$ 计数矩阵中,每个线程负责初始化矩阵的一行。一旦所有的线程都完成了这一步骤,那么就可以通过对计数矩阵中的相应列进行求和来确定将被放置在每个线程对应桶中的元素数量。接下来,我们为每个桶分配内存空间,并计算计数矩阵每一行除去自身元素的前缀和,这一步提供了全局列表中每个线程对应的桶的开始和结束索引。

一旦准备工作完成,相关的数据结构被填充,接下来每个线程将从其他线程中获取属于该线程的元素,并将它们合并到自己的桶中。在这个过程完成后,这些桶中的元素被复制到全局列表中的对应位置,然后完成并行排序的整个过程。这个方案并行部分的完整伪代码如下:

```
1     my_sublist_size = n / thread_count;
2     my_first = my_rank * my_sublist_size;
3     my_last = my_first + my_sublist_size;
4     subsample_size = s / thread_count;
5     subsample_idx = subsample_size * my_rank;
6
7     // 对该线程的全局列表部分进行排序
8     Sort(list, my_first, my_last);
9
10    // 使用确定性采样方法
11    Choose_sample(my_first, my_last,
12          subsample_idx, subsample_size);
13
14 #  pragma omp barrier
15
16    // 该部分由单个线程处理
17    if (my_rank == 0) {
18       Sort(sample, 0, s);
19       splitters = Choose_splitters(sample, s, thread_count);
20    }
21
22 #  pragma omp barrier
23
24    // 计算该线程的子列表中将推送给
25    // 每个线程的元素的数量,
26    // 存储为全局count_matrix的一行
27    Find_counts(my_rank);
28 #  pragma omp barrier
29
30    // 找到该线程的桶大小
31    bucket_size = 0;
32    for each thread_rank {
33       idx = thread_rank * thread_count + my_rank;
34       bucket_size += count_matrix[idx];
35    }
36 #  pragma omp barrier
37
38    // 每个线程计算其行的排他前缀和
39    Calc_prefix_sums();
40 #  pragma omp barrier
41
42    // 准备完成。开始合并:
43    for each thread_rank {
44       Merge(my_bucket, thread_rank);
45    }
46 #  pragma omp barrier
47
48    // 使用全局桶计数确定桶的位置
49    list_low, list_high = Calc_list_positions(
50          rank, bucket_counts[rank]);
51
52    // 将排序后的子列表从桶复制回全局列表
53    Copy(global_list, my_bucket, list_low, list_high);
```

在这里,合并过程与标准的归并排序大致相同:假设两个列表都是按升序排序的,比较每个列表的首个元素，较小的元素被移入临时数组。一旦有一个列表的末端元素被存储在临时数组中，那么另一个列表的剩余元素就可以直接复制到临时数组中。

表 7.11 显示了第二种实现方案在同一测试平台上的运行时间（以秒为单位），输入列表的大小同样为 $2^{24}=16\ 777\ 216$ 个整型数据，样本大小为 65 536 个整型数据。同样，该表还提供了 C 语言库中 qsort 函数的运行时间作比较。该程序在编译时启用了编译器优化（gcc-03），并且每个测试配置运行了 1 000 次试验，并给出了最小的运行时间。

表 7.11　样本排序的第二个 OpenMP 实现的运行时间（以秒为单位）

线程	运行时间	线程	运行时间
1	2.65	16	0.21
2	1.33	32	0.15
4	1.01	64	0.13
8	0.35	qsort	2.59

虽然第二种实现方案需要花更多的时间来进行前期的准备工作（包括计算和编程工作），但是从全局来看这种方案能够更好地缩短运行时间，因为每个线程不需要迭代整个元素列表。

7.2.7　使用Pthreads实现样本排序

与 *n*-body 问题的求解方案一样，样本排序的 Pthreads 实现与 OpenMP 的实现非常相似。为了避免重复讨论，我们将集中讨论这两种方案在实现上的差异。

对于算法的第一次迭代，我们可以通过多线程程序来代替 OpenMP 并行区域。在主线程中完成初始步骤（收集参数、分配数据结构、选择样本和分隔器数值）后，我们使用 pthread_create 函数来启动算法的并行部分，伪代码如下：

```
1    bucket_counts[rank] = 0;
2    my_bucket_size = n / thread_count;
3    my_bucket = malloc(my_bucket_size * sizeof(int));
4
5    // 从全局分隔器列表中获取桶的范围
6    bucket_low, bucket_high = Calc_splitter_range(rank);
7
8    for each element x of list {
9        if (x >= bucket_low && x < bucket_high) {
10           if (bucket is full) {
11               my_bucket_size = my_bucket_size * 2;
12               my_bucket = realloc(my_bucket, my_bucket_size);
13           }
14
15           // 在桶中添加x, 增加全局桶计数
16           my_bucket[bucket_counts[rank]++] = x;
17       }
18   }
19
20   Sort(my_bucket, 0, my_bucket_size);
21
22   // 等待所有线程排序
23   pthread_barrier_wait(&bar);
```

```
24
25      // 使用全局桶计数确定桶的位置
26      list_position = Calc_list_position(
27          rank, bucket_counts[rank])
28
29      // 将排序后的子列表从桶中复制回全局列表
30      Copy(list + list_position, my_bucket, my_bucket_size)
```

请注意，在这里实现的主要区别是我们使用了一个来自 Pthreads 库的栅栏函数：pthread_barrier_wait，其使用方法为 Pthreads 对象的典型用法：

```
1       // 共享栅栏变量
2       pthread_barrier_t bar;
3
4       ...
5
6       // 用n个线程初始化栅栏 'bar'
7       // （在算法的串行部分中完成一次）：
8       pthread_barrier_init(&bar, NULL, n);
9
10      ...
11
12      // 等待所有线程到达栅栏：
13      pthread_barrier_wait(&bar);
14
15      ...
16
17      // 当不再需要它时，在主线程中销毁栅栏
18
19      pthread_barrier_destroy(&bar);
20      //
```

有关该函数的详细用法请参见第 4 章中的练习 4.10。

然而，由于 Pthread 栅栏并非在所有平台上都可以使用，因此我们也可以使用条件变量来实现这一功能。

```
1       void Barrier(void) {
2           pthread_mutex_lock(&bar_mut);
3           bar_count++;
4           if (bar_count == thread_count) {
5               bar_count = 0;
6               pthread_cond_broadcast(&bar_cond);
7           } else {
8               while (pthread_cond_wait(&bar_cond, &bar_mut) != 0);
9           }
10          pthread_mutex_unlock(&bar_mut);
11      }
```

这里的 bar_mut 和 bar_cond 均为共享变量。

表 7.12 显示了在双 AMD EPYC 7281 16 核处理器的系统上初始实现方案的运行时间（以秒为单位）。输入列表包含 2^{24}=16 777 216 个整型数据，而样本包含 65 536 个整型数据。该表还提供了 C 语言库中 qsort 函数的运行时间作比较。该程序在编译时启用了编译器优化（gcc-03），并且每个测试配置运行了 1 000 次试验，并给出了最小的运行时间。

与 OpenMP 的实现方案一样,我们对 Pthreads 的实现方案进行了一些改进,虽然这种实现方案依然是不可扩展的,但是我们对第二种实现方案进行了同样的优化(并行确定性采样,提前确定桶的大小,将数值复制到桶中并进行合并)。表 7.13 显示了在同一个测试平台上的运行时间(以秒为单位)。输入列表的大小同样为 2^{24}=16 777 216 个整型数据,样本大小为 65 536 个整型数据。同样,该表还提供了 C 语言库中 qsort 函数的运行时间作比较。并且该程序在编译时启用了编译器优化(gcc-03)。

表 7.12 样本排序的第一个 Pthreads 实现的运行时间(时间以秒为单位)

线程	运行时间
1	3.55
2	2.31
4	1.71
8	1.48
16	1.45
32	1.28
64	1.24
qsort	2.59

表 7.13 样本排序的第二个 Pthreads 实现的运行时间(时间以秒为单位)

线程	运行时间
1	2.65
2	1.36
4	1.08
8	0.35
16	0.20
32	0.14
64	0.12
qsort	2.59

我们可以看到,OpenMP 和 Pthreads 实现方案的性能非常相似。这并不令人惊讶,毕竟除了一些小的语法差异,它们的实现方案也很相似。

7.2.8　使用MPI实现样本排序

对于 MPI 的实现方案,我们假设初始列表被均分到各个进程之中,并且最终经过排序的列表将被收集到进程 0 中。假设元素总数 n 和样本大小 s 都能被进程数 p 除尽。因此,每个进程将负责处理包含 n/p 个元素的子列表,并且每个进程负责选择 s/p 个"子样本"。

第一种实现方案

每个进程都可以采用上述第一种串行方案的思想:每个进程从其子列表中选择样本数据,然后将样本数据聚集到进程 0 中。进程 0 将对样本进行分类,确定分隔器的数值,并将分隔器数值广播给所有进程。由于有 p 个桶,所以会有 $p-1$ 个分隔器:最小的分隔器小于或等于列表中的任何元素(MINUS_INFTY),而最大的分隔器则大于列表中的任何元素(INFTY)。

接下来,每个进程可以确定其包含的每个元素分别属于哪个桶,系统可以使用 MPI 的函数 MPI_Alltoallv 在桶之间分配每个子列表的内容。其使用方法为:

```
int MPI_Alltoallv(
    const  void    *send_data      /* in  */,
    const  int     *send_counts    /* in  */,
    const  int     *send_displs    /* in  */,
    MPI_Datatype    send_type      /* in  */,
    void           *recv_data      /* out */,
    const  int     *recv_counts    /* in  */,
    const  int     *recv_displs    /* in  */,
```

```
MPI_Datatype    recv_type           /* in */,
MPI_Comm        comm                /* in */);
```

在函数设定中，send_data 代表进程对应的子列表，而 recv_data 代表进程对应的桶。此外，该函数假定任何一个进程包含的元素在 send_data 以及 recv_data 中占据连续的位置 [⊖]。通信器为 comm，对我们来说是 MPI_COMM_WORLD。send_type 和 recv_type 都是 MPI_INT。对于本系统来说，数组 send_counts 和 send_displs 表示子列表中的元素应该存储到哪里，而数组 recv_counts 和 recv_displs 表示桶中的元素来自哪里。

举个例子，假设我们有三个进程，分隔器的数值为 4 和 10，那么子列表和桶中的数据如下表所示。

	进程		
	0	1	2
子列表	3, 5, 6, 9	1, 2, 10, 11	4, 7, 8, 12
桶	3, 1, 2	5, 6, 9, 4, 7, 8	10, 11, 12

并且，每个进程应该向其他进程发送的数据量如下。

来自进程	发送到进程		
	0	1	2
0	1	3	0
1	2	0	2
2	0	3	1

所以每个进程对应的 send_counts 应该为：

$$Process\ 0 : \{1, 3, 0\}$$
$$Process\ 1 : \{2, 0, 2\}$$
$$Process\ 2 : \{0, 3, 1\}$$

并且每个桶对应的 recv_counts 应该为：

$$Process\ 0 : \{1, 2, 0\}$$
$$Process\ 1 : \{3, 0, 3\}$$
$$Process\ 2 : \{0, 2, 1\}$$

因此，recv_counts 可以通过获取 send_counts 构成的矩阵的列来得到，并且该矩阵的行数据代表了 send_counts。

数组 send_counts 表示 MPI_Alltoallv 函数应该从一个给定的进程向任何其他进程发送多少个整型数据，而数组 recv_counts 则告诉该函数有多少个元素从每个进程来到指定的进程中。然而，为了确定进入给定进程的子列表中的元素从哪里开始，MPI_Alltoallv 函数还需要计算每个进程对应的**偏移量**，用于存储从给定的进程到其他进程的第一个元素的编号。在我们的设置中，这些偏移量可以通过计算 send_counts 数组的前缀和来得到。因此，在这一例子中，不同进程对应的 send_displs 数组为：

$$Process\ 0 : \{0, 1, 4\}$$
$$Process\ 1 : \{0, 2, 2\}$$
$$Process\ 2 : \{0, 0, 3\}$$

⊖　这些假设仅适用于数组在内存中占据连续的位置。

并且每个进程对应的 recv_displs 数组为:

$$Process\ 0 : \{0,\ 1,\ 3\}$$
$$Process\ 1 : \{0,\ 3,\ 3\}$$
$$Process\ 2 : \{0,\ 0,\ 2\}$$

值得注意的是，通过将 recv_counts 的最终数据添加到数组 recv_displs 中，我们可以得到数组 recv_data 所需的元素总数。

$$Process\ 0 : recv\_data[],\ 3 + 0\ \textbf{ints}$$
$$Process\ 1 : recv\_data[],\ 3 + 3\ \textbf{ints}$$
$$Process\ 2 : recv\_data[],\ 2 + 1\ \textbf{ints}$$

数组 recv_data 包含 n 个元素，所以我们不必为每个进程对应的 recv_data 数组分配准确大小的存储空间。在调用 MPI_Alltoallv 函数后，每个进程会对其本地列表进行排序。

请注意，一般来说，我们需要首先获得来自每个进程的元素数量。这一步可以通过使用 MPI_Alltoallv 函数来实现，但是由于每个进程都需要向其他进程发送一个 int 类型的数据，所以可以使用一个更简单的函数 MPI_Alltoall 来实现。

```
int MPI_Alltoall(
      const void    *send_data      /* in  */,
      int           send_count       /* in  */,
      MPI_Datatype  send_type        /* in  */,
      void          *recv_data       /* out */,
      int           recv_count       /* in  */,
      MPI_Datatype  recv_type        /* in  */,
      MPI_Comm      comm             /* in  */);
```

对我们来说，每个进程应该在 send_data 中存储属于其他进程的元素数量。变量 send_count 和 recv_count 的数值应该为 1，并且类型均为 MPI_INT。

在这一步，我们的惯例是，可以将整个输入列表收集到进程 0 中。看似我们可以简单地使用 MPI_Gather 将分布式列表收集到进程 0 中。然而，MPI_Gather 函数希望每个进程为全局列表贡献相同数量的元素，而一般来说，情况并非如此。我们在第 3 章使用了 MPI_Gather 的另一个版本，MPI_Gatherv（见练习 3.13），它的用法如下:

```
int MPI_Gatherv(
      void*         loc_list          /* in  */,
      int           loc_list_count    /* in  */,
      MPI_Datatype  send_elt_type     /* in  */,
      void*         list              /* out */,
      const int*    recv_counts       /* in  */,
      const int*    recv_displs       /* in  */,
      MPI_Datatype  recv_elt_type     /* in  */,
      int           root              /* in  */,
      MPI_Comm      comm              /* in  */);
```

该函数与 MPI_Gather 的用法非常相似:

```
int MPI_Gather(
      void*         loc_list          /* in  */,
      int           loc_list_count    /* in  */,
      MPI_Datatype  send_elt_type     /* in  */,
      void*         list              /* out */,
```

```
const int         recv_count            /* in */,
MPI_Datatype      recv_elt_type         /* in */,
int               root                  /* in */,
MPI_Comm          comm                  /* in */);
```

唯一的区别是，在 MPI_Gatherv 函数中，有一个 recv_counts 数组，而不是一个整型数据，负责存储每个进程发送给全局列表的数据量。除此之外还有一个偏移量数组，这些差异是很明显的，每个进程会向全局列表贡献一个 loc_list_count 数组，并且每个数组的类型均为 send_elt_type。在 MPI_Gather 函数中，每个进程贡献相同数量的元素，所以 loc_list_count 数组对于每个进程来说都是相同的。而在 MPI_Gatherv 函数中，各进程贡献了不同数量的元素。因此，我们需要一个 recv_count 数组，而不是每个进程都有一个单一的 recv_count 整型数据。除此之外，与 MPI_Alltoallv 函数进行类比，我们还需要一个偏移量数组，即 recv_displs，用来指示每个进程贡献的元素在全局列表中的起始位置。

所以我们需要知道每个进程向全局列表贡献了多少个元素，以及每个进程贡献的第一个元素在全局列表中的偏移量。

现在回顾一下，每个进程都建立了两个数组，并且在调用 MPI_Alltoallv 函数时对它们进行赋值。第一个数组指定该进程从每个进程收到的元素数量，第二个数组指定从每个进程收到的第一个元素的偏移量（或位移）。如果我们将这两个数组分别命名为 my_fr_counts 和 my_fr_offsets，那么就可以通过累加来得到从每个进程收到的元素总数：

```
my_new_count =  my_fr_counts[p-1] + my_fr_offsets[p-1];
```

我们可以将这些统计数据采集到进程 0 中，以得到 recv_counts 数组，并且可以通过计算 recv_counts 数组的前缀和来得到 recv_displs。

总结一下，程序 7.5 给出了该方案实现样本排序的伪代码：

```
/*  s =全局样本大小 */
loc_s = s/p;
Gen_sample(my_rank, loc_list, loc_n, loc_samp, loc_s);
Gather_to_0(loc_samp, global_sample);
if (my_rank == 0) Find_splitters(global_sample, splitters);
Broadcast_from_0(splitters);

/*  每个进程拥有所有分隔器       */
Sort(loc_list, loc_n);
/*  my _to__counts存储p个int  */
Count_elts_going_to_procs(
     loc_list, splitters, my_to_counts);

/*  在my_fr_counts中获取每个进程的元素数量 */

MPI_Alltoall(my_to_counts, 1, MPI_INT,
     my_fr_counts, 1, MPI_INT, comm);

/*  为每个进程构造偏移量数组  */
Excl_prefix_sums(my_to_counts, my_to_offsets, p);
Excl_prefix_sums(my_fr_counts, my_fr_offsets, p);

/*  重新分配列表中的元素  */
```

```
/* 每个进程接收它的元素到tlist */
MPI_Alltoallv(
        loc_list, my_to_counts, my_to_offsets, MPI_INT,
        tlist, my_fr_counts, my_fr_offsets, MPI_INT, comm);
my_new_count = my_fr_offsets[p−1] + my_fr_counts[p−1];

Sort(tlist, my_new_count);

/* 收集tlist到进程0 */
MPI_Gather(&my_new_count, 1, MPI_INT, bkt_counts, 1,
        MPI_INT, 0, comm);
if (my_rank == 0)
        Excl_prefix_sums(bkt_counts, bkt_offsets, p);
MPI_Gatherv(tlist, my_new_count, MPI_INT, list, bkt_counts,
        bkt_offsets, MPI_INT, 0, comm);
```

程序 7.5　样本排序的第一个 MPI 实现的伪代码

表 7.14 显示了这种实现方案的运行时间。输入列表包含 2^{22}=4 194 304 个整型数据，样本大小为 16 384 个整型数据。表的最后一行显示了 C 语言库中 qsort 函数的运行时间。本次测试在 Linux 系统下进行，系统有两个 Xeon Silvers 4116 处理器，时钟频率为 2.1GHz。每个 Xeons 有 24 个核心，MPI 的版本为 MPICH 3.0.4。由于编译器的优化对整个系统的运行时间没有什么影响。所以在此给出的是没有进行优化下系统的运行时间。

表 7.14　样本排序的第一个 MPI 实现的运行时间（以秒为单位）

进程	运行时间
1	9.94e-1
2	4.77e-1
4	2.53e-1
8	1.32e-1
16	7.04e-2
32	5.98e-2
qsort	7.39e-1

第二种实现方案

第一种 MPI 实现方案效果似乎相当不错。在除了 32 个核心以外的情况下，效率至少为 0.88，并且在两个或者更多个核心的情况下，该实现方案总是比 qsort 函数要快。但是我们希望在使用 32 个核心时能够进一步提升系统的运行效率。

我们可以对代码进行一些修改，以提升系统的整体性能：

1. 通过并行排序算法取代对样本进行串行排序。

2. 通过并行算法来计算分隔器数值。

3. 编写我们自己的 Alltoallv 函数的实现代码。

前两个修改很容易理解。对于第一个修改，可以采用一个并行的奇偶移项排序来取代样本聚集到进程 0 后采用的串行排序算法（见 3.7 节）。

在对样本进行并行排序后，样本将被分配到各个进程中，所以不需要再次分散样本数据。由于进程 $q-1$ 包含的元素均小于进程 q 包含的元素，对于 $q=1, 2, \cdots, p-1$。因此，既然有 p 个分隔器，我们可以将每个进程包含样本的最大元素发送给下一个更高等级的进程（如果存在的话），用于计算分隔器的数值，而下一个更高等级的进程可以将这个值与它包含的最小元素求平均值，作为当前分隔器的数值（见图 7.9）。

接下来让我们来看看如何实现 Alltoallv 函数。当 p 是 2 的幂次时，我们可以采用蝶形结构来实现该函数。

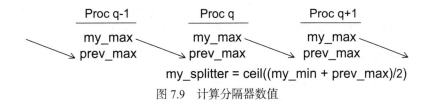

图 7.9　计算分隔器数值

首先我们用一个小的示例来说明如何实现，然后再讨论一般情况。假设有四个进程，分隔器数值分别为 $\{-\infty,4,6,9,\infty\}$。又假设子列表如下表所示。

	进程			
	0	1	2	3
子列表	3, 5, 6	2, 9, 10	7, 8, 12	1, 4, 11

那么 Alltoallv 的蝶形实现如图 7.10 所示。

算法开始时，排序后的子列表分布在各个进程之间。第一阶段使用"中间"分隔器，splitter[2]=6 来对数据进行划分。所有小于 6 的元素会被划分到列表的前一半中，而所有大于或等于 6 的元素会被划分到列表的后一半中。

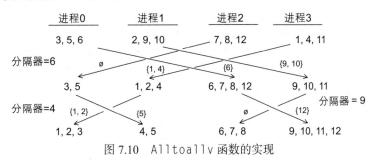

图 7.10　Alltoallv 函数的实现

接下来进程 0 和 2 进行数据交换，进程 1 和 3 进行数据交换。在数据交换完成后旧的子列表的剩余部分会与收到的元素列表进行合并。

现如今分布式列表已经被分成了两半，小于 $p/2$ 的进程和大于等于 $p/2$ 的进程之间已经不需要再进行通信。所以我们现在可以在进程 0 和 1 之间划分列表的前半部分，而在进程 2 和 3 之间划分列表的后半部分。

为了在进程 0 和 1 之间划分列表的前半部分，我们将使用 splitter[1]=4 对数据进行划分，而为了分割列表的后半部分，我们将使用 splitter[3]=9 对数据进行划分。与第一阶段一样，成对的进程间（进程 0 和 1，进程 2 和 3）将交换数据，并且每个进程将把其剩余的数据与获取的数据列表合并。

至此我们得到了一个分布式的并且经过排序的列表，可以使用 MPI_Gather 和 MPI_Gatherv 函数将列表聚集到进程 0 中，这与我们第一种 MPI 实现方案的最后一步相同。

因此，让我们来看看 Alltoallv 函数实现的一些细节（见程序 7.6）。

了解其工作原理的关键是理解各种标量值的二进制表示。变量 bitmask 决定了哪些进程之间要进行数据交换：进程 my_rank 会与以下进程进行数据交换。

```
partner = my_rank ^ bitmask;
```

（回想一下，^ 代表异或运算）bitmask 的初始值为 p>>1，每执行一个阶段，它将被右移一位。当它等于 0 时，代表着迭代结束。

在我们的例子中，当 $p=4=100_2$ 时，bitmask 的取值为 10_2、01_2 和 00_2。右表显示了哪些进程之间将进行数据交换。

bitmask	进程			
	$0 = 00_2$	$1 = 01_2$	$2 = 10_2$	$3 = 11_2$
10_2	$2 = 10_2$	$3 = 11_2$	$0 = 00_2$	$0 = 01_2$
01_2	$1 = 01_2$	$0 = 00_2$	$3 = 11_2$	$2 = 10_2$

```
1      unsigned bitmask = which_splitter = p >> 1;
2
3      while (bitmask >= 1) {
4         partner = my_rank ^ bitmask;
5         if (my_rank < partner) {
6            Get_send_args(loc_list, loc_n, &offset, &count,
7               splitter[which_splitter], SEND_TO_UPPER);
8            new_loc_n = offset
9            bitmask >>= 1;
10           which_splitter -= bitmask /* 下一轮的分隔器 */
11        } else {
12           Get_send_args(loc_list, loc_n, &offset, &count,
13              splitter[which_splitter], SEND_TO_LOWER);
14           new_loc_n = loc_n - count;
15           bitmask >>= 1;
16           which_splitter += bitmask;
17        }
18        MPI_Sendrecv(loc_list + offset, count, MPI_INT, partner,
19           0, rcv_buf, n, MPI_INT, partner, 0, comm, &status);
20        MPI_Get_count(&status, MPI_INT, &rcv_count);
21
22        loc_n = new_loc_n;
23        if (my_rank < partner) {
24           offset = 0;
25        } else {
26           offset = count;
27        }
28
29        /* 将loc_list和rcv_buf合并到tmp_buf中，并交换loc_list和tmp_buf */
30
31        Merge(&loc_list, &loc_n, offset,
32           rcv_buf, rcv_count, &tmp_buf);
33     }  /* 当bitmask ⩾1 */
```

程序 7.6　第二个 MPI 样本排序中的蝶式算法的伪代码

请注意，在所有进程中 bitmask 的取值均相同。

变量 which_splitter 代表分隔器数组元素的下标，用来决定哪些元素应该从一个进程发送到另外一个进程中。因此，一般来说，每个进程中 which_splitter 的值通常并不相同。该变量也被初始化为 p>>1，但它会使用其在前一次迭代中的值和更新后的 bitmask 来进行数据的更新。如果与当前进程进行数据交换的进程具有更高的等级，那么在下一次迭代中，其应该选择的分隔器下标为：

```
which_splitter = which_splitter - bitmask
```

相反，如果与当前进程进行数据交换的进程等级较低，则其应该选择的分隔器下标为：

```
which_splitter = which_splitter + bitmask
```

下表显示了当 p=8 时每个进程对应的 which_splitter 的值（bitm 为 bitmask 的缩写）。

函数 Get_send_args 决定了在调用 MPI_Sendrecv 函数时使用的参数 offset 和 count。变量 offset 给出将被发送给当前进程进行数据交换的进程对应的 loc_list 中第一个元素的下标，而变量 count 则代表将被发送的元素数量。它们是通过在本地列表中搜索分隔器的位置来确定的。这一步可以通过线性搜索或二进制搜索来实现。在本方案中采用的是线性搜索。

新的 bitm	进程							
	$0 = 000_2$	$1 = 001_2$	$2 = 010_2$	$3 = 011_2$	$4 = 100_2$	$5 = 101_2$	$6 = 110_2$	$7 = 111_2$
XXX	$4 = 100_2$	$4 = 100_2$	$4 = 100_2$	$4 = 100_2$	$4 = 100_2$	$4 = 100_2$	$4 = 100_2$	$4 = 100_2$
010_2	$2 = 010_2$	$2 = 010_2$	$2 = 010_2$	$2 = 010_2$	$6 = 110_2$	$6 = 110_2$	$6 = 110_2$	$6 = 110_2$
001_2	$1 = 001_2$	$1 = 001_2$	$3 = 011_2$	$3 = 011_2$	$5 = 101_2$	$5 = 101_2$	$7 = 111_2$	$7 = 111_2$

在调用 MPI_Sendrecv 函数之后，我们通过状态参数以及对 MPI_Get_count 函数的调用来确定进程收到的元素数量。接下来调用 Merge 函数，将旧的本地列表和收到的元素列表合并到 tmp_buf 数组中。在合并结束后，将新的列表与最初的 loc_list 数组进行互换。

使用 MPI_Alltoallv 函数的实现方案与本实现方案的一个重要区别是，为了使用 MPI_Alltoallv 函数，我们必须在调用之前确定以下数据：

❏ 有多少元素从每个进程传输到其他进程。

❏ 从每个进程传输到其他进程的第一个元素的偏移量。

正如我们已经看到的，这种实现方案需要在进程间进行通信，所以相对来说是很耗时的。通过人工编码实现该函数，我们可以在算法执行的过程中确定这些数据，而且这些数据实际上已经包含在实际的通信中。我们可以在收到数据后使用状态参数以及（本地）MPI 函数 MPI_Get_count 来访问相关数据。

在上述实现数据交换的方法中，我们使用 MPI_Sendrecv 函数和一个足够大的接收缓冲区来接收所有列表（例如，一个包含 *n* 个元素的输入列表）。一个内存效率更高的实现方案是将发送和接收数据分隔开，在接收数据之前，可以调用 MPI_Probe 函数：

```
int MPI_Probe(
    int          source    /* in  */,
    int          tag       /* in  */,
    MPI_Comm     comm      /* in  */,
    MPI_Status*  status_p  /* out */);
```

这个函数将一直被阻塞，直到其收到通知有一个来自进程的带有标签 tag 的消息已经通过通信器 comm 发送。当该函数重新开始执行时，status_p 所指的字段将被初始化，并且调用该函数的进程可以通过 MPI_Get_count 函数来确定传入消息的大小。有了这一消息，如果有必要的话，进程可以在调用 MPI_Recv 函数之前调用 realloc 函数来扩大接收缓冲区的容量。

为了确保这对 MPI 通信的安全（见 3.7.3 节），我们可以使用**非阻塞**的方法发送消息，而不再通过标准的形式发送消息。其对应的语法为：

```
int MPI_Isend(
    void*        buf        /* in  */,
    int          count      /* in  */,
    MPI_Datatype datatype   /* in  */,
    int          dest       /* in  */,
    int          tag        /* in  */,
    MPI_Comm     comm       /* in  */,
    MPI_Request* request_p  /* out */);
```

前六个参数与 MPI_Send 函数的参数相同。然而，与 MPI_Send 函数不同的是，MPI_Isend 只负责启动通信。换句话说，其通知系统应该向目的进程发送一个消息。在通知系统后，MPI_Isend 进行返回："I"代表"立即"返回。正因为如此，在通信完成之前，用户不能修改发送缓冲区 buf。

有几个 MPI 函数可用于完成非阻塞操作，在此我们只需要 MPI_Wait：

```
int MPI_Wait(
    MPI_Request*    request_p    /* in  */,
    MPI_Status*     status_p     /* out */);
```

request_p 参数负责保存 MPI_Isend 函数返回的参数，它是一个不透明的对象，被系统用来识别该操作。当程序调用 MPI_Wait 函数时，程序会被阻塞直到数据发送完成。因此，非阻塞通信有时被称为"分裂"或"两阶段"通信。在此我们不需要使用 status_p 参数，所以可以传入 MPI_STATUS_IGNORE 作为该参数的值。

综上所述，如果我们想尽可能减少对内存的访问次数，可以通过程序 7.7 所示的函数取代程序 7.6 中对 MPI_Sendrecv 函数的调用：

```
int MPI_Abort(
    MPI_Comm    comm         /* in  */,
    int         errorcode    /* in  */);
```

```
1   void Send_recv(int snd_buf[], int count, int** rcv_buf_p,
2       int* rcv_buf_sz_p, int partner, MPI_Comm comm) {
3     int rcv_count, *rcv_ptr;
4     MPI_Status status;
5     MPI_Request req;
6
7     /* Start the send */
8     MPI_Isend(snd_buf, count, MPI_INT, partner, 0, comm, &req);
9
10    /* Wait for info on storage needed for rcv_buf */
11    MPI_Probe(partner, 0, comm, &status);
12    MPI_Get_count(&status, MPI_INT, &rcv_count);
13    if (rcv_count > *rcv_buf_sz_p) {
14       rcv_ptr = realloc(*rcv_buf_p, rcv_count);
15       if (rcv_ptr == NULL)
16          /* Call to realloc failed, quit */
17          MPI_Abort(comm, REALLOC_FAILED);
18       else
19          *rcv_buf_p = rcv_ptr;
20    }
21
22    /* Now do the receive */
23    *rcv_buf_sz = rcv_count;
24    MPI_Recv(*rcv_buf_p, rcv_count, MPI_INT,
25        partner, 0, comm, &status);
26
27    /* Complete the send */
28    MPI_Wait(&req, MPI_STATUS_IGNORE);
29  } /* Send_recv */
```

程序 7.7　Send_recv 函数，用于最小化内存需求该函数将终止所有在 comm 中的进程，并向调用环境返回错误代码。所以我们需要定义常量 REALLOC_FAILED。请注意，目前 MPI 的实现将终止所有进程，而不仅仅是 comm 中的进程。

让我们来看看 Alltoallv 和 MPI_Sendrecv（含有较大缓冲区）两个人工编码的函数在使用蝶形实现样本排序时的性能。表 7.15 显示了这个版本与第一种使用 MPI_Alltoallv 函数的原始版本进行样本排序所需的运行时间。所有的测试都是在同一个环境下进行的，两个版本都没有使用编译器优化，并且输入的数据都是一样的。很容易看出，第二个版本总是比第一个版本快，并且通常效率更高。唯一的例外是，当 p=16 时，第一个版本的效率为 0.88，而第二个版本的效率为 0.82，这是因为第一个版本的运行时间要比第二个版本大得多。请注意，在 p=32 的情况下，两个版本的效率都不高：第一个版本的效率为 0.52，第二个版本的效率为 0.56。因此，我们将在练习 7.22 中研究对第二个版本的进一步改进方案。

表 7.15　样本排序的两个 MPI 实现的运行时间（以秒为单位）

进程	版本 1 运行时间	版本 2 运行时间
1	9.94e-1	8.39e-1
2	4.77e-1	4.03e-1
4	2.53e-1	2.10e-1
8	1.32e-1	1.10e-1
16	7.04e-2	6.36e-2
32	5.98e-2	4.67e-2
qsort	7.39e-1	7.39e-1

7.2.9　使用CUDA实现样本排序

与之前一样，我们将使用两种方式来实现样本排序。第一种是通过在主机和设备之间拆分数据实现的。而第二种实现的基本结构与之前的第二种串行实现方案相同。然而，与第一种实现方案不同的是，第二种实现方案中整个算法除了同步以外，都是在设备上执行的。

第一种实现方案

对于第一种实现方案，我们将通过把计算限制在一个线程块中来避免线程块之间的同步问题。系统将通过主机来选择样本数据，对样本数据进行排序，并选择分隔器数值来完成开始实现前的准备工作。接下来，系统通过一个核函数建立所需的数据结构，并将元素分配到正确的桶中。与 MIMD 的实现方法一样，每个线程将负责一个子列表和一个桶相关的工作。

主机部分的代码与第一种串行实现方案相同，其使用随机数生成器来选择样本数据，使用 qsort 库函数来对样本数据进行排序，并使用一个简单的 **for** 循环来确定分隔器数值，分隔器是通过在样本中等间距的选择得到的。

设备部分的代码首先从列表中找出将被映射到每个桶中的元素数量。这些数据将被存储在一个数组 counts 中。接下来，我们并行的计算 counts 数组的前缀和。此时我们将得到每个线程对应的桶中的第一个元素的下标，当前缀和计算完成时，每个线程可以将其桶中的元素复制到一个临时数组中的连续空间中。当设备部分的代码执行完成后，每个线程会对其桶中的元素进行排序，并将桶中的元素复制到原始列表中（见程序 7.8）。

让我们来看看实现的一些细节。首先，被排序的列表作为参数列表，包含 n 个元素，与其他例子一样，一共有 $b+1$ 或者 th_per_blk+1 个分隔器，并且 MINUS_INFTY 和 INFTY 将分别作为第一个和最后一个分隔器存储起来。counts 数组也包含 th_per_blk+1 个元素，这使得我们能够找到桶中的第一个和最后一个元素，而不需要把最后一个桶作为一个特殊情况去处理。

```
1   __global__ void Dev_ssort(int list[], int splitters[],
2       int counts[], int n) {
3     int my_rank = threadIdx.x;    // Only one thread block
4     int th_per_blk = blockDim.x;
5     int my_first, my_last, my_count, *my_bkt;
6     __shared__ int shmem[MAX_SHMEM];    // n <= MAX_SHMEM
7
8     Find_counts(list, n, splitters, counts,
9           th_per_blk, my_rank);
10    __syncthreads();
11
12    my_count = counts[my_rank];
13    // 现在，counts拥有进入每个桶的元素数量，
14    // counts拥有th_per_blk+1个元素。
15    // 最后一个元素未初始化
16    Excl_prefix_sums(counts, th_per_blk+1, my_rank);
17    if (my_rank == 0) counts[th_per_blk] = n;
18    __syncthreads();
19
20    int* my_bkt = shmem + counts[my_rank];
21    Copy_to_my_bkt(list, n, splitters,
22          my_bkt, my_count, my_rank);
23
24    Serial_sort(my_bkt, my_count);
25    __syncthreads();
26
27    my_first = counts[my_rank];
28    my_last = counts[my_rank+1];
29    Copy_fr_my_bkt(list, my_bkt, my_rank, counts[my_rank],
30          counts[my_rank+1]);
31  }  /* Dev_ssort */
```

程序 7.8　样本排序的第一个 CUDA 实现的内核代码

我们将使用共享内存数组 shmem 来对各个桶进行存储和排序。它会被划分为 b 个子数组：第 i 个子数组将存储第 i 个桶中的数据，其中 $i=0, 1, \cdots, b-1$。这将有效地减少我们要进行排序的元素数量。例如，在我们的系统中，一个线程块可用的最大共享内存量是 49 152 字节或 49 152/4=12 288 个整型数据。

请注意，在大多数函数调用之后都需要设置一个栅栏（即调用 __syncthreads），因为在之后的函数调用中可能会有线程使用先前函数调用产生的输出，而这些输出可能是由另一个线程计算的。例如，Find_counts 函数的输出是数组 counts，而 counts[i] 是由 myrank=i 这一线程计算的，$i=0,1,\cdots,$th_per_blk。但是在对 Excl_prefix_sums 函数的调用中，其他线程一般都会使用这一数组。因此，如果这两个调用之间不设置栅栏的话，

就可能会引入一个线程间的竞争关系。

除了 Excl_prefix_sums 函数之外，在核函数中调用的设备函数实现起来都非常简单。在 Find_count 和 Copy_to_my_bkt 函数中，每个线程都会对列表中的所有元素进行统计。在 Find_counts 函数中，每个线程会计算属于其对应的桶中的元素数量。这一信息被用来确定桶的位置和大小。而在 Copy_to_my_bkt 函数中，每个线程将属于其对应的桶中的元素复制到 shmem 的对应子数组中。

Serial_sort 函数可以使用任意单线程算法对列表进行排序。在此我们采用了堆排序算法。最后，在 Copy_fr_my_bkt 函数中，每个线程需要将排好序的桶复制到列表的适当位置中。

前缀和

回顾一下，我们在讨论串行的样本排序实现方案时，讨论过前缀和的实现方法（见 7.2.4 节中的“前缀和”部分）。为了实现样本排序，我们可以计算 counts 数组去除自身的前缀和来决定每个桶在 shmem 数组中的位置。回顾一下，如果 x 是一个包含 b 个元素的数组，那么数组 x 的前缀和为：

$$0,x[0],x[0]+x[1],\cdots,x[0]+x[1]+\cdots+x[b-2]$$

因此，可以通过以下串行代码计算数组去除自身的前缀和：

```
ps[0] = 0;
for (i = 1; i < b; i++)
    ps[i] = ps[i-1] + x[i-1];
```

与串行实现方案相同，通过计算数组去除自身的前缀和可以得知每个桶的开始位置，这一步可以“在本地”完成，并且可以通过以下算法将前缀和存储在原始数组 x 中：

```
told = x[0];
x[0] = 0;
for (i = 1; i < b; i++) {
    tnew = x[i];
    x[i] = told + x[i-1];
    told = tnew;
}
```

由于我们最初就对串行前缀和感兴趣，所以这个算法就是我们需要的。事实上，考虑到第 i 个前缀和的计算依赖于第 $i-1$ 个前缀和的计算，我们可能会认为前缀和的计算本身就是串行的。然而，有一个相对简单的并行算法，比串行算法要快很多。

```
if (my_rank == 0)
    tmp = my_rank;
else
    tmp = x[my_rank-1];
__syncthreads();
x[my_rank] = tmp;
__syncthreads();

for (shift = 1; shift < b; shift <<= 1) {
    if (my_rank >= shift) tmp = x[my_rank-shift];
    __syncthreads();
    if (my_rank >= shift) x[my_rank] += tmp;
    __syncthreads();
}
```

例如，假设数组 x 包含六个元素，其初始化情况如表 7.16 所示。请注意，由于线程块包含多个 warp，因此需要对线程进行同步，在此调用 __syncthreads 函数。如果不调用该函数，那么一个线程可能会"抢先"其他线程，并使用先前迭代的错误数据。

表 7.16   使用并行算法计算排他前缀和

时间	x 中的下标					
	0	1	2	3	4	5
开始	3	6	7	5	3	5
初始化	0	3	6	7	5	3
shift = 1	0	3	9	13	12	8
shift = 2	0	3	9	16	21	21
shift = 4	0	3	9	16	21	24

这不是最有效的并行实现方法，但这种方法更容易被理解和编码。例如，请参阅 [27]，了解更有效的实现方案。

第一种方案的性能

通过 CUDA 实现的样本排序性能如何？表 7.17 显示了 Intel Xeon Silver 4116 主机以 2.1GHz 的时钟频率运行在 NVIDIA 系统上的测试结果。所有的设备均为 Pascal GPU，并且最大时钟频率为 1.73GHz，包含 20 个 SM，每个 SM 包含 128 个 SP。

表 7.17   CUDA 第 1 版样本排序，$n=12\ 288, s=1\ 024$（时间以秒为单位）

进程	运行时间
32	7.48e−3
64	6.25e−3
128	5.14e−3
256	5.18e−3
512	5.19e−3
1 024	5.34e−3
qsort	2.69e−3

关于测试的性能结果，输入列表大小为 $n=12\ 288$，样本数据大小为 $s=1\ 024$，在每组输入下至少测试了样本排序算法 30 次，并显示其最短的运行时间。从表中结果很容易看出，通过 CUDA 实现样本排序的性能并不高，在主机单核上运行 C 语言库中的 qsort 函数的速度几乎是样本排序最快运行速度的两倍。此外，由于该程序在 512 和 1 024 个线程的情况下比在 256 个线程的情况下更慢，所以该程序同样不具备可扩展性。

表 7.18 显示了在给定样本大小的情况下程序的最快运行时间。对于不同的样本大小，运行程序所需的线程数从 64 到样本大小不等，除了当样本大小等于 2 048 时，我们最多只使用了 1 024 个线程。这是因为在系统中，单个线程块上可以运行的最大线程数为 1 024。这些数据表明，对于较大的样本数量，主机代码（选取样本，排序和计算分隔器）耗费的时间占整个系统运行时间的很大一部分。因此很明显，如果样本大小相对于列表大小来说很大，那么我们选择样本的算法就显得太慢了。表中数据还显示，随着样本大小的增加，花费在设备上的时间也在不断减少。这有两个可能的原因：第一，随着样本大小的增加，平均来说，分

配到每个线程上的工作量也会减少。第二，随着样本大小的增加，很可能桶的大小会变得更加均匀，从而使每个线程执行的总工作量减少。

表 7.18　CUDA 第 1 版样本排序。各种样本大小的最快时间（时间以毫秒为单位）

采样大小	线程的数量	主机时间	设备时间	总时间
128	128	0.005 72	3.29	3.30
256	256	0.176	3.02	3.20
512	512	0.614	2.95	3.56
1 024	256	2.93	2.25	5.18
2 048	512	8.93	1.27	10.2

最后，观察一下，当两个 SIMD 线程在两个不同的列表上运行串行排序算法（如堆排序）时，我们预计会存在大量的线程分歧，从而导致系统的并行程度非常小。我们通过对一个 CUDA 程序进行计时来研究这一问题，在这个程序中，一个有 n 个元素的列表在一组线程中共享，每个线程必须使用堆排序对其子列表进行排序。系统创建 32 个 CUDA 线程对每个子列表进行排序，接下来我们改变线程块的数量。当有一个由 32 个线程组成的线程块时，所有的线程都属于同一个 warp，因此它们是 SIMD 线程。另一种情况，每个线程都属于不同的线程块，并且从最终的意图和目的来看，它们是 MIMD 线程。表 7.19 显示了当 n=12 288 时系统的测试结果，程序在用于样本排序的同一 Pascal 系统上运行，并且 C 语言库中的 qsort 函数是在主机系统的一个核心上运行的。在同一个列表上，我们可以看到，即使使用 32 个 SIMD 线程，CUDA 的堆排序也比 C 语言库中的 qsort 函数快。更有意思的是，32 个 "MIMD" 线程带来的速度提升更大，并且线程分歧使得系统的运行时间增加了 50% 以上。

表 7.19　运行堆排序的 32 个 CUDA 线程的运行时间（时间以毫秒为单位）

线程块的数量	运行时间
1	1.16
2	1.05
4	1.04
8	1.02
16	0.814
32	0.764
qsort	1.82

我们将根据对第一种 CUDA 实现方案性能的观察来设计第二种 CUDA 实现方案。

第二种实现方案

很容易能够看出我们可以对第一种 CUDA 实现方案进行一些改进。例如，表 7.18 中的结果显示，对于较大的样本来说，执行串行代码（选择样本，排序和计算分隔器）花费的时间占系统整体运行时间的很大一部分。因此，我们应该使用将这些步骤并行化的算法。

另一个明显的问题是，第一种实现方案不能对超过 12 288 个元素的列表进行排序，而且在数据量这么小的列表上并行代码性能很难超越优化较好的串行代码。因此，我们应该编写一个能够对较大的列表进行排序的程序，并且为了充分发挥 GPU 的功能，我们应该编写一个能够充分利用多个大型线程块的程序。

第一种实现方案的最后一个问题是，线程没有利用 SIMD 的优势。当每个线程都在运行一个有许多条件分支的复杂算法时（例如，像堆排序这样的算法），线程很难在同一时间执行相同的指令。在 MIMD 系统上，这可能不是问题，但是在理想的 SIMD 程序中，所有线程应当同时执行同一指令。当线程需要采取不同的分支时，其他线程必然会被闲置，这样，SIMD 线程的计算优势就被浪费了。

一些研究人员已经基于 GPU 开发了实现样本排序的程序。我们的解决方案是 [13] 中讨论的实现方案的简化版本。在这一实现方案中，每个桶对应一个线程块。下面是一个概要，我们很快会详细介绍该方案：

1. **选择样本数据**：每个线程块在选择样本数据时都是独立操作的。首先，每个块对应的子列表被复制到共享内存中，并使用第一种双调排序算法的改进版本对这些子列表进行排序（见练习 6.12）。接下来每个线程从排好序的子列表中等距选择分隔器，并将排好序的样本数据复制到全局内存中的一个样本数组中。

2. **对样本数据进行排序**：系统使用第二种双调排序算法对全局样本数据进行排序（见 6.14.4 节）。

3. **选择分隔器**：一组线程集合从样本数据中等间隔的选取分隔器。

4. **确定每个元素的目标桶**：对于列表中的每个元素，系统通过对分隔器数组进行二进制搜索来确定每个元素对应的桶。从子列表 j 存储到桶 i 的元素被存储在 mat_counts[i][j] 中。在确定一个元素对应的桶后，系统使用 atomicAdd 函数来修改 mat_counts 数组。

5. **并行计算前缀和**：对 mat_counts 数组的各行计算其去除自身的前缀和。此时 mat_counts[i][j] 将代表子列表 j 中第一个去往桶 i 的元素索引。这一步也可以确定去往每个桶 i 的元素总数，也就是原始 mat_counts 数组中第 i 行的元素之和。

6. **串行计算前缀和**：为了确定临时数组中每个桶的起始位置，系统对存储桶中元素总量的数组计算其去除自身的前缀和。与前面的步骤不同，在此采用串行算法。

7. **将元素复制到桶中**：系统将列表中的元素映射到临时数组中目标桶的对应位置。

8. **对桶进行排序**：最后，系统会对每个桶进行排序。然而，为了在单个线程块中执行双调排序，每个桶需要存储 2^k 个元素，k 为非负整数。为此，系统将每个桶中的元素复制到临时存储中，缺少的元素由 ∞ 来填充，并对填充后的列表进行排序，最后将排序后的填充列表中小于 ∞ 的元素复制到原始列表中。

我们在命令行中指定了线程块数量 blk_ct、线程块包含线程数 th_per_blk、列表大小 n、以及样本大小 s 的值。并且我们做出了以下假设：

❑ 以上四个命令行参数均为 2 的幂次。

❑ 列表包含的元素数 n=2×blk_ct×th_per_blk，这是我们在实现双调排序时对这些参数的设定（见 6.14.4 节）。

❑ 如果 s=n，那么使用样本排序就没有意义了，此时我们不妨对整个列表进行双调排序。

❑ blk_ct≤s，并且分隔器的数量与桶的数量相同，桶的数量与线程块的数量相同。因为我们需要根据样本数据确定分隔器数值，而且每个线程块需要处理一个分隔器，所以分隔器的数量不能多于样本元素的数量。

请注意，除了串行的计算前缀和（步骤 6）之外，其余所有的步骤都是并行的，但与其他的 CUDA 程序不同，在此不同的步骤可能使用不同数量的线程块，并且每个线程块包含的线程数也可能不同。

让我们看一看具体的实现细节：

1. **选择样本数据**：线程块的数量与每个线程块包含的线程数与命令行参数相同。

2. **对样本数据进行排序**：因为系统使用双调排序算法对样本数据进行排序，所以我们希望

$$s = 2 \times \text{blk\_ct} \times \text{th\_per\_blk}$$

所以在核函数中每个线程块包含的线程数为

$$\text{sth\_per\_blk} = \min\{s/2, \text{th\_per\_blk}\}$$

并且核函数中的线程块数量满足

$$\text{sblk\_ct} = \frac{s}{2 \times \text{sth\_per\_blk}}$$

3. **选择分隔器**：系统通过一个线程来计算一个分隔器，通过确定相邻分隔之间的间隔并乘以该线程的全局序列号即可。这是通过 SIMD 线程进行并行的理想选择。因此每个线程块中应当包含尽可能多的线程。MAX_TH_PER_BLK 是我们在程序中定义的一个常数，代表线程块能包含的最多线程数量（在当前系统中，其值为 1 024）。如果分隔器的数量超过该数值，那么系统定义的线程块数量为：

$$\text{spl\_blk\_ct} = \text{ceil}(\text{blk\_ct}/\text{MAX\_TH\_PER\_BLK})$$

4. **确定每个元素的目标桶**：这一步使用了 blk_ct 个线程块，并且每个线程块包含 th_per_blk 个线程，所以每个线程负责确定列表中的两个元素分别属于哪个桶。

5. **并行计算前缀和**：所有线程均需要对其负责的桶对应的数组计算前缀和，并且数组中的每一行均包含 blk_ct 个元素。因此，一般来说，我们希望通过 blk_ct 个线程来并行的计算前缀和。但是，如果列表划分出的线程块数大于 MAX_TH_PER_BLK，那么每个线程块包含的线程数为 MAX_TH_PER_BLK，而不能设置成 blk_ct。该算法是 [27] 中描述的高效前缀和的一个修改版本。请注意，系统需要计算每个子列表中第一个元素的下标，并将该元素映射到对应的桶中。因此，转置数组的行数应当与桶数量相同，而不是与子列表数量相同，这样可以更有效地使用缓存。值得注意的是，我们使用的是行中的连续元素，而不是列中的连续元素。

6. **串行计算前缀和**：如果 blk_ct≤MAX_TH_PER_BLK，则该步骤可以通过一个单线程块来实现，但为了简化程序，我们使用串行方法计算前缀和。

7. **将元素复制到桶中**：这一步使用命令行参数 blk_ct 和 th_per_blk，因此每个线程负责两个元素的移动工作。假设当前在处理子列表中的第 k 个元素，系统需要确定子列表中第一个元素的下标：first_elt_sub，并将该元素复制到对应的桶中，这两个数值之差给出了该元素在目标桶中的偏移量：

$$k - \text{first\_elt\_sub}$$

通过之前计算的前缀和，我们可以确定目的桶中第一个元素的下标。将偏移量与桶对应数组的起始位置相加，就得到了该元素在其对应桶中的下标。

8. **对桶进行排序**：在这一步，我们希望通过双调排序在一个单线程块内对每个桶进行排

序。然而在一般情况下，桶中可能会有超过 $2 \times$ th_per_blk 个元素。因此，我们需要使用更大的线程块对桶进行排序。在这种情况下，每个线程块包含的线程数应为 MAX_TH_PER_BLK，而不是命令行中的 th_per_blk。请注意，双调排序的代码已经被修改，使得它可以处理线程数和被排序的元素数量的任意 2 次幂的情况。另外一个问题是，被线程块排序的列表大小有可能大于共享内存的最大存储量。这既取决于每个桶中存储元素的数量，也取决于填充数据的大小，毕竟为了使被排序的元素总数为 2 的幂次，需要通过填充元素来调整列表的大小。因此，在调用启动线程块进行排序的核函数之前，需要得到每个桶包含的元素数量，并在全局内存中为每个桶分配存储空间。在核函数调用双调排序设备函数之前，需要检查是否需要使用全局内存，如果需要，填充之后的桶包含的数据会被复制到全局内存中。如果不需要，填充之后的桶包含的数据就会被复制到共享内存中。

第二种方案的性能

我们使用了与第一种方案测试时相同的基于 Pascal 的系统（见 7.2.9 节中的"性能"部分）。由于单次执行的运行时间可能有很大差异，因此我们给出了 30 次测试的平均运行时间。样本大小似乎对整体的运行时间没有很大的影响，所以我们选取全部列表的 1/8 作为样本数据（见表 7.20）。标有"qsort"的一列是 C 语言库中 qsort 函数的运行时间（以秒为单位）。该函数在同一个列表上进行排序，并且是在 Intel Xeon 主机的一个核心上运行的。标有"Max Bkt Sz"的一列表示在用元素填充使数组大小为 2 的幂次之后包含元素最多的桶的大小。对于元素较多的情况，第二种 CUDA 样本排序方案几乎都要比 qsort 函数快 15 倍以上。然而，对于元素数量较小的情况（$n < 4\,096$），qsort 函数执行速度更快。比列表大小小 4～16 倍的样本大小在整体运行时间上没有什么差异。然而，比列表大小小 16 倍的样本大小在执行速度上会有很大的差异。例如，系统使用 1 024 个线程块，每个线程块包含 1 024 个线程，列表大小为 2 097 152 个整型数据，样本大小为 16 384 个整型数据，其执行速度比输入数据相同但样本大小为 262 144 的情况慢 40%。对于元素较多的输入列表，样本大小以及包含元素最多的桶的大小对执行速度有明显的影响。幸运的是，使用全局内存来临时存储桶中元素，似乎对整体的运行时间没有很大的影响。

表 7.20　第二次 CUDA 样本排序的平均运行时间和最大桶大小（时间以秒为单位）

blk_ct	th_per_blk	n	s	运行时间	qsort	最大桶大小
256	256	131 072	16 384	1.58e-3	2.90e-2	2 048
512	256	262 144	32 768	4.47e-3	5.49e-2	4 096
256	512	262 144	32 768	2.14e-3	5.49e-2	2 048
1 024	256	524 288	65 536	7.30e-3	1.22e-1	8 192
512	512	524 288	65 536	5.28e-3	1.22e-1	4 096
256	1 024	524 288	65 536	3.28e-3	1.22e-1	4 096
1 024	512	1 048 576	131 072	9.53e-3	2.46e-1	8 192
512	1 024	1 048 576	131 072	6.25e-3	2.46e-1	4 096
1 024	1 024	2 097 152	262 144	1.42e-2	5.20e-1	8 192

也许，该表最值得注意的是，当线程块的数量减少，并且每个线程块包含的线程数量增加时，系统的运行时间会减少。例如，使用 262 144 个线程处理一个包含 524 288 个整型数据的列表所花费的时间，是使用 256 个包含 1 024 个线程的线程块的两倍多。如果我

们对样本排序所调用的各种核函数进行计时，很容易发现，大部分差异来自建立计数矩阵的核函数成本在不断增加。在使用 256 个包含 1 024 个线程的线程块时，我们需要计算 256×256=65 536 个矩阵元素，而在使用 1 024 个包含 256 个线程的线程块时，我们需要计算 1 024×1 024=1 048 576 个矩阵元素（见练习 7.24）。

7.3　注意事项

在开发 *n*-body 和样本排序问题的解决方案时，我们介绍了对应的串行算法，这是因为它们很容易被理解，并且它们的并行化也相对简单明了。在任何情况下，我们选择一种串行算法都不是因为它是最快的，也不是因为它能解决各种情况下的问题。因此，不应该争论串行和并行的解决方案哪个是最好的。关于"最优"算法的相关信息，请参考书目，特别是关于 *n*-body 问题的 [14] 和关于样本排序的 [2] 和 [22]。

7.4　使用哪种API

MPI、Pthreads、OpenMP 以及 CUDA，哪种 API 最适合我们的应用？一般来说，我们需要考虑很多因素，答案并不明确。然而，这里有几个要点需要考虑。

第一点，我们需要判断该应用是否适合通过 CUDA 来实现。如果一个串行的解决方案涉及在不同的数据项上执行较多的相同操作，那么 CUDA 就是一个非常好的选择。另一方面，如果一个串行的解决方案涉及很多依赖于数据的条件分支，那么 CUDA 就不是一个好的选择。此时可能需要重新设计串行的解决方案，使其更适合于通过 SIMD 并行化的应用。

第二点，我们需要决定使用分布式内存 MIMD 还是共享内存 MIMD。为此，我们首先要考虑应用程序所需的内存量。一般来说，分布式内存系统可以提供比共享内存系统多得多的内存容量，所以如果应用对内存需求非常大，可能需要使用 MPI 来解决。

如果共享内存系统能够提供应用所需的内存，可能仍然需要考虑使用 MPI。这是由于分布式内存系统中可用的缓存总量也比共享内存系统中的缓存总量要大得多。因此可以想象，在共享内存系统中可能会遇到需要大量访问内存的问题，但是在分布式内存系统中可以通过缓存来减少对内存的访问次数，因此，系统的整体性能也会提高。

然而，虽然可以通过分布式内存系统提供的大型高速缓存来获得很大的性能提升，但是如果现有的串行程序庞大而复杂，那么编写一个共享内存程序可能效果更好。与分布式内存程序相比，在共享内存程序中通常可以重复使用大量的串行代码。并且，串行数据结构可以很容易地适用于共享内存系统。在这种情况下，共享内存程序的开发成本可能会少很多。这对于 OpenMP 程序来说尤为明显，因为一些串行程序可以通过简单地插入一些 OpenMP 指令来实现并行化。

另一个考虑因素是并行算法的通信要求。如果进程 / 线程之间很少进行通信，那么使用 MPI 来进行程序开发是更加容易的，而且这种情况下程序非常容易进行扩展。但是在另一个极端，如果进程 / 线程之间需要频繁的进行通信，那么分布式内存程序可能会在扩展到大量进程时出现问题，而在这种情况下共享内存程序的性能会更好。

如果决定开发共享内存程序，那么就需要考虑程序并行化的细节问题。正如我们前面所指出的，如果已经有了一个大型且复杂的串行程序，那么就需要查看其是否适合通过 OpenMP 实现。例如，如果程序中的大部分代码可以通过并行指令实现并行化，那么 OpenMP 将比 Pthreads 更容易开发。另一方面，如果程序涉及线程之间的频繁同步，例如，读写锁或线程需要等待其他线程的信号，那么使用 Pthreads 进行开发会更容易。

7.5   小结

在本章中，我们探讨了两个几乎不相干的问题的串行和并行解决方案：n-body 问题以及样本排序问题。在每个问题中，我们首先会研究问题并观察它的串行算法。接下来再继续通过 Foster 方法来设计问题的并行解决方案，最后，基于 Foster 方法的相关设计，再尝试通过使用 Pthreads、OpenMP、MPI 或者 CUDA 来实现并行解决方案。

在实现 n-body 问题的简化 MPI 解决方案时，我们认为"直观的"解决方案难以正确实现，因为线程之间需要进行大量的通信。因此，我们尝试另一种"环形通道"算法，事实证明，这种算法更容易实现，而且其可扩展性更好。

我们尝试过使用 CUDA 实现 n-body 问题的解决方案，该求解方案使用了我们在开发 Pthreads 和 OpenMP 求解方案时所使用的一些思想。然而，我们发现这种求解方案所需的内存量太大。因此，我们研究了另一种方法来提升基本 CUDA 求解方案的性能。这种方案通过从全局内存加载数据到片上共享内存中来减少对全局内存的访问次数。接下来，当程序开始进行计算时，会访问共享内存而不是全局内存，并且通过将数组划分为"虚拟"分片来达成这一目的。最后，每个线程块负责加载一个分片，执行涉及该分片中粒子的所有必要的计算，当该分片包含的粒子的相关计算完成后，再继续处理下一个分片。实际上，我们将共享内存当作程序员人工管理的缓存。

接下来我们讨论了样本排序的两种串行实现方案。在第一种实现方案中，我们使用随机数生成器来选择样本数据，并对样本数据进行排序，然后根据样本数据等间隔的选择"分隔器"。最后，将列表中的元素复制到它们对应的"桶"中，并将每个桶包含的数据进行排序。

第二种串行实现方案使用了一个确定性的方案来选择样本数据，并且通过计算去除自身的前缀和来确定每个桶中的内容。例如：列表 $\{a_0, a_1, \cdots, a_{n-1}\}$ 中的元素的前缀和列表为：

$$a_0, a_0+a_1, \cdots, a_0+a_1+\cdots+a_{n-1}$$

去除自身的前缀和列表从 0 开始，所以它为：

$$0, a_0, a_0+a_1, \cdots, a_0+a_1+\cdots+a_{n-2}$$

我们通过数据并行的方式对这两种串行实现方案并行化。对于 MIMD 系统来说，"子列表"是从原始列表中划分出的连续元素块，而"桶"是包含了最终列表的连续元素块。一般来说，每个桶中包含的元素数量并不一定精确的包含 n/p 个元素。对于 CUDA 实现方案来说，我们采用了同样的术语，但定义不同。第一种实现方案中，我们使用了一个线程块。因此，每个子列表包含 n/th_per_blk 个元素，每个桶中也包含大约 n/th_per_blk 个元素。而在第二种实现方案中，我们使用了多个线程块，并且每个子列表包含 n/blk_ct 个元素，每个桶中也大约包含 n/blk_ct 个元素。

所有的实现方案均采用了相似的思想。一般来说，第一种实现方案通常使用 MIMD 系统中的单个进程 / 线程来执行，并且使用 CUDA 的主机处理器来确定样本数据和分隔器数值。接下来，构建数据结构、将元素映射到对应的桶中，以及最后对桶进行排序都是并行完成的。第二种实现方案的所有阶段都是并行完成的，只有 OpenMP 和 Pthreads 的实现方案中使用了串行排序算法对样本进行排序。

最后，我们简单讨论了一下应该使用哪种 API 来进行开发。我们首先考虑的是该问题是否适合使用 CUDA 进行并行化：在不同数据项上使用较多相同操作的串行程序通常更适合使用 CUDA 来进行并行化。第二个考虑因素是，使用共享内存还是分布式内存来进行程序开发。为了决定这一点，我们应该查看一下程序的内存需求以及进程 / 线程之间的数据通信量。如果程序对内存需求很大，或者可以利用大量缓存来减少对内存的访问次数，那么分布式内存程序可能会更快。另一方面，如果进程 / 线程之间需要频繁进行通信，那么共享内存程序可能会更快。

当我们在 OpenMP 和 Pthreads 之间进行选择时，如果现有的串行程序可以通过插入 OpenMP 指令来实现并行化，那么使用 OpenMP 可能是更好的选择。然而，如果需要对线程进行频繁的同步操作，例如，读写锁或线程需要等待其他线程的信号，那么使用 Pthreads 进行开发会更加容易。

7.5.1 MPI

在开发这些程序的过程中，我们还介绍了几个额外的 MPI 集合通信函数。在通过 MPI 实现的第一个样本排序方案中，我们介绍了与 MPI_Gather 类似的一个泛化函数，即 MPI_Gatherv，其允许我们将不同数量的元素从一个进程聚集到另一个进程中：

```
int MPI_Gatherv(
    void*         loc_list          /* in  */,
    int           loc_list_count    /* in  */,
    MPI_Datatype  send_elt_type     /* in  */,
    void*         list              /* out */,
    const int*    recv_counts       /* in  */,
    const int*    recv_displs       /* in  */,
    MPI_Datatype  recv_elt_type     /* in  */,
    int           root              /* in  */,
    MPI_Comm      comm              /* in  */);
```

该函数会将每个进程本地列表 loc_list 中的内容收集到 comm 中序列号变量 root 为 root 的进程对应的列表中。然而，与 MPI_Gather 不同，每个线程本地列表 loc_list 中的元素数量可能因进程的不同而不同。所以参数 recv_counts 告诉我们每个进程发送的元素数量，而参数 recv_displs 告诉我们每个进程的第一个元素在列表中的位置。

我们还使用了两个 MPI 实现的 "多对多分散收集"，它们结合了分散和收集的特点。每个进程将自己的集合分散给通信器中的所有进程，而每个进程从其他进程中收集数据。第一个实现是 MPI_Alltoall，该函数使得每个进程向其他进程发送相同的数据。第二个实现是 MPI_Alltoallv，它可以向不同进程发送不同数量的数据。它们的语法为：

```
int MPI_Alltoall(
    const void    *send_data     /* in  */,
    int           send_count     /* in  */,
    MPI_Datatype  send_type      /* in  */,
    void          *recv_data     /* out */,
    int           recv_count     /* in  */,
    MPI_Datatype  recv_type      /* in  */,
    MPI_Comm      comm           /* in  */);


int MPI_Alltoallv(
    const void    *send_data     /* in  */,
    const int     *send_counts   /* in  */,
    const int     *send_displs   /* in  */,
```

```
      MPI_Datatype   send_type       /* in  */,
      void           *recv_data      /* out */,
      const int      *recv_counts    /* in  */,
      const int      *recv_displs    /* in  */,

      MPI_Datatype   recv_type       /* in  */,
      MPI_Comm       comm            /* in  */);
```

我们通过这些函数来实现内存中高效的数据发送和接收,其中前六个参数与 MPI_Send 中的参数相同。当函数被调用时,每个进程开始发送数据,但函数返回时,一般来说,数据的发送过程可能还未完成。输出参数 request_p 被用来识别通信状态。当每个进程完成通信时,我们可以调用 MPI_Wait 函数:

```
      int MPI_Wait(
          MPI_Request*   request_p    /* in  */,
          MPI_Status*    status_p     /* out */);
```

当这个函数被调用时,进程将被阻塞,直到与 require_p 相关的函数调用(在我们的例子中,是对 MPI_Send 函数的调用)完成。status_p 参数给出了关于调用的相关信息。在我们的应用中,并没有用到这一参数。因此我们只是传入 MPI_STATUS_IGNORE 来代表该参数。

为了确定相互通信的进程之间是否已经发送数据,我们使用 MPI_Probe 函数:

```
      int MPI_Probe{
          int            source       /* in  */,
          int            tag          /* in  */,
          MPI_Comm       comm         /* in  */,
          MPI_Status*    status_p     /* out */);
```

这个函数将一直被阻塞,直到其收到通知有一个来自进程的带有标签 tag 的消息已经通过通信器 comm 发送。当该函数重新开始执行时,status_p 参数将返回通常的状态字段。特别的是,我们可以使用 MPI_Get_count 函数来确定传入消息的大小,并且通过该函数来确定为接收消息设置的接收缓冲区是否分配了足够的存储空间。如果我们没有为接收缓冲区分配足够多的存储空间,可以调用 MPI_Abort:

```
      int MPI_Abort(
          MPI_Comm       comm         /* in */,
          int            errorcode    /* in */);
```

该函数会终止所有 comm 中的进程,并向调用环境返回错误代码。在当前环境下,大多数实现方案中该函数会终止 MPI_COMM_WORLD 的所有进程。

7.6 练习

7.1 在串行 *n*-body 求解方案的每次迭代中,我们首先计算每个粒子受到的合力,然后再计算每个粒子的位置和速度信息。是否有可能重新组织计算,以便在每次迭代中,我们在开始处理下一个粒子之前,完成对每个粒子相关的所有计算?换句话说,我们能通过下面的伪代码实现迭代过程吗?如果可以,我们还需要对求解方案进行哪些修改?如果不能,为什么不能这样做?

```
for 每一个时间步
    for 每个粒子 {
        计算粒子受到的合力;
        求粒子的位置和速度;
```

　　　　打印粒子位置和速度；
　　}

7.2　假设以 0.05 为步长，不进行输出，并在内部生成初始条件运行基本的串行 *n*-body 求解方案，共计执行 1 000 个时间步长。使粒子的数量从 500 到 2 000 不等进行测试。那么随着粒子数的增加，程序的运行时间是如何变化的？你能推断并预测出如果求解程序运行 24 小时，它能处理多少粒子吗？

7.3　通过 OpenMP 或 Pthreads 以及 `critical` 指令（OpenMP）或互斥锁（Pthreads）来并行化 *n*-body 求解方案的简化版本，以此来保护对 `force` 数组的更新和访问，并通过并行化内层 **for** 循环来并行化求解方案的其余部分。那么这种实现方案与串行求解方案相比，其性能如何？请解释一下你的答案。

7.4　通过 OpenMP 或 Pthreads 以及对每个粒子添加锁/互斥锁来并行化 *n*-body 求解方案的简化版本，锁/互斥锁被用来保护对 `force` 数组的更新和访问，并通过并行化内层 **for** 循环来并行化求解方案的其余部分。那么这种实现方案与串行求解方案相比，其性能如何？请解释一下你的答案。

7.5　在通过共享内存实现的 MIMD 简化 *n*-body 求解方案中，如果我们在计算粒子所受合力的两个阶段均使用块状划分，那么第二阶段的 **for** 循环可以被修改，使得 **for** 循环只涉及 `my_rank` 个线程，而不需要访问所有 `thread_count` 个线程。原始代码如下：

```
#     pragma omp for
    for (part = 0; part < n; part++) {
        forces[part][X] = forces[part][Y] = 0.0;
        for (thread = 0; thread < thread_count; thread++){
            forces[part][X] += loc_forces[thread][part][X];
            forces[part][Y] += loc_forces[thread][part][Y];
        }
    }
```

我们可以将其修改为：

```
#     pragma omp for
    for (part = 0; part < n; part++) {
        forces[part][X] = forces[part][Y] = 0.0;
        for (thread = 0; thread < my_rank; thread++) {
            forces[part][X] += loc_forces[thread][part][X];
            forces[part][Y] += loc_forces[thread][part][Y];
        }
    }
```

　　你能解释一下为什么这种修改是可行的吗？运行这个修改后的程序，并将其性能与进行块状分区的原始代码进行比较。你能得出什么结论？

7.6　在我们讨论基本 *n*-body 求解方案的 OpenMP 实现版本时，我们注意到输出语句后的栅栏不是必要的。因此我们可以通过一个 `nowait` 子句来修改这一指令。我们也可以通过修改带有 `nowait` 子句的 **for** 指令来消除两个 **for** `each particle q` 循环末端的栅栏。这样做会引发什么问题吗？解释一下你的答案。

7.7　对于通过共享内存实现的简化 *n*-body 求解方案来说，我们可以看到尽管缓存的性能有所降低，但是通过循环分区计算粒子所受作用力的性能依然要优于块状分区。通过对 OpenMP 或 Pthreads 实现方案进行比较，你可以得到各种块大小下循环分区的性能。

那么你认为对于本系统来说，是否有一个最佳的分区方法？其中一个块的大小应该为多少？

7.8 如果 *x* 和 *y* 是 **double** 类型的 *n* 维向量，α 是一个 **double** 类型的标量，那么以下赋值被称为 DAXPY：

$$y \leftarrow \alpha x + y$$

DAXPY 是 Double precision Alpha times X Plus Y 的缩写。编写一个 Pthreads 或 Open-MP 程序，其中主线程生成两个较大的随机 *n* 维数组和一个随机的标量值，它们都是 **double** 类型。加下来线程根据随机生成的值计算 DAXPY 的大小。比较一下对于不同的元素个数 *n* 和线程数量，程序的性能与对数组进行块状分区和循环分区的关系。哪种分区方案表现更好？为什么？

7.9 a. 为一个使用 4 个粒子和 4 个线程的简化求解方案绘制一个类似于表 7.1 的表格。那么表中有多少项可以是非零元素？

b. 写出如果使用 *n* 个粒子和 *n* 个线程，那么表中有多少项可以是非零元素？请给出一般公式。

7.10 编写一个 MPI 程序，其中每个进程负责生成一个较大的、已初始化的 *m* 维 **double** 类型数组。然后程序在 *m* 维数组上反复调用 MPI_Allgather 函数。当全局数组（通过调用 MPI_Allgather 而初始化的数组）具有以下特点时，比较调用 MPI_Allgather 函数的性能。

a. 块状分区；

b. 循环分区。

如果使用循环分区，例如，我们可以调用：

```
MPI_Allgather(sendbuf, m, MPI_DOUBLE, recvbuf, 1,
    cyclic_mpi_t, comm);
```

在此假设新的 MPI 数据类型被称作 cyclic_mpi_t。

哪种分区方式表现得更好？为什么？不需要考虑在构建派生数据类型时的开销。

7.11 考虑以下代码：

```
int n, thread_count, i, chunksize;
double x[n], y[n], a;
    . . .
#   pragma omp parallel num_threads(thread_count) \
        default(none) private(i) \
        shared(x, y, a, n, thread_count, chunksize)
    {
#       pragma omp for schedule(static, n/thread_count)
        for (i = 0; i < n; i++) {
            x[i] = f(i);    /* f是一个函数 */
            y[i] = g(i);    /* g是一个函数 */
        }
#       pragma omp for schedule(static, chunksize)
        for (i = 0; i < n; i++)
            y[i] += a*x[i];
    } /* omp parallel */
```

假设输入列表大小 *n*=64，thread_count=2，缓存线大小为 8 个 **double** 类型的空间，每个核心有一个 L2 缓存，可以存储 131 072 个 **double** 类型的数据。如果

chunksize=n/thread_count，那么请你估算一下在第二个循环中会有多少次 L2 缓存丢失？如果 chunksize=8，请你再估算一下在第二个循环中会有多少次 L2 缓存丢失？你可以假设 x 和 y 都是在缓存线边界上对齐的。也就是说，x[0] 和 y[0] 都是它们各自缓存线中的第一个元素。

7.12　编写一个 MPI 程序，比较使用 MPI_IN_PLACE 中的 MPI_Allgather 和每个进程单独发送和接收缓冲区时 MPI_Allgather 的性能。当使用单个进程运行程序时，哪种方式调用 MPI_Allgather 函数的速度更快？如果使用多个进程呢？

7.13　a. 修改 *n*-body 求解方案的基本 MPI 实现代码，使其使用一个单独的数组来表示粒子的局部位置。它的性能与原先的 *n*-body 求解方案相比如何？

　　　b. 修改 *n*-body 求解方案的基本 MPI 实现代码，使其能够将质量分配给所有线程，那么需要对程序中的通信做哪些改变？与原先的求解方案相比，其性能如何？

7.14　以图 7.6 为例，如果有三个进程，六个粒子，并且求解方案对粒子进行循环分区，那么请写出简化的 *n*-body 求解方案中"明显"的 MPI 实现中需要进行的通信。

7.15　修改 MPI 版本的简化 *n*-body 求解方案，使其在环形通道的每个阶段调用两次 MPI_Sendrecv_replace 函数。那么这样做与单次调用 MPI_Sendrecv_replace 函数相比，其性能如何？

7.16　MPI 程序中一个常见的问题是如何将全局数组索引转换为局部数组索引，反之亦然。
　　　a. 如果数组采用块状分区，给出一个通过局部索引确定全局索引的公式。
　　　b. 如果数组采用块状分区，给出一个通过全局索引确定局部索引的公式。
　　　c. 如果数组采用循环分区，给出一个通过局部索引确定全局索引的公式。
　　　d. 如果数组采用循环分区，给出一个通过全局索引确定局部索引的公式。
　　　你可以假设进程数量能够被全局数组的元素数量整除。你的解决方案应该只使用基本的算术运算符（+，−，×，/，% 和余数），并且不能够使用任何循环或分支。

7.17　在简化的 *n*-body 求解方案的实现中，我们使用了函数 First_index，该函数在给定分配给一个进程的粒子全局索引后，其会确定分配给另一个进程的粒子"下一个更高"的全局索引。该函数的输入参数如下：
　　　a. 分配给第一个进程的粒子全局索引。
　　　b. 第一个进程的序列号。
　　　c. 第二个进程的序列号。
　　　d. 使用的进程数。
　　　该函数的返回值是第二个进程对应的粒子全局索引。该函数假设粒子在进程中采用循环分区。请你编写 First_index 的 C 语言实现代码。（提示：考虑两种情况，第一个进程的序列号小于第二个进程的序列号，以及第一个进程的序列号大于或等于第二个进程的序列号。）

7.18　在 CUDA 实现的 *n*-body 求解方案中，我们假设线程数至少与粒子数一样大，那么为了修改实现方案，使程序能够处理线程数小于粒子数的情况，我们可以使用 grid-stride 循环[26]。回顾一下，循环的 stride 代表循环索引在每次迭代后增加的数值：

```c
int start = ...;
int stride = ...;
for (int i = start; i < max; i += stride)
迭代代码取决于i的值;
```

在 grid-stride 循环中，步长为 grid 中的元素数量。如果 grid 与线程块数组都是一维的，那么有：

```
/* gridDim.x = 线程块的数量 */
int stride = gridDim.x*blockDim.x;
```

在 grid-stride 循环中，每个线程都通过"全局"索引进行遍历：

```
int start = blockIdx.x*blockDim.x;
for (int i = start; i < max; i += stride)
    迭代代码取决于i的值;
```

在我们的基本 *n*-body 求解方案中，最大的迭代次数只是粒子的数量：

```
for (int i = start; i < n; i += stride)
    计算在粒子i上的合力;
```

你能修改基本的 *n*-body 求解方案，使其使用 grid-stride 循环吗？在这段代码中使用 grid-stride 循环有什么好处？有什么不足吗？你将如何修改基于共享内存的 *n*-body 求解方案，使其使用 grid-stride 循环？

7.19 编写一个使用随机数生成器选择样本数据的程序：

```
chosen = empty set;
for (i = 0; i < s; i++) {
    // 获取0到n之间的一个随机数
    sub = random() % n;
    // 不要两次选择相同的下标
    while (Is_an_element (sub, chosen))
        sub = random() % n;

    // 向选择的元素添加sub
    Add(chosen, sub);
    // 向样本添加list[sub]

    sample[i] = list[sub]
}
```

在程序中只需要创建一个数组 selected，在 selected 的末尾添加一个新的下标，并使用线性搜索来实现 Is_an_element。

当样本数据量变大时，你编写的程序的运行时间会发生什么变化？你能通过修改选择集合的 ADT 实现方法来显著提高程序的性能吗？

7.20 当讨论串行实现抽样排序的第二种算法时（7.2.4 节），我们描述一种算法，用于确定排序子列表中映射到每个桶中的元素数量。由于分隔器和子列表都是排好序的，所以可以直接通过二进制搜索来实现这一算法。

假设算法的输入为一个包含 *n* 个元素的列表，桶和子列表的数量为 *b*，以及一个排好序的分隔器列表（如表 7.9 所示）和一个排好序的子列表。该算法的输出为一个包含 *b* 个元素的整型列表 curr_row，其中 curr_row[dest_bkt] 代表子列表中被映射到索引为 dest_bkt 的桶中的元素数量。请写出该算法的伪代码，并且使用二进制搜索来找到映射到每个桶中子列表的元素数量。

a. 对于子列表中的每个元素，该算法通过二进制搜索分隔器的方法来确定该元素应该被映射到哪个桶中。当该算法找到 sublist[j] 应该被映射到的桶后，curr_row[dest_bkt] 自加一。

b. 对于每个分隔器，该算法通过对子列表进行二进制搜索来确定分隔器在子列表中的位置。也就是说，如果 splj = splitters[j]，spljp1 = splitters[j+1]，那么该算法会找到子列表中的元素索引 i，使得：

sublist[i-1] < splj ≤ sublist[i] < spljp1 ≤ sublist[i+1]

换句话说，程序会找到子列表中最小的元素索引 i，使得 splj ≤ sublist[i]。该程序通过这些索引来确定子列表中应该被映射到每个桶中的元素数量。如果子列表中没有元素在 splj 和 spljp1 的范围内，那么你应该如何修改你的算法？

7.21　在样本排序的第二种 OpenMP 实现方案中，我们使用串行的 quicksort 函数对样本数据进行排序。如果我们使用并行的奇偶移项排序来代替它（5.6.2 节），那么会对程序的性能产生什么影响？

7.22　你将如何修改练习 7.20b 中的二进制搜索代码，使其能被用于样本排序的第二种 MPI 实现方案中？

7.23　在程序 7.8 中的核函数代码中，举例说明如果省略对某一个 __syncthreads() 函数的调用，核函数程序会产生哪些错误的结果？提示：选择两个属于不同 warp 的线程，并说明在一个线程以较晚的时间完成函数之后，另外一个线程是如何使用一个错误的数据的。

7.24　在样本排序的第二种 CUDA 实现方案中，我们计算了每个子列表中应该被映射到每个桶中的元素数量，并将其存储在一个（逻辑）二维数组 mat_counts 中。mat_counts 数组的每一列对应一个子列表，而 mat_counts 数组的每一行对应一个桶。因此，mat_counts[i][j] 代表子列表 j 中将被映射到桶 i 中的元素数量。由于子列表的数量和桶的数量都等于线程块的数量，即 blk_ct=b，因此 mat_counts 数组有 b 行和 b 列。所以计算 mat_counts 数组时必须计算 b^2 个数组元素的值，并且这些数组元素是根据列表中的元素计算出来的。现在给出两个目标：

1. 通过对分隔器进行二进制搜索，确定每个元素应该被映射到哪个桶中。

2. 如果一个元素在子列表 j 中，并且应当被映射到桶 i 中，则通过使用 atomicAdd 函数将 mat_counts[i][j] 自加 1。

回顾一下，如果列表中的元素数量为 n，那么满足：

$$n = 2b \times \text{th\_per\_blk}$$

其中在这个核函数中每个线程块均包含 th_per_blk 个线程。

你需要使用这些信息来确定：

a. 一个线程执行目标 1 所需的操作数（比较和分析）的上限。你可以假设每个分支都是不同的。

b. 在执行目标 2 时，mat_counts 数组每个元素的平均增量。

atomicAdd 函数负责修改 mat_counts[i][j]，调用 atomicAdd 函数的线程负责执行修改操作，请估计一个线程完成上述目标语句 1 和 2（比较、分支和加法）所需的操作数的上限。

7.25　既然子列表已经被排好序，前面方法的一个替代方法是对子列表进行二进制搜索，寻找每个分隔器的位置。接下来，可以通过子列表中小于分隔器的元素最大下标和列表中大于等于前一个分隔器的最小元素下标之差来计算从一个特定的子列表中进入某一个桶中的元素数量。现在给出两个目标：

1. 写出二进制搜索的伪代码。请注意，子列表的所有元素不一定都是不同的。并且每个子列表在连续的分隔器之间也不一定至少有一个元素。

2. 写出计算子列表中处于连续分隔器之间的元素数量的伪代码。

在执行了上面的两个操作后，可以将连续分隔器之间的元素数量分配给 `mat_counts` 中的相应条目。

a. 在实现这种计算 Mat_counts 数组的方法的核函数中，应该使用多少个线程块？每个线程块应该包含多少个线程？

b. 你认为该算法的运行时间与上述问题的核函数相比如何？请解释以下你的答案。

7.7 编程作业

7.1 查找经典的四阶 Runge-Kutta 方法，其被用来解决常微分方程。通过这种方法代替欧拉方法来估算 $s_q(t)$ 和 $s'_q(t)$ 的值，并通过修改代码来实现 n-body 求解方案的简化版本，包括使用 Pthreads、OpenMP、MPI 以及 CUDA 实现的简化 n-body 求解方案。请你说明与使用欧拉方法相比，输出结果有何变化？这两种方法的性能如何？

7.2 修改通过 MPI 实现的 n-body 求解方案的代码，使其使用环形通道而不是调用 MPI_ Allgather。当一个进程收到分配给另一个进程的粒子位置时，计算其分配的粒子和收到的粒子之间产生的所有相互作用力。在收到所有粒子的位置后，每个进程计算其包含的每个粒子受到的合力。这种求解方案的性能与最初的基本 MPI 求解方案相比如何？它的性能与简化的 MPI 求解方案相比如何？

7.3 我们可以通过共享内存来模拟环形通道：

```
计算 loc_forces 和 tmp_forces
     由于我的粒子相互作用 ;
通知 dest tmp_forces 可用 ;
for (phase = 1;phase< thread_count;+ +phase){
     等待 for 源通知 tmp_forces 可用 ;
     计算由于我的粒子与 "接收" 粒子的相互作用的力 ;
     通知 dest tmp_forces 可用 ;
}
添加我的 tmp_forces 到 loc_forces;
```

为了实现这一点，主线程可以为粒子所受合力对应数组分配 n 个存储空间，并为 "临时" 存储粒子所受作用力对应数组分配 n 个存储空间。每个线程将对这两个数组中的适当子集进行操作。使用信号灯来实现 "通知" 和 "等待" 是最简单的。主线程可以为每个目的线程分配一个信号灯，并将所有信号灯初始化为 0（即 "锁定"）。在一个线程计算完粒子间的作用力之后，可以通过调用 sem_post 来通知目的线程，并且一个线程可以在调用 sem_wait 时被阻塞，以等待下一组数据的出现。请你使用 Pthreads 来实现这一方案，它的性能与简化版本的 OpenMP/Pthreads 求解方案相比如何？它的性能与简化的 MPI 求解方案相比如何？它的内存使用情况与简化的 OpenMP/ Threads 求解方案相比如何？它的内存使用情况与简化的 MPI 求解方案相比如何？

7.4 通过让每个进程只存储 n/comm_sz 个粒子的质量、位置和受力信息，可以进一步减少第二种通过 MPI 实现的 n-body 求解方案中使用的存储空间。这可以通过在 tmp_data 数组中添加额外 n/comm_sz 个 **double** 类型的数据来实现。这种变化对求解方案的性能有什么影响？这个程序所需的内存与原始通过 MPI 实现的 *n*-body 求解方案相比如何？它的内存使用情况与简化的 OpenMP 求解方案相比如何？

7.5 我们可以很容易地修改第一种通过 CUDA 实现的 *n*-body 求解方案，使每个线程负责多个粒子的计算。这种方案的思想是：如果网格中使用 *g* 个线程，那么就通过每次增量为 *g* 的 **for** 循环来将粒子分配给线程，通过遍历该 **for** 循环来实现该方案（见练习 7.18）。

```
int g = gridDim.x*blockDim.x;
int my_rk = blockIdx.x*blockDim.x + threadIdx.x;
for (int particle = my_rk; particle < n; particle += g)
    进行涉及粒子的计算;
```

在此假设有 *n* 个粒子。请注意，如果 $g \geq n$，那么循环的主体将只被执行一次，但是如果 *g*<*n*，那么某些线程或所有线程将多次执行循环主体。

$$my\_rk, my\_rk + g, my\_rk + 2g, \cdots$$

修改第一种 *n*-body 求解方案，使其能够模拟一个粒子数是线程数偶数倍的系统。它的性能与每个线程只负责一个粒子的系统相比如何？

如果粒子数大于线程数，但不是线程数的偶数倍，需要对该求解方案做哪些改动（如果有需要的话）？

对于基本的共享内存 *n*-body 求解方案来说需要做哪些额外的修改（如果有需要的话）？

7.6 如果我们想在系统中使用合作组而不是多个核函数，则必须修改通过 CUDA 实现的 *n*-body 求解方案：

a. 我们需要包含头文件 cooperative_groups.h。

b. C++ 使用了一种叫作命名空间的结构。它允许我们使用两个具有相同标识符的库而不发生冲突，所以我们需要通过以下方式来声明它：

```
using namespace cooperative_groups;
/* 这是cooperative_groups的简写: */
namespace cg = cooperative_groups;
```

c. 我们需要调用函数 cudaLaunchCooperativeKernel 来启动 Dev_sim_Driver 中的核函数 Dev_sim。其语法为：

```
__host__ cudaError_t cudaLaunchCooperativeKernel(
    const void*     func,
    dim3            gridDim,
    dim3            blockDim,
    void**          args,
    size_t          sharedMem,
    cudaStream_t    stream )
```

对于我们来说，func 代表核函数 Dev_sim，gridDim 和 blockDim 是 angle bracket 中的常规参数。参数 args 被初始化为指向 Dev_sim 的指针，这些参数被定义为 **void*** 类型：

```
void *dev_sim_args[]
    = {(void*) &forces,
       (void*) &curr,
       (void*) &n,
       (void*) &delta_t,
       (void*) &n_steps,
       (void*) &output_freq};
```

最后两个参数通常被赋值为 0 和 NULL。

d. Dev_sim 负责创建网格合作组：

```
cg::grid_group grid = cg::this_grid();
```

e. 将 Compute_force 和 Update_pos_vel 定义为设备函数，而不是核函数。

f. 在对 Compute_force 和 Update_pos_vel 函数的调用之间设置栅栏，通过调用 sync 函数来实现：

```
cg::sync(grid);
```

g. 汇编工作需要按照以下阶段进行：

```
nvcc -dc -gencode \
      --gencode arch=compute_61,code=sm_61 \
      -c nbody_basic_cg.cu
nvcc -c stats.c
nvcc -c set_device.c
nvcc -o nbody_basic_cg \
      nbody_basic_cg.o stats.o set_device.o
```

那么请问这个版本的代码能够解决多大数据规模的问题？与原先的基本的 CUDA 求解方案相比，情况如何？这两种求解方案的性能相比如何？

下一步该怎么走

在你已经了解使用 MPI、Pthreads、OpenMP 和 CUDA 编写并行程序的基础知识后，可能会想是否有新的世界去征服，回答是肯定的。下面列出的是一些有待进一步研究的论题。每个论题我们都列出来一些参考资料，但是请记住，这个列表比较简短，而且并行计算是一个变化迅速的领域，所以你可能需要在决定做更多研究之前在网上做一些深入调查。

1. MPI：MPI 是一个不断发展的大型标准，我们只讨论原始标准的一部分，MPI-1。我们已经学习了一些点对点和集合通信的方法，以及它们为派生数据结构提供的功能。MPI-1 也提供了创建和管理通信域和拓扑结构的标准。我们简要地讨论一下本书中的通信域，粗略地说，一个通信域是一个可以相互发送消息的进程的集合。拓扑结构提供了一个在通信域的进程中添加一个逻辑组织的方法。例如，我们谈到通过一组进程划分矩阵时，可以将一些行组成的块分派给每一个进程。在很多应用中，将分块子矩阵分配给进程更方便。而在这样应用中，将我们的进程视为一个矩形网格非常有用，在该网格中，一个进程由它所使用的子矩阵标识。拓扑结构为我们提供了进行这种识别的方法，因此我们可以引用第二行和第四列中的进程来代替进程 13。文献 [23，48，50] 对 MPI-1 进行更深入的介绍。

   MPI-2 相比于 MPI-1 添加了动态进程管理、单向通信、并行 I/O 等新特性。我们在第 2 章简要介绍单向通信和并行 I/O。此外，当谈到 Pthreads 时，我们提及很多 Pthreads 程序根据需要创建线程，而不是在执行开始时创建所有线程。动态进程管理将此功能和其他功能添加到 MPI 进程管理中。[24] 是对 MPI-2 的介绍。MPI-3 在 MPI-2 的单向通信基础上增加了非阻塞集合通信和扩展（见 [40]）。MPI-4 目前正在开发阶段，应该在不久的将来发布。有关其当前状态，请参见 [39]。

2. Pthreads 和信号量：我们已经讨论了 Pthreads 为启动和终止线程，保护临界区以及同步线程提供的一些功能。Pthreads 还有许多其他函数，我们也可以修改所看到的大多数函数的功能。回想一下，各种对象初始化函数都有一个"attribute"参数。我们总是简单地为这些参数传递 NULL，这样对象函数会执行默认行为。为这些参数传递其他值会改变这点。例如，如果一个线程获得一个互斥锁，然后试图去重新锁定互斥锁（例如当它进行递归调用时），默认行为是未定义的。然而，如果一个互斥锁是使用属性 PTHREAD_MUTEX_ERRORCHECK 创建的，那么对于 pthread_mutex_lock 的第二次调用将返回一个错误。另一方面，如果互斥锁是使用属性 PTHREAD_MUTEX_RECURSIVE 创建的，那么会成功锁定互斥锁。

   另一个主题是非阻塞操作的使用。例如，如果一个线程调用 pthread_mutex_lock 而这个互斥锁已经被另一个线程锁定，则该调用线程会一直阻塞直到该互斥锁解锁。在许多情况下，如果一个线程发现互斥锁被锁定，该线程会做一些其他工作而不是简单的阻塞。函数 pthread_mutex_trylock 允许线程执行该操作。还有非阻塞版本的 read-write 锁函数和 sem_wait 函数。当一个锁或者信号量被其他线程占有时，这些函数都为线程继续工作提供了机会。因此它们大大提高了应用程序的并行性。有关 Pthreads 的更多信息，请参考 [7，34]。

3. **OpenMP**：我们已经了解了 OpenMP 中最重要的一些指令，子句和函数。我们已经了解怎样启动多线程，怎样对循环进行并行化处理，怎样保护临界区，怎样进行循环调度，怎样修改变量的范围，以及怎样实现任务并行化。然而，还有许多东西需要学习。我们没有提到的最重要的特征之一就是 OpenMP（自 4.0 版以来）将计算卸载到 GPU 的能力。另一个非常重要的特性是线程亲和性：如果一个线程被挂起并且在与原始核心不共享缓存的核心上重新启动，那么所有缓存数据和指令都将丢失。OpenMP（4.0 版）中增加了线程亲和性，允许 OpenMP 程序控制线程放置位置。

OpenMP 体系结构审查委员会正在继续开发 OpenMP 标准。最新文件可在 [47] 上查阅。一些有关文本，请参见 [9,10,50]。

4. **CUDA 和 GPU**：GPU 有非常复杂的架构，所以导致 CUDA 的 API 有很多特性——远比我们已经讨论过的多。其中最重要的两个特征是动态并行和流。通过动态并行，设备代码可以启动核函数，因此，CUDA 线程能启动其他线程，并且代码可以使用递归或者适应不断变化的情况。例如，一个代码（例如 n-body 解算器）能够通过在附近有粒子簇的地方分配更多线程来计算短程粒子相互作用。流提供了在单个设备上启动多个核函数或者在多个设备上启动多个核函数的基础设施。这种能力对解决超大型的问题至关重要。

NVIDIA 网站有大量的文献[43]，其中 CUDA C++ 编程指南[11] 及其开发者博客[42] 特别有用。文章 [19] 和书 [33] 概述了 GPU，[33] 还介绍了 CUDA 编程。

5. **并行硬件**：并行硬件往往是一个快速变化的对象。幸运的是，Hennessy 和 Patterson 的书[28,49] 更新得相当频繁。它们全面概述了指令级并行、共享内存系统和互连等主题。有关专门研究并行系统的书，请参见 [12]。

6. **通用并行编程**：有很多关于并行编程的书并不关注特定的 API。[52] 对分布式和共享内存编程进行相对简单的讨论，[30] 对并行算法进行广泛讨论，并对程序性能进行先验分析。[35] 对当前并行编程语言以及未来可能采取的一些方向进行概述。

有关共享内存编程的讨论，请参见 [4,5,29]。文献 [5] 讨论了设计和开发共享内存程序的技术。此外，它还开发了许多并行程序来解决搜索和排序等问题。[4] 和 [29] 都深入讨论了算法是否正确的决定性因素以及确保正确性的机制。

7. **并行计算的历史**：让许多程序员惊讶的是，并行计算有着悠久而古老的历史，与计算机科学中大多数主题一样古老。文献 [16] 提供了一个非常简短的综述和一些参考资料。网站 [53] 列出了并行系统发展的里程碑。

现在，可以走出去征服新世界了。

[1] Eduard Ayguadé, Alejandro Duran, Jay Hoeflinger, Federico Massaioli, Xavier Teruel, An experimental evaluation of the new OpenMP tasking model, in: International Workshop on Languages and Compilers for Parallel Computing, 2007, pp. 63–77.

[2] Selim G. Akl, Parallel Sorting Algorithms, Academic Press, Orlando, FL, 1985.

[3] Gene M. Amdahl, Validity of the single processor approach to achieving large scale computing capabilities, in: AFIPS Conference Proceedings, 1967, pp. 483–485.

[4] Gregory R. Andrews, Multithreaded, Parallel, and Distributed Programming, Addison-Wesley, Reading, MA, 2000.

[5] Clay Breshears, The Art of Concurrency: A Thread Monkey's Guide to Writing Parallel Applications, O'Reilly, Sebastopol, CA, 2009.

[6] Randal E. Bryant, David R. O'Hallaron, Computer Systems: A Programmer's Perspective, 3rd ed., Pearson, Boston, MA, 2016.

[7] David R. Butenhof, Programming with Posix Threads, Addison-Wesley, Boston, 1997.

[8] The Chapel Programming Language, https://chapel-lang.org/.

[9] Rohit Chandra, et al., Parallel Programming in OpenMP, Morgan Kaufmann Publishers, San Francisco, CA, 2001.

[10] Barbara Chapman, Gabriele Jost, Ruud van der Pas, Using OpenMP: Portable Shared Memory Parallel Programming, The MIT Press, Cambridge, MA, 2008.

[11] CUDA C++ Programming Guide, https://docs.nvidia.com/cuda/cuda-c-programming-guide/index.html.

[12] David Culler, J.P. Singh, Anoop Gupta, Parallel Computer Architecture: A Hardware/Software Approach, Morgan Kaufmann, San Francisco, 1998.

[13] Frank Dehne, Hamidreza Zaboli, Deterministic sample sort for GPUs, Parallel Processing Letters 22 (3) (2012).

[14] James Demmel, et al., UC Berkeley CS267 Home Page: Spring 2020, Hierarchical Methods for the N-Body Problem, https://drive.google.com/file/d/14cg0j1lGGY4gqTkMErsJm4tEsQ1LlUyU/view, 2020.

[15] Edsger W. Dijkstra, Cooperating sequential processes, in: F. Genuys (Ed.), Programming Languages: NATO Advanced Study Institute, 1968, pp. 43–112. A draft version of this paper is available online at https://www.cs.utexas.edu/users/EWD/transcriptions/EWD01xx/EWD123.html.

[16] Peter J. Denning, Jack B. Dennis, The resurgence of parallelism, Communications of the ACM 53 (6) (June 2010) 30–32.

[17] Ernst Nils Dorband, Marc Hemsendorf, David Merritt, Systolic and hyper-systolic algorithms for the gravitational N-body problem, with an application to Brownian motion, Journal of Computational Physics 185 (2003) 484–511.

[18] Eclipse Parallel Tools Platform, https://www.eclipse.org/ptp/.

[19] Kayvon Fatahalian, Mike Houston, A closer look at GPUs, Communications of the ACM 51 (10) (October 2008) 50–57.

[20] Michael Flynn, Very high-speed computing systems, Proceedings of the IEEE 54 (1966) 1901–1909.

[21] Ian Foster, Designing and Building Parallel Programs, Addison-Wesley, Boston, MA, 1995. This is also available online at https://www.mcs.anl.gov/~itf/dbpp/.

[22] M. Gopi, GPU sorting algorithms, in: Hamid Sarbazi-Azad (Ed.), Advances in GPU Research and Practice, Morgan Kaufmann, Cambridge, MA, 2016.

[23] William Gropp, Ewing Lusk, Anthony Skjellum, Using MPI, 2nd ed., MIT Press, Cambridge, MA, 1999.

[24] William Gropp, Ewing Lusk, Rajeev Thakur, Using MPI-2, MIT Press, Cambridge, MA, 1999.

[25] John L. Gustafson, Reevaluating Amdahl's law, Communications of the ACM 31 (5) (1988) 532–533.

[26] Mark Harris, CUDA Pro Tip: Write Flexible Kernels with Grid-Stride Loops, Nvidia Developer Blog, Apr. 22, 2013, https://devblogs.nvidia.com/cuda-pro-tip-write-flexible-kernels-grid-stride-loops/.

[27] Mark Harris, Shubhabrata Sengupta, John D. Owens, Parallel prefix sum (Scan) with CUDA, in: Hubert Nguyen (Ed.), GPU Gems 3, Addison-Wesley Professional, Boston, MA, 2007. Available online at https://developer.nvidia.com/gpugems/gpugems3/part-vi-gpu-computing/chapter-39-parallel-prefix-sum-scan-cuda.

[28] John Hennessy, David Patterson, Computer Architecture: A Quantitative Approach, 6th ed., Morgan Kaufmann, Burlington, MA, 2019.

[29] Maurice Herlihy, Nir Shavit, The Art of Multiprocessor Programming, Morgan Kaufmann, Burlington, MA, 2008.

[30] Ananth Grama, et al., Introduction to Parallel Computing, 2nd ed., Addison-Wesley, Harlow, Essex, UK, 2003.

[31] IBM, IBM InfoSphere Streams v1.2.0 supports highly complex heterogeneous data analysis, IBM United States Software Announcement 210-037, Feb. 23, 2010, http://www.ibm.com/common/ssi/rep_ca/7/897/ENUS210-037/ENUS210-037.PDF.

[32] Brian W. Kernighan, Dennis M. Ritchie, The C Programming Language, 2nd ed., Prentice Hall, Upper Saddle River, NJ, 1988.

[33] David B. Kirk, Wen-mei W. Hwu, Programming Massively Parallel Processors: A Hands-on Approach, 3rd ed., Morgan Kaufmann, 2016.

[34] Bill Lewis, Daniel J. Berg, Multithreaded Programming with Pthreads, Prentice-Hall, Upper Saddle River, NJ, 1998.

[35] Calvin Lin, Lawrence Snyder, Principles of Parallel Programming, Addison-Wesley, Boston, 2009.

[36] John Loeffler, No more transistors: the end of Moore's Law, Interesting Engineering, Nov 29, 2018. See https://interestingengineering.com/no-more-transistors-the-end-of-moores-law.

[37] Junichiro Makino, An efficient parallel algorithm for $O(N^2)$ direct summation method and its variations on distributed-memory parallel machines, New Astronomy 7 (2002) 373–384.

[38] John M. May, Parallel I/O for High Performance Computing, Morgan Kaufmann, San Francisco, 2000.

[39] Message-Passing Interface Forum, http://www.mpi-forum.org.

[40] Message-Passing Interface Forum, MPI: A Message-Passing Interface Standard, Version 3.1. Available as https://www.mpi-forum.org/docs/mpi-3.1/mpi31-report.pdf, 2015.

[41] Microsoft Visual Studio, https://visualstudio.microsoft.com.

[42] Nvidia Developer Blog, https://devblogs.nvidia.com/.

[43] Nvidia Developer Documentation, https://docs.nvidia.com/.

[44] Nvidia Nsight Eclipse, https://developer.nvidia.com/nsight-eclipse-edition.

[45] Leonid Oliker, et al., Effects of ordering strategies and programming paradigms on sparse matrix computations, SIAM Review 44 (3) (2002) 373–393.

[46] The Open Group, www.opengroup.org.

[47] OpenMP Architecture Review Board, OpenMP Application Program Interface, Version 5.0, https://www.openmp.org/specifications/, November 2018.

[48] Peter Pacheco, Parallel Programming with MPI, Morgan Kaufmann, San Francisco, 1997.

[49] David A. Patterson, John L. Hennessy, Computer Organization and Design: The Hardware/Software Interface, 5th ed., Morgan Kaufmann, Burlington, MA, 2013.

[50] Michael Quinn, Parallel Programming in C with MPI and OpenMP, McGraw-Hill Higher Education, Boston, 2004.

[51] Valgrind Home, https://valgrind.org.

[52] Barry Wilkinson, Michael Allen, Parallel Programming: Techniques and Applications Using Networked Workstations and Parallel Computers, 2nd ed., Prentice-Hall, Upper Saddle River, NJ, 2004.

[53] Gregory Wilson, The History of the Development of Parallel Computing, https://parallel.ru/history/wilson_history.html, 1994.

[54] X10: Performance and Productivity at Scale, http://x10-lang.org/.

推荐阅读

并行程序设计：概念与实践

作者：[德] 贝蒂尔·施密特（Bertil Schmidt）等
译者：张常有 等 ISBN：978-7-111-65666-1

高性能计算：现代系统与应用实践

作者：[美] 托马斯·斯特林（Thomas Sterling）等
译者：黄智濒 等 ISBN：978-7-111-64579-5

多处理器编程的艺术（原书第2版）

作者：[美] 莫里斯·赫利希(Maurice Herlihy) 等
译者：江红 等 ISBN：978-7-111-70432-4

大规模并行处理器程序设计（英文版·原书第3版）

作者：[美] 大卫·B. 柯克（David B. Kirk）
胡文美（Wen-mei W. Hwu）
ISBN：978-7-111-66836-7